高等教育规划教材　卓越工程师教育培养计划系列教材

现代化学电源

孙克宁　王振华　孙旺◎等编

U0228762

化学工业出版社

·北京·

化学电源又称电池，是一种把化学能直接转化成电能的装置，是现代社会发展和人类生活的必需品。《现代化学电源》主要从现代应用和发展速度较快的化学电源来分类介绍电池的组成、工作原理、材料发展及应用领域等。涉及化学电源的定义、组成、基本概念、性能参数和发展简史，并按照组成化学电源的元素分类分别介绍了锌电池、镍氢电池、铅酸电池、锂电池、锂离子电池和液流电池，还讲解了燃料电池，包括碱性燃料电池、直接醇类燃料电池和固体氧化物燃料电池等，对各类燃料电池基本原理、关键部件和应用领域分别进行了介绍。本书内容多取自国内外的最近报道和作者研究组的最新研究成果，实效性强，对于推动我国现代化学电源领域人才的培养、开展相关领域的研究工作具有很好的指导作用。

　　《现代化学电源》可作为高等院校能源化学工程、化学工程与工艺、应用化学及其相关专业的教材，也可作为电化学、电池材料、新能源等领域科技人员的学习参考用书。

图书在版编目（CIP）数据

现代化学电源/孙克宁，王振华，孙旺等编. —北京：化学工业
出版社，2017.9
高等教育规划教材
卓越工程师教育培养计划系列教材
ISBN 978-7-122-30066-9

Ⅰ.①现…　Ⅱ.①孙…②王…③孙…　Ⅲ.①化学电源-高等学校-
教材　Ⅳ.①TM911

中国版本图书馆 CIP 数据核字（2017）第 154138 号

责任编辑：杜进祥　徐雅妮	文字编辑：孙凤英
责任校对：吴　静	装帧设计：关　飞

出版发行：化学工业出版社（北京市东城区青年湖南街 13 号　邮政编码 100011）
印　　装：北京云浩印刷有限责任公司
787mm×1092mm　1/16　印张 17¼　字数 434 千字　2017 年 9 月北京第 1 版第 1 次印刷

购书咨询：010-64518888（传真：010-64519686）　售后服务：010-64518899
网　　址：http://www.cip.com.cn
凡购买本书，如有缺损质量问题，本社销售中心负责调换。

定　价：45.00 元

前言

能源化学工程（Energy Chemical Engineering）是教育部批准的2011年新增专业。北京理工大学是全国首批建立的10个能源化学工程专业的高校之一，2011年秋季学期开始招收首届本科生。能源化学工程专业培养目标是掌握能源化学工程、电化学工程及催化技术等方面的基础理论和基础知识；掌握新能源、能量储存与转换的理论基础和化石能源的清洁利用技术，以及燃料电池系统与氢能利用、电化学功能材料与能源储存转换技术；了解可再生能源（太阳能、风能、生物质能、海洋能等）利用途径；培养出在新能源的利用和转化领域内专业的经营管理和科研开发的高级技术人才。

本专业主要学习化学电源与物理电源（燃料电池、锂电池、Ni-H电池、太阳能电池、生物电池等）的利用技术；学习能源材料与能源转换材料（储能材料、电极材料、光电转换材料等）的合成和设计；燃料化学与工程中催化剂、添加剂、高能碳氢燃料等新型燃料或能提高燃料利用效率的技术。《现代化学电源》是多家高校开设的本专业核心课程之一。

化学电源又称电池，是一种能将化学能直接转变成电能的装置，它通过化学反应，消耗某种化学物质，输出电能。常见的电池大多是化学电源。它在国民经济、科学技术、军事和日常生活方面均获得广泛应用。化学电源在21世纪发展迅速，许多新技术、新方法、新成果不断涌现，化学电源正逐渐成为推动现代社会发展重要的技术力量和手段。为了及时跟进化学电源的最近进展，全面介绍现代化学电源的新技术和新成果，北京理工大学在《现代化学电源工艺学》课程讲义的基础上组织编写了《现代化学电源》教材。本教材资料丰富、内容生动，配以大量图表和实例，形象有趣地介绍了电化学电源工艺学的基础知识和应用，涵盖了其基本概念、实验技能以及应用实例。

本教材是作者团队多年来从事现代化学电源研究工作的总结，主要从现代应用和发展速度较快的化学电源来分类介绍电池的组成、工作原理、材料发展及应用领域等。本书涉及化学电源的定义、组成、基本概念、性能参数和发展简史，并按照组成化学电源的元素分类分别介绍了锌电池、镍氢电池、铅酸电池、锂电池、锂离子电池和液流电池，还讲解了燃料电池，包括碱性燃料电池、直接醇类燃料电池和固体氧化物燃料电池等，对各类燃料电池基本原理、关键部件和应用领域分别进行了介绍。本书内容多取自国内外的最近报道，实效性强，对于推动我国现代化学电源领域人才的培养、开展相关领域的研究工作具有很好的指导作用。

本教材解决了以前教材要么偏重于基础理论，要么偏重于工程技术的弊端，既完整地介绍电化学的发展脉络及其重要基础知识，同时根据电化学在实际科学研究和工业生产中的应用，把科学基础问题和解决实际问题联系起来，做到基础知识和实际应用，科学研究和工程技术的紧密结合。通过这种编写思路上的改进，本教材可望实现对学生创新能力的提升，把基础教育、科研实践和工程应用集中到讲堂上，提高学生的学习兴趣，激发学生的学习热情，推动学生从被动型输入学习到主动型积极探索的转变。同时也可供科研人员和工程技术人员参考。本书是作者多年来从事现代化学电源研究工作的总结，并对各种化学电源的基本原理、关键材料和最新的发展现状及未来发展方向进行了详细的介绍。

本教材由北京理工大学、哈尔滨工业大学联合编写完成，孙克宁、乔金硕编写第1章，朱晓东编写第2章，乔金硕编写第3章，王振华编写第4章，赵光宇编写第5章，张乃庆编写第6章，孙旺、乐士儒、王芳编写第7章，樊铖编写第8章。孙克宁教授负责全书筹划、编写以及全书统稿。在本教材编写过程中，重庆大学魏子栋教授、华中科技大学王鸣魁教授提供了大力帮助，在此表示衷心感谢！

由于编者水平所限，教材中可能还存在各种疏漏，恳请读者和同仁批评指正！

编者
2017 年 4 月

目 录

第1章

现代化学电源概论

化学电源又称电池，是一种把化学能直接转化成电能的装置，是现代社会发展和人类生活的必需品。本书主要从现代应用和发展速度较快的化学电源来分类介绍电池的组成、工作原理、材料发展及应用领域等。

1.1 概述

1.1.1 化学电源的产生

1932 年，德国考古学者 Konig 在伊拉克巴格达（Baghdad）的东部掘出了一种以 Cu 圆筒为正极、铁棒为负极的圆筒形电池，并将电池命名为巴格达电池。根据科学家们的分析推测，这种电池是 2000 年前的古人用来对装饰品电镀金或银。但是化学电源真正进入科学发展史是从 18 世纪末意大利的生理学者伽伐尼（Galvani）发现生物电开始。

1780 年伽伐尼在做青蛙解剖时，两手分别拿着不同的金属器械，无意中同时碰在青蛙的大腿上，青蛙腿部的肌肉立刻抽搐了一下，仿佛受到电流的刺激。而只用一种金属器械去触动青蛙，并无此种反应，如图 1-1 所示。伽伐尼认为，出现这种现象是因为动物躯体内部产生的一种电，他称之为"生物电"。伽伐尼经过十多年的实验研究，于 1791 年发表了《论肌肉活动时的电力》。此论文的发表引起了学术界众多物理学家的兴趣。

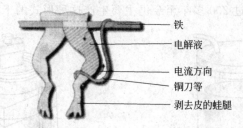

图 1-1　伽伐尼发现青蛙肌肉收缩现象

意大利物理学家伏特在多次实验后认为：伽伐尼的"生物电"之说并不正确，青蛙的肌肉之所以能产生电流，大概是肌肉中某种液体在起作用。伏特在试验中的注意点不在青蛙的神经上，而在两个金属上。1799 年，伏特把一块锌板和一块银板浸在盐水里，发现连接两块金属的导线中有电流通过。于是，他就把许多锌片与银片之间垫上浸透盐水的绒布或纸片，平叠起来。用手触摸两端时，会感到强烈的电流刺激。伏特用这种方法，以 Cu 为正极、Zn 为负极，用稀硫酸类的电解液成功地制成了世界上第一个电池——"伏特电池"，如图 1-2 所示。该电池的原理与巴格达电池的原理相同，称为伏打电池，或伽伐尼电池，是科技史上最早出现的化学电源，也成为早期电学实验和电报机的电力来源。从此人类真正进入了电的时代。

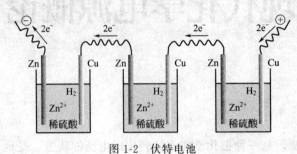

图 1-2　伏特电池

1.1.2　化学电源的发展

在伏打电池中，氢在正极的铜表面上析出后，逸散速度较为缓慢，当从外部取得电流时，正极的极化增大，电池的电压也逐渐下降，无法长期使用。1836 年英国的丹尼尔（Daniel）对伏打电池进行了改良，设计出了丹尼尔电池。该电池用硫酸酸化的硫酸锌水溶液与硫酸铜水溶液替代稀硫酸溶液，以硫酸铜作正极的去极化剂，在其间加一个多孔性隔板以避免正极与负极的接触，改善了正极极化，减少自放电。丹尼尔电池是最早的能进行长时间工作的实用电池。

伏打电池发明后，人们开始研究能反复使用的二次电池。1854 年 Sinsteden 将两块铅板浸入稀硫酸中，通以直流电，发现该电池能二次发电。法国的普兰特（Plante）对此进行了进一步实验，于 1859 年成功地制出了实用的铅酸蓄电池。当时的蓄电池如图 1-3 所示。由于当时的电池需要在两个金属板之间装入液体，搬运不便，这就促使人们寻求新的材料和结构。法国的勒克朗谢（Leclanché）于 1868 年以锌为负极活性物质、二氧化锰为正极活性物质、氯化铵水溶液为电解质拌以细砂或木屑做成糊状，制出锌-二氧化锰电池，并得到了应用。以发明者的名字命名为勒克朗谢电池，其结构如图 1-4 所示，与今天的干电池的构造相同。1888 年加斯纳（Gassner）作进一步的改进，制出了携带方便的锌-二氧化锰干电池，其用途更加广泛。此后，经过 200 多年至今仍主要生产这种形式的干电池。

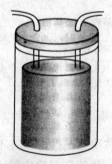
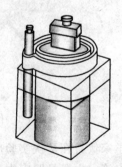

图 1-3　普兰特铅酸蓄电池　　　　图 1-4　勒克朗谢干电池结构示意图

在以碱性水溶液作电解液的二次电池方面，爱迪生（Thomas Edison）于 1890 年发明了铁-镍蓄电池，负极是铁粉，正极是氢氧化氧镍（NiOOH）。1899年，琼格（Jungner）发明了镉-镍蓄电池（Jungner）电池，其负极是镉，正极也是氢氧化氧镍。与铅酸蓄电池相比，它即使处于放完电的状态，只要一经充电就会恢复电池的机能，且自放电小。在蓄电池中，Jungner电池的生产量仅次于铅酸蓄电池。这些电池在第二次世界大战之前曾被广泛地使用。

进入20世纪后，电池技术又进入快速发展时期。首先是为了适应重负荷用途的需要，发展了碱性锌-锰电池。1951年实现了镉-镍电池的密闭化。1958年Harris提出了采用有机电解液作为锂一次电池的电解质，20世纪70年代初期便实现了军用和民用。随后基于环保考虑，研究重点转向蓄电池。铁-镍蓄电池于20世纪初进行了商业化，然而由于铁电极易腐蚀，放置时自放电快，再加上充放电效率低，氢的析出电势低，在充电时易放出氢气，因此后来基本上没有成为商品，最近因其优良的环保效果，经过改进又出现商品。镉-镍电池在20世纪初实现商业化以后，在20世纪80年代得到迅速发展。由于镉的毒性和镉-镍电池的记忆效应，被随之发展起来的金属氢化物-镍（MH-Ni）电池部分取代。

锂电池是一类以金属锂或含锂物质作为负极材料的化学电源的总称，包括一次电池和金属锂、锂离子二次电池。锂电池的研制开始于20世纪60年代，最先提出锂电池研究计划的目的是发展高比能量的锂蓄电池，然而当时选择的高电势正极活性物质，诸如CuF_2、NiF_2和$AgCl$等无机物在有机电解质中发生溶解，无法构成有长储存寿命和长循环寿命的实用化电池体系。1970年前后，随着对嵌入化合物的研究，发现锂离子可在TiS_2和MoS_2等嵌入化合物的晶格中嵌入或脱嵌。到1971年，日本松下电器公司的福田雅太郎首先发明了锂氟化碳电池并获得应用。从此，锂电池逐渐脱离预研阶段，走向实用化和商品化。

1990年前后发明了锂离子蓄电池，1991年锂离子电池实现商品化。1995年发明了聚合物锂离子电池（采用凝胶聚合物电解质为隔膜和电解质），1999年开始商业化，付诸于实用。其中日本索尼能源技术公司发明并推出的高比能量、长寿命锂离子蓄电池，正逐渐取代常用的镉-镍电池和金属氢化物-镍电池。被誉为下一代锂离子电池的聚合物锂离子电池（PLIB）自实现产业化以来，发展迅速，未来聚合物锂离子电池将继续保持快速增长势头。

直接利用燃料的燃烧反应以取得电能，一直就是人类的梦想，其开发的历史相当悠久，甚至比我们心目中的许多古老的化学电源模式更为久远。1802年，H.Davy试验了碳氧电池，以碳和氧为燃料和氧化剂，硝酸为电解质，指出了制造燃料电池的可能性。1839年，英国人格罗夫（W.Grove）通过将水的电解过程逆转而发现了燃料电池的原理，用铂黑作电极催化剂，以氢为燃料，以氧为氧化剂，从氢气和氧气中获取电能，自此拉开了燃料电池发展的帷幕。

1889年英国人蒙德（L.Mond）和朗格尔（C.Langer）首先提出燃料电池（fuel cell）这个名称，并采用浸有电解质的多孔非传导材料为电池隔膜，以铂黑为电催化剂，以多孔的铂或金片为电流收集器组装出燃料电池。该电池以氢和氧为燃料和氧化剂，他们研制的电池结构已接近现代的燃料电池了。

20世纪50年代，培根（F.T.Bacon）成功开发了多孔镍电极，并制备了5kW碱性燃料电池系统，这是第一个实用性燃料电池。培根的成就奠定了现代燃料电池的技术思想，正是在此基础上，20世纪60年代普拉特-惠特尼（Pratt & Whitney）公司研制成功阿波罗（Apollo）登月飞船上作为主电源的燃料电池系统，为人类首次登上月球做出了贡献。

20世纪70年代，中东战争后出现了能源危机，迫使人们必须考虑能源的节约和采用替代能源的问题。燃料电池的优势在电力系统中体现得淋漓尽致，使人们更加看好燃料电池发电技术，美、日等国纷纷制定了发展燃料电池的长期计划。1977 年，美国首先建成了民用兆瓦级磷酸燃料电池试验电站，开始为工业和民用提供电力。同时，美、日等国亦重点研究采用净化煤气和天然气作为燃料的高温燃料电池，现在已有上百台酸性燃料电池的发电站在世界各地运行。自此以后，熔融碳酸盐（MCFC）和固体氧化物（SOFC）燃料电池也都有了较大进展。尤其是在 20 世纪 90 年代，质子交换膜燃料电池（PEMFC）采用立体化电极和薄的质子交换膜之后，电池技术取得一系列突破性进展，极大地加快了燃料电池的实用化进程。

由于信息产业和汽车工业的迫切需求，燃料电池出现了向小型便携和动力型方面发展的趋势。燃料电池具有大功率、高比能量和循环寿命长的特点，开发"无污染绿色环保汽车"，质子交换膜燃料电池被认为是电动车的理想电源。

钒系的氧化还原电池是在 1985 年由澳大利亚新南威尔士大学的 Marria Kacos 提出，经过二十多年的研发，钒电池技术已经趋近成熟，具有能量效率高（75%～80%）、启动速度快（0.02s）、安全性高等显著的优点，在风力发电市场、光伏电池、电网调峰、电动汽车电源、不间断电源和应急电源（如办公大楼、剧院、医院等应急照明场所、海岛或偏远山区等供电系统领域）具有广泛的应用。在日本，大功率的钒电池储能系统已投入实用，并实现了商业化。

1.2 化学电源组成

化学电源一般由电极、电解质、隔膜及外壳组成，其核心由正极、负极和电解质构成，表 1-1 为目前常用化学电源的核心构成。正极活性物质和负极活性物质是物质化学能储存的场所，电池工作过程中，正负极上发生将活性物质的化学能转化成电能的电化学反应，使电池向外界释放电能。

表 1-1 目前常用化学电源的构成

电池名称	电池构成		
	正极活性物质	电解质	负极活性物质
锂离子电池	锂化合物如 $LiMn_2O_4$	$LiPF_6$	Li_xC_6
铅酸蓄电池	二氧化铅	硫酸	铅
铁-镍蓄电池	氧化镍	氢氧化钾	铁
镉-镍蓄电池	氧化镍	氢氧化钾	镉
锌-银蓄电池	氧化银	氢氧化钾	锌
镉-银蓄电池	氧化银	氢氧化钾	镉
锌-锰干电池	二氧化锰	氯化铵	锌
碱性锌-锰干电池	二氧化锰	氢氧化钾	锌
氯化银电池	氯化银	海水	镁
空气湿电池	氧气(空气)	氢氧化钾	锌

① 正极，又称阴极，为氧化电极，从外电路接受电子通过电化学反应被还原。

② 电解质，为离子导体，在电池内正负极之间通过离子移动实现电荷转移，电解质的

类型包括酸、碱、盐的水溶液或有机溶液体系，也包括固体电解质即在固体条件下传到带电荷的离子，起到导电媒介的作用。

③ 负极，又称阳极，为还原电极，自身通过电化学反应被氧化，同时将电子传给外电路。制备电池选择正负极及电解质材料一般遵循重量轻、电压高、比容量高的原则，但是，考虑电池其他组分的影响或成本问题等，电池材料选择根据实际的应用和发展来确定。

1.2.1 电极类型及构成

1.2.1.1 电极类型

电极是电池发生电化学氧化还原反应的场所，电极活性物质参与电化学反应释放或接受电子，为外电路提供电源。根据电极反应的性质不同，可以将电极分为第一类电极、第二类电极、氧化还原电极、气体电极和特殊类型的电极。

(1) 第一类电极　由金属或非金属浸入其相应的离子溶液中构成，金属电极，如：Zn^{2+}/Zn，电极反应为 $Zn^{2+}+2e^- \longrightarrow Zn$，电极电势见式(1-1)；非金属电极，如：$Se/Se^{2-}$，电极反应为 $Se+2e^- \longrightarrow Se^{2-}$，电极电势见式(1-2) 所示，纯固体在给定温度下是常数，等于 1。因此，此类电极电势只与相应离子的活度有关。

$$\varphi = \varphi^{\ominus}_{(Zn^{2+}/Zn)} + \frac{RT}{zF}\ln\frac{a_{Zn^{2+}}}{a_{Zn}}, \quad a_{Zn}=1 \tag{1-1}$$

$$\varphi = \varphi^{\ominus}_{(Se/Se^{2-})} + \frac{RT}{zF}\ln\frac{a_{Se}}{a_{Se^{2-}}}, \quad a_{Se}=1 \tag{1-2}$$

式中　φ——电极电势；

$\varphi^{\ominus}$——标准电极电势；

R——常数，8.314J/(K·mol)；

T——热力学温度，K；

z——转移电子数；

F——法律第常数，96500C/mol；

a——活度。

(2) 第二类电极　指一层金属难溶化合物如盐类、氧化物或氢氧化物等覆盖于该金属上，并浸在含有该难溶化合物相同阴离子的溶液中所构成。如电化学测量技术中常用作参比电极的甘汞电极，其电极反应如式(1-3)，电极电势见式(1-4) 所示。

$$Hg_2Cl_2+2e^- \longrightarrow 2Hg+2Cl^- \tag{1-3}$$

$$\varphi = \varphi^{\ominus}_{Hg_2Cl_2/Hg} - \frac{RT}{zF}\ln a_{Cl^-} \tag{1-4}$$

另外，将表面覆盖了一层该金属氧化物的同类金属浸于含有 H^+ 或 OH^- 的溶液中构成的金属/难溶金属氧化物电极亦属于第二类电极，如 OH^-｜$Ag+Ag_2O$ 和 H^+｜$Ag+Ag_2O$。由式(1-4) 可以看出，这类电极的电极电势与金属难溶盐的阴离子的活度相关，即通过改变负离子的活度，相应的电极电势也随之改变。同时这类电极的电极电势稳定，易于重现，因此常代替氢电极作为参比电极使用。

(3) 氧化还原电极　氧化还原电极，由惰性金属如 Pt 片等插入含有某种离子的不同氧化态的溶液中构成电极，又称第三类电极。这类电极只起导电作用，氧化还原反应在溶液中进行，例如，Fe^{3+}，Fe^{2+}｜Pt，其电极反应的电势表达式为式(1-5)，该类电极的电极电势与该离子氧化态的活度有关。

$$\varphi = \varphi_{(氧化/还原)}^{\ominus} + \frac{RT}{zF}\ln\frac{a_{氧化态}}{a_{还原态}} \tag{1-5}$$

(4) 气体电极 气体电极是指由气体和含有其离子的溶液构成的电极。这类电极由于气体本身不导电，需要多孔类物质为催化剂载体，对电极反应起着催化剂的作用，如多孔碳、镍、铂等为气体和溶液间的接触提供接触点，但催化剂载体本身不参与电极反应。如燃料电池中氢电极和氧电极、金属空气电池中的空气电极等。以氧电极为例，其电极反应和电极电势表达式如式(1-6)和式(1-7)所示。

$$O_2 + 2H_2O + 4e^- \longrightarrow 4OH^- \tag{1-6}$$

$$\varphi_{O_2} = \varphi_{(O_2/OH^-)}^{\ominus} + \frac{RT}{zF}\ln\frac{p_{O_2}}{a_{OH^-}^4} \tag{1-7}$$

由式(1-6)和式(1-7)可知，这类电极的电势不仅与其离子活度有关，还依赖于气体的压力。同时，如果选用的电极载体不具备优良的催化性能，则实际的气体电极可能达不到它的平衡电极电势值。尤其是氧电极，因此选择氧电极的催化剂十分重要。燃料电池的正极即为氧电极，其催化剂载体的选择是目前各研究者关注热点。这四类电极基本涵盖了现代化学电源所涉及的各类电极。

1.2.1.2 电极构成

电极作为电化学反应的场所，主要包括参加电极反应的活性物质，除此之外还包括导电骨架、添加剂等辅助成分，这是构成一个理想的电极结构所必需的。

活性物质是指正负极中实际参加成流反应的物质，它决定了化学电源的本质特征。理想的化学电源对活性物质的要求是：具有较高的电化学活性，组成电池的电动势高，自发反应能力强，质量比容量和体积比容量大，电子导电性好；同时要求活性物质具有很好的化学稳定性，与电解质、隔膜、外壳等无不良化学反应发生；另外，价格便宜、资源丰富是其可以广泛应用的基础。

导电骨架作为电极活性物质的支撑体是构成电极不可或缺的，同时兼做电极集流体，收集并导出电流。导电骨架根据电极结构及使用条件不同，有网状、板栅、多孔管状等。添加剂是为了起到特定作用而加入的少量物质，如阻化剂、电催化剂、黏结剂等。在负极中加入阻化剂可以提高析氢过电位，减少电池自放电。黏结剂可以使电极材料之间、电极与电池隔膜之间的接触更紧密，电催化剂起促进电极反应、减少极化的作用，如气体电极的载体催化剂，通常采用加入贵金属或复合氧化物的形式改进其电催化性能。

1.2.2 电解质

电解质在电池内部正负极之间，具有传递电荷的作用，应选择离子电导率较高的物质。电解质可以参与电极反应，也可以不参与电极反应，针对不同电池类型，其电解质的性能要求不同。电极过程对电解质的基本要求：高比电导、低欧姆压降；强稳定性，减少电池存放期间的自放电。对于固体电解质来说，要求其具有高的离子导电性、低的电子导电性。

目前电解质类型包括水溶液电解质、非水溶液电解质、固体电解质及熔融盐电解质。不同的电解质具有不同的优缺点和应用范围。表 1-2 为不同类型电解质的典型代表及其主要的优缺点。

表 1-2　不同类型电解质的典型代表及其主要的优缺点

电解质类型	典型代表	优点	缺点	应用范围
水溶液电解质	硫酸、KOH	电导率高、对电池无污染、成本低	室温至 100℃ 工作，限制其工作环境及电极材料的选择	铅酸、碱性蓄电池
非水溶液电解质	$LiPF_6$、$LiAlCl_4$	活性物质选择范围拓宽、可制高电池电动势	溶液黏度高、电导率低、调节电导率的能力弱	锂离子电池、锂硫电池
熔融盐电解质	Li_2CO_3-Na_2CO_3-K_2CO_3、$LiCl$-KCl	可高温工作、电导率高，电池电动势大、能量密度高	对电极材料有腐蚀作用，制备条件、使用条件较复杂	燃料电池、热电池
固体电解质	$RbAg_4I_5$、$(ZrO_2)_{0.91}(Y_2O_3)_{0.09}$	全固态、可微型化、无漏液问题、兼做隔膜	离子电导率低	银碘电池、燃料电池

固体电解质本身可作为隔膜，防止两极活性物质的混合，其主要问题是固体中离子的电导率比较低。近年来，随着离子选择透过性能好的固体电解质的发现，以及进一步研究其在高温下的利用，使得气体和液体可直接用作活性物质，也可开发出直接使用强氧化剂和强还原剂作活性物质的新型化学电源。这类化学电源的输出功率和能量密度都非常高，如锂空气电池。

1.2.3　隔膜

隔膜置于正负极之间，防止正负极接触造成电池内部短路，同时保持正负极间最小距离，减少电池的内阻损失。根据电池结构不同，隔膜形状有薄膜、板材、棒材等。现代化学电源用隔膜具有以下要求：

(1) 良好的化学稳定性，与电解液和电极之间无不良化学反应；

(2) 一定的机械强度，能耐受电极活性物质的氧化还原循环；

(3) 足够的孔隙率和吸收电解质溶液的能力，保证离子通过率，减小电池内阻；

(4) 电子的良好绝缘体，防止正负极间的电子传递；

(5) 阻挡从电极上脱落的活性物质微粒和枝晶的生长；

(6) 材料来源丰富，价格低廉。

化学电源隔膜，根据材料不同分为有机高分子隔膜（如聚乙烯、聚乙烯醇膜）和无机隔膜（如陶瓷隔膜、石棉纸），根据隔膜孔结构不同分为微孔膜（$10\mu m$）和半透膜（$5\sim100nm$）。根据电池系列的不同要求而选取不同材质、不同孔隙结构的电池隔膜。表1-3 为现代化学电源常用隔膜。

表 1-3　现代化学电源常用隔膜

电池类型	隔膜种类
小型密封铅酸电池	超细玻璃纤维纸
碱性锌-锰电池	耐碱棉纸
锌-银电池	水化纤维素膜、玻璃纸、棉纸等
锂电池	超细玻璃纤维、聚乙烯或聚丙烯微孔膜
热电池	烧结陶瓷隔板
钠硫电池	烧结陶瓷(氧化铝)管
燃料电池	石棉膜、聚四氟乙烯隔膜、陶瓷隔膜、离子交换膜等

1.2.4 外壳和集流体

电池核心部件无法直接暴露于空气进行放电，需要壳体保护以及集流体将电流引出。对碱性锌锰电池来说，其不锈钢的外壳兼做集流体功能，电池外壳的选择根据实际需要进行，总体要求是：具有良好的机械强度、抗震动、耐冲击、耐腐蚀等。对集流体要求是有良好的导电性、化学稳定性和良好的加工性能，便于加工成需要的形状。实际的电池除了电极、电解质、隔膜、外壳、集流体外，还需要端子、封口剂等零件。同时为保证电池的输出功率和实际工作需要，通常将数个单体电池串联或并联成电池组，外壳即为整个电池组的外壳。

1.3 化学电源类型及应用

传统化学电源最常用的分类方法是根据工作性质和使用特征分类，可分为一次电池、二次电池、储备电池和燃料电池。一次电池指随着化学变化，体系自由能减少，并把这些减少的自由能直接转化成电能的化学电源。二次电池又称蓄电池或储能电池，是电能循环储存装置，电极反应可逆，可用充电的方式使两极活性物质恢复到初始状态；充电和放电可以反复多次，循环利用。储备电池是特殊的一次电池，正负极活性物质和电解质在储存期间不直接接触，直到使用时才借助动力源作用于电解质，使电池激活，因此也称激活电池。在现代化学电源如锌-银电池可以制作成一次电池，也可以制作成二次电池；如铅酸电池有常见的铅酸蓄电池（二次电池），也有特殊场合使用的储备铅酸电池。燃料电池是直接将燃料的化学能转化为电能的一种电化学转化装置，而非储能电源。将各类电池按电极组成分类，可以分为锌电池、镍-氢电池、铅酸电池、锂电池、锂离子电池、燃料电池、液流电池等。

锌电池是指以金属锌为负极的化学电源的统称。金属锌作为电池负极具有自身的特点和优势。金属锌电极电势较负，电池工作中电极极化较小，电极反应过程可逆。锌电极的电化当量小，即同等质量的电极材料可以具有较高的电池容量，具有较高的比能量和比功率。锌资源丰富、成本低、无毒性。锌电池类型包括锌-锰电池、锌-银电池及锌-空气电池。锌-锰干电池中锌电极为锌筒，在其他碱性锌电池中锌负极均以多孔锌粉，具有较大的比表面积，因此电池具有良好的电化学性能。碱性锌-锰电池和一次锌-银电池广泛应用于便携式电器、电子仪器仪表、照相机、手表、计算器、无线电话、电动玩具等。锌空电池因为具有很高的瞬间输出功率和稳定的放电电压，最常用于助听器、航标灯、无线电中继站等。

镍-氢电池是 $NiOOH$ 为正极活性物质和氢为负极活性物质的一类电池，根据氢在负极的压力不同分为低压镍-氢电池和高压镍-氢电池。低压镍-氢电池以具有储氢和脱氢能力的金属氢化物为负极，工作中氢以原子形式在正负极之间运动，电池工作压力为常压。高压镍-氢电池中负极为高压氢气，参与电极反应的为氢分子，氢气压力随充放电的进行不断发生变化。

铅酸电池是氧化铅为正极、铅为负极的酸性蓄电池，也是最早出现的蓄电池，具有广泛的应用，如家用电器、办公设备、计算机、电动玩具、电子仪器以及备用电源、储能电源和动力电源（电动车）等。铅酸电池在水溶液电解质体系中具有最高的开路电压，为2.0V。

锂电池是指以金属锂为负极的化学电源。锂是质量最轻的金属，电化当量小、能量密度高，在金属元素中具有最负的电极电势。因此锂电池具有电压高、比能量大、比功率大等优点。最早出现的锂电池有锂-碘电池、锂-二氧化锰电池、锂-亚硫酰氯电池等一次锂电池。随着电池技术发展，硫和空气用作锂电池正极，大大提高了锂电池的理论比能力。目前锂-硫电池和锂-空气电池，已成为锂电池的热点研究方向。

锂离子电池是在早期锂一次电池基础上，用炭电极代替锂负极得到二次电池。充放电过程中锂离子在正负极之间穿梭，相比锂金属负极，电池实用性和安全性得到很大的提高。因此锂离子电池的出现是二次电池历史上的一次飞跃。锂离子电池正负极材料的不断研发及电极性能的提升，使得锂离子电池得到更加广泛的应用。新能源汽车的发展使得动力锂离子电池再次成为二次电池研发的热点。

燃料电池又称连续电池，其特点是正负极本身不含活性物质，活性物质储存在电池体系之外，将活性物质连续地注入电池，电池就可以连续不断地放电。燃料电池与其他电池最大区别在于燃料电池不能存储能量，而是一种将燃料的化学能直接转化为电能的电化学转化装置。按燃料分为氢氧燃料电池和肼空气燃料电池。按电解质分为碱性燃料电池（AFC）、磷酸盐燃料电池（PAFC）、碳酸熔融盐燃料电池（MCFC）、固体氧化物燃料电池（SOFC）和质子交换膜燃料电池（PEMFC）等。燃料电池主要用于小型电站和分散式发电，也可在发电同时为家庭供暖。

液流电池，又称氧化还原液流电池，是一种新型的大容量电化学储能装置，活性物质是流动的电解质溶液。最典型为钒液流电池，电池工作时通过电解质溶液在电极上发生氧化还原反应而产生电流，因此电极材料必须具备耐强氧化和强酸性、电阻低、导电性能好、机械强度高、电化学活性好等特点。钒电池电极材料主要包括 Pb、Ti 金属类，碳素类和导电聚合物，高分子复合材料类等。

1.4 化学电源基本概念

化学电源的基本概念是指化学电源中涉及电极、电极反应、电极结构等基本特征的具体定义，如电池电动势、电极电势、电极极化等概念。

1.4.1 电池电动势

电池电动势是电池产生电能的推动力，是在通过电池的电流趋于零的情况下两极间的电势差，其大小由电池反应的性质和条件决定，与电池的形状和尺寸无关。电动势越高的电池，理论上输出的能量越大。电池反应确定之后，电池电动势可根据能斯特方程计算得到。计算电池电动势通常有两种方式：一是通过电池反应计算电池电动势；二是分别计算正负极电极电势，电池电动势为正负极电极电势之差。当电池中所有物质处于标准状态时，电池电势称为标准电池电动势。电池电动势计算方法如下。

(1) 电池反应计算电池的电动势 恒温恒压条件下，电池两电极上进行氧化还原反应总反应自由能的减少与电池所能给出的最大电功存在如式(1-8)所示关系。若电池中所有物质都处于标准状态，则电池的电动势就是标准电动势，见式(1-9)。

$$-\Delta G_{T,p} = W_{max} = nFE \tag{1-8}$$

$$E^{\ominus} = \frac{-\Delta G_{T,p}^{\ominus}}{nF} \tag{1-9}$$

式中　　$-\Delta G_{T,p}$——电池反应的吉布斯自由能变化；

$-\Delta G_{T,p}^{\ominus}$——标准吉布斯自由能变化；

W_{max}——电池所能给出最大电功；

E——电池电动势，V；

$E^{\ominus}$——标准电池电动势，V；

F——法拉第常数，96500C/mol；

n——电池反应中得失电子数。

对于一个电池反应来说，电极反应是在分开的两个区域内进行的，否则可能会只发生化学反应而不释放电能。电池反应的表达式用式(1-10) 表示。

$$aA+bB \longrightarrow cC+dD \tag{1-10}$$

式中，a，b，c 和 d 分别为反应物 A、B 和反应产物 C、D 的化学计量系数。

根据化学等温方程式(1-11)，结合标准电极电势式(1-9) 得到电池电动势，如式(1-12) 所示。

$$\Delta G = \Delta G^{\ominus} + RT\ln\frac{a_C^c a_D^d}{a_A^a a_B^b} = -nEF \tag{1-11}$$

式中　R——气体常数，8.314J/(K·mol)；

T——热力学温度；

a_i——各组分的活度，对纯液体和纯固体，活度为1。

$$E = E^{\ominus} - RT\ln\frac{a_C^c a_D^d}{a_A^a a_B^b} \tag{1-12}$$

式(1-12) 也称为电池反应的能斯特方程，表示了电池电动势 E 与参与电池反应各组分活度之间的关系。

(2) 电极电势计算电池电动势　利用能斯特方程分别计算正负极电势，电极电势 φ 表达见式(1-13)。

$$\varphi = \varphi^{\ominus} + \frac{RT}{nF}\ln\frac{a_{Ox}}{a_{Re}} \tag{1-13}$$

式中　$\varphi^{\ominus}$——标准电极电势；

a_{Ox}——电极反应中氧化型物质的活度；

a_{Re}——电极反应中还原型物质的活度。

电池电势为正极电极电势与负极电极电势之差，因此电池电动势可表示为式(1-14)。

$$E = \varphi_+ - \varphi_- \tag{1-14}$$

式中　φ_+——正极电极电势；

φ_-——负极电极电势。

【例 1-1】 试计算 25℃时铜锌原电池的电动势。

Zn │ ZnSO$_4$($b=0.001$mol/kg) ┊┊ CuSO$_4$($b=1.0$mol/kg) │ Cu

解：电极反应式

阳极反应 Zn $\longrightarrow$ Zn^{2+} +2e$^-$

阴极反应 Cu^{2+} +2e$^-$ $\longrightarrow$ Cu

电极表达式(1-13) 中，纯固体活度为1，从相关表中可以查到反应离子的活度及电极的标准电极电势。25℃ 0.001mol/kg ZnSO$_4$水溶液的活度 $a_{\pm}=0.734$，1.0mol/kg CuSO$_4$水溶液的 $a_{\pm}=0.047$。电极反应中电子转移数 $n=2$，因此电极电位分别为：

$$\varphi_- = \varphi^\ominus (Zn^{2+}/Zn) - \left[\frac{0.05916}{2} \ln \frac{a(Zn)}{a(Zn^{2+})} \right] V$$

$$= -0.7630V - \left[\frac{0.05916}{2} \times \ln \frac{1}{0.734 \times 0.001} \right] V$$

$$= -0.8557V$$

$$\varphi_+ = \varphi^\ominus (Cu^{2+}/Cu) - \left[\frac{0.05916}{2} \ln \frac{a(Cu)}{a(Cu^{2+})} \right] V$$

$$= 0.3400V - \left[\frac{0.05916}{2} \times \ln \frac{1}{0.047 \times 1.0} \right] V$$

$$= 0.3007V$$

则电池电动势为

$$E = \varphi_+ - \varphi_- = 1.1564V$$

(3) 电动势的温度系数 从式(1-8)可以看出，电池电动势与反应体系的自由能之间存在着内在的联系。根据热力学基本方程，从自由能变化的温度关系式，得到电池反应中熵的变化：

$$\Delta S = -\left(\frac{\partial \Delta G}{\partial T} \right)_p = nF \left(\frac{\partial E}{\partial T} \right)_p \tag{1-15}$$

式中，$\left(\frac{\partial E}{\partial T} \right)_p$ 为电池电动势的温度系数，表明了某些条件下电池的性能，可以从电池反应的熵变得到。当电池电动势温度系数小于零很多时，表示放电反应放热多，电池需注意散热，否则可能导致电池过热失控，发生电池燃烧或爆炸等；温度系数大于零时，表示电池放电时从环境中吸热；温度系数等于零时即电池反应与外界无热交换。

1.4.2 电极电势

1.4.2.1 电极电势的产生

电极电势的产生是由于电极与电解质溶液间形成了具有一定电荷分布的双电层，从而产生了相间电势差，即电极电势。以丹尼尔电池的锌负极为例，将锌电极插入硫酸锌溶液中，由于金属锌和溶液中 Zn^{2+} 的化学势不同，在溶液/金属界面处发生下述交换反应：

$$Zn(s) \rightleftharpoons Zn^{2+} + 2e^- \tag{1-16}$$

Zn^{2+} 进入溶液而将电子留在锌板上，致使锌电极的电势变负，当正、逆反应速率相等达到平衡时，锌板上的电子不再增加，此时，原本电中性的 Zn 分离为 Zn^{2+} 和 e^-，产生电荷分离现象，分离的电荷通过相互吸引排列在 $Zn \mid Zn^{2+}$ 界面的两侧，形成界面电荷，如图 1-5 所示，此时金属/电解液界面处就产生了相应的电势差，称为电极电势（electrode potential），通常用 φ 表示。对于荷负电的锌电极，由于相同电荷间相互排斥，因此锌电极所带的负电荷都集中在电极的表面，而荷负电的电极表面必然会吸引溶液中的阳离子而在电极附近的液层中形成电量相同、电性相反的电荷层，形成双电层。而双电层在电极表面附近溶液一侧的离子分布存在不同的双电层模型。

1853 年，赫姆霍兹（Holmholtz）首先提出紧密双电层模型认为，电极附近液层中的离子因静电作用而在电极表面处紧密排列，如图 1-6(a) 所示。而紧密双电层模型并不能解释所有实验事实。1910 年和 1913 年古伊（Gouy）和查普曼（Chappman）分别提出分散双电层模型，即电极上的负电荷对溶液中的阳离子的静电吸引力不足以抵消离子的热运动，因此，阳离子在电极附近的液层内呈弥散分布，见图1-6（b）。古伊-查普曼模型仍然只能解释部分实验现象。1924年，斯特恩（Stern）综合了赫姆霍兹模型和古伊-查普曼模型的合理部分，建立了斯特恩双电层模型，见图1-6（c）。溶液一侧的剩余电荷一部分在电极表面形成紧密层，其余部分按照玻尔兹曼分布规律分散于表面附近一定距离的液层中，形成分散层，此模型对一些界面现象和性质有了比较合理的解释。

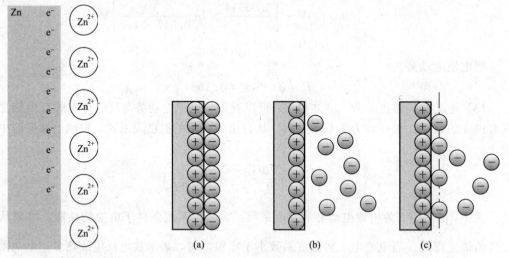

图1-5　电极/溶液界面　　　　　　　　图1-6　双电层结构模型示意图

双电层的电势分布与电荷分布情况对应，分为紧密层电势（$\varphi_M - \varphi_1$）和分散层电势（$\varphi_1 - \varphi_s$），如图1-7所示。电极电势 φ 等于电极导体电势 φ_M 与溶液电势 φ_s 之差，这是电极的绝对电势，实际是无法直接测量的，因此实际上我们采用相对电极电势，相对电势的基准就是，国际统一规定的氢标电极。

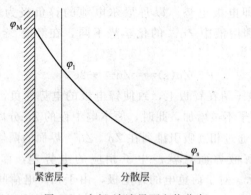

图1-7　电极-溶液界面电势分布

1.4.2.2　标准电极电势

标准氢电极的条件是氢离子活度为1，氢气压力为100kPa，任何温度下，电极电势为零。任意待测电极与标准氢电极构成电池的电动势，称为该电极的氢标电极电势，也称该电极的平衡电极电势。表1-4中为水溶液中金属离子相对于氢标的标准电极电势。

表 1-4　水溶液中金属离子相对于氢标的标准电极电势（298K①）

电极	$\varphi^{\ominus}/V$	电极	$\varphi^{\ominus}/V$	电极	$\varphi^{\ominus}/V$	电极	$\varphi^{\ominus}/V$
Li/Li^+	-3.040	Sc/Sc^{3+}	-2.03	Zn/Zn^{2+}	-0.763	Bi/Bi^{3+}	$+0.317$
Cs/Cs^+	-2.923	Pu/Pu^{3+}	-2.00	Ga/Ga^{3+}	-0.530	Cu/Cu^{2+}	$+0.340$
Rb/Rb^+	-2.924	Be/Be^{2+}	-1.99	Ga/Ga^{2+}	-0.45	Cu/Cu^+	$+0.520$
K/K^+	-2.924	Th/Th^{3+}	-1.83	Fe/Fe^{2+}	-0.44	Po/Po^{4+}	$+0.73$
Ra/Ra^{2+}	-2.916	Hf/Hf^{4+}	-1.70	Cd/Cd^{2+}	-0.403	Hg/Hg_2^{2+}	$+0.796$
Ba/Ba^{2+}	-2.92	Al/Al^{3+}	-1.676	In/In^{3+}	-0.338	Ag/Ag^+	$+0.799$
Sr/Sr^{2+}	-2.89	U/U^{3+}	-1.66	Co/Co^{2+}	-0.277	Rh/Rh^{3+}	$+0.76$
Ca/Ca^{2+}	-2.84	Ti/Ti^{2+}	-1.63	Ni/Ni^{2+}	-0.257	Hg/Hg^{2+}	$+0.853$
Na/Na^+	-2.713	Sn/Sn^{2+}	-0.1379	Mo/Mo^{3+}	-0.20	Cr/Cr^{2+}	$+0.90$
La/La^{3+}	-2.38	Ti/Ti^{3+}	-1.21	In/In^+	-0.126	Pd/Pd^{2+}	$+0.915$
Ce/Ce^{3+}	-2.34	V/V^{2+}	-1.13	Pb/Pb^{2+}	-0.126	Ir/Ir^{3+}	$+1.156$
Mg/Mg^{2+}	-2.356	Nb/Nb^{3+}	-1.10	Fe/Fe^{3+}	-0.036	Au/Au^{3+}	$+1.52$
Lu/Lu^{3+}	-2.30	Cr/Cr^{3+}	-0.74	H_2/H^+	0.000		

① 表中数据取自《兰氏化学手册》（Lange's Handbook of Chemistry）第 15 版，1999 年。

标准电极电势是定量地描述反应推动力相对大小的基本物理量，其值的大小决定了电极的本性：其值越正，表示该电对中氧化态物质越容易得到电子，是较强的氧化剂；其值越负，表示该电对中还原态物质越容易失去电子，是较强的还原剂。平衡电极电势和标准电极电势及物质反应体系中物质活度关系式已在式（1-13）中给出。当氧化态和还原态物质活度都为 1 时，平衡电极电势就是标准电极电势。如果氧化态和还原态物质的系数不是 1，则 a_{Ox} 和 a_{Re} 要乘以系数相同的次方。因此，温度和电极反应体系中各物质的浓度都会影响平衡电极电势。

1.4.3　可逆电池与实际电池

前面所述，电池电动势可用电池反应的热力学函数进行计算，电极电势用能斯特方程计算，这些计算的前提是电池都是热力学可逆电池。所谓可逆电池是指电池的总反应或每个电极上进行的化学反应可逆、能量转移可逆以及其他过程可逆，其中化学反应可逆和能量转移可逆是组成二次电池的前提条件。

化学反应可逆是指放电时电池的两个电极上进行的电化学反应必须与充电时的电化学反应完全相反。以国内外已经商品化的锂离子电池为例，电池正极材料为 $LiCoO_2$，负极是层状石墨，放电过程中电池正负极上进行的电化学反应分别为：

正极　　　　　　　$Li_{1-x}CoO_2 + xLi^+ + xe^- \longrightarrow LiCoO_2$

负极　　　　　　　$Li_xC_6 \longrightarrow 6C + xLi^+ + xe^-$

在充电时，即与放电电流相反的电流通过电池时，电池正负极上发生相反的电化学反应：

正极　　　　　　　$LiCoO_2 \longrightarrow Li_{1-x}CoO_2 + xLi^+ + xe^-$

负极　　　　　　　$6C + xLi^+ + xe^- \longrightarrow Li_xC_6$

能量转移可逆是指电池放电过程中释放的能量包括对环境的吸热或放热，全部用来对电池进行充电，使电池和环境都能完全恢复到电池放电前的状态。要想实现能量转移可逆，必须使通过电池的电流无限小，这样电极才能在接近电化学平衡的条件下进行。所谓电化学平衡是指在电极上的正逆反应速率相等。

其他可逆过程是根据电池实际情况决定的，如果电池中涉及两种及两种以上电解质溶液时，两种组成各异的溶液相互接触，由于离子浓度不同，两种溶液中离子相互扩散，形成接触电势，这种过程是不可逆的。实际电池大多使用一种电解质，正负极处在相同的电解质溶液中，就不会形成液体接界电势的不可逆过程。总体来说，可逆电池一方面要求电池的总反应可逆，另一方面要求电极上的反应都是在平衡状况上下进行，即电流应该无限小。

实际电池，无论是电池的放电过程，还是二次电池的充电过程，总是以一定的速度进行，这时的电极过程为热力学不可逆过程，电极电势偏离平衡位置，电池电压也将偏离电动势，发生电极极化，产生过电势。因此研究电极极化过程及过电势的产生，对设计电池结构和选择电池材料有着重要的意义。

1.4.4　电极极化与过电势

1.4.4.1　电极极化与过电势定义

电极上无外电流时，电极处于平衡状态，与之对应的电势是平衡电势，当有电流通过时，电极电势将偏离平衡值，电流越大，电极电势偏离平衡值越大，这种偏离平衡的现象称为电极极化。

为了定量地表示电极极化的大小，将任意电流密度下的电极电势 φ 与平衡电势 φ_e 间的差值表示为过电势 η，见式(1-17)。

$$\eta = |\varphi - \varphi_e| \tag{1-17}$$

过电势 η 始终为正值，但是电极电势偏离平衡值的方向，取决于电极上所进行的反应是氧化反应还是还原反应。

氧化反应为电极失去电子的过程，带有负电荷的离子离开电极流向外电路，电极电势随着电流的增大向正的方向变化。通过的电流越大，电势变得越正。

电极电势表示为

$$\varphi_{阳} = \varphi_e + \eta_{阳} \tag{1-18}$$

式中　$\eta_{阳}$——阳极的过电势。

还原反应为电极获得电子的过程，电子由外电路流向电极，电极电势随着电流的增大向负的方向变化。通过的电流越大，电势变得越负。

电极电势表示为

$$\varphi_{阴} = \varphi_e - \eta_{阴} \tag{1-19}$$

式中　$\eta_{阴}$——阴极的过电势。

电池放电时，正极得到电子发生还原反应，负极失去电子发生氧化反应，通电时电极电势偏离平衡，则

$$\varphi_+ = \varphi_{e(+)} - \eta_{阴} \tag{1-20}$$

$$\varphi_- = \varphi_{e(-)} + \eta_{阳} \tag{1-21}$$

则电池的端电压 U

$$U = \varphi_+ - \varphi_- = \varphi_{e(+)} - \varphi_{e(-)} - (\eta_{阴} + \eta_{阳}) = E_{可逆} - (\eta_{阴} + \eta_{阳}) \tag{1-22}$$

电池放电过程中，由于两极的极化，其端电压下降，如图1-8所示。

电池充电时，电极与放电时是相反的过程，以使活性物质回复到放电前的状态，两电极的电势均偏离平衡值，正极发生氧化反应成为阳极，负极发生还原反应成为阴极，则

阳极氧化反应

$$\varphi_+ = \varphi_{e(+)} + \eta_{阳} \tag{1-23}$$

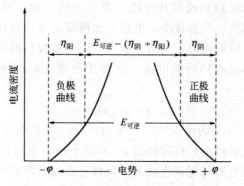

图 1-8　电池放电过程中两极的极化曲线

阴极还原反应

$$\varphi_- = \varphi_{e(-)} - \eta_{阴} \tag{1-24}$$

电池端电压

$$U = E_{可逆} + (\eta_{阴} + \eta_{阳}) \tag{1-25}$$

即充电时由于电极极化，电池端电压高于开路电压，如图 1-9 所示。

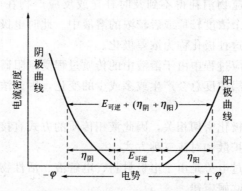

图 1-9　二次电池充电过程中电极极化曲线及电池端电压与过电势的关系

由图 1-8 和图 1-9 可以看出，由于电极极化的原因，导致放电时电池的端电压低于理论电压，表示放电过程中损失了部分电压；而充电时外加端电压高于开路电压，即多消耗了一部分能量。也就是说电极极化是电池正常工作的阻力，因此在实际的研究中，应当尽量减少极化发生，使得电化学反应顺利进行。

1.4.4.2　电极极化类型

根据电极上发生极化的作用方式不同，可以将其分为三种类型：电化学极化、浓差极化和欧姆极化。电化学极化指在电极和溶液界面间进行的、由各种类型的化学反应本身不可逆引起的极化；浓差极化指电极表面参与反应的物质被消耗而得不到及时补充，或产物在电极表面积累，而导致的电极偏离平衡电势的极化；欧姆极化是指电解液、电极材料及导电材料之间存在的接触电阻引起的极化。

(1) 电化学极化　电极过程中至少有一个步骤为电子转移步骤，即反应发生在电极和溶液界面之间，且有电子直接参与的步骤。电极过程中电子转移步骤前后通常有各种形式的表面转化步骤，可能是一个或多个，这些步骤共同组成了整个电极反应过程。无论哪一步为控制步骤，在外电路通过电流时都会引起电极电位偏离平衡位置，产生电化学极化。即有电子参与的电化学氧化或还原反应的速度比电极上电子运动的速度慢，成为电极过程的控制步骤，导致电化学极化的产生。负极放电，电极表面所带负电荷数目减少了，相对应的电极电势变正。同理，电池的正极放电时，电极表面所带正电荷数目减少，电极电势变负。

由电化学极化引起的过电势值随电流密度增加而增大，这种关系可用塔菲尔（Tafel）公式(1-26) 表示。

$$\eta = a \pm b \lg i \tag{1-26}$$

式中，η 为过电势，V；i 为电流密度，A/cm^2；a、b 均为常数。

不同电流密度下的电极过电位可以通过 a、b 值求出，也可以通过测试外电流通过电极时的电极电势，绘出电极电势与电流密度关系即极化曲线，测定电极平衡电势，从而得到极化过电位。

极化曲线可用恒流法测定，测定不同电流密度下，研究电极相对于参比电极的电势。目前可测极化曲线的电化学工作站已经相当成熟，可用仪器自动进行电流扫描或电势扫描，自动获得连续的极化曲线。但是实际的操作条件，如电极制备、溶液性质、外部温度等都对测定结果有一定的影响，因此测量时应重复测量取其平均值。

（2）浓差极化 在电极反应过程中，当电极反应可逆，可在平衡电位下进行时，电极表面附近的溶液层中由于反应物消耗得不到及时补充或反应产物在电极表面聚集不能及时疏散，导致电极类似处在一个浓度较稀或者较浓的溶液中。此时电极电位也会偏离平衡电极电位，产生过电势，通常将这种极化称为浓差极化。

浓差极化是在电极反应过程中由于溶液中的传质过程受到阻碍而产生的，而只要有电流通过电极，电极表面溶液层浓度总会产生或多或少的变化，因此浓差极化经常与电化学极化重叠在一起。

液相传质过程与浓差极化密切相关，因此液相传质的方式直接影响浓差极化的情况。液相传质有离子的电迁移、扩散和对流三种方式。

（3）欧姆极化 欧姆过电势是由于电极材料、电解液、活性物质与导电材料的接触等造成的电压降，其规律服从欧姆定律。

1.4.5 交换电流密度

当电极处于平衡状态时，电极电位为平衡电极电位 φ_e，电极上不发生宏观的物质变化，即电极材料和电解质溶液中所含的正极材料的离子在测量中没有数量的变化。但是微观上，电极上在进行着正逆两个方向的反应，只是正逆反应速率相等，即离子从溶液返回到电极的还原速率等于电极上离子氧化转移到溶液中的速率，这时电极和溶液界面间粒子的交换速率就是交换电流密度 J_0。

用一般化学分析方法不能测出交换电流密度的大小，但是用示踪原子的方法直接证明了交换电流密度确实存在，并测量了它的数值。表1-5 为常见电极反应的交换电流密度表。

表 1-5 常温下常见电极反应的交换电流密度表

电极反应	溶液组成 $c/(mol/L)$	$J_0/(A/cm^2)$
$H^+ + e^- \longrightarrow \frac{1}{2}H_2$（Hg 电极）	0.5	5×10^{-13}
$H^+ + e^- \longrightarrow \frac{1}{2}H_2$（Pt 电极）	0.1	10
$O_2 + 2H_2O + 4e^- \longrightarrow 4OH^-$	碱性溶液	$10^{-6} \sim 10^{-4}$

电极反应	溶液组成 c/(mol/L)	J_0/(A/cm^2)
$Ni^{2+}+2e^-\longrightarrow Ni$	1	2×10^{-9}
$Fe^{2+}+2e^-\longrightarrow Fe$	1	10^{-8}
$Cu^{2+}+2e^-\longrightarrow Cu$	1	2×10^{-5}
$Zn^{2+}+2e^-\longrightarrow Zn(Zn$ 电极$)$	1	2×10^{-5}
$Zn^{2+}+2e^-\longrightarrow Zn(Hg$ 电极$)$	约 0.001	7
$Pb^{2+}+2e^-\longrightarrow Pb$	1	5×10^{-8}
$Pb^{2+}+2e^-\longrightarrow Pb$	5	1.5×10^{-6}
$Ag\longrightarrow AgO$	1	2.8
$Cd\longrightarrow CdO$	6.5	2.3×10^{-2}

1.5 化学电源的性能参数

1.5.1 电池内阻

电池内阻 $R_内$ 是指电流通过电池内部时受到的使电池电压降低的阻力。影响电池内阻的因素有活性物质组成、电解液浓度和温度等。电池内阻根据电池工作条件下的极化类型分为欧姆内阻 R_Ω 和极化内阻 R_p。通常认为欧姆内阻 R_Ω 由电池的欧姆极化引起，极化内阻 R_p 由电化学极化和浓差极化引起。电池内阻为欧姆电阻和极化电阻之和。

欧姆内阻由电极材料、电解液和隔膜电阻及各部分的接触电阻组成，与电池的尺寸、结构、电极的成型方式以及装配的松紧有关。其中隔膜电阻实际表征的是隔膜的孔隙率、孔径和孔的曲折程度对离子迁移产生的阻力，以及电流流过隔膜时微孔中电解液的电阻，因此在电池生产中对隔膜材料都有电阻的要求。隔膜电阻与溶液比电阻及隔膜孔结构参数之间的关系式可表示为

$$R_M=\rho_s\tau \tag{1-27}$$

式中　　R_M——隔膜电阻；

　　　　ρ_s——溶液比电阻；

　　　　τ——隔膜结构参数，表示隔膜的孔隙率、孔径及孔的曲折程度。

极化内阻是指由电化学反应引起的电极极化而产生的电阻，包括电化学极化和浓差极化。极化电阻与活性物质的本性、电极的结构、电池制造工艺、电池工作条件（放电电流、温度等）有关。极化电阻随电流密度的增加而增加，但一般成对数关系而非直线。降低温度对电池的电化学极化、离子扩散均不利，导致电池极化内阻增加，从而使电池全内阻增加。

为了减小电极的极化，必须提高电极的活性和降低真实电流密度，而降低真实电流密度可以通过增加电极面积来实现。因此，绝大多数电极采用多孔电极，其真实面积比表观面积大很多倍，几十到几百，或更大。同时开发高活性电极材料亦是降低电池内阻的有效途径。

总之电池内阻是决定电池性能的一个重要指标，它直接影响电池的工作电压、输出功

率、工作电流等，因此对于一个实际应用的电池来说，其内阻越小越好。

1.5.2 电池电压

电池电压包括开路电压、额定电压和工作电压。

(1) 开路电压 指在开路状态下，电池正极与负极之间的电势差，一般用 $U_{开}$ 表示。开路电压的计算公式与电池电动势定义相似，但是电池开路电压并不等于电池电动势。

开路电压等于组成电池的正极混合电势与负极混合电势之差。由于正极活性物质析氧的过电势大，故混合电势接近于正极平衡电极电势；负极材料析氢的过电势大，故混合电势接近于负极平衡电极电势，因此开路电压在数值上接近于电池电动势。由于实际电池的两极电势并非平衡电极电势，因此电池的开路电压一般小于电池电动势。

电池开路电压大小取决于电池正负极材料的本性、电解质和温度条件，与电池的形状和尺寸无关。如铅酸电池开路电压为 2.0V，与其体积容量的大小无关。但对于气体电极来说，由于受催化剂影响较大，电池开路电压与电池电动势不一定接近，如燃料电池，电池开路电压因催化剂种类和数量不同而有较大的不同，常常偏离电动势较大。

电池开路电压一般由高内阻电压表测量。如果内阻不够大，如只有 1000Ω，电压为 1V 时，通过电池的电流为 1mA，这足以影响微型小电池的电极极化。

(2) 额定电压 指某一电池开路电压最低值或规定条件下的电池的标准电压，又称公称电压或标称电压。用于简明区分电池系列，通常标注在出厂待售的电池上，供用户参考。

(3) 工作电压 指电池接通负荷后在放电过程中显示出来的电压，又称负荷电压或放电电压。由于欧姆电阻和过电势的存在，电池工作电压低于开路电压，也低于电池电动势。因此电池工作电压通常表示为

$$U = E - IR_{内} = E - I(R_\Omega + R_p) \tag{1-28}$$

或

$$U = E - \eta_+ - \eta_- - IR_\Omega = \varphi_+ - \varphi_- - IR_\Omega \tag{1-29}$$

式中　U——工作电压，V；

　　　E——电池电动势，V；

　　　I——工作电流，A；

　　　R_Ω——欧姆电阻，Ω；

　　　R_p——极化电阻，Ω；

　　　φ_+——电流流过时正极电势，V；

　　　η_+——正极极化过电势，V；

　　　φ_-——电流流过时负极电势，V；

　　　η_-——负极极化过电势，V。

图 1-10 为放电时电池电压-电流特性曲线——电极极化曲线（a）和欧姆极化曲线（b）。图中曲线 a 为电池电压随放电电流的关系曲线；曲线 b 和 c 分别为正负极的极化曲线；直线 d 为欧姆内阻造成的欧姆压降随放电电流的变化。可以看出，随着放电电流的增加，正极极化、负极极化及欧姆电阻逐渐增加，因此电池的输出电压不断降低。

电池的工作电压受放电条件（如放电时间、放电电流、环境温度、终止电压等）的影响。终止电压是指电池放电时，电压下降到不宜继续放电的最低工作电压。通常高速率、低温条件下放电时，电池的工作电压将降低，平稳程度下降。此时，电极极化大，活性物质不能得到充分利用，因此终止电压应低些。相反，小电流放电时，电极极化小，活性物质利用

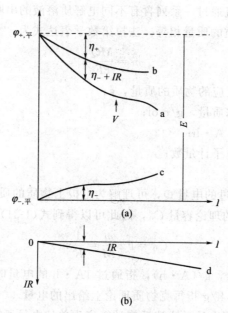

图 1-10　电池电压-电流特性曲线——电极极化曲线（a）和欧姆极化曲线（b）

充分，放电的终止电压应高些。表 1-6 为常见电池常温放电时的终止电压。

表 1-6　常见电池常温放电时的终止电压

电压制度 电池名称	10h 率	5h 率	3h 率	1h 率
Cd-Ni 电池	1.10V	1.10V	1.00V	1.00V
铅酸电池	1.75V	1.75V	1.80V	1.80V
碱性 Zn-Mn 电池	1.20V	—	—	—
Zn-Ag 电池	1.20～1.30V	1.20～1.30V	0.9～1.0V	0.9～1.0V

　　当反应产物形成新相时电压一般平稳；当电池在放电过程中只是反应物中某一组分连续变化时，则放电电压将连续变化。如果活性物质以两种价态进行氧化或还原，则工作电压随时间的变化会出现两个电压平台，如锌-银蓄电池小电流放电时的放电曲线（放电中存在 Ag 和 Ag_2O、Ag_2O 和 AgO 两种价态变化）。总之，电池工作电压的数值及平稳程度也依赖于放电条件。

1.5.3　容量和比容量

　　电池容量是指电池在一定的放电条件下所能放出的电量，通常以符号 C 表示，常用单位为 A·h 或 mA·h。比容量是指，单位质量或单位体积电池的放电容量，单位为 mA·h/g 或 mA·h/L。

　　电池容量对应于电池电压可分为理论容量、实际容量、额定容量和标称容量。

　　（1）理论容量　是指假设活性物质全部参加电池的成流反应所能提供的电量，常用 C_0 表示。电量大小可依据活性物质的质量，按照法拉第定律计算求得。

　　根据法拉第定律，电流通过电解质溶液时，在电极上发生化学反应的物质的质量与通过的电量成正比，以相同电流通过一系列含有不同电解质溶液的串联电解池时，每个电极上发生化学反应的基本单元物质的质量相等。法拉第数学表达式为

$$m = \frac{MQ}{zF} \tag{1-30}$$

式中　m——电极上发生反应的物质的质量，g；

M——反应物的摩尔质量，g/mol；

Q——通过的电量，A·h；

z——电极反应中电子计量数；

F——法拉第常数。

式(1-30)中电极上通过的电量 Q，可理解为电极上物质的质量为 m 的活性物质完全反应后释放的电量，即电池的理论容量 C_0，因此可以得到式(1-31)。

$$C_0 = Fz \frac{m}{M} = \frac{1}{K}m \tag{1-31}$$

式(1-31)中 K 为电化当量，g/(A·h)，指通过 1A·h 的电量时，电极上析出或溶解物质的质量；单位的倒数，A·h/g 指每克物质理论上给出的电量。

对于各种电池，可根据电池的成流反应计算产生单位电量所需要的活性物质的质量。从式(1-31)可以看出，当电池活性物质的质量确定后，电池的理论容量与活性物质的电化当量有关，电化当量越小，电池的理论容量越大。

从式(1-31)可以得到电化当量 K 的表达式为

$$K = \frac{M}{zF} \tag{1-32}$$

可以看出，当反应物的摩尔质量（M）越小，在电极反应中化合价变化（z）越大时，其电化当量越小，产生相同电量所需要的这类活性物质的质量越少。如金属 Zn 摩尔质量为 65.4g/mol，金属 Pb 的摩尔质量为 207.2g/mol，因此 Zn 的电化当量 [1.22g/(A·h)] 小于 Pb 的电化当量 [3.866g/(A·h)]。产生相同电量时 Zn 的需要量低于 Pb。

(2) 实际容量　指在一定放电条件下电池实际放出的电量，用符号 C 表示。实际容量的计算如下。

恒电流放电时

$$C = IT \tag{1-33}$$

恒电阻放电时

$$C = \int_0^t I \mathrm{d}t = \frac{1}{R} \int_0^t V \mathrm{d}t \approx \frac{1}{R} V_{\text{平}} t \tag{1-34}$$

式中　I——放电电流；

R——放电电阻；

t——放电至终止电压时的时间；

$V_{\text{平}}$——电池的平均放电电压，即初始放电电压和终止电压的平均值。

化学电源的实际容量总是低于理论容量。由于内阻及其他各种原因，活性物质不能完全利用。活性物质的利用率可表示为

$$\eta_{\text{利用率}} = \frac{m_1}{m} \times 100\% \text{ 或 } \frac{C}{C_0} \times 100\% \tag{1-35}$$

式中　m——电极中活性物质的实际质量；

m_1——放出实际容量所应消耗的活性物质的质量。

在实际的电池中，采用薄型电极和多孔电极以及减小电池内阻，均可提高活性物质的利用率，从而提高电池实际输出容量，降低成本。

(3) 额定容量 指设计和制造电池时，按国家或有关部门颁布的标准，保证电池在一定的放电条件下应该放出的最低限度的电量，又称保证容量，常用 $C_{额}$ 表示。因此电池的实际容量通常会在一定程度上高于电池的额定容量。

(4) 标称容量 指用来鉴别电池适当的近似值，只表明电池的容量范围，没有确切的数值。根据实际条件才能确定电池的实际容量。

另外，一个电池容量就是其正极或负极的容量，而不是正负容量之和。电池工作时正负极的电量总是相等的。实际电池设计和制造时，正负极容量一般不相等，电池容量由容量较小的电极来限制。很多实际电池设计时，通常为负极容量过剩，如镉镍电池中，为 Cd 负极容量过剩。

电池的实际放电容量跟放电方式、放电电流及终止电压有关。一般，低温或大电流放电时，终止电压可低些，此时活性物质容易利用不充分。小电流时电极极化小，活性物质利用得较充分，终止电压可高些。因此谈及电池的容量与能量时，必须说明放电的条件，通常用放电率表示。放电率是指电池放电时的速率，常用时率和倍率表示。

时率以放电时间表示放电的速率，即以一定的放电电流放完额定容量需要的时间，用 C/n 表示，其中 C 为额定容量，n 为一定的放电电流。如电池容量为 $60A \cdot h$，以 3A 电流放电，则时率为 $60A \cdot h/3A = 20h$，称电池以 20h 率放电。即放电率表示的时间越短，所用的放电电流越大；反之，所用电流越小。

倍率指电池在规定的时间内放出其额定容量时所输出的电流值，其数值等于额定容量的倍数。如 2 倍率放电时，表示为 $2C$，如电池容量为 $3A \cdot h$，则放电电流为 $2 \times 3 = 6A$。换算成小时率则为 $3A \cdot h/6A = 0.5h$ 率。按照国际规定：放电率在 $1/5C$ 以下的称为低倍率，$1/5C \sim 1C$ 称为中倍率，$1C \sim 22C$ 则为高倍率。

1.5.4 能量和比能量

电池的能量，指电池在一定的放电条件下，对外所能输出的能量，常用 $W \cdot h$ 表示，可分为理论能量和实际能量。

(1) 理论能量 指电池放电时始终处于平衡状态，其放电电压保持平衡电池电动势（E）数值，且活性物质利用率为 100%，此时电池的输出能量为理论能量（W_0）。可以表示为

$$W_0 = C_0 E \tag{1-36}$$

即可逆电池在恒温恒压下所做的最大功为

$$W_0 = -\Delta G = nFE$$

(2) 实际能量 指电池放电时实际输出的能量，在数值上等于电池实际容量与电池平均工作电压的乘积。即

$$W = CU_{平} \tag{1-37}$$

由于活性物质不可能完全被利用，所以电池的工作电压总是小于电池电动势，即电池的实际能量总是小于理论能量。

(3) 比能量 指单位体积或质量的电池所能输出的能量，称为质量比能量或体积比能量，一般用 $W \cdot h/kg$ 或 $W \cdot h/L$ 表示。用于系列电池性能比较时，可分别用理论比能量

（W_0'）和实际比能量（W'）表示。

电池的理论质量比能量可以根据正负极活性物质的理论质量比容量和电池的电动势直接计算出来。如果电解质参加电池的成流反应，还需要加上电解质的理论用量。

设正负极活性物质的电化当量分别为 K_+、K_- [g/(A·h)]，则电池的理论质量比能量为

$$W_0' = \frac{1000}{K_+ + K_-} E \tag{1-38}$$

式中　E——电池电动势，V。

有电解质参加成流反应时：

$$W_0' = \frac{1000}{\sum K_i} E (W \cdot h/kg) \tag{1-39}$$

式中　$\sum K_i$——正负极及参加电池成流反应的电解质的电化当量之和。

例如，铅酸电池的电池反应，正极 PbO_2、负极 Pb 及电解质 H_2SO_4 均参与其中，反应式为

$$Pb + PbO_2 + H_2SO_4 \longrightarrow 2PbSO_4 + 2H_2O$$

Pb、PbO_2 和 H_2SO_4 的电化当量分别为 3.866g/(A·h)、4.463g/(A·h) 和 3.671g/(A·h)，电池的标准电动势 $E^\ominus = 2.044V$。

因此，铅酸电池的理论比能量为

$$W_0' = \frac{1000}{3.866 + 4.463 + 3.671} \times 2.044 = 170.5 (W \cdot h/kg) \tag{1-40}$$

电池的实际比能量是电池实际输出的能量和电池质量（或体积）之比，

$$W' = \frac{CU_{av}}{m} \text{ 或 } W' = \frac{CU_{av}}{V} \tag{1-41}$$

式中　m——电池质量，kg；

　　　V——电池体积，L；

　　　U_{av}——电池平均输出电压，V。

由于各种因素的影响，电池的实际比能量远小于理论比能量。实际比能量与理论比能量的关系为

$$W' = W_0' K_E K_R K_m \tag{1-42}$$

式中　K_E——电压效率；

　　　K_R——反应效率；

　　　K_m——质量效率。

电压效率是指电池的工作电压与电池电动势的比值。电池放电时，由于存在电化学极化、浓差极化和欧姆压降，使电池的工作电压小于电动势。改进电极结构（包括真实表面积、孔隙率、孔径分布、活性物质粒子的大小等）和加入添加剂（包括导电物质、膨胀剂、催化剂、疏水剂、掺杂等）是提高电池电压效率的两个重要途径。

反应效率即活性物质的利用率。由于副反应存在，如水溶液电池中置换析氢反应、负极钝化反应、正极逆歧化反应等，均使得活性物质利用率下降。副反应的发生也可以通过改变如前所述的改进电极结构和加入添加剂得以改进。

质量效率是指电池中包含的不参加成流反应但又是必要的物质，如过剩设计的电极活性物质，不参加电极反应的电解质，电极添加剂如膨胀剂和导电物质等，电池外壳、电极板

栅、支撑骨架等，因而电池的实际比能量减小。如 Cd-Ni、Zn-AgO、Cd-AgO 电池中，为防止过充时负极析氢，负极通常设计其活性物质过剩量为 25%～75%。电池的质量效率 K_m 可表示为

$$K_m = \frac{m_0}{m_0 + m_s} \tag{1-43}$$

式中　m_0——假设按电池反应式完全反应时活性物质的质量；

　　　m_s——不参加电池反应的物质质量。

电压效率、反应效率与质量效率之间有着密切的联系。例如，在锌电极中添加植物纤维素和氯化汞（或锌粉汞齐化）时，减小了电池的质量效率的同时提高了电池的反应效率和电压效率。

比能量是电池性能的一个重要的综合指标，它反映了电池的质量水平，也表明生产厂家的技术和管理水平。提高电池的比能量，始终是化学电源工作者的努力目标。尽管许多体系的理论比能量很高，但电池的实际比能量却远远小于理论比能量。表 1-7 为目前投入工业生产的电池的电动势、理论比能量及实际比能量的数据。高比能量的电池，其实际比能量可以达到理论值的 1/5～1/3，因此，在研发新的高能电池时，研究目标的理论比能量要比实际要求的比能量高 3～5 倍。表 1-8 为一些高能化学电源的比能量的数据。

表 1-7　电池的电动势、理论比能量及实际比能量

电池体系	电池反应	电动势 $E_t^{\ominus}/V$	理论比能量 $W_0'/(W \cdot h/kg)$	实际比能量 $W'/(W \cdot h/kg)$	$\dfrac{W_0'}{W'}$
铅酸	$Pb + PbO_2 + 2H_2SO_4 \longrightarrow 2PbSO_4 + 2H_2O$	$2.044(E_t^{\ominus})$	170.5	10～50	3.4～17.0
镉-镍	$Cd + 2NiOOH + 2H_2O \longrightarrow 2Ni(OH)_2 + Cd(OH)_2$	$1.326(E_t^{\ominus})$	214.3	15～40	
铁-镍	$Fe + 2NiOOH + 2H_2O \longrightarrow 2Ni(OH)_2 + Fe(OH)_2$	$1.399(E_t^{\ominus})$	272.5	10～25	5.4～14.3
锌-镍	$Zn + 2NiOOH + 2H_2O \longrightarrow ZnO + 2Ni(OH)_2$	$1.765(E_t^{\ominus})$	354.6		10.9～27.3
锌-银	第一阶段 $2AgO + Zn \longrightarrow Ag_2O + ZnO$ 第二阶段 $Ag_2O + Zn \longrightarrow 2Ag + ZnO$ $AgO + Zn \longrightarrow Ag + ZnO$	$1.852(E_t^{\ominus})$ $1.590(E_t^{\ominus})$ 平均 1.721	487.5	60～160	3.1～8.2
镉-银	第一阶段 $2AgO + Cd + H_2O \longrightarrow Ag_2O + Cd(OH)_2$ 第二阶段 $Ag_2O + Cd + H_2O \longrightarrow 2Ag + Cd(OH)_2$ $AgO + Cd + H_2O \longrightarrow Ag + Cd(OH)_2$	$1.413(E_t^{\ominus})$ $1.515(E_t^{\ominus})$ 平均 1.282	270.2	40～100	2.7～6.8
锌-汞	$Zn + HgO \longrightarrow ZnO + Hg$	1.343	255.4	30～100	2.6～8.5
锌-锰（碱性）	$Zn + 2MnO_2 + H_2O \longrightarrow ZnO + 2MnOOH$	1.52①	274.0	30～100	2.7～9.1
锌-锰（干电池）	$Zn + 2MnO_2 + 2NH_4Cl \longrightarrow 2MnOOH + Zn(NH_3)_2Cl_2$	1.623①	251.3	10～50	5.0～25.1
	$Zn + 2MnO_2 \longrightarrow ZnO \cdot Mn_2O_3$	1.623①	363.7		
锌-空气	$Zn + \frac{1}{2}O_2 \longrightarrow ZnO(O_2 \text{ 不计算在内})$	$1.646(E_t^{\ominus})$	1350	100～250	5.4～13.5
锌-氧	$Zn + \frac{1}{2}O_2 \longrightarrow ZnO(O_2 \text{ 计算在内})$	$1.646(E_t^{\ominus})$	1084		
锂-二氧化硫	$Li + 2SO_2 \longrightarrow LiS_2O_4$	2.95	1114	330	3.38
锂-亚硫酰氯	$4Li + 2SOCl_2 \longrightarrow 4LiCl + S + SO_2$	3.65	1460	550	2.66
锂-二氧化锰	$MnO_2 + Li \longrightarrow MnOOLi$	3.50	1005	400	2.51

①为开路电压。

表 1-8　一些高能电池的比能量

电池名称	电池组成			比能量/(W·h/kg)		W'/W_0'
	负极	电解质	正极	W_0'	W'	
锂氟化碳电池	Li	PC+LiClO$_4$	(CF)$_n$	3280	320~480	10~7
锂氟化四碳电池	Li	PC+THF+LiAF$_4$	C$_4$F^n	2019	154	13
锂硫化铜电池	Li	MF+1.2-DME+LiClO$_4$	CuS	1100	250~300	4.4~3.7
锂氯电池	Li(液)	LiCl(650℃)	Cl$_2$(气)	2200	300~400	7.3~5.5
钠硫电池	Na(液)	Na$_2$O·11β-Al$_2$O$_3$(300℃)	S(液)	7300	150	49
锂硫电池	Li(液)	LiCl-LiI-LiF 等(380℃)	S(液)	2680	—	—

1.5.5　功率和比功率

电池的功率是指电池在一定放电制度下，单位时间内电池输出的能量，单位为瓦（W）或千瓦（kW）。单位质量或单位体积电池输出的功率称为比功率，单位为 W/kg 或 W/L。比功率的大小，表征电池所能承受的工作电流的大小，是化学电源的重要性能参数之一。一个电池比功率大，表示它可以承受大电流放电。

电池理论功率 P_0 可表示为

$$P_0 = \frac{W_0}{t} = \frac{C_0 E}{t} = \frac{ItE}{t} = IE \tag{1-44}$$

式中　t——放电时间，s；

　　　C_0——电池的理论容量，A·h；

　　　I——恒定的放电电流，A。

而电池实际功率应为

$$P = IU = I(E - IR_内) = IE - I^2 R_内 \tag{1-45}$$

式中　$I^2 R_内$——消耗于电池全内阻上的功率。

将式（1-45）对 I 微分，并令其 $dP/dI = 0$，可求出电池输出最大功率的条件，即

$$E - 2IR_内 = 0 \tag{1-46}$$

而

$$E = I(R_外 + R_内) \tag{1-47}$$

将式（1-47）代入式（1-46）得到

$$I(R_外 + R_内) - 2IR_内 = 0$$

$$R_外 = R_内 \tag{1-48}$$

即，$R_内 = R_外$ 是电池功率达到最大的必要条件。

比功率和比能量关系密切，比功率随比能量增加而降低。图 1-11 为各种电池比功率与比能量的关系。锌-银电池、钠-硫电池、锂-氯电池的比功率随着比能量的降低而增大，说明这些电池适合于大电流工作。锌-汞电池和锌-锰干电池随比功率的增加，比能量下降较快，适用于低倍率工作。

1.5.6　自放电

电池的自放电通常用自放电速率（或自放电率）来衡量，表示电池容量下降的快慢，表示为

$$自放电率 = \frac{C_a - C_b}{C_a T} \times 100\% \tag{1-49}$$

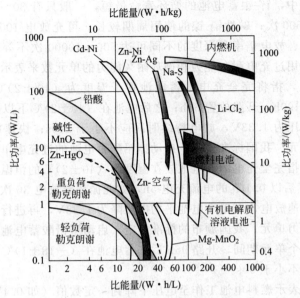

图 1-11　各种电池比功率和比能量的关系

式中　C_a、C_b——储存前后电池的容量；

　　　　T——储存时间，常用天、月或年计算。

即，自放电速率指单位时间内容量降低的百分数。

自放电主要是针对一次电池来说的，指电池储存（一定温度、湿度条件下）时正极和负极的自放电。正极自放电主要是指电极上的副反应消耗了正极活性物质，而使电池容量下降。如铅酸电池正极活性物质与板栅 Pb 发生歧化反应，消耗部分活性物质，反应如下：

$$PbO_2 + Pb + 2H_2SO_4 \longrightarrow 2PbSO_4 + 2H_2O$$

其次，从正极或电池其他部件溶解下来的杂质，其标准电极电位介于正极与负极之间时，会同时在正负极上发生氧化还原反应，消耗正负极活性物质，引起电池容量下降。另外，正极活性物质的溶解，会在负极上还原，引起自放电。

电池的负极活性物质多为活泼金属，其标准电极电位比氢电极负，在热力学上不稳定，而且当有正电性的金属杂质存在时，杂质与负极活性物质形成腐蚀微电池。因此，负极腐蚀通常是电池自放电的主要原因。

减少电池自放电的措施，一般是采用纯度高的原材料或在负极中加入析氢过电势较高的金属，如 Cd、Hg、Pb 等；也可以在电极或电解液中加入缓蚀剂，抑制氢的析出，减少电极自放电。

1.5.7　使用寿命

寿命是衡量二次电池的重要参数。蓄电池的寿命可用循环寿命来表示。电池每经历一次充电和放电，称为一次循环或者一个周期。在一定放电制度下，二次电池的容量降至某一规定值之前，电池所能耐受的循环次数称为二次电池的循环寿命。影响二次电池循环寿命的因素很多，除正确使用和维护外，还包括：①电池充放电循环过程，电极活性表面积减小，使工作电流密度上升，极化增大；②电极上活性物质脱落或转移；③电极材料发生腐蚀；④电极上生成枝晶，造成电池内部短路；⑤隔离物的损坏；⑥活性物质晶形改变、活性降低等。

各种二次电池的循环寿命有一定的差异，即使同一系列同一规格的产品，也不尽相同。

目前常用的二次电池中，锌-银蓄电池的循环寿命最短，一般只有30~100次；铅酸蓄电池的循环寿命为300~500次；碱性镉-镍的使用周期较长，可充放电1000次以上；锂离子电池循环寿命根据体系、放电倍率和深度的不同可达500~10000次不等。另外，对于启动型铅酸蓄电池，已经采用过充电耐久能力和循环耐久能力的单元数来表示其寿命。

过充电耐久能力，指将完全充电的蓄电池置于温度为（40±2）℃的恒温水槽中，用$0.1C_0$恒定电流充电100h，开路放置68h；之后电池在（40±2）℃下以启动电流快速放电至平均每个电池终止电压为1.33V，放电持续时间应不小于240s；快速放电结束，蓄电池就完成了一个过充电单元。我国标准规定，启动型铅酸蓄电池的过充电单元数至少为4。

循环耐久能力，指完全充电的蓄电池放在温度为（40±2）℃的恒温水槽中，以$0.1C_0$的恒定电流放电1h，然后以$0.1C_0$的电流充电5h，如此循环充放电36次，开路搁置96h，随即用启动电流进行快速放电，至单个电池平均电压降为1.33V，再进行完全充电，此整个过程为一个循环耐久能力单元。我国颁布的标准规定，启动型铅酸蓄电池循环耐久能力单元至少为3个，且最后一个单元期间，开路96h后，蓄电池在（-18±1）℃的条件下，以启动电流放电的放电时间应不小于60s。

燃料电池的寿命表示燃料电池工作至电压下降到一定数值（如0.4V以下）时，电池持续工作的时间。影响燃料电池寿命的主要因素包括电极性能的衰减、密封材料老化、集流体氧化等，从而导致电极极化增加、电池内阻增加、电池输出电压下降。因此燃料电池未来的研究方向为开发性能稳定的电极材料和抗氧化的集流体及抗高温的密封材料等。同时设计合理的电池管理系统，保证电池发电系统稳定运行。

1.6 多孔电极

1.6.1 特点及基本参数

多孔电极是现代化学电源中常用到的电极结构，利用多孔电极可以为研制高比能量、高比功率的电池提供更为有利的条件。

多孔结构的电极具有如下优点：

① 与平板电极相比，多孔电极具有更高的比表面积，为电化学反应提供了更多的反应活性点。电极的真实反应面积增加，使电极上的电流密度减小，减小了电池的电化学极化，因此电池能量损失减小。

② 电极的多孔性为电极活性物质在充放电过程中膨胀和收缩提供了空间，可以减少电极变形和活性物质的脱落而产生的电池短路。

③ 多孔电极可以形成薄的三相界面反应扩散层，减少扩散传质阻力，降低浓差极化。

④ 粉末状多孔电极中加入电极辅助添加剂时，易形成成分均匀、稳定的电极。

化学电源中使用的多孔电极一般是将粉末状的多孔活性物质或其与电解质材料、导电性的惰性固体微粒混合，通过一定成型方法如丝网印刷、压制烧结或化成等得到。如燃料电池中阳极或阴极均可通过丝网印刷的方式涂于电解质表面，经高温烧结后得到具有一定孔隙结构的多孔电极。而铅酸电池可以通过化成方式得到多孔结构的Pb负极。

1.6.1.1 孔隙率

多孔电极的特点是内部存在着大量的孔隙，根据孔的连通程度不同分为通孔、中通孔和闭孔，如图 1-12 所示。

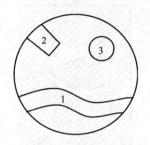

图 1-12　孔隙结构
1—通孔；2—中通孔；3—闭孔

闭孔中不能再进入或流出液体或气体，因此闭孔的体积无法直接测量。而我们通常所说的孔隙率（porosity）一般表示开孔的孔隙率，指颗粒中开孔孔隙体积与颗粒表观体积之比，可表示为

$$P = \frac{V_{孔}}{V_{表}}$$ (1-50)

式中　$V_{孔}$——孔隙的体积；

　　　$V_{表}$——多孔体的表观体积；

　　　P——孔隙率，量纲为 1，数值小于 1。

孔隙率是多孔材料最重要的特性，多孔材料的各种性能都与其密切相关。材料的密度因孔隙的存在而减小，故通常所说多孔体材料的密度称为表观密度（或视密度）。电极材料孔隙率可用压汞仪测试，并可以得到孔径分布情况。对于成型后的块状电极材料可通过阿基米德排水法测试其孔隙率。

1.6.1.2　比表面积与孔径分布

多孔材料的表面积也通常用其比表面积来表示，即指单位表观体积或单位质量的多孔体所具有的总表面积，其单位为 g/m。理论上，多孔电极的催化活性，随比表面积的增加而增加。

孔径结构也会影响电极材料的性质，一般按孔径大小可以分微孔（<2nm）、中孔（2～50nm）和大孔（>50nm）三类，不同直径的孔所占的百分数，称为孔径分布。另外，多孔体中的孔可能是弯曲的，即孔长度并不是直的，孔的长度（l）不等于多孔体的厚度（δ），如图 1-13 所示。通常称二者之比为曲折系数（T），即 $T = l/\delta$。

孔隙率和孔结构对电极材料的催化性能有很大影响，是设计高性能电极材料的重要依据。根据电极反应的特点可分为两相多孔电极和三相多孔电极。两相多孔电极特点是电化学反应在液-固两相界面上进行，如铅酸电池中的正负极。三相多孔电极的特点是电化学反应过程有气、液、固三相参与，例如金属-空气电池中的空气电极，低温燃料电池中的氢电极和氧电极，均属于三相多孔电极。

1.6.2　气体扩散电极

气体扩散电极，即为三相多孔电极，指具有一定孔隙率和很高比表面积，且能形成稳定的气液固三相反应界面的电极。在这类电极上进行的是气体电极反应，气体在固体通道内扩散，在气-液界面上进行溶解过程，在固-液界面上进行电化学反应，整个电极反应是在三相

图 1-13 曲折系数的含义

界面上进行的。

气体扩散电极的主要特点是要形成一层薄液膜，使大量气体既容易达到电极表面，又与整体溶液较好地连通。目前化学电源中所用的气体扩散电极主要有憎水型、双层多孔型和隔膜型三种。

（1）憎水型电极 一般为双层电极结构，由防水透气层、导电网和催化剂层组成。图1-14 为防水型气体扩散电极示意图。电解液通过导电网润湿催化剂层形成气液固三相反应界面，气体可通过防水透气层扩散到三相界面上，而电解液被防水层限制在催化层中，防止外漏，因此防水透气层起到了电池外壳的作用。

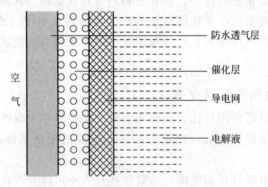

图 1-14 防水型气体扩散电极示意图

防水透气层由憎水剂组成，常用于气体扩散电极的憎水剂材料有聚四氟乙烯（PTFE）或聚乙烯（PE），具有透气不透液的功能。因此防水透气层只允许气体通过，而阻止液体通过。

多孔催化剂层由亲水的催化剂、碳和 PTFE 组成。憎水剂 PTFE 使得催化剂层中形成大量的电解液薄膜，为电极反应提供高效的反应界面。在催化层中憎水性 PTFE 及气孔形成"干区"，成为气体扩散通道；电解液及被润湿的催化剂组成"湿区"，传递电解液；而防水剂与催化剂间形成"干湿区"，为电极反应提供场所。催化层中催化剂一般为具有高催化活性的 Pt、Pb、Au、Ag、Ni 等。如图 1-15 所示的催化层的孔结构示意图，电极各层碾压成膜后，一起压制烧结成型。

（2）双层多孔型电极 是一种具有不同孔径的电极，由金属粉末分层压制及烧结而成。粗孔层面向气室，平均孔径为 $30\mu m$；细孔层面向电解液，平均孔径为 $15\mu m$，电解液可渗入细孔内。粗孔层厚度远大于细孔层厚度。当气室的压力增大时，粗孔按孔径大小顺序先后

图 1-15　气体电极催化层孔隙结构

充入气体，在粗、细孔交界面形成薄液膜，为电极反应提供三相界面。此时气体压力应满足如下条件：

$$p_1 + \frac{2\sigma\cos\theta}{r_1} < p_g < \frac{2\sigma\cos\theta}{r_2} + p_1 \tag{1-51}$$

式中　r_1——粗孔半径；

　　　r_2——细孔半径；

　　　p_1——液体静压力；

　　　p_g——气体压力。

在培根型碱性氢氧燃料电池中，曾采用过这种结构的气体电极，因此这种电极又称培根型气体电极。电极由金属 Ni 粉或羰基 Ni 粉、催化剂与造孔剂如碳酸铵混合，在模具中加压成型，再经高温烧结而成。

(3) 微孔隔膜电极　碱性燃料电池中使用的一种电极，由两个催化剂电极和微孔隔膜层（如石棉纸膜）结合而成，如图 1-16 所示。催化剂电极是由催化剂粉末与 PTFE 调和碾压而制成的电极片。隔膜的微孔孔径比电极的孔径小，所以电解液首先被隔膜吸收，再湿润电极，因此气液固三相反应界面区形成于隔膜两侧被电解液润湿的毛细孔内。这种电极易于制造，催化剂利用率较高，但电液量难以控制，控制不当易导致电极"干死"或被电解液"淹死"。

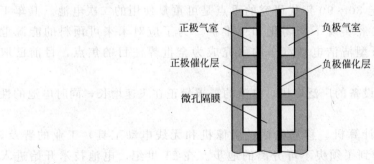

图 1-16　微孔隔膜电极

固体氧化物燃料电池（SOFC）电极活性物质为氢气和氧气。氢气极为阳极或负极，氧气极为阴极或正极。而大家通常所说的电极是指氧气或氢气发生反应的多孔催化剂，在电极反应中只加速反应的进行，本身并不被消耗。但是不同于两相多孔电极的全浸入电解液式的反应方式，电极反应是发生于固态电解质和电极催化剂的固-固界面上。SOFC 的电极反应界面也称为三相反应界面，图 1-17 为常见 SOFC 电池结构的微观结构图。因此 SOFC 的多孔电极，也可说是另一种形式的气体扩散电极。

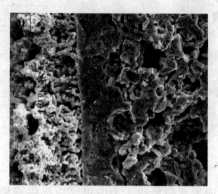

图 1-17　常见 SOFC 电池结构的微观结构图

高比表面往往使多孔电极工作时，具有更好的电化学活性，但实际上其内表面并不能均匀地用来实现电化学反应，即使全浸式电极也不例外。气体或液体在电极孔内流动的传质阻力会引起多孔电极内部反应物及产物的浓度极化，产生浓差极化电阻；固、液相电阻或电解质相内部的 IR 降，导致电极内部各处"电极/电解质相"界面上极化不均匀，使得电极的全部内表面不能同等有效地发挥作用。因此设计和研制新型高性能电极时，应综合考虑各方面的因素。

1.7　小结

在 200 多年的发展过程中，新系列的化学电源不断出现，化学电源的性能得到不断改善。纵观电池的发展，可看出具有如下一些特点和规律。

① 电池的发展与新型电器的开发和应用密切相关。

② 材料的开发利用大大促进了电池的进步。

③ 环保问题为电池的发展提出了新的要求，一次电池的大量使用造成了资源的浪费，为了节约资源，20 世纪 80～90 年代研究的重点是可重复使用的二次电池。汽车工业中大量使用的铅酸电池已经实现了密闭化和免维护。为了应对未来可预料的能源危机和减少汽车尾气污染，新型清洁电动汽车的研究成为全世界注目的焦点，目前已取得很大的进展。

④ 随着各种便携性电子设备的广泛应用，电池的需求量正在飞速增长，同时电池的性能也不断地提高和完善。

20 世纪 90 年代，4C（计算机、移动电话、摄像机和无线电动工具）工业的普及，日常生活对电池的需要已经到了须臾不可分离的地步。在 21 世纪，电池技术开始进入其发展历史的第三个百年，随着新材料的开发和应用，新理论的提出和技术问题的突破，化学电源技术肯定会开发出更多性能优异的新型电池，其性能将更为理想。而随着电子技术等科技的飞速发展及国际上对环境和资源的日益重视，化学电源未来的发展方向也必然是向着高容量、高性能、低消耗、无污染、使用寿命长、体积小和重量轻的方向发展。

思考题

1. 在化学电源系统中，电极由哪几部分组成？分别具有什么功能？

2. 一次电池和二次电池的根本区别是什么？一次电池可以充电吗？为什么？

3. 电极过电势是如何产生的？在实际电池中有何应用？

4. 影响电池内阻的因素有哪些？如何测定电池内阻？

5. 容量、能量和功率分别表征了电池哪方面的性能？启动型和储能型电池以哪种标准衡量？

6. 影响电池实际比能量的因素有哪些？如何提高电池的实际比能量？

7. 孔隙率是多孔电极的重要参数之一，目前孔隙率测试方法有几类？分别适用于哪种材料？

8. 什么是气体扩散电极？总结该类电极的类型、特点及其在化学电源中的应用。

9. 了解化学电源的产生发展历史及其产业前景。

参 考 文 献

[1] 查全性，等. 电极过程动力学导论. 第3版. 北京：科学出版社，2004.
[2] Reddy Thomas B. 电池手册. 第4版. 汪继强，刘兴江，等译. 北京：化学工业出版社，2013.
[3] 隋智通，隋升，罗冬梅. 燃料电池及其应用. 北京：冶金工业出版社，2004.
[4] 李景虹. 先进电池材料. 北京：化学工业出版社，2004.
[5] 衣宝廉. 燃料电池. 北京：化学工业出版社，2000.
[6] 郭鹤桐，覃奇贤编著. 电化学教程. 天津：天津大学出版社，2000.
[7] 李国欣. 新型化学电源技术概论. 上海：上海科学技术出版社，2007.
[8] 陈军，陶占良，苟兴龙，等编. 化学电源——原理、技术及应用. 北京：化学工业出版社，2006.
[9] 郭炳焜，等编著. 化学电源——电池原理及制造技术. 长沙：中南大学出版社，2000.
[10] [英] Colin A. Vincent，[意] Bruno Scrosati 著. 先进电池：化学电源导论. 屠海令，吴伯荣，朱磊译. 北京：冶金工业出版社，2006.
[11] 王力臻，等编著. 化学电源设计. 北京：化学工业出版社，2008.
[12] [美] 辛格哈尔（Singhal S C），[英] 肯德尔（Kendall K）著. 高温固体氧化物燃料电池：原理、设计和应用. 韩敏芳，蒋先锋译. 北京：科学出版社，2007.

第2章

锌 电 池

2.1 概述

锌是一种青白色、光亮、具有反磁性的金属，在日常生活和工业生产中仅次于铁、铝和铜，是第四常见的金属。对于简单水溶液（碱性、近中性）电池，锌几乎总是首选的负极材料，这是因为：

① 锌资源丰富，价格便宜；

② 污染低，特别是无汞化工艺推广后；

③ 电极电势较负，在碱性溶液中可达 $-0.41V$；

④ 电化学当量（$32.7g \cdot A/h$）较小，有利于提高电池的比能量；

⑤ 交换电流密度较大，在大的电流密度下，极化较小。

虽然化学电源其他负极金属材料中，锂、镁、铝这三种金属负极理论上具有更低的电极电位和更小的电化学当量，但是锂与水反应，而镁和铝在水溶液中表面处于钝态，实际电势要比理论电势高得多，且在放电时容易析出氢气，难以实际应用于密闭电池。因此，金属锌是一种比较理想的电池负极材料，截止到今天仍有许多电池系列都采用锌作为负极材料，与其他正极材料配对，构成各种一次和二次锌电池，包括锌-锰电池、锌-锰碱性电池、锌-银电池和锌-空气电池。

2.2 锌-锰干电池

2.2.1 概述

锌-锰电池全称锌-二氧化锰电池，是1868年由法国的电报工程师乔治·勒克朗谢研制成功的，因此又称为勒克朗谢电池，这是世界上第一个实用型电池，可以为电报局提供一个更可靠和容易维护的电源。锌-锰电池是以金属 Zn 为负极、以 MnO_2 为正极、以不同的隔膜和电解液组成的一种原电池。虽然锌-锰电池已有接近150年的历史，科学家也一直在努力探索更价廉物美的原电池，然而由于锌-锰电池具有结构简单、价格低廉、使用方便、不需维护、便于携带等优点，锌-锰电池仍将是全球原电池的主导产品，并且需求量会越来越大。

自 20 世纪 60 年代以来，主要的技术发展方向是致力于高容量、高功率的电池，研制出了氯化锌体系纸板电池。这一设计显著提高了电池作为重负载应用时的性能，并大大超过了氯化铵型锌-二氧化锰电池的相关性能。80 年代，针对各国节约资源、环境意识的加强的状况，以加拿大 BTI 等公司为代表的碱-锰电池公司研制出了具有准可充性能的碱性锌-锰二次电池（这部分内容将在 2.3 中阐述）。从 20 世纪 80 年代到现在，主要发展了低汞和无汞的绿色锌-二氧化锰电池。与 1910 年的电池相比，经过一个世纪改进与提高后，锌-二氧化锰干电池放电时间和储存寿命延长了 400%。

锌-二氧化锰尽管在欧美国家的使用量已逐渐下降，但在世界范围内它们仍然是所有一次电池中最常见、最常用、保持最为广泛的一种化学电源，具有价格低、随时可用及可以接受电性能等特点。

2.2.2 工作原理

锌-二氧化锰电池按照电解液的性质可以分为中性（或微酸性）和碱性两大类，其中碱性锌-二氧化锰以 KOH 溶液为电解质，其电池反应机理和电池结构与前者有很大不同，常被称为碱锰电池，将在 2.3 中阐述，本节主要介绍中性锌-二氧化锰电池，由于电解质溶液是不流动的，也称为锌-二氧化锰干电池。

锌-二氧化锰干电池以锌为负极、二氧化锰为正极、氯化铵或氯化锌的水溶液为电解质。碳（乙炔黑）与二氧化锰相混合以改善导电和保水的能力，电池放电时，在锌被氧化的同时，二氧化锰被还原。简化的电池总反应是：

$$Zn + 2MnO_2 \longrightarrow ZnO \cdot Mn_2O_3 \tag{2-1}$$

各种类型的锌-二氧化锰干电池的电池反应工作原理有所不同。

(1) 氯化铵型锌-二氧化锰电池 这类电池是最传统的锌-二氧化锰电池，电池表达式为：

$$Zn \mid NH_4Cl(ZnCl_2) \mid MnO_2$$

这类电池以氯化铵作为初始电解质，又可分为普通型和工业重负载型。

① 普通型 主要应用于低放电率间歇放电和低价格场合。它以锌为负极、氯化铵和氯化锌一起作为电解质的主要成分、淀粉浆糊隔离层为隔膜、天然二氧化锰矿（MnO_2 质量分数为 70%～75%）为正极，这类电池也常被称为传统的勒克朗谢电池。该型电池的配方和设计是费用最低的，因此被推荐作为一般目的的使用，而在这些应用中价格是比优质的服务或性能更为重要的因素。

电池的电极反应为：

负极：$\quad Zn + 2NH_4Cl - 2e^- \longrightarrow 2H^+ + Zn(NH_3)_2Cl_2 \downarrow$

正极：$\quad 2MnO_2 + 2H^+ + 2e^- \longrightarrow 2MnOOH$

电池反应：$\quad Zn + 2MnO_2 + 2NH_4Cl \longrightarrow 2MnOOH + Zn(NH_3)_2Cl_2 \downarrow \tag{2-2}$

② 工业重负载型 主要应用于中等至高放电率间歇放电和中低价格场合。电解质为氯化锌体系，少量使用氯化铵和氯化锌，电解或化学合成二氧化锰（EMD 或 CMD）单独或与天然二氧化锰矿混合用作正极。典型的隔膜是糨糊涂覆的纸板层。由于隔离层变薄，锰粉的填充量增大，极间距减小，内阻减小，所以容量及放电电流都有所增大，放电容量比普通型提高 1.5～2.0 倍。该型电池适用于重负载间歇放电、工业应用或中等负载连续放电应用。

电池反应：$Zn + 2MnO_2 + NH_4Cl + H_2O \longrightarrow 2MnOOH + NH_3 + Zn(OH)Cl$

长时间间歇放电：$Zn + 6MnOOH \longrightarrow 2Mn_3O_4 + ZnO + 3H_2O$

（2）氯化锌型锌-二氧化锰电池　电池表达式为：

$$Zn \mid ZnCl_2(NH_4Cl) \mid MnO_2$$

电池的电极反应为：

负极：

$$4Zn - 8e^- \longrightarrow 4Zn^{2+}$$

$$4Zn^{2+} + H_2O + 8OH^- + ZnCl_2 \longrightarrow ZnCl_2 \cdot 4ZnO \cdot 5H_2O$$

正极：

$$8MnO_2 + 8H_2O + 8e^- \longrightarrow 8MnOOH + 8OH^-$$

电池反应：$4Zn + 8MnO_2 + 9H_2O + ZnCl_2 \longrightarrow 8MnOOH + ZnCl_2 \cdot 4ZnO \cdot 5H_2O$ （2-3）

或　　$Zn + 2MnO_2 + 2H_2O + ZnCl_2 \longrightarrow 2MnOOH + 2Zn(OH)Cl$ （2-4）

长时间间歇放电：$Zn + 6MnOOH + 2Zn(OH)Cl \longrightarrow 2Mn_3O_4 + ZnCl_2 \cdot 2ZnO \cdot 4H_2O$

（2-5）

注：$2MnOOH$ 有时被写成 $Mn_2O_3 \cdot H_2O$，而 Mn_3O_4 被写成 $MnO \cdot Mn_2O_3$，同时，在延长放电时间条件下，$MnOOH$ 相对于 Zn 的电化学放电不能提供有用的工作电压。

这类电池以氯化锌作为电解质，副反应比 NH_4Cl 型的少，内阻较小，因此这种电池的连续放电性能要优于 NH_4Cl 型。又可分为普通型、工业重负载型和超重负载型。

① 普通型　主要应用于低放电率间歇和连续放电以及低价格场合，是一种纯"氯化"电池，并具有高档次电池的某些重负载特性。这类电池的电解质是氯化锌，但有些制造商加入少量氯化铵（质量分数 4%～6%），而正极采用了天然二氧化锰矿，隔膜用浆层纸，该类型电池 1970 年开始生产。该电池的配方和设计可以与氯化铵型锌-二氧化锰普通型电池的价格相竞争。可用于一般目的的应用，包括间歇和连续放电的场合，大多为低价格市场。

② 工业重负载型　主要应用于低至中等电流连续放电、高放电率间歇放电以及低至中等价格场合。与普通型不同的是正极采用了天然二氧化锰矿与电解二氧化锰混合物，隔膜采用纸板，其上涂覆了交联或改性的糊糊，使电解质的稳定性得到提高。可用于重负载应用的场合，具有低漏液的特点。

③ 超重负载型　主要应用于中等至重负载连续放电与重负载间歇放电，价格较高，属于氯化锌型电池系列的高档次产品。它的正极活性物质单独使用电解二氧化锰（EMD）；隔膜与重负载型相同，低温和防漏性能有明显提高，被推荐用于需要优异的性能且可以接受高价格的应用场合。

这种电池的理论上质量比容量可达 $224A \cdot h/kg$，考虑到电解质、炭黑和水分等非活性物质，其质量比容量大约为 $96A \cdot h/kg$，这是通用型电池所具有的最高比容量，也是某些大型电池在特定放电条件下，可以接近地放出的比容量。实际使用时，考虑到电池组成和放电效率等所有因素，在间歇放电条件下，当负载非常小时，质量比容量可达 $75A \cdot h/kg$，而负载大时仅为 $35A \cdot h/kg$。

氯化铵型电池和氯化锌型锌-二氧化锰电池的优点和缺点的比较，见表 2-1。

表 2-1　氯化铵型电池与氯化锌型电池的主要优点和缺点

项目	优点	缺点	一般评价
标准氯化铵型电池	低成本； 每瓦时成本低； 形状、尺寸、电压、容量灵活设计、灵活配方； 使用广泛，易获得； 可靠性高	体积比能量低； 低温性能差； 滥用条件下抗泄漏能力差； 高放电率下效率低； 储存寿命比较差； 电压随放电下降	低温下储存寿命长； 间歇放电容量高； 放电电流增加，容量降低； 电压缓慢降低可用来预告寿命即将终止

项目	优点	缺点	一般评价
标准氯化锌型电池	体积比能量较高； 更好的低温性能； 抗泄漏能力强； 高放电率下效率高	高产气率； 因为对氧气高度敏感，故需要良好的密封体系	电压随放电下降； 抗冲击能力强； 低或中等的初始成本

2.2.3 电池结构

锌-二氧化锰干电池具有多种尺寸和多种设计，但基本结构只有圆柱形和平板式两种。在两种结构中使用的是相似的化学体系和成分。

2.2.3.1 圆柱形电池结构

在普通氯化铵型圆柱形电池中，锌筒起着容器和负极的双重作用；正极由二氧化锰、乙炔黑和碳棒三部分组成，其中二氧化锰为活性物质，乙炔黑为导电剂，碳棒为集流体。二氧化锰与乙炔黑混合均匀后用电解液润湿，然后以碳棒为中心压制成具有一定强度的碳包。这种多孔体，既可允许电池中积聚起的气体逸出，又可防止电解质泄漏出来，隔膜将两个电极机械隔离开来，同时又提供了离子迁移（通过电解质介质）的途径。单体电池用金属、厚纸板、塑料或纸套管包封起来，既美观，又可以降低电解质的泄漏。

氯化锌型圆柱形电池与氯化铵型圆柱形电池不同，它通常有一个自动恢复功能的排气密封装置，作为集流体的碳棒用蜡涂覆密封，堵塞住所有排气通道。由此排气只能限制于这个密封处的排气孔，既可以防止电池内部干涸，又可以限制储存期间氧气进入电池，此外由锌腐蚀产生的氢气也可以从电池内安全排出。

2.2.3.2 反极式圆柱形电池

另一圆柱形电池为反极（inside-out）式（负极在内，正极在外）结构。在这类电池结构中不再采用锌负极作为容器。这种结构使锌的利用率显著提高，而防漏性能更好。但是自20世纪60年代以来就没有再生产。在该电池设计中，模塑成型的不透水的惰性碳壁起着电池容器和电流集流体的双重功能。叶轮状锌负极位于电池内部，并被正极混合物所包围。

2.2.3.3 叠层电池和电池组

在这种结构中，利用在锌片上涂覆填充碳的导电涂料或者是将锌片与填充碳涂料的薄膜压制在一起，形成一个双电极。这种涂覆可以提供锌负极的电接触，又使它与邻近的下一个电池的正极隔开，同时它起到正极集流体的作用。该电池结构不存在空气室和碳棒。采用导电性聚异丁烯膜替代导电性涂料和黏结剂。这些结构方法可以简便地用于装配多电池电池组。由叠层电池组合的电池组，其体积比能量大约是圆柱形电池组的2倍。

利用金属条将组合电池的末端与电池组的接线端子连接起来（如9V电池组），适用于各种装配模式。装配后通常用蜡或塑料包裹，使电池组具有良好的清洁度并提供附加的防漏保证。

2.2.3.4 特殊设计

为特殊应用所做的一些设计目前尚在使用中，这些设计展示了可用于特殊用途和设计的创新水平。

2.2.4 电池组成

2.2.4.1 锌

电池级锌纯度为 99.99%，但用来制造锌筒的锌合金却含有高达 0.3% 的镉和 0.6% 的铅。不溶于合金的铅对锌筒成形的性能有作用，不过含量过高会使锌变软。铅还可以提高氢气析出的过电位，如同汞一样，它能起到腐蚀抑制剂的作用。镉可以提高锌在常规干电池电解质中的耐腐蚀性和增加合金的强度。对于拉伸成形锌筒，其镉含量仅为 0.1% 或更少，这是因为含量过高会给拉伸造成困难。锌筒一般可用以下三种方法制备：

① 先将锌轧成薄板，然后卷成圆柱形。

② 锌通过直接拉伸成筒形。

③ 采用厚的圆饼状锌冲压成形，至今仍广泛采用。

应当注意金属杂质如铜、镍、铁和铬等均可引起锌在电池电解质中的腐蚀反应，必须予以避免，特别是不含汞的情况。另外铁还可使锌变硬，使其加工变得困难。锡、砷、锑、镁等可使锌变脆。锰是令人满意的镉的替代品，并已经在合金中添加与镉相似含量的锰以提高硬度。锌合金中用锰代替镉后其操作性适当，但不能像镉那样增强抗腐蚀性。

2.2.4.2 碳包

碳包即正极，有时亦称为炭黑混合料、去极剂或正极。它由被电解质所润湿的 MnO_2 粉和炭黑粉所组成。炭黑起着增加正极的导电性和保持电解质的双重作用。正极物质的混合和成形工艺也是很重要的，决定了正极混合物的一致性。在各种成形方法中，混合物挤出方式和压制注入方式是使用最广泛的。碳包中 MnO_2 和炭黑的质量比通常为 3:1，有时也可高达 11:1。

2.2.4.3 二氧化锰

MnO_2 是正极活性物质，是决定电池性能的主要原材料之一，其晶型、来源、颗粒大小等对电池性能有很大的影响。二氧化锰晶体主要为 $[MnO_6]$ 八面体构型，与相邻的八面体以共棱或共顶点的方式相结合，形成各种晶型，如 α、β、γ、δ 型等，它们的几何形状和尺寸不同。

MnO_2 晶体中 $[MnO_6]$ 八面体单元彼此连接的方式不同，导致了链/隧道式结构与层/片状结构两大类不同类型的晶体结构。链状结构包括 α、β、γ 型，其中 α 型 MnO_2 是 (2×2) 隧道结构，β 型 MnO_2 是 (1×1) 单链或隧道结构，γ 型 MnO_2 是单链和双链互生结构，即由 (1×1) 和 (1×2) 隧道结构互生；δ 型 MnO_2 则是片状或层状结构。当 MnO_2 还原时，电子和氢离子扩散到晶格中，Mn^{4+} 被还原成为 Mn^{3+}，H^+ 与氧离子结合成为 OH^-，进而形成 $MnOOH$。α 型 MnO_2 的隧道截面积虽然较大，但因隧道中经常含有 K^+、Na^+、Pb^{2+} 等离子使其堵塞，氢离子的扩散受到阻碍，所以其活性比较低。β 型 MnO_2 因为是单链结构，截面积较小，H^+ 扩散比较困难，因而极化较大。γ 型 MnO_2 中因含有双链结构，截面积较大，氢离子扩散比较容易，因而过电势小，反应活性高。因此 MnO_2 的三种晶型的电化学反应能力差别较大，其中以 γ 型 MnO_2 活性最高，α 型 MnO_2 次之，β 型 MnO_2 最差。

MnO_2 来源不同，它的物理化学性质和放电性能也有较大差异。干电池中所使用的二氧化锰（MnO_2）一般可分为天然二氧化锰（NMD）、活化二氧化锰（AMD）、化学合成二氧化锰（CMD）和电解二氧化锰（EMD）。其中电解二氧化锰纯度高（含量为 $90\%\sim95\%$），化学活性好，价格最贵，具有 γ 型结构，可提高放电能力，使电池输出更高的容量，因此它被用在重负载工业型电池中，电解二氧化锰比化学和天然二氧化锰的极化要小得多。天然锰矿中最好的电池级二氧化锰含量为 $70\%\sim85\%$。

二氧化锰的还原机理及过程如下：

(1) 二氧化锰阴极还原过程 二氧化锰是锌-二氧化锰电池的正极，电池放电时被还原为低价态锰的化合物，并伴随着电极电势的降低，导致电池工作电压下降。由于二氧化锰是一种半导体，导电性不良，因此其阴极还原过程不同于金属电极，其还原过程非常复杂，存在多种机理，比如：质子-电子机理、两相机理、Mn（Ⅱ）离子机理、黑锌锰矿机理等。其中质子-电子机理能够解释电池反应过程中的许多现象，并且有一定的实验和理论支持，得到了较多学者的认可。这种机理认为 MnO_2 的电极反应首先是 MnO_2 被还原为 $MnOOH$，然后是 $MnOOH$ 的转移。前者称为初级过程，后者称为次级过程。

① 初级过程 MnO_2 是粉状电极，电极反应在 MnO_2 颗粒表面进行。首先是四价锰在同一固相内被还原为低价氧化物 $MnOOH$，称初级反应。电子-质子理论认为 MnO_2 晶格是由 Mn^{4+} 与 O^{2-} 交错排列而成。反应过程是液相中的质子（H^+）通过两相界面进入 MnO_2 晶格与 O^{2-} 结合为 OH^-，同时从外电路来的电子也进入锰原子外围，使 Mn^{4+} 还原为 Mn^{3+}。原来 O^{2-} 晶格点阵被 OH^- 取代，Mn^{4+} 被 Mn^{3+} 取代，形成 $MnOOH$（水锰石）。反应方程式为：

$$MnO_2 + H_2O + e^- \longrightarrow MnOOH + OH^-$$

MnO_2 和 $MnOOH$ 虽然是两种物质，但是在同一固相内进行的物质转换，而且因为 H^+ 只有在固/液界面处才能顺利地转移，所以 $MnOOH$ 的生成反应必须是在固/液界面上进行的。由此可知，大量的固/液界面，对此初级过程十分有利。

值得注意的是，H^+ 的来源取决于溶液。在酸性溶液中，由酸的电离提供；而在中性溶液中，由 NH_4Cl、$ZnCl_2$ 的水解来提供；在碱性溶液中，NH_4Cl 来源于水的电离。当有 NH_4Cl 存在时，反应也可以写成：

$$MnO_2 + NH_4Cl \longrightarrow MnOOH + NH_3 \uparrow + Cl^-$$

经 X 射线衍射分析表明，MnO_2 固相中确实存在 $MnOOH$，证实了这一机理初级过程的正确性。

② 次级过程 初级过程生成的 $MnOOH$，沉积在 MnO_2 的表面，会阻止液相中的 H^+ 向固相中扩散。因此电化学反应要继续进行必须将固相表面的 $MnOOH$ 移除。MnO_2 还原生成的 $MnOOH$ 与电解液进一步发生化学反应或以其他方式离开电极表面的过程，称次级反应。次级反应使 $MnOOH$ 发生转移。在不同 pH 的溶液中，$MnOOH$ 的转移方式和速度有所不同。$MnOOH$ 转移有两种方式，即歧化反应和固相质子扩散。

a. 歧化反应 pH 值较低时，$MnOOH$ 的转移按下式进行。

$$2MnOOH + 2H^+ \longrightarrow MnO_2 + Mn^{2+} + 2H_2O$$

通过此反应，电极表面的 $MnOOH$ 分子被氧化为 MnO_2 和还原为 Mn^{2+}，其中 Mn^{2+} 进入了溶液，从而实现了转移。pH 值降低，有利于歧化反应的进行。在 $pH<2$ 的酸性溶液中，歧化反应可以顺利进行；当 H^+ 浓度较低时，歧化反应速度降低，电极表面的 $MnOOH$ 就难以完全按照歧化反应进行转移了。

b. 固相质子扩散 MnO_2 属半导体，自由电子很少，大部分电子束缚在正离子的吸引范围内，称作束缚电子。MnO_2 还原时，从外电路来的自由电子进入 MnO_2 晶格后变为束缚电子，它们能在正离子之间跳跃，依次跳到邻近 OH^- 的 Mn^{4+}，使 Mn^{4+} 还原为 Mn^{3+}。H^+ 也能从一个 O^{2-} 位置跳到邻近另一个 O^{2-} 的位置上，称作固相质子扩散。扩散的推动力是质子浓度差。首先在电极上发生的电化学反应是：

$$MnO_2 + H_2O + e^- \longrightarrow MnOOH + OH^-$$

生成 $MnOOH$ 分子，故电极表面质子浓度很高，O^{2-} 浓度不断降低，而晶格深处仍有大量 O^{2-}，相当于质子浓度很低。即表面层中 H^+ 浓度大于内层 H^+ 浓度，或表面层中 O^{2-} 浓度小于内层 O^{2-} 浓度，引起电极表面层与电极内部 H^+ 和 O^{2-} 的浓度梯度，在此浓度梯度的驱动作用下，表面层中质子不断向内层扩散，并与内层 O^{2-} 结合成 OH^-。同时，Mn^{4+} 也捕获从外电路来的电子生成 Mn^{3+}，就形成了质子和 Mn^{3+} 不断向电极内部扩散的效果，相当于 $MnOOH$ 向电极深处转移，结果使得 MnO_2 表面上的水锰石不断向固相深处转移，同时生成了新的 MnO_2 表面，电极表面层中的电化学反应得以继续进行。

实际上，歧化反应和固相质子扩散是同时进行的。在酸性溶液中，由于 H^+ 浓度高，歧化反应可以顺利进行，因此 $MnOOH$ 的转移在酸性溶液中主要以歧化反应的方式进行；而在碱性溶液中，由于 H^+ 较少，歧化反应进行困难，因此，$MnOOH$ 在碱性溶液中的转移主要以固相质子扩散的方式进行。而在中性溶液中，则两种方式都存在。

(2) MnO_2 阴极还原的控制步骤　　MnO_2 阴极还原反应中，电化学反应速率比较快，也就是 $MnOOH$ 的生成速率很快，而电极表面 $MnOOH$ 的转移速率比较慢，因此，$MnOOH$ 的转移步骤也就是次级过程成为 MnO_2 阴极还原的控制步骤。

在不同 pH 的溶液中，$MnOOH$ 的转移方式不同，控制步骤也随之不同。

① $MnOOH$ 在酸性溶液中的转移——歧化反应　　在酸性溶液中，MnO_2 放电的一次过程为：

$$MnO_2 + H^+ + e^- \longrightarrow MnOOH$$

在酸性溶液中有足够的 H^+，因此二次过程中 $MnOOH$ 的转移方式以歧化反应的方式进行：

$$2MnOOH + 2H^+ \longrightarrow MnO_2 + Mn^{2+} + 2H_2O$$

电极总反应为：

$$MnO_2 + 4H^+ + 2e^- \longrightarrow Mn^{2+} + 2H_2O$$

测试放电溶液中 Mn^{2+} 的含量，证明了上述反应的正确性。

MnO_2 在酸性溶液中放电时，初始阶段在电极表面生成的 $MnOOH$ 的量不能被及时转移出去，从而使 $MnOOH$ 在电极表面快速积累，导致 MnO_2 电极电势下降，出现较大极化；随着反应的继续进行，在表面层中积累了大量 $MnOOH$，使歧化反应速率大大加快，最后 $MnOOH$ 的生成速率与转移速率相等，极化达到稳定状态。另外电极附近 pH 值的升高和 Mn^{2+} 浓度的增大也会使电极电势下降。断开电路一段时间，歧化反应可以继续进行，直至电极表面的 $MnOOH$ 全部被转移至电极深处，MnO_2 电极表面组成又恢复到放电前的状态，极化也随之消除。

② $MnOOH$ 在碱性溶液中的转移——固相质子扩散　　在碱性溶液中，MnO_2 放电的一次过程为

$$MnO_2 + H_2O + e^- \longrightarrow MnOOH + OH^-$$

在碱性溶液中 H^+ 的浓度很低，难以进行歧化反应，因此电极表面生成的 $MnOOH$ 主要以固相质子扩散的方式进行转移。由于固相质子扩散速度比较慢，因此该步骤成为整个反应的控制步骤。在反应过程中，电极表面中的 H^+ 难以及时扩散到电极内部，导致电极表面

层中 MnOOH 的大量积累，阻碍了反应的进行，使电极极化增大。另外，溶液中 OH^- 的浓差极化、正极组分的不断变化也可以引起 MnO_2 电极的极化，一般来讲，固相中的质子扩散是主要原因，因此通常情况下，碱性溶液中 MnO_2 电极的还原过程受质子固相扩散步骤控制。

MnO_2 电极在碱性溶液中的平衡电势不仅受溶液中 OH^- 浓度影响，而且与 MnO_2 颗粒表层中 O^{2-} 浓度和 H^+ 浓度有关。随着放电的进行，由于 H^+ 在固相内部扩散速度较慢，不能很快地离开电极表面扩散到电极内部，使 H^+ 在表面层中浓度增大，必然造成 MnO_2 表面层 O^{2-} 浓度下降。同时由负极来的电子不能及时地在 MnO_2 电极上将 Mn^{4+} 还原为 Mn^{3+}，使得正极上有负电荷积累，引起正极电势下降。这种由于 H^+（或 O^{2-}）在 MnO_2 电极内固相扩散的迟缓性引起的极化称为"同相浓差极化"，也叫"特殊浓差极化"。显然，MnO_2 阴极还原速率越大，表面层中 O^{2-} 浓度下降越大，MnOOH 积累越多，电极极化越大。随着放电深度的增加，MnO_2 中活性氧的含量持续地减少，反应产物是一种组分可变的化合物，所以 MnO_2 的稳定电势随时间延长不断下降，且极化程度比酸性溶液中要大。在放电停止后，固相中的质子扩散仍继续进行，使 MnO_2 的电势有所恢复，电极表面生成的 MnOOH 靠固相质子扩散也只能消除一部分，电极表面无法恢复到初始状态，因此断电后稳定电势无法恢复到放电初始的电势值。

③ MnOOH 在中性溶液中的转移——混合方式　在中性（实际是微酸性）溶液中，整个还原过程为混合控制，既受歧化反应，又受固相质子扩散过程控制。放电的一次过程为：

$$MnO_2 + H^+ + e^- \longrightarrow MnOOH$$

由于反应要消耗 H^+，所以电极附件 pH 值升高，反应所需的 H^+ 由中性盐的水解提供。根据广义酸碱理论，NH_4^+ 也能提供 H^+，其反应方程式为：

$$MnO_2 + NH_4^+ + e^- \longrightarrow MnOOH + NH_3$$

放电时所生成的 MnOOH 一方面通过固相质子扩散向电极内部转移，另一方面通过歧化反应向溶液中转移。歧化反应方程式为：

$$2MnOOH + 2H^+ \longrightarrow MnO_2 + Mn^{2+} + 2H_2O$$

$$2MnOOH + 2NH_4^+ \longrightarrow MnO_2 + Mn^{2+} + 2NH_3 + 2H_2O$$

歧化反应过程中，不仅消耗了溶液中的 H^+ 和 NH_4^+，同时电极附近有水和 Mn^{2+} 的生成。

在以 NH_4Cl 为主的电池中加入 $ZnCl_2$ 时，Zn^{2+} 能够将歧化反应所生成的 NH_3 及时除去，有利于降低极化。当溶液中的 pH＝6～7 时，可生成二氨基氯化锌：

$$Zn^{2+} + 2NH_3 + 2Cl^- \longrightarrow Zn(NH_3)_2Cl_2 \downarrow$$

当溶液中的 pH＝8～9 时，可生成四氨基氯化锌：

$$Zn^{2+} + 4NH_3 + 2Cl^- \longrightarrow Zn(NH_3)_4Cl_2 \downarrow$$

在中性溶液中，电极的极化同样是由于 MnOOH 在电极表面积累所引起的，它既有质子在固相中扩散的迟缓性，也有歧化反应的缓慢性；同时液相中的浓差极化、电极组分随放电不断地进行变化、反应所产生的沉淀产物等都可以引起电极的极化，但是 MnOOH 的转移仍是电极极化的主要原因，是控制步骤。

值得注意的是在中性溶液中的极化要比碱性溶液中大得多。关于 MnO_2 电极在中性溶液中的放电机理至今尚未完全清楚，多数研究者用水化 MnO_2 的两性离解来解释。二氧化锰中含有一定量的结合水，它以 OH 基结合在晶格点阵中。实验已经证实，含有结合水的二氧化锰对阳离子及阴离子有吸收和交换能力，氢可以从结合水中释放出来。

带有结合水的 MnO_2 的结构式可以表示成：

$$O=Mn\begin{matrix} OH \\ OH \end{matrix}$$

并存在下列平衡：

$$O=Mn\begin{matrix} O^- \\ OH \end{matrix} +H^+ \Longleftrightarrow O=Mn\begin{matrix} OH \\ OH \end{matrix} \Longleftrightarrow O=Mn^+\begin{matrix} OH \\ \end{matrix} +OH^-$$

含有结合水的二氧化锰，在碱性溶液中平衡会向左方移动。在固相中，可能有一部分 H^+ 从 OH 基中游离出来，或者使 OH 基中氢原子与氧原子之间结合力减弱，导致碱性溶液中质子在固相中的扩散速度增加，有利于水锰石向固相深处转移。所以碱性溶液中二氧化锰电极的极化比较小，而中性溶液里没有这个有利条件，使得质子在固相中的扩散比碱性溶液中还困难，同时歧化反应速率也较小，导致中性溶液中的电极极化比酸性和碱性溶液中都要大。用红外光谱法测出电解 MnO_2 中含结合水 3.8%～5%。天然锰矿含结合水 1%～4.7%，如果加热处理二氧化锰使其失去结合水，则二氧化锰阴极的极化显著增加。

2.2.4.4 炭黑

炭黑是一种化学惰性材料。它的主要作用是改善 MnO_2 的导电性，通过混合工序在二氧化锰粒子表面上包覆一层碳来实现导电。另外它还起着保持电解质并使碳包具有可压缩性和弹性的功能。目前炭黑基本由乙炔黑取代了石墨，它的主要优点是可使碳包有更大的保持电解质能力，表现出优越的间歇放电能力。

2.2.4.5 电解质

一般的锌-二氧化锰干电池使用 NH_4Cl 和 $ZnCl_2$ 的混合物为电解质，但以前者为主。氯化锌型锌-二氧化锰干电池则仅使用 $ZnCl_2$，但可添加少量的 NH_4Cl 来保证高放电率放电性能。

典型的锌-二氧化锰干电池的电解质配方见表 2-2。

表 2-2 锌-二氧化锰电池的电解质配方

成分	质量分数/%	成分	质量分数/%
电解质 1		电解质 2	
NH_4Cl	26.0	$ZnCl_2$	15～40
$ZnCl_2$	8.8	H_2O	60～85
H_2O	65.2	锌缓蚀剂	0.02～1.0
锌缓蚀剂	0.25～1.0		

2.2.4.6 缓蚀剂

常见的锌缓蚀剂是汞或氯化汞，并与锌形成锌汞齐；铅和镉存留在锌合金中也可以对锌电极提供保护；铬酸钾或重铬酸钾在锌表面上形成氧化膜使其钝化而受到保护；而有机表面活性剂则从溶液中自动涂覆到锌表面上，由此可以提高电极表面的润湿，使电位分布均匀。但出于环保要求，汞和镉被限制，带来了诸如密封、搁置可靠性、泄漏等要解决的技术问题。这对氯化锌电池来说是严重的，因为低 pH 值的电解质会因为锌的溶解导致更多氢气的形成。可以用 Ga、In、Pb、Sn、Bi 来代替汞。它们或者以锌合金的形式，或者以盐的形式加入到电解质中。其他有机物如乙二醇和硅酸盐也可以提供一定保护。另一个限制是关于铅的使用，事实上已经更加严格限制了。

2.2.4.7 碳棒

圆柱形电池中的碳棒（插在碳包中间）起着集流体的作用。另外在没有泄气阀的系统中还起到泄气阀的作用。它通常由碳、石墨、黏结剂经压缩，挤出并烘干成型，其电阻非常低。未经处理的碳棒是多孔的，为阻止电池中的水分逸出及电解质的泄漏，需要用足够的油或蜡来处理，但还应保持足够的孔隙率以保证氢气的析出。理想情况下，处理过的碳棒应只允许内部产生的气体析出，而不允许大气中的氧气进入电池内部。含可恢复式塑料泄气阀的氯化锌型电池采用插入式非孔性电极。这使得内部气体只能从设计的气体通道安全泄出，不仅防止了电池干涸，而且限制了氧气进入电池。

2.2.4.8 隔膜

隔膜将锌和碳包机械地隔开，使其相互间保持电绝缘。但允许离子借助隔膜中包含的电解质进行传导。隔膜可分成两类：一类是凝胶化的糨糊；另一类是涂有谷物糨糊或其他凝胶剂，如甲基纤维素的纸板。

第一类隔膜是先将糨糊加到锌筒中，然后接着将预先成型的碳包（带有碳棒）插入锌筒，迫使糨糊沿锌筒和碳包夹层间的锌筒内壁上升，在短时间内糨糊就发生凝聚或胶化。典型的糨糊电解质含有氯化锌、氯化铵、水，并用淀粉或面粉作凝胶剂。第二类隔膜是一面或两面涂有谷物或其他胶凝剂的特殊纸板。

2.2.4.9 密封

密封剂可以是沥青、石蜡、松香或塑料（聚丙烯或聚乙烯）。密封剂可以阻止水分的蒸发以及防止由氧气进入而导致的腐蚀现象的发生。

氯化铵型电池通常采用热塑性材料密封。这种方法便宜且易于实现。高级氯化铵型电池和几乎所有的氯化锌型电池都用注射模塑法密封。这种密封将自身融入正极泄气密封的设计当中，并且更为可靠。氯化锌型电池结构中采用模制密封，获得了好的储存特性。

2.2.4.10 外套

电池的外套可以用各种材料来制备，如金属、纸、塑料、聚酯薄膜、纸板或涂有沥青衬里的纸板或金属箔，这些材料可以单独使用也可复合使用。外套具有提高强度及保护、防漏、电绝缘、装饰和供贴厂家商标等作用。在很多制造商的设计中，外套是密封系统的一部分。它将密封件固定在适当的位置，提供一个泄气通道，或对密封件起支撑作用，使其在内部压力下弯曲。在反极结构中，外套紧密包裹着模具冲压成型的碳-石蜡集流体。

2.2.4.11 端子（或极柱）

大多数电池的顶部和底部都覆盖有镀锡钢板（或黄铜）制成的端子，从而实现了电池的封闭和电接触，并防止了任何锌的暴露，从而也使外观美化。一些电池的底盖安置于锌筒上，另一些则固定在纸套上。电池的顶帽总是套在碳电极上。所有的设计都考虑到了使接触电阻最小化。

2.2.5 电池特性

2.2.5.1 电压

(1) 开路电压 锌-二氧化锰电池的开路电压（OCV）是由负极（或阳极）活性物质锌

和正极（或阴极）活性物质二氧化锰的电极电位计算得来的。因为大多数锌-二氧化锰电池都采用相似的阳极合金，电池开路电压通常取决于正极所用的二氧化锰类型，或其混合物和电解质的 pH 值。

EMD（电解产）所含二氧化锰比 NMD（天然产）要纯得多，而后者因含有相当多的 MnOOH 使电压较低。图 2-1 表示了含各种 NMD 和 EMD 比例的新氯化铵型和氯化锌型锌-二氧化锰电池的开路电压。

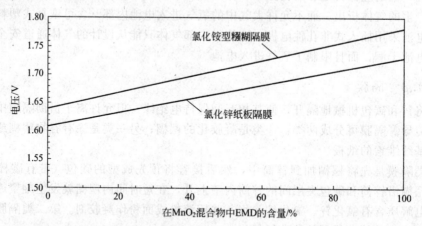

图 2-1　在电池中使用天然矿物和电解二氧化锰混合物时电池的开路电压曲线

（2）闭路电压　锌-二氧化锰干电池的闭路电压（CCV）即工作电压是电池放电负载的函数。负载越重或放电电阻越小，闭路电压越低。CCV 的精确值主要由电池内阻与电路电阻（即负载电阻）的比值所决定。事实上它正比于 $R_1/(R_1 + R_{in})$。这里 R_{in} 是电池内阻，R_1 是负载电阻。另一个影响电池维持 CCV 能力的重要因素是电池组分的传质能力，即传输离子与固体产物以及水进出反应中心的能力。

锌-二氧化锰干电池放电时，CCV 下降明显，但 OCV 的变化要小一些。OCV 的降低是由于活性物质的减少和放电产物 MnOOH 的增加造成的。CCV 的降低是电阻增加和传质能力降低的结果。放电曲线用 CCV 随时间的变化曲线来表示。它既不平稳也不是线性下降而是具有单 S 或双 S 形的特征，如图 2-2 所示。图 2-3 展示了氯化铵型电池和氯化锌型电池的典型放电曲线。

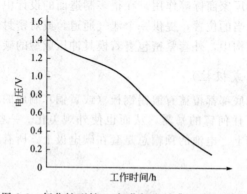

图 2-2　氯化铵型锌-二氧化锰电池典型放电曲线

（3）终止电压　终止电压即截止电压（COV）。它的定义是在某一特定应用条件下，当放电曲线低于此点时，电池所释放出的能量就不能再被利用。

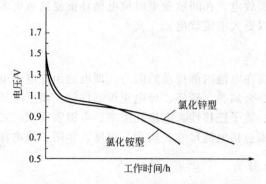

图 2-3　氯化铵型电池和氯化锌性电池放电曲线对比

1.5V 的电池用于手电筒照明时其典型终止电压可定为 0.9V。某些收音机装置允许电池电压降到 0.75V 或更低些。而另一些电子装置只允许电压降到 1.2V。很显然当使用电池的装置仍能工作的情况下允许电压下降得越低，电池所释放出的总能量就越多。较低的电压会影响某些应用，如手电筒变暗、收音机音量变小。仅能在某一狭小电压范围内工作的装置最好选用放电曲线平稳的电池。尽管连续下降的 CCV 在某些应用场合下是一种缺点，但对于电池的寿命终止需要明显的警告时，这种性能却是十分受欢迎的。

2.2.5.2　放电特性

氯化铵型电池和氯化锌型电池都能在特定应用中显示良好的性能，但在其他应用中显示差的性能。影响电池放电性能有许多因素。因此有必要评估应用的特点（如放电条件、成本、质量等），以便对电池作出恰当的选择。通用型电池的典型放电曲线（2h/d，20℃）如图 2-4 所示，这些曲线的特点是曲线倾斜，放电电压随电流的增加而显著下降。氯化锌结构的电池电压较高，在大电流下工作时间更长。50mA 电流下，两种构造的电池性能相似。由于大多数锌-二氧化锰电池是正极限制，这是在低放电率下二氧化锰耗尽的结果。

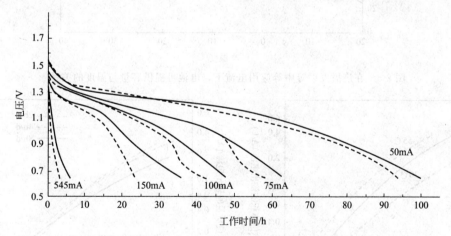

图 2-4　在 20℃每天放电 2h 时，氯化铵型电池和氯化锌型电池的典型放电曲线
————氯化锌型电池；------氯化铵型电池

2.2.5.3　间歇放电的影响

锌-二氧化锰干电池的性能对放电制度极为敏感，间歇放电条件下电池的性能通常都很好，这是因为：①休息期给电池提供了一个性能恢复的机会；②迁移现象使反应物再分配。

氯化锌电池可以更大电流放电，在间歇放电时放电循环重复次数更多。在该体系中迁移机理和反应物再分配使其可以更大电流放电。

2.2.5.4 内阻

内阻定义为阻止电流在电池内部流动的阻力，即电池组件电子电阻和离子阻抗之和。电阻包括构造材料的电阻、金属盖、碳棒、导电正极部件等。离子阻抗包括电池内部离子涉及的因素。电解质导电性、离子迁移性、电极孔隙率、电极表面积、二次反应等，都可以影响离子阻抗。其他影响因素包括电池尺寸、构造、温度、年限、放电深度。

2.2.5.5 温度的影响

锌-二氧化锰干电池最好工作在常温下，随工作温度升高电池释放出的能量增大，但长期处于高温（超过 50℃）下将引起电池迅速恶化。锌-二氧化锰电池的容量随温度降低而迅速下降。0℃时只能放出 65% 的容量，在 -20℃ 以下就基本不能工作了。氯化锌型电池在0℃可放出 80% 常温容量。这种影响在较大负载下更为明显；低温下，小电流比大电流放出更多的容量（排除大电流放电时对电池加热的有利影响）。

图 2-5 表示出温度对通用型（氯化铵型）和超高性能型（氯化锌型）锌-二氧化锰干电池性能的影响。在 -20℃ 时氯化锌电解质（25%~30% $ZnCl_2$）半凝固，-25℃ 时结冰。在这种情况下，不难理解电池放电性能会下降。这些数据是在手电筒负载下获得的，在更低的电流下所获得的容量可更高些。

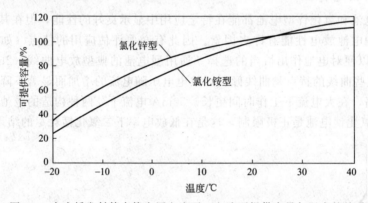

图 2-5 在广播发射等中等应用电流下，电池可提供容量与温度的关系

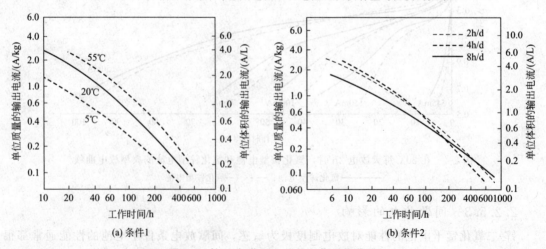

图 2-6 锌-二氧化锰电池的工作时间曲线

2.2.5.6　使用寿命

图 2-6 是不同负载和不同温度下锌-二氧化锰干电池以单位质量（A/kg）和单位体积（A/L）为基准的使用寿命。其中（a）是在 20℃以 2h/d 的方式放电至电池电压为 0.9V 时（条件 1）所测的，（b）是以间歇的方式放电至电池电压为 0.9V（条件 2）所测的。这些数据可用来估计某一给定电池在特定放电条件下的使用寿命，也可用来估计为满足某一特殊装置要求所应配备电池的体积和质量。

2.3　锌-锰碱性电池

2.3.1　概述

自从 20 世纪 60 年代问世以来，碱性电池体系由于比原先主导市场的酸性电解质体系及普通锌-锰电池有明显的优越性，锌-锰碱性电池（$Zn/KOH/MnO_2$）已经成为袖珍电池市场占主导地位的电池体系。在表 2-3 中汇总了锌-锰碱性电池的优点和缺点，并与普通锌-锰电池作了比较。

表 2-3　圆柱形锌-锰碱性电池的主要优点和缺点（与普通锌-锰电池相比较）

优点	缺点
较高的体积比能量更好的性能 连续或间歇放电 低自放电率和高放电效率 室温和低温低内阻长储存寿命抗泄漏形状稳定	较高的初始成本

锌-锰碱性电池有两种结构设计：①大尺寸圆柱形电池；②小型扣式电池。此外也有由多个单体电池组成的电池组，其中单体电池的尺寸可以不同。第一个重大进展是薄壁厚底圆柱壳体使电池内部空间得以扩大；第二个重大进展是有机抑制剂的使用能够减少锌负极中杂质的产气速率，可使电池产品的鼓胀和漏液率降到最低。另外一个重要进展是引入极薄的塑料标签和厚度减薄的密封圈，进一步扩大了内部空间，从而可以增加活性物质的质量和提高电池的容量。然而碱性电池中最为显著的变化是从 20 世纪 80 年代初开始的，其中包括了在锌负极中汞含量的逐步减少以及发展不含汞的电池的趋势。这一趋势是由电池材料杂质等级的不断降低使电池可靠性显著提高为支撑的，而其真正的推动力则来自全世界对废旧电池所含材料造成环境影响的极大关注。随着消费市场需求的不断增长，通过研究已使锌-锰碱性电池的比能量提高了 60% 以上。

2.3.2　工作原理

在锌-锰碱性电池中的活性物质是电解制备的二氧化锰、碱性水溶液电解质和粉末状金属锌，由于电解二氧化锰具有较高的 MnO_2 含量、高的反应性和高的纯度，因此用它替代了原先使用的化学二氧化锰矿或者天然锰矿。电解质是高浓度的碱溶液，一般 KOH 含量为 35%～52%，使溶液具有高的电导率，而且比普通锌-二氧化锰电池的酸性电解质中的析气速率明显降低。采用粉末状的锌使负极具有较大的比表面积，适应了高放电率的要求（降低了电流密度），同时使负极上的固相与液相分布更加均匀（降低了反应物质和产物的质量迁移极化）。放电时二氧化锰正极首先经历一个单电子还原，生成 MnOOH：

$$MnO_2 + H_2O + e^- \longrightarrow MnOOH + OH^- \tag{2-6}$$

MnOOH 产物与反应物形成了一种固溶体，使放电曲线斜率增大。在 MnO_2 诸多结构形式中，只有 γ-MnO_2 倾向于不受反应物堵塞反应表面，因此用作正极材料显示出好的特性。生成 MnOOH 时，正极体积膨胀了约 17%。MnOOH 也可能进一步发生某些不期望的化学反应。如当锌酸盐存在时，MnOOH 通过与溶解 Mn(Ⅲ) 的平衡，可以形成锌锰矿络合物 $ZnMn_2O_4$。尽管锌锰矿络合物是电活性的，但却不能像 MnOOH 那样容易地进行放电，因此电池内阻增大。此外 $MnOOH/MnO_2$ 固溶体可以再结晶成非活性形式，使电池在特定的缓慢放电条件下电压显著降低。

在较低电压下，MnOOH 可进一步按下式进行放电：

$$3MnOOH + e^- \longrightarrow Mn_3O_4 + OH^- + H_2O \tag{2-7}$$

该反应形成一条平坦的放电曲线，但它也慢于第一个还原步骤，因而只在低放电率条件下是有用的。然而这一步骤只能提供基于 MnO_2 第一个反应输出容量的 1/3。整个反应即使可以继续进行到 $Mn(OH)_2$，但已无实用意义。

在放电反应的最初阶段，负极在浓碱溶液中的放电反应会产生可溶性锌酸根离子：

$$Zn + 4OH^- \longrightarrow Zn(OH)_4^{2-} + 2e^- \tag{2-8}$$

当放电反应进行到某一时刻，电解质中的锌酸根离子就会达到饱和，此时反应产物就转化成 $Zn(OH)_2$。而上述转折点的确立则取决于负极的初始组成、放电率与深度。若负极是处于水干涸的环境，氢氧化锌就脱水生成 ZnO，其反应按下述步骤进行：

$$Zn + 2OH^- \longrightarrow Zn(OH)_2 + 2e^- \tag{2-9}$$

$$Zn(OH)_2 \longrightarrow ZnO + H_2O \tag{2-10}$$

这些锌的氧化物的不同形式具有相同的氧化价态，只是电位略有差别，并且通常不能在放电曲线上判断出由一种形式向另一种的转化。在某些条件下，附着在电极表面的放电产物十分致密，以至于引起锌的钝化。这些条件包括高电流放电、低温以及由于诸如低的 KOH 浓度和高锌酸盐浓度等限制 ZnO 溶解的各种因素。具有高比表面积的锌负极就不易发生钝化，锌电极按照自身固有反应的氧化进程对电池的内阻影响较小，但金属汞的添加却会提高甚至是显著地加快反应速率。汞含量超过 5% 就能通过水吸附的增强促进 OH^- 的电子吸附。

由此，电池连续放电到每个 MnO_2 分子放出 1 个电子的总反应为：

$$2MnO_2 + Zn + 2H_2O \longrightarrow 2MnOOH + Zn(OH)_2 \tag{2-11}$$

由于水在该表达式中是反应物质，因此出现水干涸环境会严重影响到电池的高放电率性能，为了避免这种情况，必须仔细处理水的交换问题，使其能在短时间内从电池的一个区域转移到另一个区域。

一些电池制造商在电池中采用了添加剂（如 TiO_2 和 $BaSO_4$），用于在高放电率下实施对水的管理。尽管这些添加剂的作用机理还未搞清楚，但是已经确信由于添加剂改善了单体电池内的浓差极化，才使电池高放电率放电性能得到了提高。

相反，当以低或中等电流放电达到每个 MnO_2 分子放出 1.33 个电子时的总电池反应可以写为：

$$3MnO_2 + 2Zn \longrightarrow Mn_3O_4 + 2ZnO \tag{2-12}$$

在这些条件下，不存在需要水管理的问题。

锌-锰碱性电池的初始开路电压为 $1.5 \sim 1.65V$，其具体数值取决于正极材料的纯度与活度以及负极中 ZnO 的含量。取终止电压 0.75V 时，电池放电的平均电压大约为 1.2V。

除在碱性电池中的固有反应外，负极还可能产生析气反应。锌实际上是活泼的金属，它可以还原水产生氢气。析气既可以在电池使用前的长期储存期间发生，也可以在部分放电以后的储存期间发生，后者的析气程度则与放电的深度和放电率有关。这除了会在电池内引起压力升高而导致电池尺寸变化甚至漏液外，也会由于锌的腐蚀使负极容量造成损失，并造成了 H_2 引起的正极自放电。纯锌上的析气速率是非常低的，但是微量重金属杂质的存在就会起到阴极区域的作用，极大地加快氢气逸出的速率。可以采取几种可能措施来降低这种析气反应，包括：①在负极中添加 ZnO 降低锌通过质量作用产生的推动力；②在负极中加入无机缓蚀剂（如某种金属氧化物）时使用有机缓蚀剂（通常是端基取代聚环氧乙烷化合物）；③在电池组成中降低杂质含量水平；④采用几种金属元素抑制剂，如铅或铟使锌合金化；⑤将锌与汞形成汞齐化（该项措施当前已基本不用）。

最后反应式(2-12)对于负极性能也起着重要作用，它表示出锌和其离子之间的动态平衡，表明在开路情况下锌是不断溶解和不断再沉积的。这一作用带来的好处是：①锌负极表面上促进析气的杂质被掩盖起来，使杂质的活性降至最低；②由于锌金属桥的形成使锌颗粒之间的接触得到维持和改善；③裸露的金属集流体上促进析气的表面被锌覆盖，使其活性得以降低，大多数这类功能都曾由汞来实现，因此当不再使用汞时，锌的再沉积反应就显得格外重要了。

2.3.3 电池结构

2.3.3.1 圆柱形结构

图 2-7 表示出两个不同厂家所采用的碱性锌-二氧化锰圆柱形电池的典型结构。圆柱形钢制壳体既用于电池的容器，也作为正极的集流体。正极是将石墨和炭黑相混合的二氧化锰以及其他可能的添加剂压制成型，在壳体中形成的一个与壳体内表面紧密接触的中空圆柱体。在正极中空体内放置多层隔膜，而在隔膜中间便是负极，其中有金属集流体与其接触，该集流体穿过塑料密封件与电池负极端子相连。电池顶部和底部分别有金属帽，本体还有一个金属或塑料的外壳。顶帽和底帽具有双重功能，除了有装饰与防腐作用外，也作为电池的极性使用。圆柱形锌-锰碱性电池与普通锌-二氧化锰电池不同，它采用了反极式结构，内部

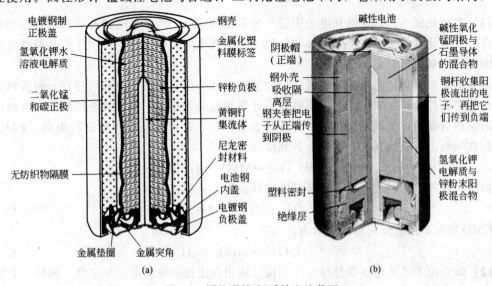

图 2-7　圆柱形锌-锰碱性电池截面

的电池容器是作为正极集流体，而负极集流体需从密封件中央引出。

2.3.3.2 扣式电池结构

图 2-8 表示扣式锌-锰碱性电池的结构，基本上与其他类型扣式碱性电池相同。通常正极片在下壳中，负极混合物在上盖中，两者之间有圆盘状隔膜以及塑料密封件。

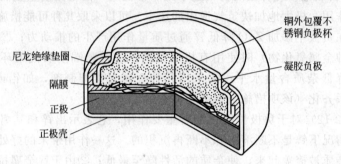

图 2-8 扣式锌-锰碱性电池截面图

（图中标注：铜外包覆不锈钢负极杯、凝胶负极、尼龙绝缘垫圈、隔膜、正极、正极壳）

2.3.4 电池组成

2.3.4.1 正极的组成

典型的锌-锰碱性电池的正极组分和每一组分的作用表示于表 2-4 中。正极是由二氧化锰和碳的混合物构成，也可能添加其他一些材料，如黏合剂（将正极保持在一起）或电解质溶液（帮助正极的成型）。

表 2-4 典型正极的化学组分

成分	范围/%	功能
二氧化锰	79～90	反应物
碳	2～10	电子导电剂
35%～52%的 KOH 水溶液	7～10	反应物-离子导电剂
黏结剂	0～1	正极成型（可选）

(1) 二氧化锰 二氧化锰在电池中是一种氧化剂成分，为了使电池有满意的功率和长储存寿命，二氧化锰必须是高度活性和非常纯的，因此电解二氧化锰是可用于商品碱性电池中唯一的一种二氧化锰材料（EMD）。

制备电解二氧化锰时包括了将锰化合物溶解于酸形成含锰离子溶液的过程。假若以天然二氧化锰矿石作为原材料，则首先要将矿石还原为锰的氧化物，再溶解于硫酸形成含锰离子的溶液。然后要通过处理除去溶液中的各种有害杂质，即可注入电解槽进行电解。EMD 是电沉积在一般由碳或钛制备的负极上，其反应式为：

$$Mn^{2+} + 2H_2O \longrightarrow MnO_2 + 4H^+ + 2e^- \tag{2-13}$$

同时，氢气在正极上形成，正极可以选择由铜、石墨或铅制成。

$$2H^+ + 2e^- \longrightarrow H_2 \tag{2-14}$$

EMD 电沉积的总反应由此表示为：

$$Mn^{2+} + 2H_2O \longrightarrow MnO_2 + 2H^+ + H_2 \tag{2-15}$$

(2) 碳 由于二氧化锰本身导电性不良，碳用在正极中提高电子导电性。同样，必须控制碳中的杂质含量，使那些在电池中引起腐蚀的杂质处于低的水平。某些天然石墨已经在碱性电池中得到应用，然而在电池发展趋势中，为了使汞含量降至非常低的水平，已经增加了对高纯度合成石墨的使用。在近来的一些改进中，石墨的热处理和化学处理显著提高了天然石墨和合成石墨的电导率，由此使正极混合物显示了高导电性。这一改进是单个碳粒内部碳层数减少的缘故。要增长电池的工作时间，一般的途径是设法增加容纳活性物质的内部空间。而采用石墨处理增加电导的方法，则为制造商达成了不必改变电池内部尺寸，就可实现延长电池工作时间的目的。这是由于随石墨电导率的增加，在保持正极电导率不变的情况下，可以将其在正极中的含量减少，增加二氧化锰活性物质的含量。

(3) 其他成分 其他材料的使用取决于电池制造商的工艺。最终目标是生产一种致密、稳定的正极，具有良好的电子和离子导电性，在高放电率下有高的放电效率。

2.3.4.2 负极的组成

典型的碱性电池的负极组分和每一组分的作用表示于表 2-5 中，表中最后三种成分是属选择性的。一般汞齐化水平采用的汞含量为 0 至接近 6%，但在工业化发达国家中大部分电池已不再添加汞。

表 2-5　典型碱性负极的组成

成分	范围/%	作用
锌粉	55~70	反应物、电子导电
35%~52% KOH 水溶液	25~35	反应物、离子导体
凝胶剂	0.4~2	电解液分布和非流动性、混合
氧化锌	0~2	析气抑制剂·锌沉积剂
缓蚀剂	0~0.05	析气抑制剂
汞	0~4	析气抑制剂、电子导体、加速放电

2.3.4.3 负极集流体

圆柱形碱性电池中的负极集流体材料通常是棒状或条状的铜锌合金（黄铜），而扣式电池中则通常采用不锈钢杯，其突起的表面即是电池引出端子。该杯子的外表面覆镍以提供良好的电接触，而与负极紧密接触的内表面则覆金属铜。每种电池装配好以后，集流体表面就会有锌的涂层，它是由上述负极电镀形成的，而且负极与集流体界面的电子电导以及负极室能否阻止析气都与该过程有关。除了要利用锌的电镀作用外，如果电池中依然有汞存在，则也能有这种功能。

2.3.4.4 隔膜

用于锌-锰碱性电池的隔膜应具备如下特殊的性质：材料应是离子导电而电子绝缘的；在浓碱溶液中、氧化与还原两种条件并存下化学稳定；本身强度高、柔软性和均匀性好，不含杂质以及能快速吸液，满足这些要求的材料多数是非编织或毡类结构。实际上，最常用的材料是纤维状的再生纤维素、乙烯基聚合物、聚烯烃或其组合。此外，诸如凝胶、无机物和辐射接枝隔膜已经得到试用，纤维素膜如赛璐玢也在使用，特别是用于负极可能产生锌枝晶的场合。

2.3.4.5 壳体、密封和成品

(1) 圆柱形电池 与普通锌-二氧化锰电池不同，其壳体在电池放电时不是活性物质，而纯粹是惰性的容器，但它可以保持与内部产生能量的材料的电接触。这种壳体一般用低碳钢制成，是将薄板材料通过深度拉伸制造出来的，并且必须具有高的质量。钢壳内表面与正

极相接触。

密封采用典型的尼龙或聚丙烯等塑料材料,它们与负极集流金属部件组合,成为一个密封组件。它使电池实现电池壳体的封闭,以防止电解质在电池中泄漏,实现正极集流体(电池壳)与负极集流体之间的绝缘。

圆柱碱性电池中一些额外部件,都涉及电池的最后成型。通常在正负极的每一端都有金属件用于电接触,它们通过镀锡或镀镍用作外观和防腐。整个电池可以有一个金属外壳,上面贴有标签。在许多设计中,成型电池只使用薄的塑料外壳或印制的标签。使用薄型塑料可以使电池壳体直径稍微加大一些,从而明显增加了电池容量。

(2) 扣式电池 用于扣式锌-锰碱性电池的壳体、密封与成型材料基本上与其他类型扣式电池相同,其壳体(容器与正极集流体)由低碳钢制成,内外表面皆镀有镍;密封件是薄的塑料垫圈;负极杯占据电池外部其他空间,电池壳与负极杯的外表面都是高度抛光的,其中制造商的标识和电池号刻在壳体;无其他成型要求。

2.3.5 电池特性

2.3.5.1 一般特性

锌-锰碱性电池有相当高的理论容量,其值显著高于同尺寸的普通锌-二氧化锰电池。这是因为与大多数普通锌-二氧化锰电池相比,锌-锰碱性电池所使用的二氧化锰材料纯度和反应活性更高;同时锌-锰碱性电池的正极非常致密,其中只含有少量电解质;此外电池的其他组分(隔膜和集流体等)所占的空间最小。

除去电池有高的设计容量外,这些电池可使用设计容量的效率很高。KOH 电解质有非常高的电导率,粉末状锌负极具有大的比表面积,以致使电池内阻不仅在放电初始非常低,并且一直到放电寿命终止都依然保持较低的值。锌-锰碱性电池在很宽的条件下都比普通锌-二氧化锰电池显示出更好的工作特性,图 2-9(a) 比较了两种电池在单一的低电流下连续工作的放电曲线。在该情况下,两种电池都显示出高的效率,皆能输出它们相应的大部分理论容量。但是由于锌-锰碱性电池具有更高的理论容量,因此它的性能依然显著超过了普通锌-二氧化锰电池。图 2-9(b) 显示了在重负载放电条件下所作的类似比较,锌-锰碱性电池的性能再次超过了普通锌-二氧化锰电池,而且优势更为突出。这表明锌-锰碱性电池具有超高功率输出的能力,并在相应条件下依旧保持高的效率,而普通锌-二氧化锰电池在该条件下,只能放出很少一点理论容量。

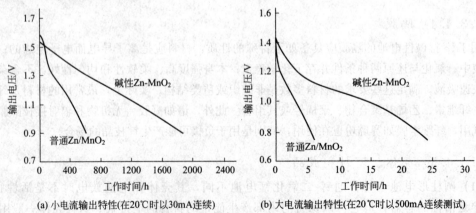

(a) 小电流输出特性(在20℃时以30mA连续)　　(b) 大电流输出特性(在20℃时以500mA连续测试)

图 2-9　锌-锰碱性电池和普通锌/二氧化锰电池性能对比

2.3.5.2　放电性能

圆柱形与扣式锌-锰碱性电池放电曲线的特征是相似的，电压起始在 1.5V 以上，并逐步随放电而下降。对大多数使用这种圆柱形电池的用电装置（收音机、闪光灯、玩具等）而言，它们在低至中等电流下工作时，一般可以承受这种较大的电压变化。由于电压是逐步地降低，由此当电池接近其寿命终点时能给用户一个预先的警示，因而这种倾斜的放电特征反而可能变成一个优点。然而使用扣式碱性电池的其他类型装置通常对倾斜的放电特征不太适应，需要设计其他类型的电池，比如锌-氧化银电池。

2.3.5.3　内阻

由于锌-锰碱性电池的结构特点和高的电解质电导率，其内阻非常低。如此低的内阻有利于电池在高脉冲电流的应用场合。电池内阻随电压下降而缓慢增加。

2.3.5.4　放电类型

图 2-10 表示出一组 AA 型锌-锰碱性电池的放电曲线，它们说明了电池在恒电阻、恒电

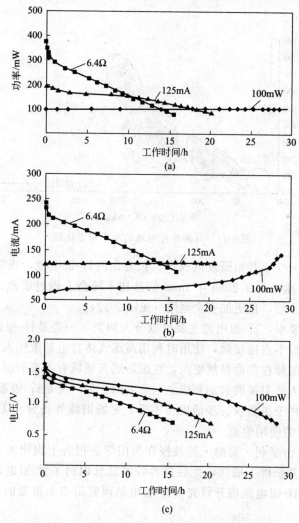

图 2-10　AA 型锌-锰碱性电池在恒定功率、恒电流和恒电阻下放电时的性能对比
◆恒定功率；▲恒电流；■恒电阻

流和恒功率放电下获得的性能，以上三种条件下选择的数值都相应在终止电压 0.8V 时，能使电池提供出相同的功率。由于在放电开始一段时间内电压和电流都比较高，使得电池在最初提供了较高的功率水平，也使整个放电过程的平均电流和功率水平皆较高，由此恒电阻放电的工作时间最短；由于放电过程中的电流一直较低，恒功率放电的工作时间最长。而恒电流放电则介于恒电阻和恒功率之间。

2.4 锌-银电池

2.4.1 概述

锌-银电池是 20 世纪 40 年代发展起来的一种化学电源，由于具有超高的比能量及功率密度，且放电电压平稳、安全性好，因而在世界范围内获得了广泛的关注。图 2-11 比较了几种常见电池的功率密度特性。可见锌-银电池在体积比功率、质量比功率方面均占优势。

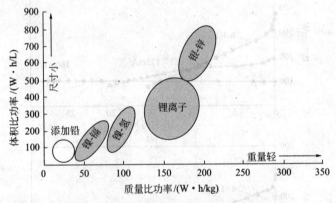

图 2-11　几种常见电池的功率密度比较

ZPower 公司在 1999 年开始研发低成本、长寿命的锌-银电池，成功开发了一款笔记本用的可充电式锌-银电池，并在 2006 年 Intel 信息技术峰会上做过展示。据称其体积比能量超过锂离子电池的 1.4 倍，且更加安全耐用（见图 2-12）。

根据不同的使用要求，锌-银电池主要可以分为两类，一类是锌-银储备电池，这类电池储存期间电解液和电极不直接接触，使用时利用高压气体将电解液注入反应腔，此时电池被快速激活。这类电池的储存寿命显然更久，在国防航天领域有重要的应用，如运载火箭、导弹发射、鱼雷潜艇、人造卫星的启动和应急电源方面。另一类是锌-银蓄电池，可以干荷电，也可以湿荷电，主要用于摄影仪、步话机、手表、靶场训练等场合。无论是民用还是军用，锌-银电池均具有重要的使用价值。

锌-银电池最早是由亨利·安德·烈教授在法国学会报告上提出的。美国国防部首先将其应用到水下潜艇，并获得了成功，此后世界各国都意识到了锌-银电池的军用价值，因此竞相投入大量精力对锌-银电池展开研究。锌-银电池研究历史上重要的技术进步主要有以下三点。

(1) 烧结式银电极的发明　早期的银电极均是将正极活性物质直接填充到镀镍网的袋子或银网中，或者将氧化银直接压实到镀银格栅中。而现在普遍采用的烧结式银电

图 2-12　ZPower 公司开发的可充式锌-银电池

极是将正极活性物质放入模具中加压成型，然后在一定温度下烧结加固。这种烧结式银电极的活性物质与导电骨架结合更牢固，电极的机械性能更好，因此活性物质利用率得以提高。

(2) 新型负极制备工艺的开发　目前已成功开发了涂膏化成法、电解干压法、压成烧结法三种负极制备工艺，后文有更详细的介绍。

(3) 新型隔膜的研制　锌-银电池是所有蓄电池中对隔膜要求最高的，除了一般的电阻小、足够的机械强度等，还有一些特殊的要求。比如因为锌-银电池采用浓碱作为电解质，隔膜必须有足够的抗碱性；再比如氧化银正极有银的溶解迁移问题，因此隔膜必须具有一定的抗银迁移能力。目前，锌-银电池隔膜的研究主要是基于水化纤维素膜的改性，如 PE 接枝、PVC 改性、复合膜等。

目前国外自激活锌-银储备电池水平比较先进的国家有美国、俄罗斯、法国等，美国 Yardney 公司是研制生产锌-银电池最早、技术最先进的厂家之一，表 2-6 所列数据是 Yardney 公司研制的导弹用自动激活锌-银储备电池的型号与一些参数。从表中可以看出，Yardney 公司的锌-银电池比能量最大可达到 $65W \cdot h/kg$，而 NASA 生产的 RZA-Ag/Zn 电池质量比能量更是可达 $110W \cdot h/kg$。美国用于"停火执行者（Peacekeeper）"导弹上的 YTPP-471 锌-银制备电池组的比能量可达 $86.3W \cdot h/kg$。另外，研制锌-银储备电池的著名机构还有 SAFT 和 Eagle-Picher 公司。我国的锌-银一次电池，也是随着宇航事业的发展而发展起来的。自 20 世纪 50 年代末开始研制，到 20 世纪 60 年代中期开始应用。表 2-7 为国内自动激活锌-银储备电池的一些型号与参数。

表 2-6　美国 Yardney 自动激活锌-银储备电池参数

电池型号	输出容量/W·h	质量/kg	比能量/(W·h/kg)
SPARPOW(p-315)	5.8	1.0	5.8
TRIDENT Ⅱ (D-5)	650	34	19.1
TRIDENT Ⅰ (C-4)	325	5	65.0
HARPOON(P-435)	559	8.6	65.0
STANDARD MISSILE(P-192)	392	10.9	36.0

表 2-7　国内自动激活锌-银储备电池参数

电池型号	输出容量/W·h	质量/kg	质量比能量/(W·h/kg)	厂家
1#	25.2	1.5	16.8	梅岭厂
2#	405	11	36.8	梅岭厂
3#	837	17.5	47.8	梅岭厂
4#	214	5.3	40	梅岭厂
5#	396.8	9.8	40.5	811所
6#	291.2	6.5	44.8	811所
7#	74	4.3	17.2	18所
8#	140	4.8	29.2	18所

从上表可以看出，国内锌-银储备电池的质量比能量一般为 20～50W·h/kg。相比国外先进水平还是有相当差距。

总体而言，目前自动激活锌-银电池正在朝着干态寿命长、高比能量、大功率输出、激活时间短的方向发展。

2.4.2　工作原理

锌-银电池以银的氧化物（AgO 和 Ag_2O）为正极，以锌（Zn）为负极，电解液为氢氧化钾（KOH）的水溶液，其电池表示为：

$$(-)Zn|KOH|Ag_2O(AgO)(+) \tag{2-16}$$

锌电极在放电过程中，其放电产物为氧化锌（ZnO）或氢氧化锌 $[Zn(OH)_2]$：

$$Zn+2OH^- \longrightarrow Zn(OH)_2+2e^- \tag{2-17}$$

$$Zn+2OH^- \longrightarrow ZnO+H_2O+2e^- \tag{2-18}$$

银电极有两种价态，一价氧化银 Ag_2O 和二价氧化银 AgO，放电反应相应为：

$$2AgO+H_2O \longrightarrow Ag_2O+2OH^- \tag{2-19}$$

$$Ag_2O+H_2O+2e^- \longrightarrow 2Ag+2OH^- \tag{2-20}$$

在放电过程中，首先是银的二价氧化物 AgO 被还原为银的一价氧化物 Ag_2O，然后 Ag_2O 才会被还原为金属 Ag。而在充电过程中，首先会发生反应的是金属 Ag 被氧化为一价氧化物（Ag_2O），接着 Ag_2O 被氧化为 AgO。无论在放电还是充电过程中，都必定会经过一个生成中间产物 Ag_2O 的步骤，所以充放电的两个可逆过程都分两个阶段进行，而且每个反应阶段都会对外电路产生不同的电极电势，所以在充放电曲线的不同阶段产生不同的电压平台，就形成了锌-银电池的充放电曲线，如图 2-13 所示。

(1) 充电曲线　从图 2-13(a) 锌-银电池的充放电特征曲线上，可以得出如下结论：AB 段对应于金属银被氧化为一价氧化银（Ag_2O）的过程。在该过程中，锌-银电池对外的电极电势始终保持在 1.60～1.64V。反应初始阶段，主要反应发生在金属银和氢氧化钾溶液的接触界面上，而在第二阶段，随着反应的继续进行，生成的一价氧化银（Ag_2O）越来越多。因为 Ag_2O 的电阻率相对较高，如表 2-8 所示，其电阻率远高于金属银，所以使得锌-银电池正电极的欧姆内阻极大增加。

表 2-8　银及其氧化物的电阻率

物质	Ag	Ag_2O	AgO
电阻率/Ω·m	$1.59×10^{-8}$	$1×10^6$	$(10～15)×10^{-2}$
密度/(g/cm^3)	10.9	7.15	7.44

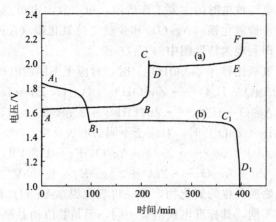

图 2-13　锌-氧化银电池的充放电特征曲线

随着反应的继续进行，一价氧化银（Ag_2O）层逐渐覆盖在银电极的表面，使得参加反应的接触面积减小，这会增大充电阶段的真实电流密度，使得电极的极化现象增大，电极电势沿纵轴正向移动，直到到达 B 点后，银氧化为一价氧化银（Ag_2O）后反应迅速停止，对外表现为电极电势急剧增大，增大到了可以生成二价氧化银（AgO）的生成电势，即如图 2-13 的 C 点，此时电池的电极电势可上升至 2.00V 附近。当反应达到 C 点后，电极反应为一价银（Ag_2O）被氧化为二价银（AgO）。这时由于二价银（AgO）的电阻率比 Ag_2O 的低很多，改善了电池电极的导电性，因此电势有所下降，下降过程到达 D 点结束。在充电特征曲线上，处于高电压平台区同时还会发生金属银被直接氧化为二价氧化银（AgO）的反应，反应式如下：

$$Ag + 2OH^- \longrightarrow AgO + H_2O + 2e^- \qquad (2\text{-}21)$$

在第二个平台，即整个 DE 段发生的反应是二价氧化银（AgO）的生成反应，因为生成的二价氧化银（AgO）的导电性比一价氧化银（Ag_2O）的好，所以 DE 段反应产生的对外电极电势非常稳定，一般保持在 1.90～1.95V。随着更多的 Ag 和 Ag_2O 逐渐被氧化为 AgO，反应物 Ag 与 Ag_2O 的量在缓慢地减少，尤其当氧化反应达到 E 点后，氧化反应由于缺少足够的反应物而趋于停滞，因此对外电极电势迅速增加 0.2～0.3V，显示在特性曲线上即 EF 段，F 点之后的反应阶段，电极电势升高到可以析出氧的电势值，从而开始出现了氧的析出反应，而这时充电过程结束。

$$4OH^- \longrightarrow 2H_2O + O_2 \uparrow + 4e^- \qquad (2\text{-}22)$$

（2）放电曲线　从图 2-13（b）中可知，由放电电压逐渐下降的放电曲线可以看出，对应有两个稳定的放电电压平台，其中第一个放电平台 A_1B_1 段是二价氧化银（AgO）还原为一价氧化银的反应，由于初始的放电电流密度比较低，使得放电起始点 A_1 对应的放电初始电极电势在 1.80V 左右。当放电反应进行了一段时间后，因为一价氧化银（Ag_2O）的电阻率比二价氧化银（AgO）的电阻率大，同时生成的 Ag_2O 覆盖了一部分继续反应的接触面积，使得电极电势降低，当达到 B_1 点，即金属银的生成电势时，反应进入第二个稳定的放电平台，电极开始发生一价氧化银（Ag_2O）被还原为银单质的反应，此时，还会存在少量二价氧化银（AgO）直接被还原为金属银单质的反应，反应式如下：

$$AgO + H_2O + 2e^- \longrightarrow Ag + 2OH^- \qquad (2\text{-}23)$$

此时，电池的放电电压进入第二阶段的低电压放电平台区 B_1C_1 段。在本阶段中，银电极的放电电压处于一个非常平稳的放电阶段，此阶段的放电电压大约在 1.55V。本放电阶段持续时间很长，这也是电池放电时的主要工作阶段，可以放出电极总存储电量的70%左右。当银电极上的活性物质一价氧化银（Ag_2O）和少量二价氧化银（AgO）被消耗完全后，电极电势就会快速下降，即表现为特性图中的C_1D_1段。

当负极放电产物为氢氧化锌[$Zn(OH)_2$]时，对应于不同的电极反应：

$$Zn + 2AgO + H_2O \longrightarrow Zn(OH)_2 + Ag_2O, \quad E_1 = 1.856V \tag{2-24}$$

$$Zn + Ag_2O + H_2O \longrightarrow Zn(OH)_2 + 2Ag, \quad E_2 = 1.594V \tag{2-25}$$

当放电产物为氧化锌（ZnO）时，对应于不同的电极反应：

$$Zn + 2AgO \longrightarrow ZnO + Ag_2O, \quad E_3 = 1.867V \tag{2-26}$$

$$Zn + Ag_2O \longrightarrow ZnO + 2Ag, \quad E_4 = 1.605V \tag{2-27}$$

银电极的正极活性物质是银的氧化物，即一价氧化银（Ag_2O）和二价氧化银（AgO）。由于锌电极的反应产物不同，其标准电极电势不同，但是数值相差很小，所以银电极的充放电特性基本决定了锌-银电池的充放电特性。

2.4.3　电池结构

一般锌-银电池的典型结构如图2-14所示，其单体电池由极板组、极柱、排气塞、电池壳、电池盖五部分组成。极板组由正极板、负极板和隔膜组成。电极一般以冲切银网为集流体，正极活性物质为锌粉，负极活性物质为氧化银，隔膜为纤维素改性隔膜。

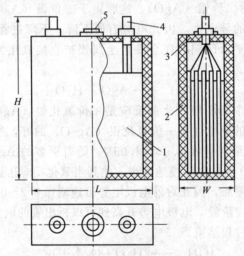

图2-14　锌-银电池典型结构

1—极板组；2—电池壳；3—电池盖；4—极柱；5—排气塞

2.4.4　电池组成

锌-氧化银电池由正极板、负极板以及隔膜组成。电池中每一个负极与正极通过隔膜隔开而受到保护。电池组件叠放后，包裹在一个容器中。极板可以是干态和荷电状态的，或者是湿态和未荷电状态的。

① 正极板　正极板是通过将银粉或氧化银粉填充到金属网上而形成的。一般常用的金属网有铜、镍和银，其中银网具有高的电化学稳定性和导电性，被普遍使用。银粉直接压成到金属网上，或烧结到金属网上形成电极板之后，放到碱性溶液中电解，冲洗干净后在适当温度条件（20到50℃）下空气中晾干，这样就得到了二价银。二价银在周围环境中相对稳

定，但是随着时间的延长和温度的升高，二价银逐渐失去氧气，生成一价的银。二价银持续暴露在高温条件下（70℃）将导致其在几个月内完全还原成一价银。

② 负极板　负极板可以通过涂膏法和压成法将锌粉或氧化锌附到导电网上，或者通过在碱性溶液中电沉积锌以得到活性非常高的海绵状锌层。正极或负极的厚度都不一致，最小的在 0.12mm，正极最大为 2.5mm，负极最大为 2mm。其中最薄的电极板用于非常短寿命和高放电速率的自动激活电池中；最厚的电极板用于放电时间达几个月、放电电流非常小的手动激活电池中。

③ 隔膜材料　用于锌-氧化银电池中的典型隔膜材料有再生纤维素膜（透明纤维、强化纤维、银处理透明纤维）、合成尼龙纤维非编织垫、涤纶、聚丙烯以及人造纤维无纺垫。电池隔膜可以防止电池内部的短路，但是同时也阻碍了电流，使得电池内部产生 IR 降，高速率放电电池必须具有非常低的电池内阻，所以需要把隔膜材料厚度降到最低限度。长寿命电池一般包含有 5~6 层半透明纸，只适合用于低速或中速放电。

④ 电解液　电解液是由 KOH 的水溶液组成的。高速和中速放电所采用电解液浓度为 31%，这是因为在该浓度条件下电解液具有最低的凝固点，而且还接近电解液的最小电阻率。电解液浓度为 28% 时，具有最小的电阻率。低速放电电池可以采用 40%~45%KOH 的溶液，这是由于当电解液浓度增高时，纤维素隔膜的分解速度减慢。

2.4.4.1　锌负极

金属锌的电极电势比较负，电化当量较小，在碱性溶液中的交换电流密度很大，大约等于 $200mA/cm^2$，电极过程的可逆性好，极化小，具有很好的放电性能。为了抑制锌的钝化，一般使用多孔电极。

锌在碱性溶液中的反应产物与电解液的组成和用量有关，在大量电解液中，锌电极的反应生成可溶性锌酸盐：

$$Zn+4OH^- \longrightarrow Zn(OH)_4^{2-}+2e^- \tag{2-28}$$

在碱液被锌酸盐所饱和及 OH^- 很少时，锌电极反应按下式进行：

$$Zn+2OH^- \longrightarrow Zn(OH)_2+2e^- \tag{2-29}$$

或

$$Zn+2OH^- \longrightarrow ZnO+H_2O+2e^- \tag{2-30}$$

在 Zn-AgO 电池中，碱液为锌酸盐所饱和，而且电解液的用量较少，所以锌电极反应是按式（2-29）和式（2-30）进行的。对于片状锌电极来讲，式（2-29）和式（2-30）只能在很小的电流密度下工作，否则将发生锌的阳极钝化，使得电池不能正常工作。下面，我们首先讨论锌的钝化现象。

(1) 锌的阳极钝化　图 2-15 是锌电极恒电流阳极溶解时，电极电势随时间变化的典型曲线。由图可见，刚开始时，锌电极正常溶解，极化很小，但是当时间达到点 t_p 以后，电极电势向正方向剧变，这时锌的阳极溶解过程受到很大的阻滞，使电池不能继续工作。这种阳极溶解反应受到很大阻滞的现象称为阳极钝化。

影响锌电极阳极钝化的因素很多，其中主要是锌电极的工作电流密度及电极与电解液界面上物质的传递速率。

在锌电极发生恒电流阳极极化时，存在着一个临界电流密度 j_c，当阳极工作电流密度小于 j_c 时，不论阳极极化时间多长，锌电极都不会发生钝化；当工作电流密度大于 j_c 时，才会发生钝化现象。锌电极阳极溶解电流密度越大，达到钝化所需的时间越短。锌电极达到钝化所需的时间与工作电流密度间存在下列关系：

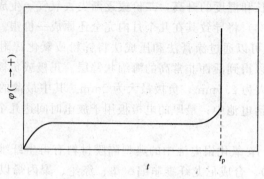

图 2-15　锌电极恒电流阳极溶解的典型电势-时间曲线

$$(j - j_c)t_p^{1/2} = K \tag{2-31}$$

式中　K——在实验条件下的常数；

t_p——发生钝化时的时间；

j_c——不发生阳极钝化的最大允许通过的工作电流密度。

此外，将锌电极放在电解池的不同位置，可以看到物质传递条件对钝化的影响。若将锌电极水平放置在电解池底部，由于锌酸盐的密度比碱溶液大，容易积累于电极表面，这时电极表面溶液中的物质传递主要靠扩散。实验测得，这时临界电流密度最小，锌电极最易钝化。若将锌电极水平放置在电解池顶部，这时物质传递除扩散外，由于重力的作用，锌酸盐会离开电极表面向下形成对流，这加速了物质的传递过程，这时测得的临界电流密度最大，即锌最不易钝化。如果将锌电极垂直安放，则情况居中。对于扩散过程，由于 $Zn(OH)_4^{2-}$ 比 OH^- 的扩散系数小一个数量级，因此主要受 $Zn(OH)_4^{2-}$ 的扩散控制。

此外，通过分析锌电极钝化时，其电极表面附近的电解液组成，发现这时电极表面附近电解液组成几乎均为：

$$\frac{c[Zn(OH)_4^{2-}]}{c(OH^-)} = 0.16 \tag{2-32}$$

这个比值比 ZnO 在 KOH 溶液中的溶解度大得多，说明在钝化时，锌电极表面溶液中，锌酸盐是过饱和的。

由此可知，凡是促使电极表面电解液中锌酸盐含量过饱和及 OH^- 浓度降低的因素都将加速锌电极的钝化。增加电流密度，实际上加速了锌酸盐的产生和 OH^- 的减少，也就是导致了电极表面附近锌酸盐的积累和 OH^- 的缺乏，锌电极易于钝化。如果降低物质传递速率，实际上也是使得电极表面附近的锌酸盐不能及时离开而造成锌酸盐积累。电流密度与物质传递的影响其实质是一样的。

图 2-16 是锌在 6mol/L 的 KOH 溶液中，在不同的条件下的恒电势阳极极化曲线。在曲线的 ab 段，锌电极处于活化状态，阳极溶解过程极化很小，过电势与电流密度关系服从塔菲尔公式，到达点 b 以后，电极开始钝化，随着电极电势向正方向移动，电流密度迅速下降，到达点 c，电极已经完全钝化，在 cd 段，锌电极处于比较稳定的钝化状态，这时电流密度很小，而且与电势无关，当电极电势极化到点 d 以后，由于到达 OH^- 放电的电势，电极表面开始进行新的反应，即 O_2 的析出。

从图 2-16 可以看到，当电解液被 ZnO 饱和及不搅拌电解液的情况下，锌电极加速钝化。对应于一定的实验条件，锌电极具有一个临界电流密度，超过此电流密度值，锌电极就开始进入钝化态，这与上面得到的结果是一致的。

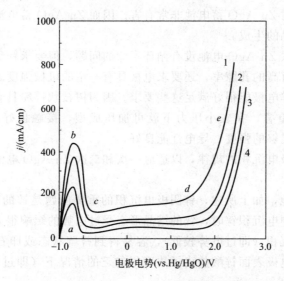

图 2-16　锌在 6mol/L KOH 中的阳极极化曲线

1—6mol/L KOH，搅拌；2—6mol/L KOH，不搅拌；

3—6mol/L KOH，饱和 ZnO，搅拌；4—6mol/L KOH，饱和 ZnO，不搅拌

由以上讨论可知，电极表面附近溶液中锌酸盐的饱和及 OH⁻ 浓度的降低是导致锌电极钝化的关键，而前者的直接结果是生成固态电极反应产物 ZnO 或 Zn(OH)₂。

目前对于室温下浓碱溶液中锌阳极钝化原因的研究表明，疏松地黏附在电极表面的 ZnO 或 Zn(OH)₂ 不是锌电极钝化的原因，锌电极表面紧密的 ZnO 吸附层才会促使锌电极钝化。一般认为，在锌电极发生阳极溶解时，首先生成锌酸盐。随着它的浓度增加达到饱和，开始在锌电极表面生成 ZnO 和 Zn(OH)₂，但它们是漂浮地、疏松地黏附在电极表面上，这种成相膜不影响锌的正常溶解，不是导致钝化的直接原因。但是它们减少了电极的有效面积，增大了真实电流密度，同时使得电极表面的传质过程变得困难，增大了极化，使得电极电势正移。当电势正移到吸附 ZnO 的生成电势时，锌电极表面就会生成紧密的 ZnO 吸附层，使锌的阳极溶解受到阻滞而导致钝化。这就是锌在碱液中的钝化机理。

为了防止钝化的产生，就必须减小真实电流密度，加速物质传递速率。而在电池中，改变物质传递条件是不可能的。因此，改变电极结构、减小锌电极表面的真实电流密度，就成为一项重要任务。使用多孔锌电极，电极上的真实电流密度就大大减小，电化学极化也会明显减小，也明显减小了电极钝化的可能性。

多孔电极的出现，为解决锌电极的钝化做出了很大的贡献，使得电池的比功率、比能量大大提高。多孔锌电极不仅在 Zn-AgO 电池而且在锌-空气电池等电池系列中也起到了很大的作用。在设计电池时也应注意，一方面要提高孔率、孔径，增大比表面；另一方面又要考虑到其孔径、孔率的增大会使电极的机械强度降低，且比表面的增大与其效果并不成正比。所以，要综合多方面因素，选择最佳方案来进行设计。

(2) 电沉积锌的阴极过程　在一次和二次 Zn-AgO 电池中，都会遇到电沉积锌的阴极过程，它对电极和电池性能有重要影响。

在二次 Zn-AgO 电池充电过程中，当负极表面的 ZnO 全部被还原以后，溶液中的锌酸盐离子开始在锌电极表面放电析出金属锌，这时容易形成树枝状的锌枝晶。这种枝晶与电极基体结合不牢，容易脱落，使电池容量降低。此外，它还会引起电池内部正负极短路，大大

缩短电池循环寿命，对 Zn-AgO 蓄电池非常有害。因而 Zn-AgO 蓄电池充电时，常常采取各种措施，以避免锌枝晶的生成。

相反，储备式一次 Zn-AgO 电池没有循环寿命的问题，但要求锌负极能在大电流密度下工作，因而电极应具有高的孔隙率，还要求电极具有一定的机械强度。用电沉积方法制备的树枝状锌粉压制成的锌电极能很好满足这些要求。因为树枝状锌粉具有很大的比表面，并且树枝状结晶相互交叉重叠，在较小压力下就可加压成型，接触良好，孔率可高达 70%～80%，而电极还具有足够的强度，导电性能良好。

因此，掌握锌阴极电沉积的规律，以适应一次和二次 Zn-AgO 电池的不同要求，是很有必要的。

对于 Zn-AgO 电池，如上所述，锌阴极电沉积的重要问题是锌的结晶形态。实验表明，当从碱性锌酸盐溶液中电沉积锌时，锌的结晶形态受过电势的影响很大，如果在浓的锌酸盐溶液、低电密度下电沉积（即过电势较低），容易得到苔藓状态或卵石状的锌结晶，而在高电流密度下电沉积，电极表面锌酸盐离子浓度很贫乏的情况下（即过电势较高时），容易得到树枝状的锌结晶。

2.4.4.2 氧化银电极

(1) 氧化银电极的放电特征 由于锌负极的可逆性非常好，锌-银电池在电池充放电过程中所表现出来的特征充分体现了正极氧化银电极的特性，如图 2-13 所示。从图中可知，氧化银电极放电时，出现两个电压坪阶，相当于 ZnO-AgO 电池放电时的"高阶电压段"和"平稳电压段"。

① 高阶电压段 在实际中发现，高阶电压段在高倍率放电时不明显，甚至消失，原因是大电流密度放电时，极化较大，使电势迅速负移，很快就达到了 Ag 的生成电势。但是在小电流、长时间放电时，高电压阶段的存在就成为突出的问题，高阶电压段占总放电容量的 15%～30%。对于电压精度要求高的场合（如导弹、卫星用电源等），有时要设法消除掉高阶电压段。消除高阶电压段的方法有预放电、还原、采用不对称交流电或脉冲充电、在电解液中加入卤素离子。

② 平稳电压段 从放电曲线可以看出，氧化银电极在这一阶段的放电电压十分平稳。原因是放电产物金属 Ag 的电阻率比它的氧化物的电阻率小得多，随着 Ag 的生成，电极的导电性能大大改善，欧姆极化减小。其次，Ag 的密度比它的氧化物大，因此，当还原为 Ag 时，活性物质体积收缩，电极的孔率增加，改善多孔电极的性能，不仅放电电压平稳（低电压坪阶放出总容量的 70%，而电压变化不超过 2%），而且也使得活性物质的利用率提高。

③ 比较充电与放电的高电压阶段 从充放电曲线上可看到，充电曲线上的高坪阶段的长度明显大于放电曲线上的高坪阶段的长度。充电时高坪阶段对应的是 AgO 的生成，而放电时高坪阶段对应的是 AgO 的还原，两者长度不同的原因在于：

a. 放电时高坪阶段所进行的是 AgO 还原为 Ag_2O 的反应，而充电时所进行的不仅有上述反应的逆反应，而且还有 Ag 直接氧化为 AgO 的反应。因此，放电时每个银原子给出的电量比充电时每个银原子消耗的电量要少。

b. 放电时高坪阶段的放电产物是 Ag_2O，而 Ag_2O 的电阻率较大，由于 Ag_2O 的生成，使继续进行反应变得困难。因此，参加反应的 AgO 的量比实际含量要少。

c. 在充电状态搁置时，由于发生下列反应，使活性物质消耗。即：

$$Ag + AgO \longrightarrow Ag_2O \qquad (2\text{-}33)$$

$$2AgO \longrightarrow Ag_2O + \frac{1}{2}O_2 \qquad (2\text{-}34)$$

由于以上原因，使得充电曲线的高坪阶段长度大于放电曲线高坪阶段的长度。

④ 氧化银电极可以大电流放电，但是充电时必须使用小电流　在充电阶段，由 Ag 氧化生成 Ag_2O，由于 Ag_2O 的电阻率大，而且密度比 Ag 小得多，因此表面生成一层绝缘的致密钝化膜，对 Ag^+ 或 O^{2-} 的透过有很大阻力，为使充电完全，必须采用低充电倍率，即氧化银电极的充电电流很小。当放电时，由 AgO 还原生成 Ag_2O，由于 AgO 与 Ag_2O 的密度相差不多，所以虽然 Ag_2O 的电阻率大，但是表面不致生成致密的钝化膜，电极可以大电流放电。

(2) 氧化银电极的自放电　氧化银电极在荷电状态湿储存时，会发生自放电而丧失部分容量，其原因是 Ag_2O 的化学溶解及 AgO 的分解。

Ag_2O 在碱液中有一定的溶解度，以 $Ag(OH)_2^-$ 的形式存在于溶液中，溶解度随 KOH 溶液浓度的变化而变化。在 6mol/L 的 KOH 溶液中，Ag_2O 的溶解度达到最大值，约为 2.4×10^{-4} mol/L。AgO 在碱溶液中的溶解度与 Ag_2O 类似，这可能是因为 AgO 在碱溶液中分解为 Ag_2O，溶液中没有发现 Ag^+ 的存在。

在充电时，发现溶液中还有黄色的 $Ag(OH)_4^-$ 存在，它的溶解度远大于 Ag_2O。比如 12mol/L 的 KOH 溶液中，$Ag(OH)_2^-$ 的溶解度达到 3.2×10^{-3} mol/L，而 Ag_2O 的溶解度仅为 2×10^{-4} mol/L。

如果仅以溶解度来说，即使以 $Ag(OH)_2^-$ 的溶解度达到 3.2×10^{-3} mol/L 计算，也仅相当于 Ag 的质量浓度为 0.35g/L，这对于氧化银电极的容量损失是很小的。关键的问题是溶解在电解液中的这种胶体银的迁移，是危害 Zn-AgO 电池寿命的重要因素。胶体银会向负极迁移，并在隔膜上沉积，还原为细小的黑色金属银颗粒，随着充放电循环和使用时间的延长，隔膜自正极到负极逐层被氧化破坏，最终导致电池短路失效。这种破坏作用随着胶体银浓度的升高而加速，所以 Zn-AgO 二次电池最好在低温下以放电态搁置。

Ag_2O 在干燥和室温下是稳定的，25℃时的氧平衡压力仅为 34.66Pa，180℃时才达到 101.325kPa（1atm）。AgO 虽然在室温下是稳定的，但是它很容易受热分解，温度升高，分解速率增大。当 AgO 与 KOH 溶液接触时，分解速率加快。

AgO 的分解有两种形式，包括固相分解和液相分解。

固相分解：
$$Ag + AgO \longrightarrow Ag_2O \qquad (2\text{-}35)$$

液相分解：
$$2AgO \longrightarrow Ag_2O + \frac{1}{2}O_2 \qquad (2\text{-}36)$$

有人认为，液相反应是由一对共轭反应所组成，即：

$$2AgO + H_2O + 2e^- \longrightarrow Ag_2O + 2OH^- \qquad (2\text{-}37)$$

$$2OH^- - 2e^- \longrightarrow H_2O + \frac{1}{2}O_2 \uparrow \qquad (2\text{-}38)$$

由于 O_2 在 AgO 上析出的过电势很高，AgO 分解的速率受析出氧气这一步骤控制，在室温下这种自放电反应速率很小。AgO 分解速率随温度的升高和 KOH 溶液浓度的增大而增大，在室温下，AgO 在 KOH 溶液中的分解速率很小。

总之，在 Zn-AgO 电池中，氧化银电极的自放电与负极锌相比是很小的。但是由于 $Ag(OH)_2^-$、$Ag(OH)_4^-$ 的迁移及强氧化作用，对于 Zn-AgO 电池的寿命有很大的影响，故在电池设计上，应予以足够的重视。

2.4.5 电池特性

(1) 锌-银电池的优点如下。

① 比能量较高 锌-银二次电池在常见的电池中比能量可以达到非常高的数值，甚至超过锂离子电池。

② 具有良好大电流放电特性 在 25℃ 的常温下，锌-银电池有着优越的大电流放电特性。对于锌-银二次电池来说，当电池以 1C 和 3C 的倍率进行放电时，能够放出总额定容量的 90% 和 70% 以上。甚至在 13C 的倍率进行大电流放电时，通过在实际应用中优化制备工艺，依然能够放出其总额定容量的 50% 以上。由此看出锌-银电池的大电流放电特性非常得突出。利用锌-银电池的大电流放电性能，一次锌-银电池多用于军事方面，例如导弹、火箭及鱼雷的短时性供电或其他对电池的大电流放电有较高要求的场合。而锌-银二次电池多用在需要重复使用且需要高倍率放电的场合，例如直升飞机、无人驾驶飞机等，在其中起到启动和应急电源的作用。

③ 放电电压平稳 在常温下锌-银电池放电时，电池的放电电压平台区非常平稳。当放电倍率不超过 1C 时，锌-银电池的放电电压平台非常得平稳。单体锌-银电池电压的波动范围不会超出 20mV 的范围，因此锌-银电池在对电压的变化范围精度要求高的航天界有着广泛的应用，例如，导弹和运载火箭的中央控制系统、航天遥感遥测系统等所需要的稳定电源，基本上都是采用两种电池组——由人工激活的可以多次充放电使用的锌-银二次电池组或由控制系统自动激活的一次锌-银电池组。

④ 力学性能和储存性能优异 锌-银电池的力学性能很突出，可以承受较大的压力；其储存性能也相当突出，作为储备式一次电池时，在干燥的环境下，可保存 10 年以上而性能不发生较大下降。

(2) 锌-银电池的缺点如下：

① 电池循环寿命较短 锌-银二次电池如果工作在低倍率的放电情况下，其循环寿命一般达到 150 个循环就会到达终点，如果工作在高倍率放电状态下，锌-银二次电池则会在至多 5 到 10 个循环后失效。

② 高低温性能较差 在零下 20℃ 的温度下，以中倍率进行放电，锌-银电池可输出的电量只有额定输出容量的 50% 左右，尤其难以满足实际应用需要的是：放电初始阶段，锌-银电池的放电电压远低于所需要的电压，这严重影响了电池的实际使用性能。此外，在温度较高时，锌负极会自发的产生放电现象，电池隔膜的腐蚀速度也大为加快，进一步造成电池在潮湿环境下的搁置寿命和使用循环性能降低。

③ 电池各部分原材料昂贵 由于现阶段很多锌-银电池采用泡沫银作为正极材料，造成正极材料成本在锌-银二次电池的整体费用中占到 75% 左右。这就造成锌-银电池很难应用到更为广泛的民用方面，成为阻碍锌-银电池普及化发展的一个重要因素。

④ 湿储存寿命短 锌-银二次电池在潮湿环境下储存时，寿命比较短，一般只能达到几个月，较理想条件下也只能一年左右。

2.4.6 自动激活电池

自动激活电池是一种储备电池，目的在于能在未知的一段时间后快速准备并使用。一次性锌-氧化银系统具有非常高的能量输出，同时采用完整的设计系统来将电解液注入电池。

当该电池为武器和其他系统提供电能时，其需要具备长期有效性。在该种电池系统中，将电解液从储液器传送到电池内部有四种激活系统。所有的系统都采用气压来转移电解液，最传统的产气方法是烟火装置。"气体发生器"是一个小的弹药筒，里面装有可燃性的推进燃料和一个电打火器或者叫"火柴"。如图 2-17 所示，一共有四种类型的电池设计。

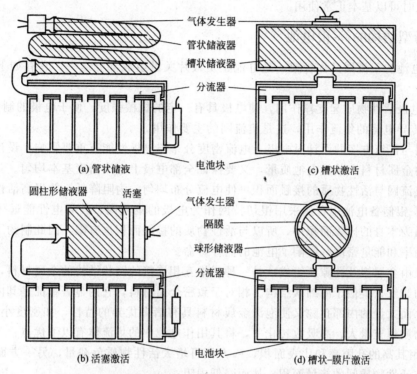

图 2-17 自动激活型锌-氧化银电池的四种激活系统的示意图

管状储液器［图 2-17(a)］能有很多种形状，通常盘绕在电池上，但是也能变成 180°成为平板形状，或者也可以制成容易得到的非标准体积。管状储液器的两端用箔膜片填充上。当激活的时候，安装在一头的气体发生器点火；气体的产生导致膜片的碎裂，同时电解质被强制推到多歧管中，然后分流到各个单体电池中。活塞激活器［图 2-17(b)］的工作方式是通过点燃后面的气体发生器，将电解液从柱状储液器中推出。水槽激活器是各种形状的，内部装有电解液，气体发生器位于水槽的顶部，当气体从顶部进入的时候，电解质从底部的孔中压出。该系统对位置的要求比较敏感，并且只能向上摆放时才能正常工作。水槽-膜片激活器［图 2-17(d)］采用的是一种球状或椭球状的容器，里面的隔膜连到外壳内部。当气体发生器被点燃的时候，球体移动到对面，推动电解液从容器的储液器一端的孔中流出。管式储液器是四种类型中最多样的，但是简单形状的电池中使用则显得比较笨重。活塞和隔膜系统具有移动部件，因此可靠性能较差；同时它们不适用于特别的形状。水槽储存器效率高，但是对位置比较敏感。

自动激活电池的操作步骤包括：①用电流点火；②气体发生器燃烧的同时伴随着气体的产生；③隔片的破裂；④电解液从储液器中排出到分流器中；⑤将电解液填充到电池中。在特殊的操作中所有步骤能在 1s 以内完成。在许多应用中，电负载直接连在电池上，因此，电池是在负载的条件下激活的。

自动激活电池与手动激活电池相比，承受较大的体积和重量，但是当没有时间去手动激活或者电池不能接触到时，就需要设计自动激活电池。在许多应用中，两种情况都存在。与基本电池相比，自动激活电池的体积通常大概为其 2 倍，质量通常为其 1.6 倍。大多数自动激活电池采用整体电加热。加热器维持电解液在 40℃ 或者当激活反应发生时，使冷电池上升到 40℃。加热器的使用使得电池的开路电压能够在接近常温条件下，并在环境温度变化范围非常大时可以基本正常使用。

2.4.7　新型结构的锌-银电池

锌-银电池的集流网又称骨架，是电池正负极片关键组成部分之一，它有如下两个重要作用：

① 对电极活性物质起支撑作用，使电极具有一定的机械强度，便于电极的制造和安装；

② 起传导电流的集流作用，这是集流网的主要作用。

集流网与汇流方案的设计对电极上电流密度分布与电极性能有重要影响。设计最佳化在于既要节约金属材料和减轻电池质量，又要保证全部电极上电流密度基本均匀。

增加集流网与活性物质的接触面积可使电流分布均匀、内阻降低，并提高活性物质利用率。目前锌-银储备电池中普遍采用银切拉网作为电极的集流网，其导电性能远优于银编织网，但是因为本身的比表面积小，所以与活性物质的接触面积也有限，因此制约了电池活性物质的利用率和能量密度，影响了电池的储存寿命。

泡沫银由金属银及孔隙所组成，是一种三维互相连接的网状结构的金属材料，其表面分布有较多的皱纹，类似于海绵状结构。相对于致密金属材料，它的显著特征是其内部具有大量的孔隙。而大量的内部孔隙又使泡沫金属材料具有诸多优异的特性，如密度小、孔率高、电极活性物质填充量大、高吸收转化率，将其用作电池中的集流体有以下优点：

① 利用其高的孔隙率和比表面积，一方面可增大活性物质负载量，另一方面可大大提高集流体与活性物质间的接触面积，从而降低内阻；

② 相比平板金属的二维集流，泡沫金属的三维网状结构使得电流收集更加均匀和容易，有利于保持在快速的电化学反应中较畅通的电子传输路径，这对于提高电池的大电流放电能力非常重要；

③ 填充活性物质后构成高度多孔的新电极结构，不仅有利于减少电解液的扩散阻抗，而且有利于提高离子传输速率，从而缩短电池激活时间；

④ 与平板集流体相比，它具有重量轻、孔率高的突出优点，可以进一步节约材料，降低成本；

⑤ 泡沫金属具有丰富的孔道结构，比表面积大，可以减小电极的真实电流密度，提高电池放电电流密度的上限，优化电池的大电流性能。

制备这种三维立体银网可以采用聚氨酯海绵模板电镀银法，主要分为三步，首先将聚氨酯海绵导电化，然后进行电镀复刻海绵结构，最后烧结除去聚氨酯海绵模板，即可得到三维立体银网。这种制备方法的难点是将不导电的聚氨酯海绵导电化处理，常用的方法主要有两种，一种是化学镀法，另一种是导电胶法。

导电胶法是在聚氨酯海绵上涂上一层导电胶，使其具有导电性。这种方法制备的导电层电阻大，电镀时容易脱胶，污染镀液，致使三维银网中残碳或其他元素量较高，影响电池的性能。化学镀法是将聚氨酯海绵依次进行粗化、敏化、活化处理等一系列烦琐步骤，实现海绵基体导电。这种方法需要采用贵金属钯作为活化剂，敏化液也不易保存，因此生产成本较高，且镀层质量受镀液影响波动较大。另外这种化学镀法对环境的污染性较大。

哈尔滨工业大学孙克宁课题组采用了磁控溅射镍薄层的方法，实现了聚氨酯基体的导电化。但是因为引入了第二相镍，不利于锌-氧化银电池的长期储存。基于此，我们课题组采用真空溅射镀银法实现了聚氨酯海绵的导电化。真空溅射镀膜法利用高负压将氩气（Ar）电离，氩气离子（Ar⁺）经电场加速撞击到靶材表面，将靶材表面原子撞击出来，并与周围的氩气原子持续不断地相互碰撞，使得金属原子形成各个方向的散射，如同金属原子云一般到达样品表面，从各个不同方向入射样品表面。此时样品表面，甚至是凹凸不平的样品表面都能够附着一层均一的金属薄层，使之拥有足够的导电性。我们利用真空溅射镀银法在聚氨酯海绵表面溅射一薄层金属银实现其导电化，进而在其表面电沉积银，复刻聚氨酯海绵的立体网络结构，最后经烧结和还原工艺，得到孔隙率高达96％以上的三维立体泡沫银，如图2-18所示。

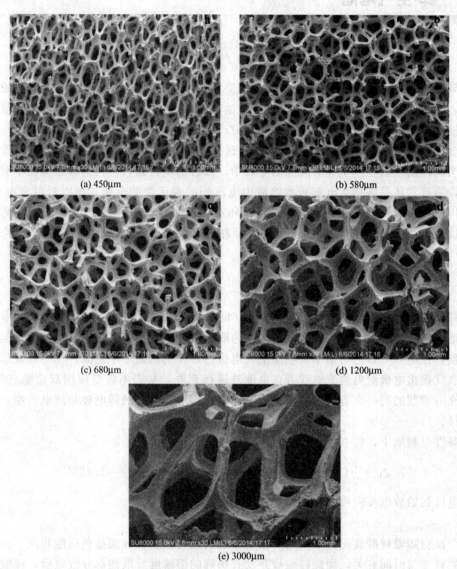

(a) 450μm

(b) 580μm

(c) 680μm

(d) 1200μm

(e) 3000μm

图2-18　电沉积银制备的不同孔径泡沫银集流体的SEM图

该方法工艺简单、周期短、易操作，不易引入杂质相，可以方便地控制镀层厚度，得到高质量三维立体银网，具有丰富的开孔结构。以这种泡沫银作为电极集流体替代传统的银切拉网，制备出新型结构锌-银电池，可以实现三维集流，并利用其高度多孔结构和大的比表面积，降低电池内阻，提高电池的大电流放电能力，其比能量比同等条件下银切拉网集流的单体电池的比能量提高10%以上。

另外，我们课题组尝试采用电沉积的方式将活性锌粉直接沉积在泡沫银集流体上，制备新型泡沫银集流的锌负极，不仅可以保持锌电极的多孔结构，从而具有极大的比表面积，使得表观大电流放电时其真实电流密度较小，降低了极化，最终提高了活性物质利用率和比容量；而且将原先的多步工艺简化为一步，大大提高了生产效率。目前这种结构的锌电极的强度需要进一步提高。

2.5 锌-空气电池

2.5.1 概述

金属-空气电池由具有反应活性的负极和空气电极经电化学反应耦合而成，它的正极反应物用之不尽。在某些情况下，金属-空气电池具有很高的质量比能量和体积比能量。这一体系的极限容量取决于负极的安时容量和反应产物的储存与处理技术。

在金属-空气电池中，锌最受人们关注。这是因为在水溶液和碱性电解质中比较稳定且添加适当的抑制剂后不发生显著腐蚀的金属中，以锌的电位最负。因为锌在碱性电解质中相对稳定，而且它还是能够从电解质水溶液中电沉积的最活泼的金属，所以对可充电金属-空气电池体系而言，锌也具有吸引力。开发循环寿命长而且实用的可充电锌-空气电池，将为许多便携式应用场合（计算机、通信设备）和电动车用大尺寸电池提供有前景的高容量电源。

2.5.2 工作原理

商品化的锌-空气电池有扣式原电池和20世纪90年代后期的5～30A·h的方形电池以及更大型的工业用原电池。可充电电池被认为既可供便携使用又可供电动车使用，但锌的充电（替换）控制和有效的高倍率双功能空气电极的开发仍然是一个挑战。在一些设计中，使用第三氧气逸出电极给电池充电或者在电池外进行充电，从而不需要使用双功能空气电极。避开再充电难题的另一个方法是"机械式"充电，即取出耗完的锌电极和放电产物，替换上新的电极。

在碱性电解质中，锌-空气电池放电的总反应可表示为：

$$Zn + \frac{1}{2}O_2 + H_2O + 2OH^- \longrightarrow Zn(OH)_4^{2-}, E^\ominus = 1.62V$$

锌电极初始放电反应可简化成：

$$Zn + 4OH^- \Longleftrightarrow Zn(OH)_4^{2-} + 2e^-$$

这个反应随着锌酸盐阴离子在电解质中溶解而进行，直至锌酸盐到达饱和点。由于溶液过饱和的程度与时间有关，因此锌酸盐并没有明确的溶解度。电池部分放电后，锌酸盐的溶解度超过了平衡溶解度，随后发生氧化锌的沉淀。如下式所示：

$$Zn(OH)_4^{2-} \longrightarrow ZnO + H_2O + 2OH^-$$

电池总反应为：

$$Zn + \frac{1}{2}O_2 \rightleftharpoons ZnO$$

锌酸盐的这种瞬间溶解性是难以成功制备可充电锌-空气电池的主要原因之一。由于反应产物沉淀位置不可控制，造成在后续充电时，电池的不同电极区域上沉积的锌的数量不同。

2.5.3 电池组成

2.5.3.1 锌负极

锌负极的放电反应取决于所用的锌、电解质和电池内的其他因素。锌负极电化学反应可归纳为：

$$Zn \longrightarrow Zn^{2+} + 2e^-$$

总放电反应的通式可写为：

$$4Zn + 2O_2 + 4H_2O \longrightarrow 4Zn(OH)_2$$

在电解质水溶液中大多数金属是热力学不稳定的，可与电解质发生腐蚀反应。或者发生如下的金属氧化析氢反应：

$$Zn + 2H_2O \longrightarrow Zn(OH)_2 + H_2$$

这种伴生腐蚀反应或者自放电降低锌负极的库仑效率，必须得到控制，以减小电池的容量损失。

影响锌-空气电池性能的其他因素如下：

(1) 极化 由于正极内氧气或空气的扩散和其他限制，随着放电电流增大，锌-空气电池的电压比其他电池下降得快。这就意味着这些空气系统更适合于中低功率场合使用，而不是高功率场合。

(2) 电解质碳酸化 由于电池敞开于空气中，电解质可以吸收到 CO_2，导致多孔空气电极内碳酸盐结晶，这将阻碍空气进入电极并引起机械损伤和电极性能下降。而且，碳酸钾的导电能力也比锌-空气电池常用的 KOH 电解质要差。

(3) 水蒸发 同样由于电池敞开于空气中，如果电解质和环境中水蒸气的分压不同，那么水蒸气就会发生迁移。失水过多会增大电解质的浓度，引起电池干涸和电池过早失效；得到水则会稀释电解质。得到水可能引起空气电极孔隙被淹，还可能由于水阻碍空气到达反应位造成电极极化。

(4) 效率 无论在充电还是在放电过程中，中温下氧电极都表现出很大的不可逆性。锌-空气电池通常放电电压约 1.2V，但充电电压约 1.6V 或者更高。这种现象导致的总能量效率损失甚至比所考虑的其他任何因素都要严重。

(5) 充电过程中催化剂和电极支撑体的氧化是一个难题，解决这些难题的方法通常包括：使用抗氧化的基材和催化剂、使用第三充电电极，或者在电池外部给负极（金属）材料充电。

2.5.3.2 空气电极

锌-空气电池的成功运行依赖于有效的空气电极。由于过去 30 年在气体燃料电池和金属-空气电池方面的兴趣，人们以改良高放电率的薄层空气电极为目的，进行了具有重要意义的工作，这些工作包括为气体扩散电极开发更为优越的催化剂、更长寿命的物理结构和低成本制造方法。

另一个方法是使用性能更为适中的低成本空气正极。但这使得每个单电池需要更大的正极面积。图 2-19 是一种使用低成本材料连续生产的电极。此电极由两层活性层组成，活性层黏结在集流丝网两侧，电极面向空气一侧粘有一层微孔聚四氟乙烯（Teflon）。活性层的连续化制备工艺是：将碳纤维无纺布依次通过含催化剂的浆料、分散剂和乳合剂，再进行干燥和压紧。然后将活性层、丝网和 Teflon 层连续地黏结在一起。这些电极也可应用于铝-空气储备电池。

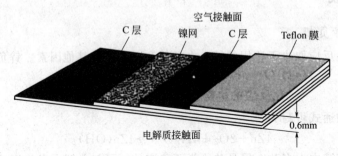

图 2-19　多层空气电极

2.5.4　电池分类、结构与特性

2.5.4.1　便携式锌-空气电池

方形设计的大尺寸电池可以克服泄漏问题。图 2-20 是方形锌-空气电池的基本示意图。采用了金属或者塑料托盘来盛装金属负极/电解质混合物。锌-空气电池的负极/电解质混合物是在凝胶化的氢氧化钾电解质中含有锌粉。电池的正极是一个薄层的气体扩散电极，包含活性层和阻挡层两层。与电解质相接触的正极活性层采用高比表面积碳和金属氧化物催化剂，并用 Teflon 黏合在一起。高比表面积碳是氧还原所需，金属氧化物（MnO_2）为过氧化氢分解所需。阻挡层与空气相接触，由 Teflon 黏结的碳组成，高浓度 Teflon 阻止电解质从电池中渗出。方形锌-空气电池已经实现中等放电率和高容量设计。电池的厚度决定了负极的容量，而端面面积决定了最大放电率。

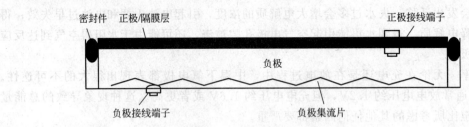

图 2-20　方形锌-空气电池设计图

锌-空气电池除方形之外还有圆柱形（见图 2-21）。

对许多便携式电子设备应用场合，锌-空气电池质量比能量高、成本低而且安全，是一个不错的选择。由于锌-空气电池能实现高质量比能量和体积比能量，受环境（干涸、淹没和碳酸化）的影响小。因此在需要使用电源 1~14 天的场合，它特别具有优势。

2.5.4.2　工业锌-空气电池

大型锌-空气电池已经使用了许多年，它被用来为铁路信号、地震遥感探测、海上导航浮标和远程通信等场合提供低倍率、长寿命的电源。它们有水激活（含干态 KOH）或者预

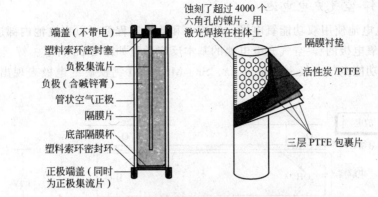

图 2-21　圆柱形锌-空气电池设计图

先激活两种形式。

(1) 预先激活和水激活电池　典型的预先激活工业锌-空气电池，即 Edison carbonaire 电池，容量 1100A·h，有两电池和三电池结构两种，都包括浸蜡碳正极块、固体锌负极和充满石灰的储液器。电池通常有一个石灰床，用来吸收二氧化碳，从溶液除去可溶性锌化合物，并将它们沉淀为锌酸钙。电池采用透明的箱体，可以通过观察锌板和石灰床的情况监测电解质的高度和电池的充电状态。当石灰转化为锌酸盐后，石灰床变暗。

(2) 凝胶电解质型电池　另一种方式是使用凝胶电解质，来排除电池操作过程中电解质发生泄漏的可能性。锌电极由混有凝胶剂和电解质的锌粉构成，反应产物是氧化锌而不是锌酸钙。电池在制造时就充满了电解质。Gelaire 电池被制成由单体电池串联或并联而成的容量 1200A·h 大小的电池组。

2.5.4.3　混合锌空气-二氧化锰电池

锌-空气电池的另一条技术途径是使用含大量二氧化锰的混合正极。在低放电率操作过程中，电池像锌-空气电池体系一样运行；在高放电率下，当氧耗尽后正极放电功能由二氧化锰取代。这就意味着，此电池在低放电率放电时基本上具有锌-空气电池的容量，而且还具备二氧化锰电池的脉冲放电能力。在高电流脉冲后，二氧化锰经空气氧化获得部分再生，从而恢复脉冲电流能力。图 2-22 为一个混合锌-空气二氧化锰单体电池的侧面图。

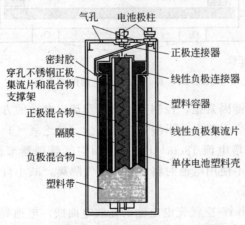

图 2-22　混合锌-空气二氧化锰单体电池侧面图

2.5.4.4 锌-空气充电电池

锌-空气充电电池使用双功能氧电极，使充电和放电过程都可以在电池内部进行。

使用双功能氧电极的锌-空气充电电池的基本反应示意如图 2-23 所示。锌-空气充电电池的进展集中在双功能空气电极上。基于 La、Sr、Mn 和 Ni 钙钛矿的电极表现出良好的循环寿命。

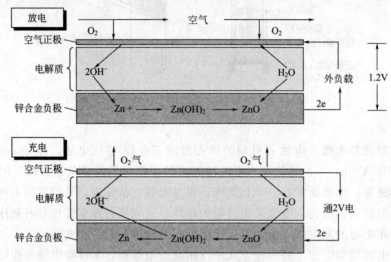

图 2-23　锌-空气充电电池的基本原理

图 2-24 为带有双功能氧电极的锌-空气充电电池。电池采用方形或者薄的长方形设计。负极使用高孔隙率的锌，可以在循环过程中保持完整性。空气电极是含有大量小孔和催化剂的抗腐蚀碳结构，它由低电阻集流体支撑，呈憎水性，可以透过氧气。平板锌负极和空气电极彼此相对，中间由一个低电阻、能吸收和保持氢氧化钾电解质的高孔隙率隔离层隔开。电池箱由聚丙烯注射-模塑成型，箱体开口供放电时流入氧气和排出充电时产生的氧气。

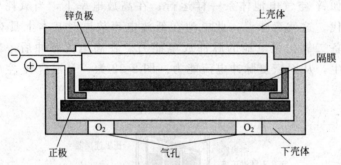

图 2-24　锌-空气充电电池的剖面图

电池组设计中一个关键因素是，控制空气流入和流出电池的方式。而且电池必须与使用要求相匹配。空气量过多会引起电池干涸，空气太少（缺乏氧气）将导致性能下降。电池所需空气的化学计量是每安培电流 $18cm^3/min$。使用空气管理器来控制空气流动，放电时打开空气进入正极的通路，不使用电池时将电池与空气隔离，减小自放电。由电池驱动的风扇也常被用来帮助空气流动。

图 2-25(a) 是 $20A\cdot h$ 锌-空气充电电池的充放电曲线。电池典型放电率在 $C/20$ 或者更低，至电压约 $0.9V$，放电电压是一条尾部急剧下降的平坦曲线。深放电至电压为零可能对

电池有害。由于电池的内阻比较高，放电率不高于 $C/10$。这一功率极限决定了电池的最小尺寸和质量，电池的设计工作时间不能少于 $8\sim10h$，否则电池的运行效率不高。当电池在可接受的载荷下放电时，电池能达到 $150W\cdot h/kg$ 和 $160W\cdot h/L$ 的比能量。

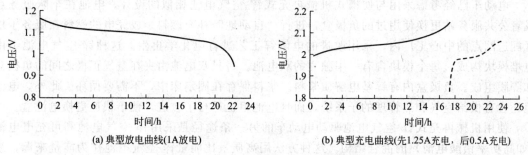

(a) 典型放电曲线(1A放电) (b) 典型充电曲线(先1.25A充电，后0.5A充电)

图 2-25 锌-空气充电电池的充放电曲线

图 2-25(b) 是电池采用两步恒电流法充电的曲线，从开始到充满约 80% 时采用中倍率，而后采用低倍率至充电结束。充满一个完全放电的电池大约要 24h。充电率和过充电都必须给予控制。过充电将导致负极产生氢气、损坏电池以及由于空气正极发生腐蚀而缩短寿命。因为放电电压与充电电压之间存在一个较大的差额，电池的能量效率约为 50%。电池的总寿命与循环次数无关。

人们正在为电动车开发一种室温下工作的类似锌-空气充电电池。电池采用平板双极板结构。负极含有膏状锌粒，类似于锌-锰碱性电池中使用的电极。双功能空气电极由碳膜和含有适当催化剂的塑料组成。电解质是带有凝胶剂和纤维状吸收材料的氢氧化钾，代表性电池平均工作电压 1.2V，容量 $100A\cdot h$。电池以 $5\sim10h$ 率放电，质量比能量达到 $180W\cdot h/kg$。技术障碍是体积比功率不高和隔膜寿命较短。为了除去二氧化碳，对电池进行湿度和热管理，必须对空气进行控制。表 2-9 给出这种电池的一些特性。

表 2-9 锌-空气牵引电池的特性

特性	指标	特性	指标
物理特征		高负荷/V	1.0
电池尺寸/cm	$33\times35\times0.75$	充电电压/V	1.9
电池质量/kg	1.0(典型值)	结构	
电池电压		总目标	$120W\cdot h/kg$(峰值 120W/kg)
开路电压/V	1.5	高能量	$180W\cdot h/kg$(10W/kg 时)
平均值/V	1.2	高功率	$100W\cdot h/kg$(峰值 200W/kg)

注：来源：Dreisbach Electromotive 公司。

2.5.4.5 机械再充式锌-空气电池

利用丢弃和替换放过电的负极或者放电产物的方式可以实现"机械式"充电或者补充燃料的电池设计。放过电的负极或者放电产物可以被充电或者在电池外面回收。这样可以不需要双功能空气电极，避免锌电极由于现场充放电循环引起的形变问题。

(1) 机械补充燃料体系——替换负极 在 20 世纪 60 年代后期，为了给便携式军用电子设备提供电力，可机械替换的锌-空气电池由于质量比能量高而且补充燃料容易，因而受到了重视。这种电池含有许多串联的双单体电池来提供所需要的电压。每只双单体电池有两个并联的空气电极并由塑料框架支撑。它们一起形成了一个容纳锌负极的封套，负极是具有多孔结构的锌，它包裹于隔膜中，插在两个正极之间。电解质 KOH 以干态存在于锌负极中，只需要加水即可激活电池。"充电"是通过更换新负极来实现的。由于这些电池的活性寿命短并且间歇操作性能差，加上开发出倍率特性更好、野外使用更方便的新型高性能锌原电池，因此它们从来都没有被使用过。

电动车已经考虑采用与便携式机械再充式锌-空气电池相似的设计。电池在车队服务点或者公共服务站更换使用过的负极盒，进行"自动地"补充燃料。放完电的燃料在服务于地区配送网点的中心工厂内，采用改进的电解锌工艺进行电化学再生。这种锌-空气电池组由电堆模块构成，每个模块含有一串独立的双电池。每只双电池由夹在空气正极之间的负极盒和隔膜组成。负极盒内有锌基电解质浆料。浆料保存在固定床中，不需要循环。此外，电池组还含有供给空气和热管理的子系统，而且电池组也进行了改进，便于快速更换电池盒。

使用机械再充式锌-空气电池驱动电动车的另一条途径是采用锌-空气电池和可充电电池（如高功率铅酸电池）的混合结构。这种方法用高质量比能量锌-空气电池作为能量来源，来满足峰值功率的需要且使每种电池的性能都得到优化。在低载荷时，锌-空气电池组满足负载并通过调压器给可充电电池充电。在最高载荷情况下，负载由这两种电池组共同分担。图 2-26 对混合电池组和单个电池组的性能进行了比较，该图显示了这种混合设计的优点。

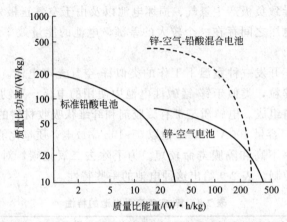

图 2-26　锌-空气-铅酸混合电池组与锌-空气电池盒及标准铅酸电池的性能对比

(2) 机械补充燃料体系——更换锌粉　使用锌粉填充床的电池，锌粉耗完后可以更换。电解质靠自然对流进行循环。电池工作时，电解质由上而下流过锌床，再由石墨或者铜集流板背面向上流动。

该电池的设计便于在放电后用泵将锌床和电解质抽出，并替换成新的锌床和电解质，用来模拟它在电动车上的操作。电池在 2A 下放电 4h，然后用一头连在喷水抽气装置上，另一头通过电池顶部孔洞的管子，将大部分电解质和剩余的颗粒吸出电池的负极侧口，无需经过洗涤，将新的锌粒和电解质从孔中放入电池，进行第二次放电。

要获得实用、高效的电池系统，就需要有效地再生锌颗粒。根据设计，对实用的电池系统而言，使用过的电解质和剩余的锌粒将在当地的服务中心除去，再添加再生过的锌粉和电解质，使车辆快速补充燃料。正在开发的系统能在电池的电压降低至一个实际值就终止电池组的放电，而不是等电压降到零。在这种情况下，电池内没有沉淀物出现，电解质是澄清的。除去电池产物的工艺则是将锌再沉积到颗粒上的简单过程。

2.5.4.6　固态电解质锌-空气电池

多数锌-空气电池采用水性电解质，使其难以柔性化，因此应用受到了限制。将水性电解质变成形态可控的固态电解质可实现锌-空气电池的柔性化，其中固态电解质既作为离子传导的电解液，又可以作为隔膜来防止电池短路，这样就简化了电池的设计和制作过程。最近，陈忠伟教授团队研发了一种纳米纤维素电解质薄膜，这种薄膜具有超薄、柔韧性好、可传导 OH^- 等优点，更重要的是其拥有良好的储水性能，应用在锌-空气电池上具有相当大的优势。

图 2-27 为这种纤维素薄膜的形成过程示意图。首先通过氢键吸附纤维素表面来形成水解硅烷的中间体，然后是一步热处理交联过程，即水解的官能团部分与羟基反应，形成相互连接的共价键，同时形成硅氧烷键，最后通过离子交换过程表面富 OH^-，使其能够传导 OH^-。

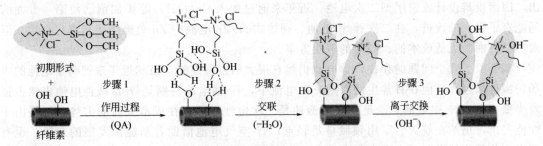

图 2-27 纳米纤维素薄膜的形成过程示意图

这种电解质薄膜做成的锌-空气电池可实现柔性化，如图 2-28 所示，可以将电池缠绕在手指上，同时作为发光二极管的电源，使其发光。同时检测了不同弯曲角度对其输出功率密度的影响，如图 2-29 所示，在不同的电流密度下，随着弯曲角度的变化，输出功率密度几乎不变，尤其是当弯曲 120°时，即使电流密度达到 3000mA/g，也没有明显的功率衰减，表现出了稳定的物理性质和优异的电化学性能。

图 2-28 柔性锌-空气电池为发光二极管供电图

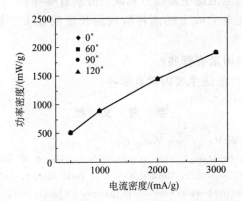

图 2-29 不同电流密度下弯曲角度对功率密度的影响

2.6 小结

本章中介绍的锌-锰电池、锌-锰碱性电池、锌-银电池和锌-空气电池，其共同特点是都使用锌负极。锌负极的优点在于一方面锌资源丰富；另一方面锌造成的污染少，特别是在推广无汞化工艺后，而且锌电化学当量较低且电极电势较负，有利于提高电池的比能量。

但是锌负极由于反应产物的溶解度较高，反复充放电时易出现形状变化、活性物质转移和枝晶，对充放电寿命有严重影响。另外锌负极充电时难免有不易在电池中被吸收的氢气析出，因而很难设计成密闭型二次电池。近年来通过加入 $Ca(OH)_2$ 等添加剂已使第一方面的问题有了很大的改进，在二次锌-银电池、阀控式 Ni-Zn 电池中 Zn 负极已能充放几百次。但对后一方面尚无低成本的、高效的解决方案。

基于以上几个问题的存在，锌电池仍然有很大的发展空间。虽然近年来锂离子电池的市场份额越来越大，但在日常生活所用一次电池中，锌-锰电池特别是锌-锰碱性电池仍然占据着半壁江山；锌-银电池无论是一次电池还是二次电池，都存在成本太高的劣势，但是由于性能突出，仍然在航天、军用领域举足轻重；锌-空气电池借助着新能源发展的东风，也有望在某些重要技术瓶颈方面实现突破。总而言之，锌电池仍然大有用武之地，锌电池的发展仍然任重道远。

思考题

1. 氯化铵型锌-二氧化锰电池与氯化锌型锌-二氧化锰电池的工作原理有何异同，其主要优缺点有哪些？
2. 锌-二氧化锰干电池的基本结构具有哪两种，是怎样的？
3. 锌-锰电池中二氧化锰正极的还原机理及过程是怎样的？其控制步骤是什么？
4. 锌-锰碱性电池与锌-锰干电池最大的区别在哪里？请分别写出其电池表达式。
5. 锌-锰碱性电池的主要电池元件有哪些？
6. 为什么锌-锰干电池在间歇放电条件下的性能通常都很好？
7. 锌-银电池相比其他电池的主要优点和缺点分别有哪些？
8. 为什么锌-银电池充电曲线上的高坪阶段的长度明显大于放电曲线上的高坪阶段的长度？
9. 锌-银电池的自放电因素有哪些？
10. 影响锌-空气电池性能的主要因素有哪些？

参 考 文 献

[1] George Vinal. Primary Batteries. Wiley：New York，1950.

[2] Cahoon N C. The Primary Battery，vol. 2，chap. 1//Cahoon N C，Heise G W. New York：Wiley，1976.

[3] Richard Huber. Batteries，vol. 1，chap. 1//Kordesh K V. New York：Decker，1974.

[4] Kozawa A，Powers R A，Electrochemical Reactions in Batteries. J Chem，1972，49：587.

[5] Brodd R I，Kozawa A，Kordesh K V. Primary Batteries 1951-1976. J Electrochem Soc，1978，125（7）.

[6] Mantell G L. Batteries and Energy Systems. 2nd New York：McGraw-Hill，1983.

[7] 史鹏飞. 化学电源工艺学. 北京：化学工业出版社，2009.

[8] 郭炳坤. 化学电源-电池原理及制造技术. 长沙：中南工业大学出版社，2009.

[9] McBreen J, Gannon E. Bismuth Oxide as an Additive in Pasted Zinc Electrodes. J Power Sources，1985，15：169-177.

[10] Miller P. Silver-Zinc Battery Tech Outshines Li-Ion on Safety Front. Tech Digest，2006-09-28.

[11] 程立文. ZPower 公司的锌-银电池. 电源技术，2008，32 (11)：729-730.

[12] 徐金. 锌银电池的应用和研究进展. 电源技术，2011，35 (12)：1613-1616.

[13] Karpinski A P. Silver Based Batteries for High Power Applications. J Power Sources，2000，91：77-82.

[14] 李国欣. 箭（弹）上一次电源. 北京：中国宇航出版社，1988.

[15] Serenyi R. Development of Silver-Zinc Cells of Improved Cycle Life and Energy Density. 1996，95.

[16] Ojtahedi M, Goodarzi M, Sharifi B. Effect of Electrolysis Condition of Zinc Powder Production on Zinc-Silver Oxide Battery Operation. Energ Convers Manage，2011，52 (4)：1876-1880.

[17] 孔祥蕊. 锌银电池组延寿试验. 洪都科技，1998，2：008.

[18] 蒋世承，商宝绪，曹元春. 热分析法研究高价氧化银的热分解动力学并导出锌氧化银电池中电极的寿命方程. 化学通报，1980，7：005.

[19] Smith D F, Brown C. Aging in Chemically Prepared Divalent Silver Oxide Electrodes for Silver/Zinc Reserve Batteries. J Power Sources，2001，96 (1)：121-127.

[20] Karpinski A P. Silver-zinc：Status of Technology and Applications. J Power Sources，1999，80：53-60.

[21] Murali V, Vanzee J. A Model for the Silver-Zinc Battery During High Rates Of Discharge. J Power Sources，2007，166：537-548.

[22] 何德军，刘鸿雁. 导弹主电源技术的发展. 兵器材料科学与工程，2008，32 (1)：93-96.

[23] 奚碚华，夏天. 鱼雷动力电池研究进展. 鱼雷技术，2005，13 (2)：7-12.

[24] 王帅. 碱性条件下高功率放电锌电极的性能研究 [D]. 天津：天津大学，2007：3.

[25] Wales C P, Burbank J. Oxides on the Silver Electrode. J Electrochem Soc，1965，112 (1)：13-16.

[26] 李国欣. 新型化学电源技术概论. 上海：上海科学技术出版社，2007：46-80.

[27] Linden D, Reddy T B. Handbook of Batteries. 3rd Edition. McGraw-Hill，2002.

[28] 管从胜，杜爱玲，杨玉国. 高能化学电源. 北京：化学工业出版社，2004.

[29] 张永光. 贮备式锌-银电池氧化银电极的电化学性能研究 [D]. 哈尔滨：哈尔滨工业大学，2011.

[30] 沈川杰. 贮备式锌银电池锌电极电化学性能及贮存寿命的研究 [D]. 哈尔滨：哈尔滨工业大学，2011.

[31] 杨进. 泡沫银的电沉积制备及用作锌银电池负极集流体的研究 [D]. 哈尔滨：哈尔滨工业大学，2013.

[32] 陈金润. 以泡沫银为集流体的电沉积式锌电极及其电化学性能研究 [D]. 哈尔滨：哈尔滨工业大学，2013.

[33] 朱晓东，孙克宁，乐士儒. 一种三维立体银网的制备方法：中国，ZL201510000577.7. 2015.

[34] 代洪秀. 锌银电池新型锌电极的制备及其电化学性能研究 [D]. 哈尔滨：哈尔滨工业大学，2014.

[35] Blurton K F, Sammells A F. Metal/Air Batteries：Their Status and Potential-A Review. J Power Sources，1979，4：623.

[36] Moyer W P, Littauer E L. Development of a Lithium-Water-Air Primary Battery//Proc IECEC, Seattle, Wash，1980.

[37] Hamlen R P, Scanmans G M, Callaghan W B O, et al. Progress in Metal-Air Battery Systems//International Conference on New Materials for Automotive Application，1990：10-11.

[38] Hoge W H. Electrochemical Cathode and Materials Therefore：US，4906535. 1990.

[39] Hoge W H, Hamlen R P, Stannard J H, et al. Progress in Metal-Air Systems. Electrochem Soc Seattle Wash，1990：14-19.

[40] Atwater T, Putt R, Bouland D, et al. High-Energy Density Primary Zinc/Air Battery Characterization//Proc 36th Power Sources Conf, Cherry Hill, NJ，1994.

[41] Putt R, Naimer N, Koretz B, et al. Advanced Zinc-Air Peimary Batteries//Proc 6th Workshop for Battery Exploratory Development, Wiolliamsbury, VA，1999.

[42] Passanitti J, Haberski T. Development of a High Rate Primary Zinc-Air Battery//Proc 6th Workshop for Battery Exploratory Development, Williamsbury, VA，1999.

[43] Putt R A, Merry G W. Zinc-Air Peimary Batteries//Proc 35th Power Sources Symp, IEEE，1992.

[44] Karpinski A. Advanced Development Program for a Lightweight Rechargeable "AA" Zinc-Air Battery//Proc 5th Workshop for Battery Exploratory Development, Burilington VT, 1997.

[45] Karpinski A, Halliop W. Dvelopment of Electrically Rechargeable Zinc/Air Batteries//Proc 38th Power Sources Conf, Cherry Hill, NJ, 1998.

[46] Putt R A. Zinc-Air Batteries for Electric Vehicles. Albuquerque, NM: Zinc/Air Battery Workshop, 1993.

[47] Fu J, Zhang J, Song X, et al. A flexible solid-state electrolyte for wide-scale integration of rechargeable zinc-air batteries. Energy Environ Sci, 2016, 9: 663-670.

第3章

镍-氢电池

3.1 概述

镍-氢电池包括低压镍-氢电池和高压镍-氢电池两种。低压镍-氢电池，又称金属氢化物（MH-Ni）电池，是一种继 Cd-Ni 电池之后的高能碱性二次电池，凭借其优越的性能正逐步取代 Cd-Ni 电池，是当今二次电池重要的发展方向之一。MH-Ni 电池容量比 Cd-Ni 电池容量高 50% 以上，且无 Cd-Ni 电池存在的记忆效应，同时消除了 Cd 对环境的污染，工作电压与 Cd-Ni 电池相当，均为 1.2V，比能量和比功率分别可达到 95W·h/kg 和 900W/kg，高低温工作容量损失较小。高压镍-氢电池是以气态氢为活性物质，电池壳体是储存氢气的高压容器，是继 Cd-Ni 电池之后的第二代空间用蓄电池，已代替 Cd-Ni 电池，用于同步轨道（GEO）和低轨道（LED）卫星，并具有更长的使用寿命（LEO，DOD40%，40000 次；GEO，DOD 60%~70%，15 年）。镍-氢电池的镍电极最初被 Desmazures 和 Hasslacher 两位学者共同讨论并研究其是否能用于碱性电池中，之后涌现出一系列关于镍电极的研究，包括镍电极的制备及改性，并将其用于镍碱性电池如镍-镉、镍-氢及镍-铁等电池。储氢合金材料的发展，促进了 MH-Ni 电池的发展及应用。

3.2 储氢合金材料

3.2.1 储氢合金的性质

储氢合金问世要追溯到 20 世纪 60 年代中期，由于第二次世界大战引发的石油危机，当时世界各国的科学家急于寻求新的替代能源，氢能的研究受到普遍重视，荷兰 Philips 实验室和美国 Brookhavens 实验室先后发现了 $LaNi_5$ 和 Mg_2Ni 等合金具有可逆吸放氢的性能，由此翻开了储氢合金历史的新篇章。称得上储氢合金的材料应该具有可逆的、吸收大量氢气的特性，类似于海绵吸水，储氢合金中氢的体积密度甚至比液氢和固氢还要大。原则上说，储氢合金都是金属间化合物，它们的共同点是均由一种吸氢元素或与氢有很强亲和力的元素（A）和吸氢很小或根本不吸氢的元素（B）组成的。A 主要是 ⅠA～ⅤB 族元素，如 Ti、Zr、Ca、Mg、V、Nb、RE（稀土元素）等，它们与氢反应为放热反应（$\Delta H < 0$）；B 主要

为ⅥB～ⅧB族（Pb除外）过渡金属，如 Fe、Co、Ni、Cr、Ca、Al 等，氢溶于这些元素时为吸热反应（$\Delta H > 0$）。目前开发的合金基本上都是吸热型金属与放热型金属组合在一起。两者合理组配，就能制备出在室温下具有可逆吸放氢能力的储氢材料。作为储氢材料，应具备以下条件：

① 容易活化，单位质量、单位体积吸氢量大，一般认为可逆吸氢量不少于 150mL/g 为宜；

② 吸收和释放氢的速度快，氢扩散速度大，可逆性好；

③ 储氢合金-氢气的相平衡图可由压力-浓度-温度曲线表示，即 p-c-T 曲线。p-c-T 曲线有较平坦和较宽的平衡平台压区，在这个区域稍微改变压力，就能吸收或放出更多的氢气，平衡分解压适中，室温附近的分解压应为 0.2～0.3MPa；

④ 吸收、分解过程中的平衡氢分压差即滞后要小；

⑤ 氢化物生成热小，一般在 -29～46kJ/mol 为宜；

⑥ 寿命长，反复吸放氢后，合金粉化量小，能保持性能稳定；

⑦ 在空气中稳定，安全性能好，不易受 N_2、O_2、H_2O（气）、H_2S 等杂质气体中毒；

⑧ 价格低廉、不易污染环境、容易制备。

3.2.2 储氢合金的分类

储氢材料种类繁多，其分类方法通常有三种：

(1) 按构成储氢材料的组成分为：

① 稀土类，如 $LaNi_5$、$LaNi_{5-x}A_x$（A = Al、Co、Cu 等）、M_mNi_5（M_m 为混合稀土）等；

② 钛系类，如 $TiNi$、Ti_2Ni 等；

③ 镁系类，如 Mg_2Ni、Mg_2Cu 等；

④ 锆系类，如 $ZrMn_2$ 等。

稀土系具有 $CaCu_5$ 型六方结构，而钛系、镁系、锆系一般分别为立方相、四方相及 Laves 相结构。

(2) 按构成储氢材料的晶态分为：

① 晶态储氢材料，(1) 中所列的四类材料均可制成晶态储氢材料；

② 非晶态储氢材料，如 Mg-Ni 系非晶态、Ti-Cu 系非晶态等。

(3) 按储氢材料各组成间的配比分为：

① AB_5 型，如 $LaNi_5$、$LaNi_{5-x}A_x$、M_mNi_5 等；

② AB 型，如 $TiNi$ 等；

③ A_2B 型，如 Mg_2Ni、Ti_2Ni 等；

④ AB_2 型，如 $ZrMn_2$ 等。

或粗分为 AB_2 储氢材料和 AB_5 储氢材料两类。

目前研究开发的储氢合金材料电极材料主要有 AB_5 型混合稀土合金、AB_2 型 Laves 相合金、Mg-Ni 等合金系列。

3.2.2.1 AB_5 型储氢合金

AB_5 型稀土系储氢合金具有综合性能好的特点，即易活化、容量适中（$LaNi_5$ 理论容量为 372mA·h/g）、动力学性能好和价格相对低廉等优点，是目前 MH-Ni 电池生产中广泛采用的负极材料。早期试验时使用的 $LaNi_5$ 合金因室温下平衡氢压过高、氢气散逸过快及较易腐蚀，故循环寿命较差，不能满足 MH-Ni 电池实用化的要求。Willems 在许多科学家以合金化方法降低氢平衡压力的基础上，采用一定量的 Co 及 Nb 替代 Ni 的多元合金化的方法，显著延长了该体系合金的循环寿命。此后，为了降低合金成本并进一步提高 AB_5 型合金的综合电化学性能，日本及我国分别采用廉价的混合稀土来代替该体系合金中成本较高的 La，同时对合金 B 侧实行多元合金化，相继开发了 AB_5 型混合稀土系合金。其中比较典型的合金有 M_m（$NiCoMnTi$）$_5$ 和 M_m（$NiCoMnAl$）$_5$ 等，最大放电容量可达 $280\sim320mA \cdot h/g$，并具有良好的循环稳定性和综合电化学性能，现已成为国内外 MH-Ni 电池产业化的主要负极材料。

为进一步提高合金电极的循环寿命，除进一步调整和改变合金组成外，优化合金的组织结构也具有重要作用。研究发现，合金慢速冷却得到的等轴结构的结晶颗粒较大（约为 $50\mu m$），循环寿命较差；而快速凝固得到的柱状晶组织的合金具有良好的循环寿命。另外，对合金微粒表面进行包覆（如镀 Ni 和镀 Cu 等），也可改善电极的循环寿命。

近年来，AB_5 型混合稀土系储氢合金的研究热点及其进展主要有快速凝固制备技术、双相合金研究和表面处理三个方面。

3.2.2.2　AB_2 型储氢合金

AB_2 型储氢合金为 Laves 相结构，包括 C_{15} 型立方结构和 C_{14} 型六方结构。1967 年，A. Pebler 首先对二元锆基 Laves 相合金的储氢性能进行了研究，发现锆基 Laves 相合金具有储氢容量高的特点，到 20 世纪 80 年代中期将其用于 MH-Ni 电池的负极材料。与 AB_5 型合金相比，锆基 Laves 相储氢合金具有储氢容量高（理论容量为 $482mA \cdot h/g$）、循环寿命长等优点，因而受到广泛关注。在锆基 Laves 相储氢合金的实用化进程中，美国奥芬尼克电池公司的工作十分出色。该公司研制的 Ti-Zr-V-Cr-Ni 合金为多相结构（C_{15} 型和 C_{14} 型 Laves 相以及其他非 Laves 相结构），电化学容量高于 $360mA \cdot h/g$，循环寿命很长。以这种合金作为负极材料，该公司已研制了各种型号的 MH-Ni 电池。日本松下电气公司开发的 $ZrMn_{0.3}Cr_{0.2}V_{0.3}Ni_{1.2}$ 合金主相为 C_{15} 型结构，合金电极的电化学容量已达 $363mA \cdot h/g$，并且已用于研制 Cs 型 MH-Ni 电池。经研究发现，将 Mo 引入 Laves 相合金中，制备出含多相结构的 Zr（$V_{0.2}Mn_{0.2}Ni_{0.54}Mo_{0.06}$）$_{2.4}$ 合金容量高达 $360mA \cdot h/g$。

3.2.2.3　Mg-Ni 系合金

与 AB_5 和 AB_2 型合金相比，Mg-Ni 系合金具有储氢量更大（如 Mg_2NiH_4 的理论比容量接近 $1000mA \cdot h/g$）以及质量轻和资源丰富等优点，一直是储氢合金及其应用研究中引人注目的对象。但是，由于 Mg-Ni 系合金的氢化物过于稳定，且吸收和放出氢的动力学性能较差，其吸放氢过程通常要在高温（250℃左右）及较高的气压条件下才能进行。而且循环过程中 Mg 的氧化物导致电极容量衰减较快。尽管有报道 Mg-Ni 合金常温也能较好地放出氢，但合金电极的循环稳定性不能满足实用的要求，所以仍然需要进一步的改进研究。

3.2.3　储氢合金的制备技术

储氢合金的制备技术根据合金类型不同而有所区别，主要包括高频感应炉熔炼、电弧熔炼法、气体雾化、机械合金化（MA、MG）、还原扩散、粉末烧结、燃烧法等。其中高频电磁感应熔炼法是目前工业常用的方法，成本低，可批量生产，且规模大小均可，缺点是电耗大、合金组织难以控制。感应熔炼用坩埚一般为 MgO 或 Al_2O_3 坩埚，要求坩埚耐火温度为 1500～1700℃，熔炼 Ni 合金的坩埚耐温应大于 1600℃。电弧熔炼适用于以克计的小试样储氢合金，在真空或氩气保护下熔炼，可制备含多种添加元素的储氢合金。机械合金化，即机械球磨法，一般在高能水冷球磨机中进行，通入惰性气体保护，其特点是不用加热，适合于制备熔点差别比较大或密度差别比较大的合金。此外，还有一些针对储氢合金电极而改进的合金制备技术。

(1) 低温高功率储氢合金的制备 通过对低温条件下 AB_5 型储氢合金组元的协同作用、添加合金元素的作用、表面催化作用及表面处理作用的研究，分析低温放电机理、过程控制步骤及其影响因素，作为制备工艺设计的基础。

(2) 低温高容量储氢合金的制备技术 该技术解决了含 Mg 的 A_2B_7 型高容量储氢合金常规熔炼制备过程的 Mg 挥发和包晶反应不完全的问题，研究高熔点中间合金的制备 A_2B_7 型高容量储氢合金的固液烧结技术和氢化燃烧合成技术及其制备基础问题研究成分及制备工艺等对 A_2B_7 型储氢合金低温性能的影响，开发比 AB_5 型储氢合金容量（300mA·h/g）更大的高容量（400mA·h/g）的 A_2B_7 型。

3.3 镍-氢电池

3.3.1 概述

自 1973 年，人们试图利用 $LaNi_5$ 作为镍碱性电池负极材料，但是其循环寿命太短，充放电过程中容量会迅速衰减，该尝试以失败告终。直到 1984 年，$LaNi_5$ 和 Mg_2Ni 等合金先后被荷兰 Philips 公司和美国 Brookhaven 公司发现，其具有可逆储存释放氢性能，采用多元合金法解决了其在充放电过程中的容量衰减问题，实现了其作为负极材料在 MH-Ni 电池中应用的可能。之后，中国、美国、日本相继发表了许多储氢合金制造氢电极的专利，MH-Ni 电池进入实用性阶段。迄今为止，我国利用资源丰富的稀土资源 M_m 替代合金中的 La，并对 B 侧合金元素用多元合金替代，优化 $LaNi_5$ 的储氢性能，降低了合金的成本，推动了以储氢合金为负极的 MH-Ni 电池的产业化。在国家"863"计划的支持下，MH-Ni 电池作为动力在电动汽车方面的研究已经取得可喜的成就，MH-Ni 电池正逐渐向高能量型和高功率型双向发展。但是，国内 MH-Ni 电池仍然存在着一些问题，如重现性差、储存性能差和自放电严重、大电流放电平台低、循环寿命短等缺点，因此，国内的 MH-Ni 电池在性能方面有待进一步提高。开发高活性、高容量的氢氧化镍是解决这一问题的良好途径。目前主要通过制备出在碱液中能稳定存在的 α-$Ni(OH)_2$ 和对 $Ni(OH)_2$ 进行掺杂改性来提高氢氧化镍的比容量和导电性。

3.3.2 工作原理

镍-氢电池是以 $Ni(OH)_2$ 电极做正极、储氢合金做负极、KOH 水溶液为电解液的碱性蓄电池，其电化学原理与传统的镍-镉电池相比，主要区别在于储氢合金代替了镉负极。电位变化时，镍电极具有脱、嵌质子的能力，而储氢合金则具有吸、放氢的功能，镍-氢电池正是综合利用上述两种方式来实现充放电过程。充放电时，正负极及电池反应为：

正极：
$$Ni(OH)_2 + OH^- \underset{\text{放电}}{\overset{\text{充电}}{\rightleftharpoons}} NiOOH + H_2O + e^- \tag{3-1}$$

$E^{\ominus}=+0.39\text{V}$ （vs. Hg/HgO）

负极： $$M+H_2O+e^-\xrightleftharpoons[\text{放电}]{\text{充电}}MH+OH^-\tag{3-2}$$

$E^{\ominus}=-0.93\text{V}$ （vs. Hg/HgO）

电池反应： $$Ni(OH)_2+M\xrightleftharpoons[\text{放电}]{\text{充电}}MH+NiOOH\tag{3-3}$$

M 代表储氢合金，MH 代表金属氢化物。

表面上看，上述式（3-1）、式（3-2）、式（3-3）电极反应中不产生任何可溶性金属离子，也无额外电解质的生成与消耗，只是氢原子在正负极间移动。放电时负极里的氢原子转移到正极成为质子，充电时正极的质子转移到负极成为氢原子，没有氢气产生，整个电池反应是固溶体反应，如图 3-1 所示。其机理是质子的溶解和嵌脱，属于活性材料结构基本保持不变的氧化还原体系，可通过镍电极中质子的嵌入与脱出过程来解释：当镍电极进行充电时，$Ni(OH)_2$ 与溶液中的 H^+ 构成双电层，在电极发生极化时，$Ni(OH)_2$ 通过电子与空穴导电，电子通过 $Ni^{2+}\longrightarrow Ni^{3+}$ 向导电骨架方向移动，质子通过界面双电层转移到溶液中，并与溶液中的 OH^- 结合成 H_2O，固相内形成 NiOOH；当镍电极进行放电时，在电极固相表面层生成 H^+，并向固相内部扩散，与 O^{2-} 相结合形成 OH^-，从而完成 $NiOOH\longrightarrow Ni(OH)_2$ 的转变过程。相应地，储氢合金电极本身并不作为活性物质进行反应，而是作为活性物质氢的储存介质和电极反应催化剂。充电时，水分子在储氢合金负极 M 上放电，分解出的氢原子吸附在电极表面上，并扩散到储氢合金内部而被吸收形成氢化物电极 MH；放电时，储存在合金中的氢通过扩散到达电极表面并重新被氧化生成水或 H^+，储氢合金作为阳极释放的氢被氧化成水。

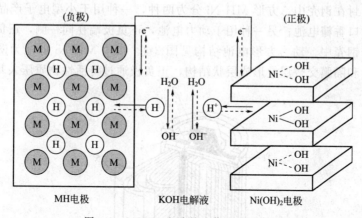

图 3-1　MH-Ni 电池的工作原理示意图

镍-氢电池总反应中没有水的消耗，电解质不参加电极反应，但是，当过充电时，正极上的 $Ni(OH)_2$ 全部转化为 NiOOH，充电反应转变为如式（3-4）所示的电解水析氧过程，负极上除生成电解水的析氢反应外，还存在式（3-5）的 O_2 复合反应，具有消氧功能。实际上，在充电中后期，由于掺杂元素或杂质的存在，$Ni(OH)_2$ 在没有完全氧化为 NiOOH 时就已经发生析氧反应，充电电流大部分用来产生氧气，此时充电电压不再升高而是出现了充电平台。过放电时，正极上电化学活性的 NiOOH 全部转化为 $Ni(OH)_2$，电极反应变为式（3-6）所示的电解水生成 H_2 反应，负极储氢合金的部分金属元素发生溶解，正极产生的 H_2 可以非常容易地在负极复合。过充电、放电时的电极反应分别如下所示：

过充电，正极： $$4OH^-\longrightarrow 2H_2O+O_2+4e^-\tag{3-4}$$

$$负极：2H_2O+O_2+4e^- \longrightarrow 4OH^- \tag{3-5}$$

$$过放电，正极：2H_2O+2e^- \longrightarrow H_2+2OH^- \tag{3-6}$$

$$负极：2M+H_2 \longrightarrow 2MH \tag{3-7}$$

$$或 \quad MH+OH^- \longrightarrow M+H_2O+e^- \tag{3-8}$$

对于镍-氢电池析出气体的副反应问题，其根本解决办法在于电化学体系的选择和气体的复合。目前，在解决气体复合问题上，主要有下面三种途径：

① 电池体系的设计，常用的手段包括控制负极容量过剩、贫电解液、透气性能好的隔膜、极板制作工艺、添加电解液添加剂等，减少正极上氧气的析出，同时提高电池内部气体的传输速率，加快气体的复合速率以降低内压。

② 最优化的充放电制度，根据电池体系的特点，控制电池的充放电压和电流，以有效地减少气体析出量。

③ 高效的气体复合催化剂的研制，一般来说，在目前碱性电池体系中，由于采用正极控制，在充电中后期，电池析出的气体中氧气比例较高，氧气通过与负极化学复合或电化学复合反应而消耗掉；而负极自放电氢气积累以及氢气后期析出，要靠催化剂与氧气重新复合成水，可以减少电解质中水的损失，同时也延长了电池的循环寿命。

3.3.3 电池结构及特点

3.3.3.1 MH-Ni电池结构

MH-Ni电池根据外观不同分为圆柱、方形和扣式三种。图3-2为圆柱形MH-Ni电池结构，是该系列电池中发展较早也较为成熟的一种，制作工艺成熟，正负极用隔膜纸分开卷绕在一起，然后密封在钢壳中。方形MH-Ni分为两种，一种用于小型电子产品如手机、笔记本电脑等，俗称口香糖电池；另一种用于动力电池，正负极端在同一侧，正负极用隔膜纸分开层叠后密封于钢壳中。动力方形电池结构见图3-3。扣式MH-Ni电池为图3-4所示的结构，正极、负极和隔膜交替层叠形成层状结构，正负极通过将活性物质压入基板得到。从电

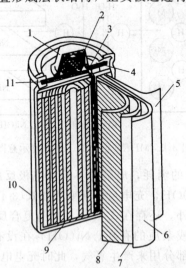

图3-2　圆柱形 MH-Ni 电池结构

1—正极端；2—安全阀；3—正极引线；

4—封口板；5,7—隔膜；6—负极；8—正极；

9—绝缘层；10—外壳；11—密封垫

池结构图可以看出，三种结构电池均由正极、负极、电解质、隔膜及钢外壳组成，还包括一些零件例如极柱、密封垫等。

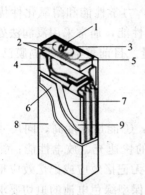

图 3-3　方形 MH-Ni 电池结构
1—上盖；2—绝缘垫；3—安全阀；4—绝缘层；
5—密封圈；6—负极片；7—正极片；8—壳体；9—隔膜

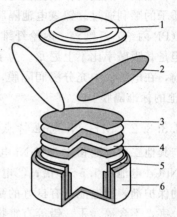

图 3-4　扣式 MH-Ni 电池结构图
1—正极盖；2—正极片；3—负极片；4—隔膜；
5—绝缘圈；6—负极壳

(1) 正负极　正极和负极统称电极，是由活性物质和导电骨架或者导电剂、黏合剂、添加剂等所组成的。它们的作用是参与电极电化学反应，是决定电池电化学性能的主要部件。依据活性物质在电池充放电过程中发生氧化还原反应的性质，分为正极活性物质和负极活性物质。对活性物质要求满足：正极活性物质电极电位越正，负极活性物质电极电位越负，所构成电池的电动势越高；活性物质的电化学活性越高，充放电电化学反应速率越快；将电极制成多孔粉状电极，增大电极表面积，从而有效降低电极的电化学极化；活性物质的电化当量小；活性物质在电解液中自溶速率小；电池内阻小、自身导电性良好；材料资源丰富，价格低廉，便于制造，性价比高。

镍-氢电池正极材料为氢氧化镍。正极氢氧化镍电极常用导电剂有乙炔黑、碳粉、石墨和金属镍粉等。石墨在充放电循环过程中会氧化成二氧化碳，影响电极材料性能。镍粉具有良好的电化学性能。

镍-氢电池负极材料是金属氢化物即储氢合金材料。主要分为 AB_5 型储氢合金即稀土系储氢合金、AB_2 型储氢合金（即 Ti、Zr 系 Laves 相储氢合金）、AB 型储氢合金（即钛系系储氢合金）、A_2B 型储氢合金（即镁系储氢合金），以及其他新型储氢合金。

(2) 电解液　电解液是决定电池性能的重要组成部分，其成分、浓度、用量及杂质类型和数量均会对电池的容量、内阻、内压及循环寿命等性能产生影响。电解液的作用是：首先是在活性物质固液界面附近形成双电层，在接触面上建立电极电位；其次是保证正负极之间的离子导电作用，以便电化学反应正常发生；最后是参与电极反应。电池对电解液的要求是电导率高，化学成分稳定，挥发性小，易于长期储存，正负极活性物质在电解液中能长期稳定存在，自溶性小，使用方便等。常用的电解液是电解质的水溶液。镍氢电池电解液一般采用 6mol/L 的氢氧化钾溶液，或在氢氧化钾溶液中适量掺入氢氧化锂溶液。通常电解液主要使用氢氧化钾溶液而不是氢氧化钠溶液是因为氢氧化钾的电导率高于氢氧化钠，在氢氧化钾溶液中加入少量氢氧化锂溶液利于提高电池的放电容量。在长时间充放电反应，电极温度升高，电解液浓度增大的条件下，正极氢氧化镍的颗粒会逐渐变得粗大，从而导致充放电困难。加入的氢氧化锂溶液会均匀吸附在活性物质颗粒周围，维持体系的高度分散状态，避免氢氧化镍颗粒增大，但是浓度不宜过大，加入量不宜过多，否则会影响电极活化。

(3)隔膜　隔膜的作用主要是隔开正负极活性物质，防止正负极因接触而短路，但是要便于质子的顺利通过。镍氢电池隔膜材料主要有尼龙纤维、维纶纤维及聚烯烃纤维隔膜如聚丙烯（PP丙纶）纤维等。丙纶纤维在KOH溶液中耐热，力学性能和耐氧化性优于尼龙纤维，但是其吸碱率比不上尼龙。为了改善丙纶纤维隔膜的性能，通常采用浸润法处理。电池装配前，在电解液中充分浸润隔膜，可以有效提高吸碱量。目前聚烯烃类隔膜已成为MH-Ni电池的标准隔膜。

3.3.3.2　MH-Ni电池特点

与其他二次电池相比MH-Ni电池具有其独特的性能：①能量密度高，同尺寸电池，容量是Ni-Cd电池的1.5～2倍；②电池内阻小，具有良好的快速充、放电性能；③水作为过充电的保护剂，使电池具有良好的耐过充、放电能力；④无记忆效应或记忆效应很小；⑤清洁无公害，不含镉、汞、铅等有害物质，可满足人们对环保型绿色电池的迫切要求，被称为绿色电池；⑥工作电压，充放电性能与Cd-Ni电池相似，与Cd-Ni电池具有良好的互换性，用电器无需作较大变动即可使用，而且生产设备也无需大的改进。

3.3.4　氧化镍电极

3.3.4.1　镍电极的反应机理

氧化镍电极是一种P型氧化物半导体，是镍电极的充电态，具有层状的β-NiOOH，属于六方晶系，放电态为$Ni(OH)_2$，图3-5为$Ni(OH)_2$半导体晶格示意图。纯$Ni(OH)_2$不导电，氧化后具有半导体性质。在充放电过程中，晶格中总有未被还原成Ni^{2+}的Ni^{3+}和按过剩的H^+的O^{2-}存在，在此半导体晶格中称为电子缺陷和质子缺陷。电池充放电过程中，在电极与溶液界面上，电极的氧化还原过程就是通过电子缺陷和质子缺陷的转移来完成的。

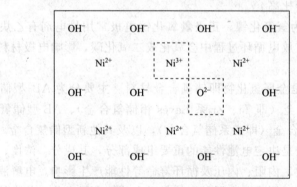

图3-5　$Ni(OH)_2$晶格中离子分布示意图

充电时，将$Ni(OH)_2$浸于电解液中，与溶液中的H^+在两相界面上产生双电层，如图3-6所示。电极的电化学过程以及双电层的建立都是通过晶格中的电子缺陷Ni^{3+}和质子缺陷O^{2-}来完成的。在充电时，电极要发生阳极极化，此时，电子通过导电骨架迁移至外电路；氧化物中OH^-失去H^+成为O^{2-}，质子通过界面双层电场转移至溶液，并与溶液中OH^-结合为水（如图3-7所示），即：

$$H^+_{(固相)} + OH^-_{(液相)} \longrightarrow H_2O \tag{3-9}$$

由于电极反应在电极表面双层区域进行，首先，界面上氧化物表面一侧产生新的O^{2-}

和 Ni^{3+}，使得电极表面的质子（OH^- 中的 H^+）浓度降低，而内部仍保持较高浓度的 OH^-，形成 OH^- 浓度梯度，因此 H^+ 由高浓度区（电极内部）向低浓度区（电极表面）扩散，相当于 O^{2-} 向晶格内部扩散。

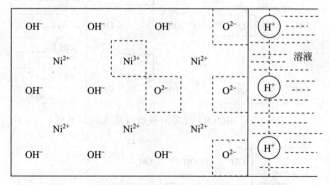

图 3-6　$Ni(OH)_2$ 电极-溶液界面双电层的形成

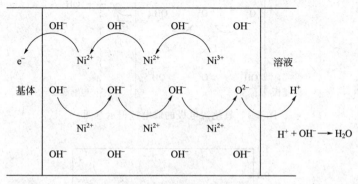

图 3-7　氧化镍电极充电过程

由于质子扩散是在固相中进行的，因此扩散速度很慢。若充电的电流使得电子的迁移速率大于质子的扩散速率时，电极表面 Ni^{3+} 不断增加，H^+ 不断减少。而充电电流只要不是很小，就很容易发生电子迁移速率大于质子扩散速率的情况。在极限情况下，电极表面质子浓度可以降至为零，使得表面层中的 $NiOOH$ 几乎全部形成 NiO_2。若继续通电，会使溶液中的 OH^- 放电，析出氧气，见反应式(3-10) 和式(3-11)。

$$NiOOH + OH^- - e^- \longrightarrow NiO_2 + H_2O \tag{3-10}$$

$$4OH^- - e^- \longrightarrow O_2 + 2H_2O \tag{3-11}$$

式(3-11) 所示的析氧过程发生在充电后不久，即氧化镍电极内部仍有 $Ni(OH)_2$ 存在，且充电形成的 NiO_2 会掺杂在 $NiOOH$ 晶格之中。因此，对镍电极来说，电极析氧并不说明充电已经完全，这是其特性之一。而电极停止充电后，电极表面的 NiO_2 可分解析出氧气，见式(3-12)。因此充电搁置一段时间，电极电势会有所下降，电极的容量有所损失。

$$2NiO_2 + 2H_2O \longrightarrow 2NiOOH + \frac{1}{2}O_2 + H_2O \tag{3-12}$$

放电时，$NiOOH$ 与溶液接触所建立的双电层如图 3-8 所示。$NiOOH$ 电极发生阴极极化，Ni^{3+} 与外电路传导来的电子结合生成 Ni^{2+}，在电极固相表面层生成 H^+（质子源于电解质溶液中的 H_2O），O^{2-} 与 H^+ 结合为 OH^-，并向固相内部扩散（图 3-9）。质子的固相扩散速率限制了氧化镍电极的反应速率，若要维持反应速率，电极电势必须有相应的变化。

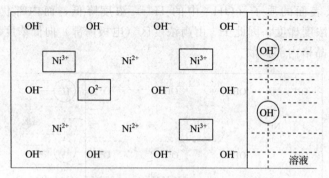

图 3-8　NiOOH 与溶液接触所建立的双电层

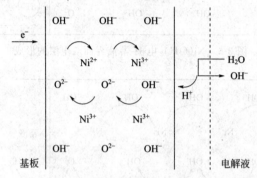

图 3-9　氧化镍电极的放电过程示意图

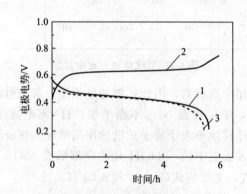

图 3-10　氧化镍电极的充放电曲线

1—放电曲线；2—充电曲线；

3—电池充电后搁置一段时间的放电曲线

图 3-10 为氧化镍电极的充放电曲线，根据充电时的反应式(3-9)，充电反应速率可表示为式(3-13)。

$$i_a = zFk a_{OH^-} a_{H^+} \exp\left(\frac{\beta\varphi F}{RT}\right) \tag{3-13}$$

式中　β——对称系数；

　　　F——法拉第常数；

　　　i_a——阳极过程反应速率，A/m；

　　　φ——氧化物与溶液界面双电层电势差，V；

　　　k——反应速率常数，m/s；

a_{H^+}——氧化物表面层中质子活度；

a_{OH^-}——电解液中 OH^- 活度。

由于固相中的扩散较为困难，使得质子扩散速率小于反应速率，造成表面层中 H^+ 的浓率不断下降，若要保持反应速率不变，电极电势 φ 必须不断提高，因此氧化镍电子在充电过程中电极电势不断升高，如图 3-10 中充电曲线所示。

由于氧化镍电 $zFka_{H_2O}$ 极放电过程中，碱性溶液中的 H_2O 为固相扩散提供 H^+，因此，阴极过程反应速率可表示为式(3-14)。

$$i_c = zFk\,a_{H_2O}\,a_{O^{2-}}\exp\left(\frac{-\alpha\varphi F}{RT}\right) \tag{3-14}$$

$$\alpha = 1 - \beta$$

式中　i_c——阴极过程反应速率，A/m；

a_{H_2O}——水的活度；

$a_{O^{2-}}$——固体表面层中 O^{2-} 的活度；

φ——氧化物与溶液界面双电层电势差，V。

由于氧化镍电极进行放电时固相表面层中 O^{2-} 浓度降低，即 NiOOH 不断减少，$Ni(OH)_2$ 不断增加。若进入固相中的扩散速率与反应速率相等，则电极电势和 O^{2-} 浓度将保持不变。由于 H^+ 扩散困难，O^{2-} 浓度在表面层下降，因此电极电势不断下降，即阴极极化电势不断向负方向移动。因此，当电极内部尚有大量 NiOOH 时，电池放电已达到终止电压，活性物质利用率受到放电电流（极化）的影响，并受控于氧化物固相中质子的扩散速率。

以上为比较典型的氧化镍反应机理——固相质子扩散机理。另外，还有两种比较典型的反应机理，分别为中间态机理和氢氧根离子嵌入机理。

中间态机理：鲍尔苏克夫等认为，镍电极是通过中间态阶段顺利进行充放电过程的。在镍电极充电过程中，$Ni(OH)$ 失去一个电子而形成不稳定的中间态离子 $[Ni(OH)_2^+]$；随后 $Ni(OH)_2^+$ 快速分解为 NiOOH 和 H^+；最后 H^+ 转入层间，与层间的 OH^- 进行中和反应生成层间水。放电过程则与上述相反。

氢氧根离子嵌入机理：R. E. Carbonio 等人采用动电位扫描法进行研究后，提出了 OH^- 嵌入机理。他们认为随着氧化反应的进行，H^+ 从导电基体与 $Ni(OH)_2$ 的界面处不断地通过 $Ni(OH)_2$ 层向液体界面扩散；同时溶液界面处的 OH^- 嵌入固相中，与 H^+ 结合生成水而停留在 $Ni(OH)_2$ 的层间。整个反应生成的 H_2O 不断向固相渗透，致使层间距不断扩大，整个反应受 OH^- 扩散的控制。

3.3.4.2　镍电极的应用及类型

除镍-氢电池外，镍电极亦广泛用作其他碱性蓄电池的正极，如 Fe-Ni、Zn-Ni 及 Cd-Ni 电池等。这些电池体系可以表示为：$(-)Fe(Zn，Cd) \mid KOH \mid NiOOH(+)$。镍电极还用于锂电池、燃料电池、电合成等。镍电极根据制备工艺不同分为袋式(或称有极板盒式)、塑料黏结式、烧结式、泡沫式、纤维式。

a. 袋式镍电极　镍电极的最初形式是将粉末状的活性物质及导电剂（如石墨）封闭在由穿孔钢带加工而成的条状袋中，并叠在一起制成的袋式镍电极，也称有极板盒式镍电极。它具有寿命长、荷电保持能力好的优点，但比容量较低、大电流放电性能不好。1908 年 Edison 以一系列专利阐述了管式镍电极的结构，即用管状结构取代袋式结构，以间隔的镍箔取代石墨作导电剂，从而使电极的寿命得到了保障。

b. 塑料黏结式镍电极　该电极是 20 世纪 70 年代为简化镍电极生产工艺和降低镍制作成本而发展起来的，随着 Zn-Ni 电池和 MH-Ni 电池的发展逐渐趋于成熟。其制备方法由于采用的黏结剂不同有三种工艺：成膜法、热压法和刮浆法。它具有大电流充放性能差、电极寿命较短等缺点。

c. 烧结式镍电极　多孔烧结镍基体是将高纯度镍粉在 900℃ 高温条件下烧结到穿孔镀镍钢带上，形成多孔导电基体，该导电基体孔率高、稳定性好。

烧结式镍电极成熟于 20 世纪 50 年代末到 60 年代初，其生产工艺分为干法和湿法，目前广泛应用的是湿法生产。与烧结基体同步发展的是化学浸渍的活性物质的填充技术。其基本原理为：将导电基体依次浸入 $Ni(NO_3)_2$ 和 $NaOH$ 溶液中，使 $NaOH$ 与 $Ni(NO_3)_2$ 反应生成 $Ni(OH)_2$，沉淀而附着到导电基体的孔隙中。导电基体的载重量由极板的孔隙率、浸渍条件及浸渍次数决定。

20 世纪 70 年代，Hausler 利用 NO_3^- 具有比 Ni^{2+} 更正的还原电势的特点，发展了一种新的工艺——电化学浸渍法。该方法以多孔的烧结镍导电基体作阴极、纯镍板作阳极，以微酸性的 $Ni(NO_3)_2$［含有添加剂，如 $Co(NO_3)_2$ 等］的水溶液或水-乙醇溶液作电解液，通以直流电，在导电基体微孔内形成活性物质 $Ni(OH)_2$。目前提出的电化学浸渍机理包括两方面内容：NO_3^- 直接还原或间接还原 $Ni(OH)_2$ 沉淀的两步反应。

烧结式镍电极的结构具有活性材料致密不易脱落、基体导电性和机械性能良好、基体与活性材料接触比表面大等特点，因而电极具有循环寿命长、大电流充放能力强的优点，但整个电极的比能量有限。在保证烧结基体强度的基础上增大孔率、提高活性物质的载入量，同时增强多孔烧结镍基体的韧性、改善卷绕性能将是其发展方向。

d. 泡沫镍电极　20 世纪 90 年代发展起来的孔率高的泡沫镍弥补了烧结镍基体的不足。其制作过程为：泡沫多孔体的选择→前处理→敏化、活化、解胶→化学镀镍→电镀镍→除去树脂材料→退火等后处理→泡沫镍。由于泡沫镍电极的集流体为具有三维网络结构的泡沫镍，而且重量轻、孔率高（＞95%），因而活性物质载入量大，具有高比能量和高比功率。同时泡沫镍电极的电极材料和制备技术也在不断完善，电极性能大幅度提高，因而成为镍电极的主要发展方向。

e. 纤维镍电极　具有代表性的有美国 National Standard 公司的 FIBREX 镍基板、法国 SO-RAPEC 公司的轻质镍毡。该电极可减轻电池重量，提高比能量密度和电极性能，但由于制备工艺繁杂、生产成本高，目前大多尚停留在实验室研究阶段。其制造方法主要有合成纤维电镀法、化学冶金法和刀集束拉拔法。

纤维长度、孔率和孔径粗细是评价纤维镍的重要参数。纤维镍电极既可以用刮浆法载入 $Ni(OH)_2$ 活性物质，也可用电化学浸渍法来生产。

在纤维镍电极的基础上，又出现了下列两种镍电极：复合镍电极和超薄镍电极。其中复合镍电极是在石墨纤维表面镀镍，然后压制烧结而成的，其质量比容量可达 175A·h/kg；超薄镍电极是以 0.1～0.2mm 厚的镍纤维毡作导电基体制作而成的，其容量达 10～15mA·h/cm²，且具有快速充放电性能。

3.3.4.3　镍电极的活性物质

在镍系列电池中，正极材料的活性物质通常是氢氧化镍，但在电动车等高性能应用中，其充放电效率不高，因此应用受到一定的限制。因此，对于镍系列电池，需要制备高性能、高容量的正极活性物质。

氢氧化镍有球形和普通形两种形状。球形氢氧化镍的微观结构呈球形或类球形，相对普通氢氧化镍而言，它具有较高的活性和较好的流动性，因而极易紧密填充到泡沫镍或纤维镍中，可以显著提高电极的容量。其堆积密度明显高于普通氢氧化镍，而真实表面积仅为普通氢氧化镍的 1/3 左右，因而大电流放电性能好。

氢氧化镍制备方法有多种，根据反应的特点可以分为两类：水溶液法和非水溶液法。水溶液法是目前使用较多的一类方法，主要是在氨化的硫酸镍碱性环境中，通过一个水解反应过程和一个固相析出过程来制备氢氧化镍，如结晶法。它的反应场所是一个高碱度、混浊的高温体系，需要控制的工艺参数较多，而且要求严格。通常的反应过程为：$Ni^{2+} + OH^- \longrightarrow Ni(OH)_2$（可溶态）$\longrightarrow Ni(OH)_2$（固态）$\longrightarrow$ 水解反应 $\longrightarrow Ni(OH)$ 固相析出。主要工序包括合成、洗涤和干燥。应严格控制 pH 值、温度条件和反应物浓度。非水溶液法中具有代表性的是英可（InCo）公司的高压法，反应式见式（3-15）。

$$Ni + O_2 + 2H_2O \longrightarrow Ni(OH)_2 + 2OH^- \tag{3-15}$$

此工艺不需要昂贵的化学试剂，而且不产生废水；制备的 $Ni(OH)_2$ 纯度高，晶体程度也高，目前已经商品化。

氢氧化镍的性能通常用化学成分、晶体形态、晶粒度等来比较。晶粒大小对活性的影响主要来源于质子在固相中的扩散速率小于电化学反应速率而引起的浓差极化。颗粒小、比表面大、增加固液接触面，有利于质子传递，因而可减少浓差极化。但若颗粒过小，充放电过程中就容易从骨架中脱落。要防止脱落，势必加大黏结剂的用量，结果增大了颗粒间的接触电阻。反之，颗粒大则不利于传质；同时从颗粒表面到内部的距离也大，加大了质子向固相内部扩散的阻力。因而一般认为在 $7 \sim 25 \mu m$ 的颗粒度较好。

在影响氢氧化镍性能的几个因素中，晶体形态的影响最为重要。通常认为存在四种晶形结构，它们分别是 α-$Ni(OH)_2$、β-$Ni(OH)_2$、β-$NiOOH$ 和 γ-$NiOOH$。它们之间存在着一定的转化关系，如图 3-11 所示。

图 3-11　镍电极活性物质的晶型结构转化关系图

四种晶体都是分层的八面体结构或六方柱状结构，其基本单元是 NiO_2 层，每个 Ni 原子连同两个氧原子位于八面体结构的顶点。质子氢在理想的八面体结构中位于层面，而在有缺陷的八面体结构中则位于 NiO_2 层内，或靠近 Ni 原子，或位于 Ni 原子的空位点上。

由于正极活性物质在结构上存在多重性，从而导致其电化学行为的复杂性。一方面，不同的反应环境，充放电时产生的电极活性物质的晶型结构不同；另一方面，不同晶型活性物质参加的电极反应所反映出的电极性能也不尽相同，而且常常存在较大差异。

采用电化学方法在水溶液中制备的镍电极中，α 相占绝对优势，约为 72%，只有 28% 的 β 相存在，而且两者间的这个比例与制备时的电极电位无关。α 相通常被写成 α-$3Ni(OH)_2 \cdot 2H_2O$，它是无序的、非紧密堆积的层状结构，属六方晶系。其晶格参数如表 3-1 所示。α 相的基本单元 NiO_2 层是任意的无序结构，非常不稳定，易转化为 β 相：

$$\alpha\text{-}[Ni(OH)_2 \cdot 2/3H_2O] \longrightarrow \beta\text{-}Ni(OH)_2 + 2/3H_2O \tag{3-16}$$

式（3-16）反应的 $\Delta G = -3.4kJ/mol$，故反应能自发发生。

表 3-1 氢氧化镍电极活性物质的晶格参数与非计量结构式

晶体类型	晶胞参数[①]		XRD 衍射峰的参数		非化学计量结构式	镍的平均价态
	a/nm	c/nm				
α-Ni(OH)$_2$[②] [3Ni(OH)$_2$ · 2H$_2$O]	5.32	7.60	d/nm	7.60,2.66,2.55,2.19,1.55	Ni$_{0.75}$(2H)$_{0.25}$OOH$_{2.0}$ · 0.33H$_2$O	2.0
			I/I_1	100,80,80,80,70		
			衍射面	001,110,111,112,300		
β-Ni(OH)$_2$	3.126	4.605	d/nm	4.605,2.334,2.707,1.754	Ni$_{0.89}$(H)$_{0.11}$OOH$_{2.0}$[③]	2.25
			I/I_1	100,100,45,35		
			衍射面	001,101,100,102		
β-NiOOH	2.80	4.83	d/nm	4.83,2.41,1.40	Ni$_{0.89}$(3H)$_{0.08}$- K$_{0.03}$OOH$_{1.14}$	2.90
			I/I_1	100,80,80		
			衍射面	001,100,110		
γ-Ni(OH)	2.82	20.70	d/nm	6.90,3.43,2.37,2.09,1.77	Ni$_{0.75}$(K)$_{0.25}$OOH$_{1.0}$	3.67
			I/I_1	100,80,80,80,80		
			衍射面	003,006,012,015,018		

① 根据晶体衍射学的理论，晶胞参数 a 表示两个镍原子间的距离，它的值等于 $2d_{110}$ 的值；c 表示两个 NiO$_2$ 层间的距离，它的值等于 d_{001} 的值。

② α-Ni(OH)$_2$ 还有一种形态，α-Ni(OH)$_2$ · 0.75H$_2$O，即 Ni$_{0.75}$(H)$_{0.25}$OOH$_{2.1}$；镍为 2.25 价。

③ β-Ni(OH)$_2$ 还有一种形态，Ni$_{0.85}$(2H)$_{0.15}$(OH)$_{2.0}$；镍的平均价态为 2.0。

β-Ni(OH)$_2$ 是水镁石型沿 c 轴非紧密堆积的层状结构。层面上是六方 AB 紧密堆积的 NiO$_2$ 晶胞构成的，层间沿 c 轴由范德华力结合，也属六方晶系。

从 JCPDS 卡片上可知，α 相和 β 相这两种晶型的 Ni(OH)$_2$ 都具有一个与空间群 D_{d3}^3 同晶型的六方层状结构。其示意图如图 3-12 所示。

α 相和 β 相的主要差别是沿 c 轴方向的堆积方式不同。β 相是一个层间距为 0.46nm 的完整堆积形式，而 α 相是完全无序的（例如衍射图中反对称的布拉格衍射峰的出现），层间还有通过范德华力结合的水分子和阴离子，层间距为 0.7nm。β(Ⅱ) 相在充电时被氧化为 β-NiOOH。后者由于比 β(Ⅱ) 的质子要少，NiO$_2$ 中氧原子层间的排斥增大，因而其层间距比 β(Ⅱ) 相要大，同时 Ni-Ni 原子间距收缩，体积比 β(Ⅱ) 相减少 15%。它也是层状结构，层面上紧密堆积的是 NiO$_2$，其价态为 2.9，这是因为有 3 个质子（3H$^+$）处在 Ni 空位上。

γ-NiOOH 是由 α 相直接氧化生成的，也可由 β-NiOOH 在过充时生成。它是菱形 C19 晶胞的无序非紧密堆积的层状结构，层面上 NiO$_2$ 中的氧原子按 ABBCCA 方式堆积，层间的氢原子处在晶格的中心位置。其价态为 3.67，这是由于 +1 价的钾杂质取代了名义上 Ni(Ⅲ) 的位置，因而在每个 Ni(Ⅲ) 的位置上留下 2 个电子孔穴进行离子化而生成 2 个 Ni(Ⅳ)。离子化作用提供了 0.5mol 的 Ni(Ⅳ)，即其非化学计量结构式为 Ni$_{0.5}^{+4}$Ni$_{0.25}^{+3}$(K$^+$)$_{0.25}$OOH，因而镍为 3.67 价。杂质钾稳定了 Ni 空位。放电时由于晶格中 Ni 的空位上只保留了一个质子（见表 3-1），同时晶体要求电荷平衡，因而 γ 的还原态物质 α 的价态为 2.25，而非 2。充电过程中生成的 β(Ⅲ) 和 γ 相具有类似的结构，它们均具有点缺陷的层状结构，其差别是镍空缺的数量和有效的点缺陷结构（见表 3-1），而且循环过程中 Ni 空位保持不变。由于镍电极的活性物质具有非计量结构式，则式(3-1) 表示的 β(Ⅱ)/β(Ⅲ) 电极反应用非化学计量结构式可以表示为：

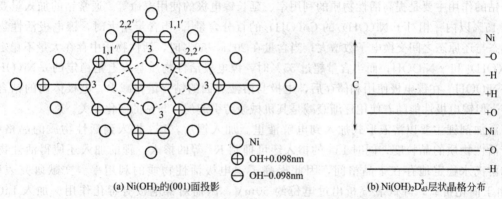

(a) Ni(OH)$_2$的(001)面投影   (b) Ni(OH)$_2$D$_{d3}^3$层状晶格分布

图 3-12   Ni(OH)$_2$ 的 D$_{d3}^3$ 晶形示意图

$$\text{Ni}_{3-x}(n\text{H})_x\text{OOH}+[1+x(n-1)]\text{OH} \longrightarrow$$
$$\text{Ni}_{3-x}\text{H}_x\text{OOH}_{1.0}+[1+x(n-1)]\text{H}_2\text{O}+[x(n-1)+1]\text{e}^- \quad (3\text{-}17)$$

式中的 H$^+$ 部分被 K$^+$ 取代，则反应由 β(Ⅱ)/β(Ⅲ)电极反应变为 γ/α 电极反应。

由于 γ-NiOOH 中镍的氧化态为 3.67，且 γ/α 循环转移的电子数目大于 1，因此很多人认为它对应着较大的容量。但 Ovonic 公司的 Corrign 和 Knight 的研究表明并非如此，而且从 JCPDS 卡片上可知，γ/α 循环过程中体积变化率高达 37.23%。这势必导致电极的变形甚至破坏，造成容量下降，缩短循环寿命。

Sato 等人的研究表明，γ-NiOOH 的生成是造成电池记忆效应的原因。Barnard 等人认为由于 γ 相不同的电化学电位，因而含 γ 相的电极放电的电极电位比含 β(Ⅲ) 的放电电位要低；并由式(3-18) 和式(3-19) 计算得出 $E_{\alpha/\gamma}$ 和 $E_{\beta(Ⅱ)/\beta(Ⅲ)}$ 的值分别在 0.392～0.440V 和 0.443～0.470V 变化，$E_{\alpha/\gamma}$ 比 $E_{\beta(Ⅱ)/\beta(Ⅲ)}$ 的平均值高约 40mV。

$$\alpha \rightarrow \gamma \quad E_{\alpha}^{R}=0.3919-0.0139\lg a_{\text{KOH}}+0.0386\lg a_{\text{H}_2\text{O}} \quad (3\text{-}18)$$
$$\beta(Ⅱ)\rightarrow\beta(Ⅲ) \quad E_{\beta}^{R}=0.4428-0.0280\lg a_{\text{KOH}}+0.0315\lg a_{\text{H}_2\text{O}} \quad (3\text{-}19)$$

因此，要抑制 γ-NiOOH 的生成和 γ/α 循环的进行。

3.3.4.4 镍电极的添加剂

由于氢氧化镍活性物质在结构上存在着多重性，因而人们很早就开始采用添加剂来改善其电化学性能的研究。对镍电极添加剂的研究起步早，添加剂的种类较多。Weininger 在总结前人研究成果的基础上，把研究过的添加剂归纳为一张元素周期表的格式(见表 3-2)。目前还没有出现别的添加剂，这主要与别的物质对镍电极作用的重现性差有关；而且在表格中的添加剂，多数也存在重现性差的局限性。因此，添加剂的深入研究仅限制在少数几种。钴和锂是目前研究最多最深入的添加剂。

表 3-2   镍电极活性物质 Ni(OH)$_2$ 的添加剂

周期表序号	Ⅰ	Ⅱ	Ⅲ	Ⅳ	Ⅴ	Ⅵ	Ⅶ	Ⅷ
2	Li	Be	B					
3	Na	Mg①	Al	Si①				
4	K/Cu	Zn	SC		As	Cr/Se②	Mn	Fe、Co
5	Rb/Ag	Cd		Sn	Sb	Mo		
6	Cs	Ba/Hg	稀土	Pb①	Bi	W		

①Be 、Si 和 Pb 是 J. P. Harivel 等人研究的；②Se 是 D. Cipris 研究的。

注：其他添加剂是 E. J. Casey 和 B. J. Doran 在 20 世纪 60 年代研究和总结的。

钴的作用主要是提高活性物质的利用率、延长镍电极的使用寿命等。通常钴的加入量要控制在15%以内［相对于 $Ni(OH)_2$ 的 $Co(OH)_2$ 的百分含量］。当含量增大时，镍电极活性物质氧化态与还原态之间交换电子数增大；当含量在20%～50%时，活性物质中存在大量不稳定的 α-$Ni(OH)_2$ 和 γ-$NiOOH$；而当含量超过55%时，镍电极活性物质基本上是稳定的 α-$Ni(OH)_2$ 和 γ-$NiOOH$。在镍电极使用和储存后，电极与溶液界面的钴含量将减少，电极体内的钴含量增多。但镍电极性能随着使用逐渐衰减是其机械疲劳引起的，与钴的变化无关。

添加剂锂主要以溶液形式加入到电解液里。加入锂后，Li^+ 掺入到活性物质的晶格中，改变活性物质的晶粒度；同时 Li^+ 的掺入还可抑制 K^+ 等的掺入。锂的加入还使得活性物质里的游离水稳定地存在于晶格间，因此提高了镍电极活性物质的利用率。文献研究表明，Fe 由于催化析氧，降低氧气析出过电位约50mV，因而对镍电极有毒化作用。加入 LiOH 能消除 Fe 的毒化。

总之，添加剂对镍电极的作用包括：提高镍电极活性物质的利用率；影响镍电极充放电电位；提高镍电极的使用寿命；改善镍电极在宽温度范围内的使用性能；改善镍电极的储存性能。

3.3.5 储氢合金电极

3.3.5.1 合金电极的电化学容量

金属氢化物电极的电化学容量取决于金属氢化物 MH_x 中含氢量（$x=H/M$ 原子比）。储氢合金电极充电时，储氢材料每吸收一个氢原子，相当于得到一个电子，因此，根据法拉第定律，其理论容量可以按式(3-20)计算：

$$C=\frac{xF}{3.6M}(mA \cdot h/g) \tag{3-20}$$

式中，F 为法拉第常数；M 为储氢材料的摩尔质量。

对 $LaNi_5$ 储氢合金，H 在合金晶格中的位置如图 3-13 所示，在 $z=0$、$z=1$ 面上各有一个 H 原子，$z=\frac{1}{2}$ 面上有 4 个，因此该合金的最大吸氢量为 $x=6$，即形成 $LaNi_5H_6$。因此可以计算 $LaNi_5$ 储氢合金的理论容量为 $C=372mA \cdot h/g$。

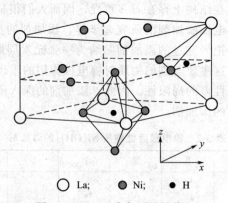

○ La;　◐ Ni;　● H

图 3-13　$LaNi_5$ 中氢原子的位置

3.3.5.2 储氢合金电极的性能衰减

MH-Ni 电池在过充放电时发生副反应，正极充电时副反应为式(3-4)，产生的氧气扩散到负极，发生反应式(3-8)，这是引起负极发生氧化，而使负极表面活性衰退和容量损失的原因之一。

王超群等研究了组成为 $La_{0.8}Nd_{0.2}Ni_{3.55}Co_{0.75}Mn_{0.4}Al_{0.3}$ 的储氢合金，其经过 120 次循环后，粉末表层已形成 $0.13\mu m$ 厚的氧化层；经 300 次循环后，氧化层的厚度更是高达 $1.0\mu m$，表明氧化已深入到合金的内部。X 衍射分析表明，300 次循环后，合金分解成 $La(OH)_3$ 和 Ni，分解量的增加导致放电容量的快速衰减。

合金在循环过程中的粉化也是储氢合金容量下降的原因之一。储氢合金吸氢后，晶格发生膨胀，有报道计算出晶格膨胀为 13%～20%。晶格膨胀引起材料的内应力增加，而使晶粒内的微裂纹扩展，产生氢脆，引起晶粒破裂，合金发生粉化而使合金吸放氢能力大大降低。

另外，电池生产中出于成本等方面的考虑，负极大部分用的是稀土类储氢合金，由于稀土元素 La、Ce、Pr、Nd 等在强碱液中不稳定，易发生腐蚀，生成 $M(OH)_3$，也是合金储氢性能衰退的原因之一。

从上述分析可以看出，稀土类储氢合金性能衰退的原因主要是合金的微粉化和氧化以及合金的腐蚀。

3.3.5.3 储氢合金的表面处理技术

对于储氢合金的储氢量、p-c-t 特性、氢扩散及储氢过程中的相变和体积膨胀等性能参数，其变化主要与合金的成分和晶相结构有关。与电极性能密切相关的电极过程动力学、活化与钝化、腐蚀与氧化、自放电与循环稳定性等参数变化在很大程度上取决于材料的表面性质。对储氢合金的表面处理技术一直受到人们的重视，包括热碱处理、氟化物处理、还原处理、酸处理和金属表面沉积等方法。它对于改善金属氢化物电极的活化性能、电催化活性和高倍率放电性能具有良好的作用。目前对储氢合金的表面处理主要分为表面包覆、表面修饰、表面溶解、表面还原等方法。

(1) 表面修饰 表面修饰是指通过物理或化学的方法，在储氢合金或电极表面附着金属、有机物等物质，改善储氢合金或电极的电化学性能。

在储氢合金表面涂覆少量的 Pd 粉或 Ag 粉可以有效防止储氢合金的氧化，有利于氢、氧复合，降低电池的内压。

在储氢合金电极表面涂覆疏水有机物，使负极表面形成微空间，有利于提高充电后期及快速充电时氢、氧复合为水的反应速率，从而降低电池内压，提高电极的循环稳定性。对储氢合金表面进行特殊憎水处理对氢、氧复合有良好的催化作用，同时能够降低电极的极化，提高了电极的高倍率充放电能力。在储氢合金表面涂 PTFE，可有效降低电池内压。

MH 电极在充电过程中表面的吸附氢原子会相互结合形成氢气脱附，造成充电效率下降。电极在荷电状态下也会发生这种情况。在储氢合金表面修饰一层亲水性高聚物，增加 H_2 的析出和扩散阻力，减缓了氢的扩散，可使自放电率下降 17.2%。研究表明修饰一层聚苯胺膜，可使储氢合金电极自放电率降低 10%。采用 CN^- 等与氢复合的催化剂修饰储氢合金电极表面，以降低氢的复合速率，其自放电率下降 10%，同时有利于提高储氢合金电极表面吸附的氢原子向体相扩散的驱动力，促使氢向体相扩散，阻止氢原子复合成氢气析出，提高电极充电效率。

在合金表面修饰一层连续的亲水性有机物膜，并在其上修饰不连续的孤岛状憎水性有机物，能够显著提高合金的抗氧化能力及电池循环稳定性。

（2）表面溶解　从目前研究情况来看，主要有碱处理、氟化处理、酸处理三种方式。主要是利用处理液对合金表面的刻蚀，破坏合金表面的氧化膜，以改善合金的活化性能，减小氢扩散阻力及合金粉之间的接触电阻。由于合金表面各组分的溶解，因而合金表面成分层发生很大变化，形成新的结构，从而改善了储氢合金电极的活化性能、电催化性能和高倍率放电能力。

① 碱处理　储氢合金表面经过浓的或热的碱液处理后，表面层中 Mn、Al 等元素会溶解，在电极表面形成一层具有较高催化活性的富镍层，提高了合金粉间的导电能力和合金的动力学性能，改善了电极的活化性能、高倍率放电能力，延长了合金电极的循环寿命。而 $La(OH)_3$ 容易以须晶的形式生长，从而防止了表面层的进一步溶解，改善了合金的耐久性。但碱处理必须严格控制反应时间，否则合金的过度腐蚀会损失一部分有效容量，同时长时间碱处理所造成的表面腐蚀凹痕和空洞加速了合金的腐蚀，降低了循环寿命。

② 氟化处理　氟化处理后的储氢合金表面也形成一层富镍层，具有较高的电化学催化活性。这种表面富镍层也具有网络结构特征，使合金的比表面积显著增大。因此经氟化物溶液处理后，合金的活化、高倍率放电性能及循环稳定性均能得到一定改善。文献报道，经氟化物处理的储氢合金吸氢速率比未处理的增加几十倍至几百倍，在室温下经一次吸氢操作，即可达到 100％的吸氢效果。同时，氟化物处理后表面将形成 LaF_3 等不溶性化合物，经 HF 处理前后，材料表面的微观结构有很大变化，处理后的电极表面出现部分类似镍原子簇的结构，且不同材料经 HF 处理后，电化学性能的影响也不同。氟化处理可以改善合金的活化性能，提高合金的循环稳定性。

③ 酸处理　储氢合金经酸浸渍处理后，除去了合金表面上的稀土氧化层，同时在合金表面形成电催化活性良好的富镍层。合金与酸氢化作用后，表面层氢化产生较多的微裂纹，增大了合金的比表面积，从而使合金的活性及高倍率放电性能得到改善。常用的酸有盐酸、硝酸、甲酸、乙酸、氨基乙酸和 HAc-NaAc 缓冲溶液。

储氢合金粉经酸处理后，储氢合金粉表面的稀土偏析层、合金表面的化学成分、结构和状态发生变化，使得合金粉变得疏松多孔，并引入了新的催化活性中心。有利于储氢合金的早期活化和提高合金容量，而且表面除去富稀土层的合金在充放电循环时，很少生成缺乏导电性的针状稀土类氧化物，有利于提高电极的循环稳定性。

（3）表面还原　化学还原处理是采用含有还原剂的热碱溶液，对合金进行浸渍处理，可以改善储氢合金和合金电极的初始容量、活化性能、循环稳定性、电催化活性和快速放电性能。利用 KBH_4、$NaBH_4$ 以及次磷酸盐等化合物将合金表面氧化物加以还原，可以改变电极材料的表面性能。利用次磷酸盐作还原剂对合金表面进行预处理，除了将其表面氧化层还原外，在次磷酸离子向亚磷酸转化中生成的原子氢被吸附在储氢合金表面，由于合金表面氧化物已被部分还原，使得储氢合金表面对氢的吸附能力加强，并且有一部分氢扩散到储氢合金的体相中形成金属氢化物，为 MH 电极在充放电过程中，提供了氢的扩散途径，因此，处理后的合金较易达到饱和容量。

储氢合金在化学还原处理过程中，由于表面部分金属元素的溶解，合金表面形成具有较高催化活性的富镍层，它防止了 MH 电极在循环过程中的氧化和粉化，提高了合金的循环稳定性，而且化学还原活化处理产生的氢气使合金氢化，在合金表面形成许多新的裂纹，提高了储氢合金的比表面及电极的电催化活性，因而提高了大电流放电能力。

经化学还原处理的电极，其初始容量、活化性能、循环稳定性、电催化活性和快速放电能力得到显著提高；并且改善了电极的循环伏安特性，明显降低电极表面的电化学反应法拉第阻抗。经过 400 次循环后，用 KBH_4 处理、用 NaH_2PO_2 处理和未经处理电极的放电容量分别比最高容量下降了 8.46%、13.3%、30.0%。

通过表面处理改变储氢合金表面形貌和组成，使得合金表面有利于电极电化学反应的进行。这些处理的共同点在于利用处理液对合金表面的刻蚀，部分或完全除去合金表面的氧化膜，因为合金表面氧化膜不仅影响了电极的活化性能，而且增加了氢通过表面的扩散阻力以及合金粉之间的接触电阻；另外合金中含有镍，在表面处理过程中由于某些元素如锰、铝的优先溶解，使得合金表面形成一层具有较高电化学活性的富镍层，它不仅提高了合金粉之间的导电性能，而且显著改善电极活化性能和高倍率放电性能。

(4) 表面包覆　合金表面包覆金属处理是在合金粉粒表面用化学镀、电镀或机械合金等方法镀或包覆上一层多孔的金属膜，以改善合金粉的电子传导性、耐腐蚀性和导热性。包覆的材料一般为铜和镍，包覆后的合金对改进电极的性能较为有效。

① 机械合金化方法　通过机械合金化方法可以在储氢合金表面形成一层金属及其氧化物，提高了 MH 电极的放电容量和循环稳定性，机械合金化 20%（质量分数）Co 的 MH 电极第 500 次放电容量仅比最高容量下降 10%，而未经处理的储氢合金容量下降了 50% 以上。Ikwakura 研究表明金属氧化物改性的金属氢化物电极的吸氢反应符合 Volmer-Tafel 机理，金属氧化物 RuO_2、Co_3O_4 提高了储氢合金 Volmer 过程的电催化活性，由于 Volmer 过程相对于 Tafel 过程加快，增加了储氢合金电极的吸附氢浓度，加速了氢原子向体相的扩散，提高了电极的充电效率。

② 电镀　电镀层与化学镀层具有相同的作用。目前已开展了储氢合金表面电镀 Fe、Ni、Co、Pd 的工作。其中 Pd 对放电容量没有明显提高，但改善了电极的活化性能。Co 大大提高了金属氢化物电极的放电容量，并在放电曲线上出现第二个平台，第二个平台对应于 Co 的氧化电流。

③ 化学镀　化学镀对合金的作用主要有以下几个方面：

a. 作为表面保护层，防止表面氧化及钝化，提高电极循环稳定性。

b. 作为储氢合金颗粒之间及其与基体之间的集流体，改善电极的导电性，同时改善电极导热性，提高活性物质利用率。

c. 有助于氢原子向体相扩散，提高金属氢化物电极的充电效率，降低电池内压。

采用碱性化学镀包覆镍后，储氢合金电极有较高的放电容量和循环稳定性，全充放电1000 次，电池容量仅下降 5%。由于稀土金属易于聚集在铜、钴、铬包覆的合金表面，从而降低了合金粉的储氢能力，如用 Ni、Ni-Co、Ni-Sn、Ni-W 来包覆，可有效抑制稀土金属在合金表面的积聚，延长合金的使用寿命。并且储氢合金化学镀铜或镀镍可大大降低电池的内压，20℃时 1C 充电 200%，电池内压由未镀的 10atm（1atm＝101.3kPa）降到 2atm 以下。研究认为化学镀铜或镀镍能够加速电子的传递过程，有利于电极表面电化学反应的顺利进行，同时阻止了氢气脱附，利于氢原子向体相扩散，提高 MH-Ni 电池的充电效率。Kuriyama 研究也表明 $M_mNi_{3.5}Co_{0.7}Al_{0.8}$ 合金经 20%（质量分数）化学镀铜处理后，大大提高了储氢合金电极的循环稳定性，在经 400 次充放电循环后，放电容量没有明显的衰退。通过对化学包覆铜工艺的深入研究，优化工艺，表面包覆铜的合金电极可表现出良好的性能，其中 C_{50}/C_0＝99.6%、C_{100}/C_0＝95.0%、C_{150}/C_0＝84.3%、C_{180}/C_0＝75.9%（C_x 代表第 x 次循环的容量）。研究发现，存在于合金表面的镀铜层在一定程度上抑制了氢氧化物的形成，提高了储氢合金的循环稳定性。

用非金属材料包覆合金也能有效提高电极性能，包覆碳-氟化碳的电极循环寿命有显著提高，但电极放电容量下降约 20％。而用活性炭包覆的合金能提高活性物质的利用率，从而提高电极容量及循环稳定性。

总之，适当的表面处理对改善储氢合金和电极的电化学性能是行之有效的。

3.3.6 电池特性

3.3.6.1 镍-氢电池充放电特性

大电流充放电时内压问题将很突出，降低电池内压的途径主要是改进储氢合金负极的消氧机能。一方面寻找合适的输氧载体，加快氧在电解液中的传导，另一方面在电极表面涂一层钯粉或钯的氧化物作为消氧催化剂，并采用适量的 PTFE 为黏结剂在负极表面形成气-液-固三相界面，使其效率得到充分发挥。对于氢气的消除，可在负极表面涂覆一层表面活性剂作为疏水层。其一疏水电极降低了固-液接界面，减少了氢气在此区域的生成：

$$H_{ad} \longrightarrow \frac{1}{2}H_2 \tag{3-21}$$

其二增加了固-气接界面，导致了储氢化学吸附反应的进行：

$$MH_{x-1} + \frac{1}{2}H_2 \longrightarrow MH_x \tag{3-22}$$

此法可抑制高倍率充电时内压的提升，故有很好的实用价值。

除了对已有电极材料进行改性外，一种全新的电池设计对于提高 MH-Ni 电池大电流充放电性能很有益处，这就是双极性金属氢化物镍二次电池。实验证实这种电池能满足高功率需要，峰值功率大于 1000W/kg。新型双极性电池的正负极板皆为薄片形状，两极片中间夹着一片多孔性的绝缘片，绝缘片以适量的电解液润湿。双极性电池的另一重要特色是：极板以塑胶粉末分别与正负极用的金属粉末一起揉捏制成。这种新极板具有可塑性，容易裁切成各种形状，适合各种弹性空间的设计，电池的体积及质量能量密度都比传统金属氢化物镍电池高，因而是在物理构造及特性上的重大突破。若能开发出导电性优良的黏结剂，则可提高此电池大电流放电的能力。

大电流充放电对隔膜提出了更高的要求，隔膜吸碱量要高、自放电小、透气性好。隔膜是影响电解液分布的重要因素，如果温度变化时吸碱量变化很大，则动态碱液分布被扰乱，此乃对电池的致命伤害。隔膜厚度的变化也应越小越好。动力电池需考虑 80～90℃甚至更高温时吸碱厚度的变化。

另外，大电流放电对电池密封材料、垫片、壳体等的耐高温特性的要求高于普通电池，尤其是排气装置的开启压力应完全符合设计要求，否则安全问题将成为高功率电池正常使用的制约因素。

3.3.6.2 温度特性

MH-Ni 电池使用温度范围一般在−20～45℃，在−20℃的环境下，1C 放电容量与常温 1C 放电容量之比最高达 65％～75％，使 MH-Ni 电池的应用受到限制。郭靖洪等研究了储氢合金中稀土组成和电解液浓度对 MH-Ni 电池低温放电性能的影响。结果表明，储氢合金中 Nd 含量的降低和 Ce 含量的提高可改善 MH-Ni 电池的低温性能；电解液中 KOH 浓度由 30％提高到 35％，改善了电池在−40℃下的放电能力。此外，张文宽等人对 MH-Ni 电池低温性能的研究也得到了类似的结论。

3.3.6.3　内压

我国是 Ni-MH 电池产业化最早的发展中国家，但是目前我国 Ni-MH 电池与日本还有一定差距，其中电池在大电流充电和过充时内压普遍偏高，一般大于 0.7MPa，最高可达 1.0～1.2MPa，而国外产品一般为 0.5MPa，远远低于安全阀的开启压力（0.8～1.0MPa）。内压的高低对 Ni-MH 电池性能有很大影响，主要体现在内压高会导致安全阀多次开启，电解液中水电解的氢和氧由此逸出，致使壳内电解液逐渐干涸，从而导致电池性能恶化、容量下降，寿命迅速衰减。对密封的镍-氢电池体系来说，内压高低对其密封性有很大的影响。内压过高会引起安全阀开启，致使电池漏液、爬碱、循环寿命迅速变短，电池内阻升高，严重时会引起电池的外壳变形、爆炸，使电池的使用及储存性能均受到限制。镍-氢电池内压的变化分为化成或充电过程中内压变化及电池在充放电循环过程中内压的变化。目前一般认为，镍-氢电池内压的变化是由于充电过程中的正极析氧和负极析氢所引起的。由于镍-氢电池正极为限制性电极，所以在充电或化成过程中正极析氧及氧在负极的还原速度小于析氧速度是导致电池内压升高的主要原因。对于循环过程中内压的升高则主要是由于正极活性物质变性及正极结构变化等导致正极充电效率降低以及储氢合金粉化、表面氧化、钝化，从而引起电池内氧与氢的积累。因此，任何抑制正极析氧和提高氧在负极还原速率的措施都能抑制镍-氢电池内压的升高，正负极材料及其添加剂的选择、电池制备工艺（如正负极配比、电解液组分及用量、极板空隙率、装配松紧度、黏结剂的种类、化成制度等）、使用条件都和镍-氢电池内压密切相关。

刘斌等研究了 Ni-MH 电池内压对电池内阻的影响，实验结果表明，由于电池内压升高，导致正极膨胀及电解液的减少，内阻增大，导致电池容量衰减、性能降低。因此，减少正极膨胀、保持电解液量、降低内阻、提高电池性能，是延长电池循环寿命的有效方法。

MH-Ni 电池的内压特性对其性能影响很大，主要表现在内压高会导致安全阀的多次开启，充电时产生的氧和氢由此逸出，致使电池内部电解液逐渐干涸，从而导致电池性能恶化，容量下降，寿命迅速衰减。严重时会引起电池外壳变形，甚至爆炸。

对于 MH-Ni 电池，产生内压的原因有两条，充电后期正极的析氧 [式(3-4)] 和负极析氢 [式(3-6)]。由于 MH-Ni 电池内部是密封体系，因此充电过程中产生的氧和氢只能在电池内部消耗。消氧反应通常在负极表面进行，还原途径有两条：

电化学还原：$\qquad\qquad O_2 + 2H_2O + 4e^- \longrightarrow 4OH^-$ $\qquad\qquad$ (3-23)

化学反应还原：$\qquad\qquad 4MH + O_2 \longrightarrow 4M + 2H_2O$ $\qquad\qquad$ (3-24)

负极充电时产生的 $H_{(ad)}$ 大部分扩散至合金内部生成金属氢化物 $MH_{(ads)}$。但是当生成 H 的速率高于 H 原子在体相的扩散速率时，$H_{(ad)}$ 就会结合成 H_2。在负极的固气表面上，氢气又可以发生如下化学反应：

$$MH_{(x-1)} + \frac{1}{2}H_2 \longrightarrow MH_x \qquad\qquad (3-25)$$

由此可见，任何抑制正极过充电时氧气析出、加快氧在负极表面复合以及提高合金储氢速率的措施都有助于降低电池内压。为了抑制电池充电后期氧气的过早析出，人们通常在镍电极的制作过程中加入一些能降低镍电极充电电位、提高氧气析出过电位的正极添加剂，如 Co、$Ca(OH)_2$、$Ba(OH)_2$ 等。对于促进合金储氢速率，则通过改进储氢合金的制备工艺和调整合金组分来达到目的。Xkoma 认为在合金中添加少量 V、In、Tl、Ga 等元素对降低内压有利。其中 V 提高 $CaCu_5$ 型晶体的晶格常数，加快 H 原子在固相中的扩散；In、Tl、Ga

使析氢过电位升高而抑制快充电时 H_2 的产生。

由于 O_2 的复合、H_2 的析出和储氢合金表面特性密切相关，因此有很多研究致力于储氢合金及储氢电极的表面改性。Tsaikai 等研究表明储氢合金经化学镀 Cu 或镀 Ni 后，电池的内压大大降低。这是因为化学镀铜和化学镀镍能迅速把电子传递到合金表面，有利于电极表面电化学反应的顺利进行，同时阻止氢脱附，有助于氢原子向体相扩散。此外，合金的酸碱及表面化学还原处理以及储氢电极的表面涂敷也用来提高合金表面的电催化活性，从而降低电池内压。

Ni-MH 电池在充电过程中主要有两组化学反应，即正负极的充电初期正常化学反应和过充电时电池内部的氧气析出-复合反应。

Ni-MH 电池充电初期发生的电化学反应主要是：

正极： $\qquad Ni(OH)_2 + OH^- \longrightarrow NiOOH + H_2O + e^-$ （3-26）

负极： $\qquad M + H_2O + e^- \longrightarrow MH + OH^-$ （3-27）

过充电时在正极主要发生析氧反应见式（3-4），在正极中析出的氧气通过隔膜到达负极，并在合金表面发生还原反应：

$$O_2 + 2H_2O + 4e^- \longrightarrow 4OH^- \tag{3-28}$$

$$4MH + O_2 \longrightarrow 4M + 2H_2O \tag{3-29}$$

在充电初期主要发生反应式（3-26）和式（3-27），充电效率接近 100%，随着充电的进行，反应式（3-4）、式（3-28）和式（3-29）逐渐增强，当充入的电量接近或超过其容量时，它们成为电池体系的主要反应，反应式（3-4）在体系中占主导地位，产生大量氧气，形成电池内压。

3.3.6.4 自放电特性

自放电又称作漏电，镍-氢电池具有较高的自放电效应，约为每个月 30%。这要比镍-镉电池每月 20% 的自放电速率高。电池充得越满，自放电速率就越高；当电量下降到一定程度时，自放电速率又会稍微下降。电池存放处的温度对自放电速率有十分大的影响。正因如此，长时间不用的镍氢电池最好是充到 40% 的"半满"状态。

MH-Ni 电池相对 Cd-Ni 电池有较高的自放电。自放电的原因在于存放期间电池正极活性物质的分解。

正极活性物质的分解有两种方式：自分解和被氢还原。有研究表明处于充电态的镍电极在电解液中是不稳定的，其中的活性物质 NiOOH 无论在何种条件下自分解率都不低于 20% 每月（45℃），且不受环境的影响。其反应式为：

$$NiOOH + \frac{1}{2}H_2O \longrightarrow Ni(OH)_2 + \frac{1}{4}O_2 \tag{3-30}$$

MH-Ni 电池在存放期间内部基本上为 H 电极平衡压的氢气，而且储氢合金中吸收的氢原子也会在合金表面复合成氢分子，氢气透过隔膜扩散到正极表面上，与正极活性物质之间有如下反应：

$$NiOOH + \frac{1}{2}H_2 \longrightarrow Ni(OH)_2 \tag{3-31}$$

此反应被认为是导致 MH-Ni 电池自放电的主要因素之一。但关于此氧化还原反应的机理目前还不清楚。

隔膜材料对 MH-Ni 电池自放电的影响也很大。Leblanc 研究认为，当隔膜材料在高温

下分解出 NH_4^+，就会在电池的电极之间发生梭式反应，导致电池荷电大幅度下降，化学反应如下：

正极：
$$NH_4OH + 6NiOOH + OH^- \longrightarrow 6Ni(OH)_2 + NO_2^- \qquad (3\text{-}32)$$

负极：
$$NO_2^- + MH_x \longrightarrow MH_{x-6} + NH_4OH + OH^- \qquad (3\text{-}33)$$

Conway 等考虑到亲水层能抑制氢气从金属氢化物内部逸出，增大氢气进入正极内部的阻力，因此通过对正负极修饰一层亲水性物质来抑制电池的自放电。

3.3.6.5　电池容量及影响因素

MH-Ni 电池的容量设计为正极限容，其负极容量一般为正极容量的 1.3～1.7 倍。提高 MH-Ni 电池的容量主要从改善正负极材料的性能和改进电极、电池的制作工艺来考虑。$Ni(OH)_2$ 的理论容量为 289mA·h/g，为使其适应于 MH-Ni 电池高比能量的特性，人们从以下两个方面着手：一是尽可能提高电极中活性物质的填充密度，即在保证强度的前提下尽可能提高基体孔率，或在保证电极电化学性能的情况下尽可能减少非活性成分的比例；二是提高 $Ni(OH)_2$ 本身的性能。前者因泡沫镍等新型导电基体的开发已达到很高的水平，因此后者的研究更为广泛。郭华军等通过在镍正极和电解液中加入特殊添加剂来提高正极活性物质的利用率；在正极中加入氧抑制剂，在金属氢化物电极中加入氧催化剂并进行表面修饰来增强其复合氧能力，从而降低电池中负极活性物质与正极活性物质的配比，增加正极活性物质的量，使 MH-Ni 电池容量提高了 20%～30%（AA 型 MH-Ni 电池，容量由最初的 1100mA·h 提高到 1400mA·h）。

镍-氢电池的容量定义为，在一定的放电条件下，镍-氢电池可以输出的电量，即在放电曲线中截止电压对应的容量一般为实际放电容量。由于镍-氢电池正极限制容量，负极容量过剩的特性，镍-氢电池的容量主要取决于氢氧化镍正极材料的容量。镍-氢电池正极材料均为氢氧化镍，对于氢氧化镍而言，在充放电过程中主要涉及两个传质过程，分别为电子在氢氧化镍表面的传导和质子在氢氧化镍内的固相扩散。而氢氧化镍作为一种 P 型半导体，无论电子传导率和质子传导率都偏低，因此这两种传质作用在充放电过程中往往都处于受阻状态，导致有部分氢氧化镍不能参与到充放电反应中，进而导致正极活性物质利用率不高，从而客观上造成了正极容量的损失。因此对于氢氧化镍正极材料来说，其容量的影响因素主要取决于以下三个方面：

① 氢氧化镍表面电阻　由于电子在充放电过程中只在氢氧化镍的表面传导，因此氢氧化镍表面电阻显著影响了充放电过程中的电子传导情况。当氢氧化镍具有较低的表面电阻时，充放电效率得到提高，即正极活性物质利用率也得到提高，进而提高了氢氧化镍正极的放电容量。

② 氢氧化镍晶体缺陷　质子在充放电过程中通过在氢氧化镍晶体内进行固相扩散，扩散速率由氢氧化镍的本征质子传导率决定，但同时也显著受到氢氧化镍晶体缺陷的影响。晶体缺陷是质子扩散的高速通道，当氢氧化镍晶体内具有大量的缺陷时，镍质子在其中的扩散速率将大幅提高，进而提高充放电效率，从而使氢氧化镍正极的放电容量得到显著提高。

③ 抑制析氧副反应　由放电曲线图可知，当充电电压上升到充电氧化反应的末端时，析氧副反应也会同时发生。其使充电时大量输入的电能用于副反应的发生，降低了充电效率，更严重的是析氧副反应会造成电极结构性破坏，从而导致不可逆的电极永久容量损失。因此在充电过程中要尽量避免析氧副反应的发生，其关键在于降低充电平台电压或提高析氧

反应电压，使充电过程中两个反应的发生充分分离。

3.3.6.6 电池循环寿命

MH-Ni电池经过多个周期的循环后，会出现电池容量等性能下降的现象。影响MH-Ni电池循环寿命的因素很多，主要因素有电解液、储氢合金组成及制备工艺、储氢电极的制备及表面处理、电池设计和制作工艺（包括正负极容量设计比和预留量）以及隔膜的保液能力和耐氧化能力等。

电解液作为MH-Ni电池的主要组成部分之一，其组成、浓度和用量对电池的性能都有很大影响。常用的电解液为Li-K电解液，其中Li^+能够掺入到活性物质的晶格中，增加质子迁移能力，同时Li^+的掺入还可抑制K^+等的掺入，使得活性物质里的游离水稳定地存在于晶格间，提高镍电极活性物质的利用率，同时能够消除铁的毒化作用，但低温下反而使放电容量降低。MH-Ni电池正负极容量匹配是采用负极过量的原理，以避免充电时有游离的H_2产生和利于消除正极产生的O_2，而过量多少可根据电池的使用范围及试验验证。一般，负极过量少，则正极活性物质可适当增加，令电池高容量化，但寿命特性不好；而负极过量太多，则影响电池容量的提高。

储氢合金的循环寿命是影响MH-Ni电池寿命的主要因素之一。含钴量高有利于提高循环寿命。同时，在$LaNi_5$系储氢合金中，A相进行La、Ce、Nd比例的调整，也会影响寿命。MH-Ni电池中，正极材料会大大地影响电池循环寿命，有时是决定性的影响因素。使用加镉镍制备正极，除了在环保方面的影响外，还会由于加镉氢氧化镍中镉随循环过程而不断发生少量溶解，一旦溶解后影响到负极，将使储氢合金被毒化，在活性和放电容量方面都受影响，从而降低电池循环寿命。加锌氢氧化镍也会部分影响容量，但不会降低储氢合金的活性，选择高密度的加锌氢氧化镍可以降低正极膨胀，提高电池放电平台，提高电池循环寿命。

隔膜是电池的重要组成材料之一，性能好坏直接影响到电池性能。碱性电池所用隔膜必须具有以下性能：①良好的润湿性和电解液保持能力；②良好的化学稳定性，不易老化，优良的抗氧化能力；③足够的机械强度；④较好的离子传输能力和较低的液相电阻；⑤良好的透气性。隔膜的亲水性可保证吸碱量、保液能力，而憎水性可提高膜的透气性，进而提高氧复合的速率。目前在MH-Ni电池中使用的隔膜主要有聚酰胺和聚烯烃（聚丙烯）。聚酰胺结构中含有酰胺基团，易与水形成氢键，所以亲水性好，吸碱量大，但化学稳定性差，在循环过程中易降解，造成电池自放电严重，影响电池寿命。聚烯烃隔膜是非织造织物，在KOH溶液中耐热，机械性能和化学稳定性较高，已成为MH-Ni电池的标准隔膜。但由于其碳氢结构缺少极性基团，吸水性差，造成电池内阻大，并影响电池容量和循环寿命，因此作电池隔膜时必须经过表面处理提高其亲水性。

电池初期活化也是影响MH-Ni电池循环寿命的主要因素之一。初期活化的处理方法很多，但无论采取酸碱处理，或者电池开口进行充放电，在电池生产工艺上都会在处理过程或处理之后影响极片的稳定性，从而影响到电池的循环寿命。电池装配后采用带电热处理的方法，可以迅速活化电池，同时避免极片受到外界条件的影响，也有效地延长了电池循环寿命。

3.3.7 MH-Ni电池的制造工艺

MH-Ni电池制备总工艺流程如图3-14所示，主要包括Ni正极制备、储氢合金负极制

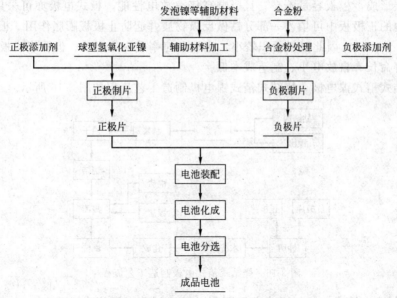

图 3-14　MH-Ni 电池制备工艺流程图

备、电池装配及化成等。

3.3.7.1　镍正极制备

镍正极根据制备工艺不同其类型分为烧结式板式正极、烧结式箔式电极、泡沫式电极、纤维式镍电极和黏结镍电极等。

(1)　烧结式板式镍电极　图 3-15 为烧结式正极工艺流程，主要包括烧结基板制造和活性物质浸渍。

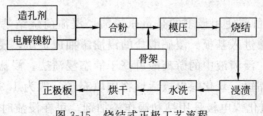

图 3-15　烧结式正极工艺流程

① 基板制造　烧结基板制造时使用的发孔剂多为碳酸氢铵，使用前要烘干，否则基板烧结后要产生裂纹。烘干时要控制温度，温度过高会发生分解。烘干后的碳酸氢铵暴露在空气中会吸潮，应尽量缩短烘干后至烧结的时间。板式电极基板制造使用电解镍粉，其视密度为 $0.6 \sim 0.8 g/cm^3$，平均粒径 $3 \sim 5 \mu m$，化学成分符合要求，特别注意控制硫的含量。镍粉与发孔剂使用的比例为 4:6，适当调整比例可引起烧结体孔率的变化。影响烧结体孔率变化的其他因素就是烧结温度和烧结时间，提倡高温短时间烧结。

板式基板制造时，也可采用聚乙烯醇缩丁醛（PVB）做造孔剂，用羰基镍粉替代电解镍粉，均能获得良好效果。

② 板式极板浸渍　板式氧化镍电极浸渍早期用静态浸渍法。浸渍时注意控制硝酸镍溶液的酸度（pH =3～4），用以控制生成物中的杂质含量并防止腐蚀极板；所使用的硝酸镍溶液的密度高时可增加活性物质的填充速度，但密度过高不利于溶液向孔深处渗透，活性物

质多在表面层形成，极板容量不高，且影响高倍率放电性能。板式电极亦可采用减压浸渍。用于密封电池的正极板中可填入一部分钴做反极物质并起防止极板膨胀作用。板式镍电极极板较厚，为 2~3mm，因此极板面积较小，充放电速率受一定影响。但压成式板式电极制造工艺简单、寿命长、自放电小、制造成本低。

（2）烧结式箔式镍电极　烧结式箔式镍电极制造工艺流程如图 3-16 所示。

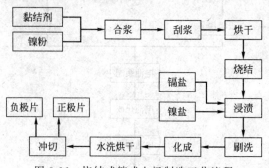

图 3-16　烧结式箔式电极制造工艺流程

① 基板制造　箔式电极与板式电极不同，极板较薄，厚度在 0.5~1.0mm，采用湿法连续生产，黏合剂为水溶性纤维素（盐）如 MC 或 CMC，镍粉采用松装密度低和颗粒度小的羰基镍粉，目前多使用 INCO255 粉，其松装密度 0.5~0.62g/cm³，平均粒度为 2.2~2.8μm，湿法生产时基板骨架用冲孔镀镍钢带或镍带。

烧结设备分烘干和烧结两部分，有的干燥和烧结设备为立式，也有的用立式干燥卧式烧结。经烘干的毛坯中需含适量水分（10%左右），不能烘至完全干燥，烘干温度 300~500℃。烘干后的基板毛坯于烧结炉中在保护性气氛中烧结，温度为 900~1050℃。湿法生产是连续进行的，烧结温度和烧结时间（取决于烧结段长度和走带速率）对烧结基板的强度和孔率起决定作用。

② 极板浸渍方法　目前使用最多的是负压浸渍，浸渍前烧结基带卷成卷状，层间保持一定间隔，以利于浸渍液进入基板。浸硝酸盐的浸渍罐抽成负压，浸渍液能很快进入基板微孔中。由于浸渍时间短，浸渍液中的游离酸可高于静态浸渍法。浸盐溶液后的各工序与静态浸渍相同，但时间大为缩短。氧化镍电极活性物质填充量一般为 1.3~1.6g/cm³，浸渍 4~7 次循环可达到要求。氧化镍电极采用钴和锡作添加剂，可在浸渍时加入。

③ 电极带刷洗　经浸渍后的电极带，通过旋转钢丝刷，刷除表面浮粉，并使预留极耳的钢带部位清洁以利焊接。

④ 电极化成　化成的主要目的是清除极板内硝酸根和碳酸根离子，进一步清除电极表面浮粉，并使电极内活性物质微细化。常用的电极化成有六种实用方法：卷式双极静态化成、切段化成、连续动态单级化成、步进式单极化成、中极悬浮式单极化成和化学法化成。以上六种方法各有特点，笔者认为中极悬浮式单极化成和步进式单极化成为好。

烧结式箔式镍电极极板薄、微孔细小、比表面积大，电极组装成电池时，内阻小，适合大电流放电，且快速充电性能、低温性能、耐过充电性能均优异，唯自放电高于板式电极。适合连续大批量生产，电极性能均衡性好。成本高于板式、黏结式负极，低于烧结式电极。

（3）泡沫式电极制造技术　泡沫镍基板制造工艺流程见图 3-17。

泡沫式正极制造工艺流程见图 3-18。

泡沫式正电极浆料的配制工序十分重要，需要注意以下几点：

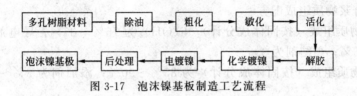

图 3-17　泡沫镍基板制造工艺流程

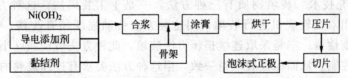

图 3-18　泡沫式正极制造工艺流程

① 选择具有较高活性并同时具有较高松装密度的 $Ni(OH)_2$。普通 $Ni(OH)_2$（60 目）松装密度约为 $1.1g/cm^3$。国内一些厂家生产的球形 $Ni(OH)_2$ 松装密度超过 $1.6g/cm^3$，三洋公司使用 $Ni(OH)_2$ 松装密度大于 $2.0g/cm^3$。

② 选用聚四氟乙烯作黏结剂　聚四氟乙烯受碾压后形成纤维网状结构，对活性物质起到了有效的包容和黏结作用，增加了电极强度，延长了电极寿命。应注意控制聚四氟乙烯用量，用量太小时黏结效果差，用量太多时电极内阻增大。一般用量在 4% 左右。

③ 加入适量导电剂如镍粉或石墨粉，用量为正极物质的 9% 左右。

④ 采用钴作添加剂。加入适当的钴元素（Co∶Ni＝3%）能有效地提高电极容量，防止电极膨胀，延长电极寿命。

泡沫电极具有较高的质量比容量，电极生产工艺简单、生产周期短、成本低、制造电极的设备投资少。由于高密度球形 $Ni(OH)_2$ 的成功制造，使正电极的体积比容量超过了 $500mA \cdot h/cm^3$，也使泡沫式氧化镍电极与金属氢化物电极匹配成为可能。镍氢电池大多数是小直径圆柱电池，要做成大直径圆柱电池或方形电池在技术上有一定难度，材料利用率也太低，从而限制了泡沫式电极的进一步发展。

(4) 纤维式电极制造技术　纤维镍基带制造工艺流程见图 3-19，纤维式镍正极制造工艺流程见图 3-20。纤维式电极制造关键技术在于合粉和合浆物质组成配方及物质的填充方法。

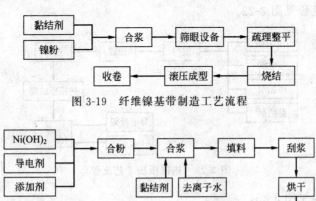

图 3-19　纤维镍基带制造工艺流程

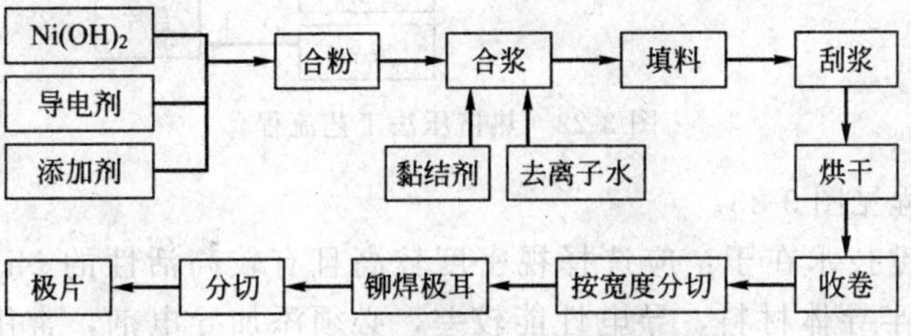

图 3-20　纤维式镍正极制造工艺流程

① 合粉和合浆物质组成配方

（Ⅰ）正极物质组成（按固体成分计）Ni(OH)$_2$ 为 75%～85%；导电剂为 8%～10%；添加剂为 3%～5%；黏结剂为 3%～5%。

（Ⅱ）负极物质组成（按固体成分计）为 85%～90%；添加剂为 3%～5%；黏结剂为 3%～5%。

② 物质的填充技术　装填物质有三种方法：一是手工装填法，这种方法劳动强度大，污染严重；二是用双辊轧膜机进行装填，用这种方法劳动强度稍有改善，但物质量很难控制，导致电池均衡性差；三是采取连续挤压方法装填，此种方法劳动强度小，而且在装填前对基带进行预压控制，从而保证装填量一致，但这种方法要求有连续成卷的纤维镍基带和连续装填相应关键设备。

纤维式电极是用纤维镍毡状物作基体，用机械方法向基体孔隙装填活性物质和相关物质后形成纤维式正极及负极，这类电极强度好，具有可挠性，导电性能好，基体孔率高达 93%～99%，因此具有高比容量、高活性的特点。纤维镍电极成型工艺简单，可连续大规模生产，生产成本低。但这类电极容易造成镍纤维引起的正负极间的微短路，导致电池自放电大，搁置时开路电压下降快。

目前纤维式电极主要用于圆柱电池，国外用于方形电池颇多，研究改进纤维电极以适用于方形电池的特殊要求，是国内纤维式电极的发展方向。

(5) 黏结镍电极制造技术　目前国内外黏结镍电极由于采用的黏结剂不同，其工艺流程也不同。大致有三种方法：成膜法、热挤压法、刮浆法。

成膜法工艺流程见图 3-21。

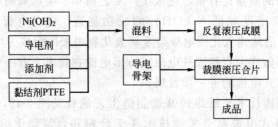

图 3-21　成膜法工艺流程

热挤压法工艺流程见图 3-22。

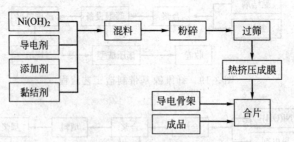

图 3-22　热挤压法工艺流程

刮浆法工艺流程见图 3-23。

黏结镍电极关键技术在于：应选择视密度较高且有较高活性的 Ni(OH)$_2$；活性物质 Ni(OH)$_2$ 属于 P 型半导体材料，导电性能较差，必须添加导电剂，常用的导电剂有镍粉、石墨粉、乙炔黑等；添加剂的选择，常用的添加剂有钴、镉、锌、锂、钡、汞等，添加剂的

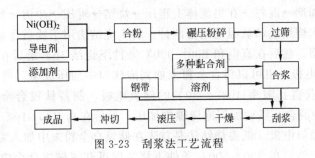

图 3-23 刮浆法工艺流程

使用有利于提高 $Ni(OH)_2$ 电极的活性、利用率和充电效率；黏结剂的选择，使用不同类型的黏结剂不仅决定了不同的工艺路线，而且决定了是否能批量生产，决定电极品质是否均一，一般常用的黏结剂有 PTFE、PE、PVA、CM、CMC、107 胶等。

黏结镍电极生产工艺简单，在各种镍电极中耗镍量最少，成本最低，因此有较大的发展前途。制造黏结镍电极的工艺路线有几种，从几种方法的综合效果看，应着重研究发展能批量生产且极板性能稳定的刮浆工艺。在极板性能上要通过改进，降低电极内阻，提高适应大电流的能力。

3.3.7.2　储氢合金负极制备

储氢合金负极的性能与活性物质、导电集流体、添加剂和黏结剂等性能和组成有关。目前，储氢合金电极的制备方法有黏结法、泡沫电极法和烧结法等。

(1) 黏结法　黏结法的工艺流程如下：储氢合金、添加剂、黏结剂→调浆→在集流体上涂敷→干燥→压膜→冲切→各种规格负极片。活性物质一般是含稀土元素的储氢合金材料，目前最常用的储氢合金具有 AB_5 型结构形式，可以是简单的二元储氢合金，如 $LaNi_5$ 等，也可以是复杂的多元合金，如 $La_{0.8}Nd_{0.2}Ni_{2.5}Co_{2.4}Si_{0.1}$ 等，既可以采用单一合金，又可以采用几种合金的混合物，如采用 $LaNi_5 : La_{0.8}Nd_{0.2}Ni_{2.5}Co_{2.4}Si_{0.1} = 30 : 70$（质量比）的混合物等。

AB_5 型储氢合金材料必须经过表面包覆处理、表面修饰、热碱处理、氟化物处理、酸处理、化学还原处理等前处理。另外，AB_2 型 Laves 相储氢合金也显示出良好的应用前景。

为了提高负极的导电性能，一般在合金中加入镍粉或石墨粉，其添加量一般为 10%～30%。集流体采用泡沫镍或泡沫铜，也可以采用金属编织网或冲孔金属带，如拉伸镍网、冲孔镀镍钢带等材料。

唐致远等研究表明，电池组装成组使用时，耐过放能力成为制约电池组性能的重要因素。通过在储氢合金中掺适量的钴系添加剂，可显著提高电池的耐过放能力、合金粉的循环寿命及电极容量。在电极中加入 Co、CoO、$Co(OH)_2$ 后的放电过程中发生了 Co 原子被氧化成 $Co(OH)_2$ 的反应，使合金粉容量放完后，负极的电位可以维持在 $-772mV$(vs·Hg/HgO)，Co 和 $Co(OH)_2$ 的加入，在放电过程中生成 Co 氧化物包覆于合金表面，增加了电极表面的双电层电容，提高了合金的电催化活性和放电容量，CoO 不能增大合金容量，但是可以提高电极的过放电能力及循环寿命。使用钴系添加剂后，储氢合金的 0.2C 放电容量可从 $54.9mA·h$ 提高到 $61.5mA·h$。

黏结剂通常用 PTFE、CMC、PVA 等，既可以使用单一黏结剂，也可以使用混合黏结剂。正确选择黏结剂，可以提高储氢合金的抗氧化性能。

(2) 烧结法　烧结法制备储氢合金电极的工艺流程如下：

储氢合金、添加剂→混料→在集流体上辊压→烧结→辊压→冲切→各种规格负极片。

烧结法分为粉末烧结法和低温烧结法两种。粉末烧结法用于钛系合金电极的制备。首先将合金粉末加压成型，然后在真空和800~900℃条件下烧结1h，最后在氢气保护下冷却即可得到金属-氢化物电极。也可以将合金粉末加到泡沫镍中加压成型，然后在800~900℃条件下烧结1h，既可获得孔隙率10%~30%的储氢电极。制备钛镍合金时，首先将氢化钛（TiH_2）与羰基镍粉混合，然后加到泡沫镍中加压，最后在真空和910℃条件下烧结1~2h，既可获得多孔钛镍储氢电极。低温烧结法是首先在储氢合金粉末中加入黏结剂，混合均匀并压成所需尺寸电极，然后在300~500℃条件下烧结即可获得储氢合金电极，这种电极的内阻小，可以实现大电流放电。

3.3.7.3　电池组装

电池组装工艺见图3-24，正极为烧结式镍电极，负极为储氢合金；隔膜为无纺布（聚丙烯和聚酰胺）；卷绕入壳后采用封口化成技术。电池在设计过程中一般正极容量限制，负极容量过剩，以保证正极生产的氧气可以在负极消耗，正负极活性物质量比通常为1∶1.2。

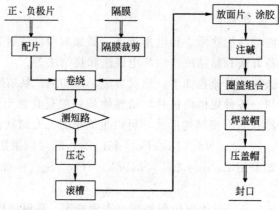

图3-24　电池组装工艺流程

3.3.7.4　电池化成

MH-Ni电池的正负极在刚装配到电池内时活性较差，通常要进行几次初期充放电，即所谓的化成处理，才能使电极得到充分活化。图3-25为电池化成工艺流程。

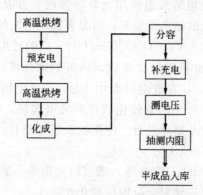

图3-25　电池化成工艺流程

正极的活化包括：Ni(OH)$_2$氧化态升高；Ni(OH)$_2$晶粒的微晶化；CoOOH的生成；KOH、H$_2$O、Li$^+$等插入Ni(OH)$_2$双层晶格，产生晶格缺陷，增大真实表面积。负极的活化包括：合金表面氧化物的还原；合金粉表层被KOH选择性溶解而具有更多的电催化活性点；合金裂解增大表面积和新鲜表面；储存一定氢量；在合金内部建立氢扩散通道。MH-Ni电池的化成方式主要有开口化成和封口化成两种。开口化成由于具有严重污染环境及不适于连续化生产等缺点正逐渐被封口化成取代。但是封口化成时，电池中仅注入最终成品电池所需碱液量；产生的气体滞留在电池内部的密闭体系中；内压升高导致安全阀开启，改变电池的初始设计状态；电解液量少，不能充分润湿表面，致使极化大、活化困难，因此封口化成的难度相对更大。圆柱形电池因耐压能力较强（可达18atm），目前已基本实现直封化成。而大容量的方形密封电池由于耐压能力差（小于7atm）等因素，其封口化成一直是困扰人们的难题。目前还未见到有关方形MH-Ni直封方面的报道。

3.3.8 MH-电池的应用

MH-Ni电池在小型便携电子器件中获得了广泛的应用，已占有较大的市场份额。如在移动电话、掌上电脑（PDA）、手提计算机和袖珍摄像机等电器上，连续使用时间更长，减少了充电次数，深受用户欢迎。随着研究工作的深入和技术的不断发展，MH-Ni电池在电动工具、电动车辆和混合动力车上也正在逐步得到应用，形成新的发展动力。综合考虑电池的比能量、比功率、寿命、价格、工作温度、自放电、环保性能等因素，方形密封MH-Ni电池是现阶段最佳的动力电池体系，适合作电动车的动力电源，以减少汽车尾气的污染。

D型MH-Ni动力电池也已在混合动力汽车上得到应用（图3-26）。日本丰田汽车公司设计的Prius混合动力汽车已于1997年成功投放市场，并批量生产。该车采用240只D型高功率MH-Ni电池串联，总电压为288V，标称容量虽只有6.5A·h，但脉冲放电倍率可达30C，整个电池组的寿命预期可达10万公里。这也是全球迄今为止真正进入市场的第一种混合动力汽车。该混合车的废气排放量降低了50%以上，能源利用率则提高了75%，车辆获得最大功率是发动机输出功率的175%。因此混合电动车是由纯燃油车到纯电动车的过渡阶段，已在环保、节能和实用化方面取得十分显著的效果。

图3-26 日本丰田Prius混合动力汽车

总之，MH-Ni电池具有高性能和无污染等优点，随着储氢合金的发展，吸氢电极的比能量和寿命会进一步提高，高功率和大容量的MH-Ni动力电池是以后的主要发展方向。

3.4 高压镍-氢电池

3.4.1 概述

高压镍-氢电池是在镉-镍电池和燃料电池技术结合的基础上出现的，其发展历史早于低压镍-氢电池。同低压镍-氢一样，高压氢-镍电池正极为氧化镍；而负极是 Pt 催化电极，活性物质为燃料电池用 H_2；氢气以气体形式存储在电池内部，氢气压力为 $0.3\sim4MPa$。高压镍-氢电池于 1977 年首次应用，作为美国海军技术卫星 II 号的储能电源，卫星连续飞行 10 多年。国际通信卫星 V 号使用高压镍-氢电池于 1983 年发射成功。目前航天领域高压镍-氢电池已经取代了第一代的全密封镉-镍电池。

高压镍-氢电池在最后密封前，可以设定负极活性物质 H_2 过量，称正极容量限制设计；或正极活性物质 NiOOH 过量，称负极容量限制设计，简称正限制或负限制。第一代氢-镍电池是正限制电池，电池有很好的过放电保护机理，后来开发出负限制电池，储存性能更好，但没有过放电保护功能。

3.4.2 工作原理

正限制或负限制两种设计电池正常工作的电化学反应相同。以正限制电池为例，正常使用氢-镍电池在充电时不断析出氢气，并储存在作为电池壳体的耐压容器里，放电时，氢在钼催化剂的作用下被氧化。电池的充放电过程如式（3-34）～式（3-36）所示。

$$正极反应：\qquad NiOOH+H_2O+e^- \underset{充电}{\overset{放电}{\rightleftharpoons}} Ni(OH)_2+OH^- \qquad (3-34)$$

$$负极反应：\qquad \frac{1}{2}H_2+OH^- \underset{充电}{\overset{放电}{\rightleftharpoons}} H_2O+e^- \qquad (3-35)$$

$$电池总反应：\qquad NiOOH+\frac{1}{2}H_2 \underset{充电}{\overset{放电}{\rightleftharpoons}} Ni(OH)_2 \qquad (3-36)$$

放电时，氢气在负极上被氧化为水，氢把高价氢氧化氧镍还原成低价氢氧化镍；充电时水电解生成氢气。总反应表明，电池中电解质浓度或水的总量没有变化。

如果由于控制方法选择不当或者控制失灵，会造成电池过充或过放。

过充电时，正极上的 $Ni(OH)_2$ 全部转化为 NiOOH，正极上发生的充电反应转变为电解水的析氧反应。其反应式为：

$$2OH^- \longrightarrow \frac{1}{2}O_2+H_2O+2e^- \qquad (3-37)$$

负极上继续电解水生成氢气，同时发生另外两个反应，即氧气在负极的还原及其氢氧在负极的复合，如式（3-38）和式（3-39）所示。

$$\frac{1}{2}O_2+H_2O+2e^- \longrightarrow 2OH^- \qquad (3-38)$$

$$\frac{1}{2}O_2+H_2 \longrightarrow H_2O \qquad (3-39)$$

随着过充电的继续进行，KOH 浓度和水的总量不发生变化。氧在负极上复合的速率很快，即使过充电速率很大，在氢气气氛中氧也不会有明显积累。

氢-镍电池本身会通过自身的温度升高来调节反应式(3-35)和式(3-37)~式(3-39)四个反应的速率,在某个电池压力、温度、组分下达到平衡,在一定的过充电电流和外部环境下,电池参数不变。

　　过放电时,正极上电化学活性的 NiOOH 全部转化为 Ni(OH)$_2$,电极反应变为生成 H$_2$ 的电解水反应,负极上原放电反应在过放电时继续进行,其反应式为:

$$\text{正极:} \qquad H_2O + e^- \longrightarrow OH^- + \frac{1}{2}H_2 \qquad\qquad (3\text{-}40)$$

$$\text{负极} \qquad \frac{1}{2}H_2 + OH^- \longrightarrow H_2O + e^- \qquad\qquad (3\text{-}41)$$

　　即反应式(3-40)与反应式(3-41)互为逆反应,电池内氢气从正极上生成,在负极上复合,正负极之间电压为 -0.2V 左右,这种现象称为电池反极,-0.2V 为反极电压。过放电时电池会自动达到平衡状态,电池温度较同样电流过充电时低得多,因为过放电时消耗的功率为反极电压 -0.2V 与过放电电流的乘积,是过充电时电压 1.5V 与电流乘积的 1/7.5。这是正限制氢-镍电池独有的电池过放电保护机理。

　　电池中没有压力积累和电解液浓度的变化,因此高压镍-氢电池具有很好的耐过充和过放性能。

3.4.3　电池结构及类型

3.4.3.1　电池结构

　　高压镍-氢电池结构如图 3-27 所示。电池外壳是个两端呈半球形的压力容器,由高强度镍基合金 Inconel718 材料制成,0.5mm 厚,爆破压力大于 16MPa。根据设计不同,压力容器的安全系数即爆炸压力是最高工作压力的数倍,一般应不小于 3。

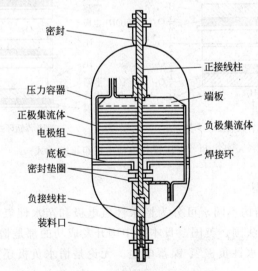

图 3-27　高压镍-氢电池结构图

　　两极柱密封采用陶瓷金属封接结构或塑料压缩密封结构。正极、隔膜、负极扩散网和负极组成的极组由端板固定,通过焊接环固定在压力容器上。

　　镍电极由电化学浸渍 Ni(OH)$_2$ 多孔烧结镍基板制成,含量为 1.6~1.7g/cm^3,电化学浸渍的活性物质可以在多孔极板内均匀分布,降低活性物质与极板间的接触电阻,提高活性物质利用率和电池循环寿命。镍电极形状有如图 3-28 所示的两种形状。

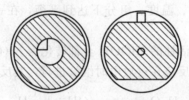

图 3-28 镍电极形状

氢电极是用活性炭作载体、用聚四氟乙烯（PTFE）黏结的多孔气体扩散电极，由含铂催化层、导电镍网层、多孔聚四氟乙烯憎水层组成。

隔膜为氧化锆布和石棉，具有稳定物理化学性能和存储电解液的作用，可以透过气体，具有双重功能。

电解液为添加少量 LiOH 的 $1.3g/cm^3$ 的 KOH 溶液，电解液浓度低时，电池容量小，放电电压高，寿命长；电解液浓度高时，电池容量高，放电电压低，寿命短。空间使用低浓度电解液，以舍弃电池高容量而求得长寿命。

电池中正极、负极、隔膜和扩散网等按"背靠背"式或"再循环"式堆叠成电极组（图3-29）。"背靠背"式，是美国通信卫星实验室采用的结构，其特点是隔膜采用石棉膜时，充电或过充过程中，镍电极上析出的氧气从两个镍电极缝隙跑出，绕过隔膜进入负极气室与氢气复合；"再循环"式是美国休斯公司为空军研制，其特点为上一个电极对中镍电极和下一电极对氢电极通过扩散网直接面对，镍电极析出的氧气可以直接扩散到氢电极表面与氢气复合。

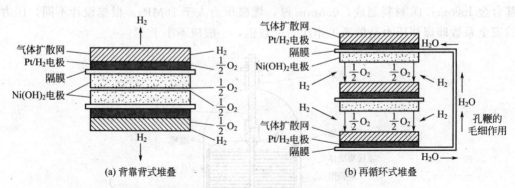

图 3-29 高压镍氢电池电极组堆叠方式

3.4.3.2 电池类型

氢-镍电池的负极按结构不同，可分为憎水性氢电极和亲水性氢电极两类，活性物质氢以气态形式存在。美国、法国、英国、日本及中国开发成功的都是憎水性负极的氢-镍电池，俄罗斯研制成功的则是亲水性负极氢-镍蓄电池。无论是憎水负极还是亲水负极，都可以制成四种氢-镍电池：①IPV（independent pressure vessel）电池，独立容器电池，电压 1.2V，每个容器里只有一只电池；②CPV（common pressure vessel）电池，共容器电池，每个容器里有多个极组串联，电压是 1.2V 的倍数；③SPV（single pressure vessel）电池，一个电池组共用一个压力容器，电压为电池组设计电压；④DPV（dependent pressure vessel）电池，一个电池一个容器，但容器的大面相互靠紧，相互支撑组成电池组，电压为电池组设计电压。四种氢-镍电池美国使用最多的是 IPV 电池；俄罗斯的 IPV、CPV 电池在太空都有使用，但在寿命和比能量方面远不如美国。

3.4.4　电池性能及应用

3.4.4.1　电池性能

(1) 充放电特性　与化学浸渍镍电极相比，电化学浸渍的镍电极，循环寿命更长而且电化学浸渍镍电极的容量随温度的降低而增加。图 3-30 是 30A·h 氢镍电池以相同速率（0.2C）在不同环境温度下的充放电特性曲线。

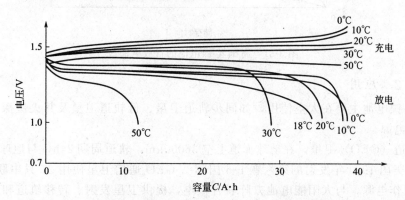

图 3-30　不同温度下 30A·h 高压氢-镍电池的充放电曲线（0.2C）

高压镍-氢电池的标准标准电动势为 1.319V，充放电过程中阴极电极极化而发生偏离。从图 3-30 可以看出，在 0～30℃，充电电压为 1.40～1.50V；放电电压 1.2～1.3V，电压平稳。

氢-镍电池推荐采用恒流充电，充电速率的范围是 $C/30$～$1C$。充电效率随环境温度的升高而降低，环境温度在 30℃ 以上时，不宜采用低于 $C/10$ 速率充电。在高温环境中低速率充电的效率低，电池难以达到完全充电状态。与此相反，在环境温度低于 0℃ 时，不宜采用高于 $C/5$ 的速率充电，以防止电压过高。

由于氢气压力会随充放电过程发生变化，因此可以用氢气压力表示电池的荷电状态。充电时氢气压力随充电的进行而直线上升，直至氧化镍电极接近全充满状态。在过充电时，正极上析出的氧气与负极上的氢化合生成水，因而在过充电时氢气压力几乎不变。在放电时，氢气压力又线性下降直至氧化镍电极完全放电为止，这时所保持的氢气压力为预先灌入电池内部的压力，一般约为 0.7MPa。如果电池由于过放电而反极时，在正极上产生的氢气就在负极上被消耗，再次使氢气压力趋于稳定。

(2) 自放电　高压镍-氢电池产生自放电的原因是正极 NiOOH 在氢气环境中还原。自放电率与氢的压力和环境温度有关，电池设计的压力越高，环境温度越高，电池的自放电率也越高。图 3-31 为不同温度下的高压镍-氢电池自放电图。可以看出，20℃ 自放电速率比 0℃ 时自放电速率大一倍。另外，氢-镍电池在开路搁置期的自放电较严重，特别是开始搁置的一两天内，自放电速率较快。

(3) 电池工作寿命　高压镍-氢电池的工作寿命长达 10 年以上。单体电池工作寿命结束的标志是电压达到 1.0V 以下。导致电池寿命终止的主要因素包括正极活性物质的膨胀、密封壳体泄漏和电解液再分配。电解液再分配是指充电或过充时，电解液随气体运动而离开电极和隔膜。

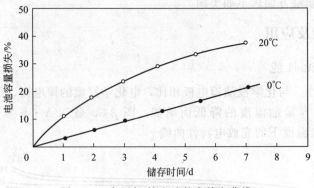

图 3-31 高压氢-镍电池的自放电曲线

3.4.4.2 应用

高压氢-镍电池主要在太空使用，如同步轨道卫星、低轨道卫星及其火星探测器等，是长寿命储能电源。

同步轨道（GEO）卫星，在地球赤道上空 36000km，轨道周期 24h，与地球同步，如图 3-32 所示。美国 1983 年发射的第六颗 F-6 国际-Ⅴ GEO 通信卫星使用 27 只串联的 30A·h 氢-镍电池组作电源，与太阳能电池方阵联合供电，提供卫星发射、转移轨道和卫星摄像时星载设备的电源。国际-Ⅵ和国际-Ⅶ通信卫星用的都是氢-镍电池组，两者电池组容量分别是 48A·h 和 120A·h。

图 3-32 同步轨道（GEO）卫星

低轨道（LEO）卫星，其轨道高度 300km，轨道周期 96min，光照时间约 61min，阴影时间为 27～36min。最典型的应为美国在 1990 年发射的哈勃望远镜（见图 3-33），使用了 83A·h 氢-镍电池组。哈勃望远镜为天文探索做出了卓越的贡献，被称作天文学界"皇冠上的明珠"。哈勃望远镜的氢-镍电池组的设计寿命 5～7 年，允许用航天飞机在飞行轨道上定期更换电池组。2004 年 4 月 24 日是哈勃望远镜成功发射 14 周年纪念日，但是 2004 年 1 月，美国航天局（NASA）宣布将停止对哈勃望远镜进行例行维护，这就意味着功勋卓著的哈勃望远镜将提前退出历史舞台。

截止到 2006 年，欧美已有近 60 颗卫星用氢-镍电池，在轨最长寿命近 15 年且未发现氢-镍电池失效情况，俄罗斯（包括前苏联）称已有 200 颗卫星采用了氢-镍电池组，最长寿命

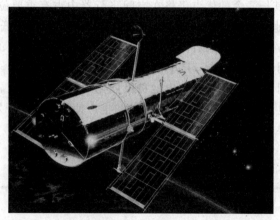

图 3-33 哈勃望远镜

5～7 年。在适应卫星大型化和长寿命方面，氢-镍蓄电池比镉-镍电池更有利。

1996 年 11 月 7 日美国发射的火星全球勘测者探测器使用镍-氢电池组见图 3-34。火星全球勘测者探测器，经过 10 个月的飞行，于 1997 年 9 月 11 日进入绕火星运行的轨道，探测器质量为 1031kg，载有 7 台仪器。火星全球勘测者探测器共传回了数万张火星的图片，揭开了人类对火星的认识的新局面。

图 3-34 火星探测器用 23A·h 电池系统

3.5 小结

MH-Ni 电池是目前在 HEV 汽车领域中应用最为成熟的二次电池。虽然其性能不如锂离子电池，但其技术成熟，安全性更好。未来镍-氢电池将和锂离子电池一起抢占镍-镉和铅酸电池的领地。从长期看，镍-氢电池将面对锂离子电池的强力挑战，但短期内，镍-氢电池在即将到来的新能源汽车时代仍具有较好的应用前景。镍-氢电池作为当今迅速发展起来的一种高能绿色充电电池，凭借能量密度高、可快速充放电、循环寿命长以及无污染等优点于混合电动车领域得到了广泛应用，负极储氢材料的发现孕育镍-氢电池的问世，为了促进镍-氢电池性能的提升，对储氢材料的研究将是镍-氢电池再次腾飞的又一滑行甲板。

高压镍-氢电池因其长寿命的优点仍将在空间飞行器中占有重要位置。高压镍-氢电池是在镉-镍电池和燃料电池技术结合的基础上出现的，其发展历史早于低压镍-氢电池。高压镍-氢电池兼具燃料电池与镉-镍电池两者的优点，其寿命长达 10 年之久的特点尤为突出，并作为长寿命贮能电源应用于航天领域，高压镍-氢电池主要在空间使用，如同步轨道卫星、低轨道卫星及其火星探测器等。高压镍-氢电池负极催化剂为 Pt 等贵金属，这是造成其成本居高不下的主要原因，也严重限制了其在民用领域的推广使用，因此开发具有高效低廉的非贵金属催化剂将是高压镍-氢电池发展的一大爆发点。

思考题

1. 储氢合金的储氢原理及分类。

2. 储氢合金的表面改性方法。

3. MH-Ni 电池的工作原理。

4. 简述 MH-Ni 电池发生过充电和过放电时正负极的电化学反应，并解释 MH-Ni 电池耐过充放电能力的原理。

5. 理想的储氢合金电极应具备哪些特性？电极性能衰减的主要模式有哪些？

6. 什么是储氢合金的平台压力？其值高低对电池性能有何影响？

7. 正极材料 $Ni(OH)_2$ 的晶体结构有几种，如何相互转化的？

8. 储氢合金的电化学容量公式是什么？根据该公式计算 $LaNi_5$ 储氢合金的理论容量是多少？

9. 高压镍-氢电池与低压镍-氢电池的原理有何区别？

参 考 文 献

[1] Ruetschi Paul, Meli Felix, Desilvestro Johann, et al. Nickel-metal hydride batteries. The preferred batteries of the future. J of Power Sources, 1995, 57 (1): 85-91.

[2] 郭炳琨, 李新海, 杨松青. 化学电源. 长沙: 中南工业大学出版社, 2000.

[3] 余成洲. 赖为华镍氢电池的现状与发展方向. 新材料产业, 2001, 6: 26.

[4] 张丞源. 我国 MH/Mi 电池的发展概况. 电池, 1998, 28 (4): 189-192.

[5] 张文宽, 郝建国, 郝玉, 等. MH/Ni 碱性蓄电池技术的研究与开发. 电源技术, 1994, 18 (2): 3.

[6] 简旭宇, 吴伯荣, 朱磊, 等. 金属氢化物负极研究进展. 电池, 2003, 33 (4): 255-257.

[7] Mingming G, Jianwen H, Feng F, et al. Electrochemical measurements of a metal hydride electrode for the Ni/MH battery. International Journal of Hydrogen Energy, 2000, 25: 203-210.

[8] Shinichi Y, Noriyuki F, Kunio K, et al. Development of prismatic type nickel/metal hydride battery for HEV. Berlin: Proceedings of the 18th International Electric Vehicle Symposium, 2001.

[9] Gu W B, Wang C Y. Thermal-electrochemical modeling of battery Systems. J Electrochemical Society, 2000, 147, 8: 2910-2922.

[10] Li Y, Jiang L J, Huang Z, et al. Effect of advanced alkaline treatment on the electrochemical characteristics of hydrogen storage alloys. J of Alloys and Compounds, 1999, 20 (293-295): 687-690.

[11] Dai Jinxiang, Li Sam F Y, Xiao Danny T, et al. Structural stability of aluminum stabilized alpha nickel hydroxide as a positive electrode material for alkaline secondary batteries. Journal of Power Sources, 2000, 89: 40-45.

[12] Delahaye-Vidal A, Figlarz M. Textural and structural studies on nickel hydroxide electrodes. J Appl Electrochem, 1987, 17: 589-599.

[13] 曹晓燕, 毛立彩, 周作祥. 氢氧化镍电极及其添加剂. 电池, 1994, 24 (5): 236-239.

[14] Portemer F, Delahaye-Vidal A, Figlarz M. Characterization of active material deposited at the nickel hydroxide elec-trode by electrochemical impregnation. J Electrochem Soc, 1992, 139 (3): 671-678.

[15] 刘小虹, 余兰. 碱性电池用纳米氢氧化镍研究进展. 电源技术, 2003, 27 (5): 476.

[16] 李素芳, 杨毅夫, 陈宗璋, 等. 镍电极反应及活性材料的研究进展. 电池, 2003, 33 (3): 182-183.

[17] Zhou Z Q, Lin G W, Zhang J L, et al. Degradation behavior of foamed nickel positive electrodes of Ni-MH batter-ies. Journal of Alloys and Compounds, 1999: 293-295, 795-798.

[18] Chen W X, Xu Z D, Tu J P. Electrochemical investigations of activation and degradation of hydrogen storage alloy e-lectrodes in sealed Ni/MH battery. International Journal of Hydrogen Energy, 2002, 27 (4): 439-444.

[19] 周震, 阎杰, 张允什, 等. Ni(OH)$_2$ 超微粉的制备及其电化学性能. 应用化学, 1998, 15 (2): 40-43.

[20] Weidner J W, Timmerman P. Effect of proton diffusion, electron conductivity andcharge-transfer resistance on nickel hydroxide discharge curves. J Electrochem Soc, 1994, 141 (2): 346-351.

[21] Motupally S, Streinz C C, Weidner J W. Proton diffusion in nickel hydroxide-prediction of active material utilization. J Electrochem Soc, 1998, 145 (1): 29-39.

[22] 余丹梅, 周上祺, 陈昌国, 等, 纳米氢氧化镍的研究进展. 电池, 2003, 33 (2): 115.

[23] 孙杨, 田彦文, 翟秀静, 等. 正极材料 Ni(OH)$_2$ 制备工艺的发展动态. 电源技术, 1997, 21 (4): 178-182.

[24] Vijayamohanan K, Balasubramanian T S, Shukla A K. Rechargeable alkaline iron electrodes. J Power Sources, 1991, 34 (3): 269-285.

[25] Shukla A K, Venugopalan S, Hariprakash B. Nickel-based rechargeable batteries. J Power Sources, 2001, 100 (3-2): 125-148.

[26] UK Lee S, Seok Choi W, Hong B. A comparative study of dye-sensitized solar cells added carbon nanotubes to elec-trolyte and counte electrodes. Sol Energy Mater Sol Cells, 2010, 94 (4): 680-685.

[27] Schrebler Guzmán R S, Vilche J R, Arvia A J. The potentiodynamic behaviour of iron in alkaline solu-tions. Electrochim Acta, 1979, 24 (4): 395-403.

[28] 项民, 王力臻. 碱性电池中铁负极的研究现状. 电池工业, 2000, 5 (4): 170-174.

[29] Öjefors L. Self-discharge of the alkaline iron electrode. Electrochim Acta, 1976, 21 (4): 263-266.

[30] 林东风, 蔡蓉, 宋德瑛. 铁电极中铁粉含量对其充电效率的影响. 电源技术, 2002, 26 (04): 292-293.

第4章

铅酸电池

4.1 概述

铅酸电池是第一种商业化应用的可充电二次电池。铅酸电池是由法国物理学家 Gaston Plante 于 1859 年发明的，他用两块铅板作电极，放置于稀硫酸中进行电解，使电解的电流方向不断变换，铅板蓄电容量不断增加形成蓄电池。尽管该电池已具备了可充电电池的基本要素，但由于化成难、活性物质量少、容量比较低，实用性并不大。1881 年福尔（Fanre）发明了涂膏式极板，他用铅的氧化物（一氧化铅或二氧化铅）与稀硫酸混合成铅膏，添涂在凹凸不平的铅板上，放在稀硫酸中进行电解，形成极板。但是，红铅质地疏松，活性物质的附着性太差，特别是车辆在道路上行驶产生振动时，红铅容易从极板上脱落。美国人布鲁什(Charles E. Brush) 几乎与福尔同时发现了在电池铅板上多孔涂层的重要性。1881 年，福克曼（E. Volklllalin）等申请了带孔铅板的专利，这种电池用 60kg 的铅就能产生 1 马力小时的能量。同时，Swan 发明了板栅代替平板铅板，Sellon 成功研制了 Pb-Sb 板栅合金并沿用至今。1882 年，Ttible 和 Gladstone 提出了铅酸蓄电池电极反应的双极硫酸盐化理论，至今仍然广泛应用。同年 Tudor 在卢森堡建立了第一个铅酸蓄电池厂。1890 年 Phillipart 和 Woodward 发明了管式正极。1935 年，Haring 和 Tomas 成功研制了 Pb-Ca 板栅合金。1938 年，A. Dassler 提出了气体复合原理，为密封铅酸电池奠定了理论基础。

到 20 世纪初，铅酸蓄电池历经了许多重大的改进，提高了能量密度、循环寿命、高倍率放电等性能。然而，开口式铅酸蓄电池有两个主要缺点：①充电末期水会分解为氢、氧气体析出，需经常加酸、加水，维护工作繁重；②气体溢出时携带酸雾，腐蚀周围设备，并污染环境，限制了电池的应用。为了解决以上的两个问题，世界各国竞相开发密封铅酸蓄电池，希望实现电池的密封，获得干净的绿色能源。1957 年，德国阳光公司发明了胶体电解质技术，1971 年美国 Gates 公司发明了吸液式超细玻璃棉隔板（absorbent glass mat, AGM）技术，从实质上解决了电池内部电解液复合循环的问题，使铅酸电池实现了 100 多年来密封、不漏液的梦想，开创了铅酸电池的新里程。1975 年，Gates 公司在经过许多年努力并付出高昂代价的情况下，获得了一项 D 型密封铅酸干电池的发明专利，成为今天阀控式铅酸蓄电池（valve regulated lead acid battery，VRLA）的电池原型。由于阀控式铅酸蓄电池的全密封性，不会漏酸，在充放电时不会像开口式铅酸蓄电池那样有酸雾释放出来而腐蚀设备、污染环境，得到了迅速发展。

20世纪80年代，VRLA电池首先成功地在我国通信行业得到了应用，取代了传统的富液防酸式铅酸电池成为通信基站的后备电源。20世纪90年代，我国一些企业和高等院校开始研究将VRLA电池作为电动自行车动力电源，取得了成功，其作为民用电池得到了广大用户的喜爱。目前电动自行车用电池83％以上都是密封式铅酸蓄电池。1997年以前，我国铅酸蓄电池普遍还不能满足电动自行车的要求，主要表现在：容量不足，12A·h（20h率）电池，2h率5A放电容量达不到10A·h；17A·h（20h率）电池，2h率7A放电容量达不到14A·h。比能量低，2h率下的比能量达不到30W·h/kg。早期容量衰减现象明显，寿命短。100％放电深度（DOD）的循环寿命只有50～60次，使用寿命只有3～5个月。到2003年，2h率（5A）放电容量达到11～13A·h，2h率比能量达到33～36W·h/kg；100％放电深度的循环寿命达到250～300次；使用寿命可达到12个月以上。电动自行车用铅酸蓄电池存在的问题基本得到解决。

铅酸蓄电池是目前世界上产量最大、使用范围最广的一种电池。在整个电池中，铅酸蓄电池占有很大的比重，我国铅酸蓄电池生产历来就是电池行业中厂点最多的项目，近10年来，随着汽车、通信、交通、计算机等与蓄电池应用关系密切的产业迅速发展，我国对蓄电池的需求相应地以每年约10％的速度快速增长，根据中国化学与物理电源行业协会的统计，2015年中国铅酸蓄电池产量增长9.8％，达到$2.24 \times 10^8 kV·A·h$，销售收入增长8％，达到1390亿元。

4.1.1　工作原理

自从铅酸蓄电池诞生以来，葛拉斯顿（Glandstone）和特瑞比（Tribe）于1882年提出的"双硫酸盐化理论"一直沿用至今。按照这一理论，其电池表达式为：

$$(-)Pb \mid H_2SO_4 \mid PbO_2(+)$$

铅酸蓄电池是一种典型的二次电池，能满足二次电池的如下条件：①电极反应可逆；②只采用一种电解质溶液；③放电生成难溶于电解液的固体产物。铅酸蓄电池的正极活性物质是PbO_2，负极活性物质是海绵状铅，电解液是稀硫酸，电极反应和电池反应如下：

正极：　$PbO_2 + HSO_4^- + 3H^+ + 2e^- \longrightarrow PbSO_4 + 2H_2O$　　　　$\phi_1 = 1.69V$　　　（4-1）

负极：　　　　$Pb + HSO_4^- - 2e^- \longrightarrow PbSO_4 + H^+$　　　　$\phi_2 = -0.35V$　　　（4-2）

电池反应：　　$PbO_2 + Pb + 2HSO_4^- + 2H^+ \longrightarrow 2PbSO_4 + 2H_2O$　　　　　　　　　（4-3）

电池放电后两极活性物质都转化为硫酸铅，所以称"双硫酸盐化理论"。硫酸起传导电流作用，并参加电池反应。但参加反应的是HSO_4^-，不是SO_4^{2-}。因为H_2SO_4的二级离解常数相差很大。

$$H_2SO_4 \longrightarrow HSO_4^- + H^+ \qquad K_1 = 10^3(25℃) \qquad （4-4）$$

$$HSO_4^- \longrightarrow SO_4^{2-} + H^+ \qquad K_2 = 1.02 \times 10^{-2} \qquad （4-5）$$

因为K_1远大于K_2，所以H_2SO_4离解时主要生成HSO_4^-和H^+。因此，在铅酸蓄电池应用的H_2SO_4浓度范围内，可将H_2SO_4视为1-1型电解质，参加电极反应的是HSO_4^-。铅酸蓄电池电动势也可由电极电位计算：$E = \phi_1 - \phi_2 = 2.04V$。

4.1.2　组成

铅酸蓄电池由正极（PbO_2）、负极（Pb）、电解液（H_2SO_4）、隔板及电池槽盖（包括连接附件）五大部分组成。如图 4-1 所示。

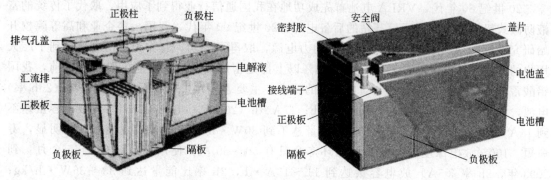

图 4-1 典型的铅酸电池结构

（1）正极 铅酸蓄电池的正极为 PbO_2，它的利用率一般为 45％～50％，和负极比起来，利用率相对较低。几十年来，虽然做了大量的探索性工作，向正极活性物质中加入添加剂取得了一定的效果，但仍然没有重大的突破，这主要是由正极本身的特点所决定的。在阳极极化的过程中，许多添加剂难以承受这一较高的过电位，它们易被氧化。即使是在循环的初期有比较明显的作用，但在循环后期也会逐渐失效。

D. Slmonsson 曾通过对传质过程、放电状态及硫酸铅的形成等方面的研究，从理论上将活性物质的不完全利用归结为硫酸铅堵塞孔口引起的孔径有限性造成的扩散困难，导致孔中电解液的贫乏。显然，在不影响寿命的前提下应尽可能地增加极板的孔率和适宜的孔径，使电解液能够顺利扩散到极板深处，从而提高正极活性物质的利用率。

（2）负极 铅酸蓄电池的负极为 Pb，它的利用率比正极高，能达到 60％左右，不过这个利用率也是低的，因为有差不多一半的活性物质被浪费了。人们已作了很多研究来提高负极的利用率，目前添加剂是一个研究得比较多的方法。

（3）电解液 铅酸蓄电池的电解液为 H_2SO_4，不同的厂家 H_2SO_4 的浓度不一样，基本在 $1.28g/cm^3$ 左右。电解液对铅酸电池性能的影响也很大，通过在电解液中加入添加剂可以改善电池性能。

（4）隔板 隔板是蓄电池的重要组成，不属于活性物质。在某些情况下甚至起着决定性的作用。其本身材料为电子绝缘体，而其多孔性使其具有离子导电性。隔板的电阻是隔板的重要性能，它由隔板的厚度、孔率、孔的曲折程度决定，对蓄电池的高倍率放电的容量和端电压水平具有重要影响；隔板在硫酸中的稳定性直接影响蓄电池的寿命；隔板的弹性可延缓正极活性物质的脱落；隔板孔径大小影响着铅枝晶短路程度。由于隔板对铅酸蓄电池性能多方面的作用，隔板的每次品质的提高，都伴随着铅酸蓄电池容量和循环性能的提高。

隔板的主要作用是防止正负极短路，但又不能使电池内阻明显增加。因此，隔板应是多孔质的，允许电解液自由扩散和离子迁移，并具有比较小的电阻。当活性物质有些脱落时，不能通过细孔达到对面极板，即空径要小、孔数要多、其间隙的总面积要大；此外，还要求机械强度好、耐酸腐蚀、耐氧化，以及不析出对极板有害的物质。常见的蓄电池隔板有橡胶隔板、PP 隔板、PE 隔板、PVC 隔板及 AGM 隔板。

（5）电池槽 电池槽是铅酸蓄电池的容器。过去移动用蓄电池多为硬橡胶槽，个别国家因橡胶缺乏曾用沥青塑料槽。中小容量的固定型蓄电池多用玻璃槽，大容量的则用铅衬木槽。20 世纪 60 年代以后，塑料工业发展迅速，移动用的电池槽逐渐用 PP、PE、PPE 代替，固定用的电池槽则用改性聚苯乙烯（AS、ABS）代替。

4.1.3 用途及分类

铅蓄电池由于结构简单、价格低廉、内阻小、可以短时间供给起动机强大的起动电流而广泛应用在各个领域。按国际标准规定铅酸蓄电池主要分为以下几类：①起动型蓄电池，主要用于汽车、摩托车、拖拉机、柴油机等起动和照明；②固定型蓄电池，主要用于通信、发电厂、计算机系统作为保护、自动控制的备用电源；③牵引型蓄电池，主要用于各种蓄电池车、叉车、铲车等动力电源；④储能用蓄电池，主要用于风力、太阳能等发电用电能储存；⑤铁路用蓄电池，主要用于铁路内燃机车、电力机车、客车起动、照明之动力。按蓄电池极板结构分类有形成式、涂膏式和管式电池。按蓄电池盖和结构分类有开口式、排气式、防酸隔爆式和密封阀控式蓄电池。按蓄电池维护方式分类有普通式、少维护式、免维护式蓄电池。

4.1.4 优缺点

与其他蓄电池相比，铅酸电池仍然存在部分无与伦比的优越性（表4-1）。铅酸电池有如下优点：

表4-1 铅酸电池的优缺点

优势	劣势
1. 应用广泛的廉价二次能源——可在各地生产,全球生产,低或高生产率均可	1. 相对较低的循环寿命(50~500 次)
2. 各种大小及设计均可大量生产——小至 1A·h,大至几千安时	2. 较低的能量密度——一般是 30~40W·h/kg
3. 良好的高效性能——适用于引擎发动(但是一些镍-镉电池和镍-氢电池性能更好)	3. 放电条件下的长期储存会导致不可逆的电极极化(硫酸盐化)
4. 适合低、高温运行	4. 难于小尺寸生产(小于 500mA·h 的小尺寸镍-镉电池比较容易制造)
5. 电效率——超过 70% 的翻转效率,放电能量/充电能量	5. 一些设计中的氢腐蚀将导致爆炸事故(需增加阻焰器防止爆炸,尤其在常规潜艇上)
6. 高电池电压——开路电压大于 2.0V 是所有水基电解质电池系统中最高的	6. 设计中聚苯或砷与锑腐蚀,以及格栅中的砷会导致健康危害
7. 良好的浮动服务	7. 不合理的电池设计和充电设备的热逃逸
8. 充电状态显示方便	8. 一些设计存在正位起泡腐蚀
9. 良好的间歇充电记忆(如果栅格是过电压合金)	
10. 免维护设计	
11. 低成本	
12. 易于回收	

① 电池电动势高，正负极电位差达 2V；

② 充放电时极化小；

③ 内阻小，有利于离子传输及电池的快速充放电；

④ 可制成小至 1A·h 大至几千安时的各种尺寸和结构的蓄电池；

⑤ 放电电流密度大，可用于引擎起动，能以 3~5 倍率甚至 9~20 倍率放电；

⑥ 工作温度范围宽，可在 −40~55℃ 下正常工作；

⑦ 工艺成熟，价格便宜，这是与其他电池相比最大的优势之一；

⑧ 使用安全，很少会发生爆炸事故，且再生率高。

但铅酸电池与镍氢电池、锂离子电池等相比，也存在一些缺点，主要有：

① 比能量低　铅酸电池的理论值为 170W·h/kg，实际值只有 30～50W·h/kg。比能量低的主要原因是蓄电池的集流体、集流柱、电池槽和隔板等非活性部件增大了它的重量和体积。

② 循环寿命较短　虽然铅酸蓄电池循环寿命比镍-镉电池和 MH-Ni 电池要高很多，但还是低于国际循环寿命指标值。影响铅酸蓄电池寿命的因素主要有热失控、环境温度、浮充电压、正极板栅的腐蚀、负极硫酸盐化、水损耗及超细玻璃纤维棉（AGM）隔板弹性疲劳等。

③ 自放电　铅酸蓄电池的自放电比其他电池如锂离子电池严重得多。

4.2　热力学基础

采用热力学方法计算铅酸电池的电动势，一般采用吉布斯-亥姆霍兹（Gibbs-Helmholtz）方程来计算：

$$E = -\frac{\Delta H}{nF} + T\left(\frac{\partial E}{\partial T}\right)_p \tag{4-6}$$

式中，ΔH 为反应中的焓变；n 为反应得失电子数；对于反应式（4-3），$n=2$，$\left(\frac{\partial E}{\partial T}\right)_p$ 为电动势的温度系数，通常可用实验测定，25℃ 1.28g/cm³ 硫酸的铅酸电池的温度系数为 0.0002V/℃。计算焓变时，必须考虑稀释效应带来的焓变，式（4-3）的焓变可由下式得出：

$$\Delta H = \sum_i \alpha_i v_i \Delta H_i - 2\Delta H_K + 2\Delta H_B \tag{4-7}$$

式中　ΔH_i——相应反应物和产物的生成焓，可查热力学手册；

　　　ΔH_K——将 1mol 硫酸溶解在给定浓度的溶液中的焓变；

　　　ΔH_B——将 1mol 水加到给定浓度的溶液中的焓变。

经计算，对于密度为 1.28g/cm³ 的硫酸电解液，$\Delta H = -3.9334 \times 10^5$ J/mol，代入到式（4-6）得

$$E = -\frac{-3.933 \times 10^5}{2 \times 96485}\text{V} + 298 \times 0.00022\text{V} = 2.1039\text{V} \tag{4-8}$$

4.3　板栅合金

4.3.1　铅酸蓄电池板栅的作用

铅酸蓄电池中板栅（图 4-2）是由截面积形状不同的横竖筋条组成的栅栏体，也称格子体或极栅。作为非活性部件的板栅，在电池中的作用主要是：支撑活性物质，充当活性物质的载体；传导和汇集电流，使电流均匀分布在活性物质上，以提高活性物质利用率。

在铅酸蓄电池中，正负极活性物质都是多孔体，尤其是正极二氧化铅，其颗粒微细松软，粘接性很差，不易成型。板栅的横竖筋条作为骨架，使活性物质固定在栅栏中，并与活性物质具有较大的接触面积。

负极

负极 (-)：
填充有海绵状
Pb 粉的板栅

正极

电解液：
H₂SO₄
(30%)

正极 (+)
填充有 PbO₂
的板栅

图 4-2　铅酸蓄电池中正负极板栅

在铅酸蓄电池充放电过程中，多孔电极的结构要发生变化，原因是两极活性物质和放电后的产物硫酸铅的密度及摩尔体积发生了变化。从表 4-2 它们之间的密度及摩尔体积的差别可以看出，在放电状态下，摩尔体积明显增加，这必然导致多孔物质的孔隙率降低，同时也会伴随整个体积某种程度的膨胀。充电时，活性物质体积要收缩。如果各部位的活性物质体积变化不均匀，就易引起极板的翘曲变形，甚至活性物质的脱落。而板栅和栅格的机械支撑，可以防止这种现象发生。

表 4-2　PbO_2、Pb 和 $PbSO_4$ 密度及摩尔体积的比较

项目	PbO_2	Pb	$PbSO_4$
密度/(g/cm³)	9.37	11.3	6.3
摩尔体积/(cm³/mol)	25.51	18.27	48.00

板栅筋条与多孔的活性物质相比，表面积较小，而且常常被活性物质所覆盖，与电解液的接触面积较小，因而它参加电化学反应的能力远远低于活性物质，而导电能力却高于活性物质，尤其是正极。正极活性物质二氧化铅的电阻率为 $2.5 \times 10^{-3} \Omega \cdot m$，含锑质量分数为 $5\% \sim 12\%$ 的铅锑合金的电阻率为 $2.46 \times 10^{-7} \sim 2.89 \times 10^{-7} \Omega \cdot m (20℃)$，两者导电能力相差 4 个数量级，因此在传导电流方面，正极板栅占有更重要的地位。电流总是要通过导电的板栅汇集、分布和输送。电化学反应总是在导电栅附近，与电解液充分接触的那部分活性物质优先进行，因为该处电阻最小。可见导电良好、结构合理的板栅可使电流沿着筋条均匀分布，从而提高活性物质利用率。图 4-3 为典型铅酸蓄电池的板栅结构。

4.3.2　对板栅材料的要求

选择适用于铅酸蓄电池的板栅材料，尤其是正极板栅时，要考虑以下诸因素。

① 板栅合金本身的电阻要小，以加强极板的导电能力和使电流均匀分布。

② 板栅合金必须有足够的硬度和强度，能承受制造过程及随后的电池工作期间的机械作用和所遭受的各种变形。

③ 板栅合金应具有良好的耐腐蚀性，它的结构和组织应能抵抗充放电或搁置期间电解

图 4-3　典型铅酸蓄电池的板栅结构

溶解铅

模具

液的腐蚀。

④ 活性物质和板栅之间的机械接触和电接触板栅合金应能与活性物质牢固接触，即通过机械的、化学的或电化学的作用使得板栅和活性物质之间存在良好的"裹附力"。板栅的结构应不妨碍活性物质的膨胀、收缩，不然就容易使板栅变形，从而导致活性物质的脱落或发生龟裂和翘曲。

⑤ 铸造性能即流动性、充型性要好，因为板栅多是通过浇铸制造，在采用铸片机高速生产的条件下，当模具温度低于熔融金属的温度时，模腔必须被熔融合金所充满。

⑥ 要有优良的可焊性，因为在电池装配过程中，正极群和负极群是通过正极板和负极板分别焊接而成的，因此，板栅合金必须具有良好的焊接性能。

⑦ 成本及价格要低，低含量且价廉的添加剂可用于标准合金生产中，以保证板栅的价格不致过高，同时这些添加剂还必须满足高效率的生产技术。

除此之外，还应该注意到其他的物理和化学性能也会影响到制造板栅的工艺性，如抗蠕变性、结晶结构、韧性以及在合金与二氧化铅界面产生的不良导电膜等，都能导致蓄电池使用期限的缩短。

4.3.3　铅酸蓄电池板栅合金的研究现状

经过 100 多年的时间，人们对蓄电池板栅合金的机械、电化学、腐蚀、浇铸等性能进行了一系列的研究改进，开发出了各种系列合金来满足铅酸蓄电池在不同环境下和性能上的需要。目前，使用最广泛的还是低铅锑合金和铅钙合金，这两种系列的合金各有各的特点，谁也无法完全取代另一种。另外，其他新的合金板栅也逐渐被开发出来。从机械强度和电化学性质等方面考虑，迄今为止发展的板栅合金主要有三类：①Pb-Sb 类合金；②Pb-Ca 类合金；③新型铅-稀土多元合金。

4.3.3.1　铅锑合金

铅锑合金抗拉强度、延展性、硬度及晶粒细化作用明显优于纯铅极板。板栅在制造中不易变形，其熔点和收缩率低于纯铅，具有优良的铸造性能。Pb-Sb 合金比纯铅具有更低的热膨胀系数，在充电循环使用期间，板栅不易变形，最重要的是 Pb-Sb 合金能有效改善板栅与活性物质之间的黏附性，增强了板栅与活性物质之间的"裹附力"，有利于铅蓄电池循环充放寿命，同时锑是二氧化铅成核的催化剂，阻止了活性物质晶粒的长大，使活性物质不易脱落，提高了电池的容量和寿命。

但研究发现，Sb 溶解后会沉积到负极上并降低析出过电位，促进电池充放电过程中水的分解，不利于电池的密封及免维护性能。在实际应用中降低合金中锑的含量，也只能在一定程度上减缓这一过程。低锑和无锑合金产生"早期容量损失"（即 PCL 现象）则可通过添加其他添加剂或从改进板栅的制造工艺来解决。砷的加入可明显提高板栅的耐蚀性、改善板栅的机械强度、提高合金的时效硬化率、延缓板栅的膨胀及活性物质的脱落、延长蓄电池的寿命。但是含砷合金所固有的脆性使合金可铸性有一定下降。

锡的加入，使低锑合金的时效硬化增加，提高了 Pb-Sb 合金的铸造性能，并提高了合金的耐腐蚀性，改善了合金的循环寿命，增加板栅与活性物质的结合力。镉的添加使合金结晶细致，呈均匀腐烛，可明显改善板栅与活性物质 $PbSO_4/PbO_2$ 的活性，从而改善了免维护蓄电池的耐过充能力，延长了使用寿命，增大了蓄电池的容量。镉还能适当提高 Pb-Sb 合金的硬度和机械性能，对合金的铸造性能没有影响。但镉价格昂贵以及一系列的环境污染问题使其应用受到限制。

铅锑合金中钙的加入使合金结晶细致、腐蚀均匀、循环性能好、失水情况优于通常的低锑合金，在这一点上接近于 Pb-Ca 合金，其循环性能又优于 Pb-Ca 合金，也被称为超钙合金。

4.3.3.2　铅钙合金

为了适应免维护密封蓄电池的需要，自 20 世纪 70 年代开始，Pb-Ca 合金被引进密封铅酸蓄电池体系。目前，密封铅酸蓄电池均采用铅钙合金甚至纯铅作为板栅。铅钙合金最大的优点是具有优异的免维护性能，氢的析出电位高，析氢量少，水损耗小。且钙为负电势，不会从正极溶解而转移到负极，不存在自放电加速问题。铅合金发展初期，电池寿命比较短，尤其在深度放电情况下，表现更为明显，这种现象被称为"无锑效应"。后来研究表明，这种早期容量损失是由于板栅和正极活性物质界面处存在一层高阻抗膜，导致电池充放电时发热和板栅附近 PAM 膨胀，从而限制了电池的容量。且铅钙合金板栅易膨胀，钙在溶化过程中易烧损等。铅钙合金的有些缺点可以通过添加添加剂或改善工艺条件加以解决。

铝、锡是不可缺少的添加剂。铝会悬浮在铅液中形成一层氧化膜，它能阻隔钙和空气的接触，从而避免钙的氧化损失。锡的添加有利于降低 PbO 的厚度，由于导电性好的锡的氧化物夹杂在腐蚀膜中能提高腐蚀膜的导电性，从而可以防止钝化层的形成，在一定程度上改善了电池的循环寿命。

铋也被认为其使合金在某些性能方面有锑的优点而避免了锑的缺点。它能显著改变板栅合金的硬度及铸造性能，对合金的电化学性能产生积极的作用。添加金属银能明显提高金属的机械强度和耐变性能，使免维护电池的深放电循环性能得到改善，增强合金的腐蚀阻抗，降低对纯化的敏感性。

4.3.3.3　新型铅-稀土多元合金

由于传统的铅合金板栅总有一些不足之处，所以新型板栅合金的需求越来越迫切。稀土元素 Ce 被添加到铅和铅合金中，研究发现，它不仅能提高合金的机械强度和铸造性能，而且能抑制深放电电位下合金的阳极腐蚀，降低了阳极膜阻抗，有效提高电池的性能。随后，有人研究发现 Sm、Gd 作为板栅添加剂能提高合金在深放电电位下的耐腐蚀能力，Sm、La、Pr 和 Gd 能改善阳极腐蚀膜的结构，提高电极的循环性能。

4.3.3.4 复合材料

铅酸蓄电池中研究过的复合板栅材料大致可分为分散增强铅、纤维增强铅及铅塑料复合材料。其中，分散增强铅主要是尝试通过非普通合金化技术使铅的物理化学性能得到改善，在 20 世纪 60～70 年代获得高度注意并得到广泛研究。它将微米级别的不溶物粉末均匀分散于铅或铅合金中，成为铅或铅合金中微观组织结构的一部分，从而直接或间接地影响其性能。据制造工艺的不同，分散增强铅可分为 3 类：①粉末冶金技术制造的分散增强，将不溶或溶解度极低的物质分散在铅中改变其性能，比如于 1970 由 St. Joe Minerals Corporation 公司研制成功的氧化铅分散增强铅，还有铜、Al_2O_3 等；②固体方法制得的分散增强，即将不溶性分散微粒在熔融合金或金属完全固化之前手工注入或将熔融合金在固化的初始阶段自发生成的产物作为分散性微粒，比如最受关注的铅锌体系；③机械加工与热处理制得的分散增强，它必须遵循的原则之一是应使合金各个部位所受到的处理及处理的程度保持一致，以保持合金微观组织结构的均匀性，这种方法采用多道工序精心制作，以满足板栅性能的高要求。

随着技术的不断进步，纤维增强复合材料（如塑料、镁合金、铝合金等）已被广泛应用于体育用品、人造卫星、航天飞机等各个方面。高强度纤维如碳纤维，其直径只有 6～13μm，随原料不同，有聚丙烯腈系、沥青系、液晶沥青系几种。鉴于其优良性能，人们研究了纤维增强铅。但由于其制造时有纤维与焰融铅合金之间黏润的困难，至今未见实际应用。

铅塑料复合板栅是蓄电池行业的科学家们为提高铅酸蓄电池比能量而不断努力的结果，是延长电池寿命、提高质量/电学特性比很有希望的途径，它最早由美国江森控制公司于1980 年开发成功。这种板栅将普通板栅导电和支撑活性物质的功能分开，分别由板栅的两个部分完成。其中发散形的铅合金条起着导电的作用，而支撑活性物质则由剩余部分网状质轻的塑料完成。塑料大大减轻了板栅质量，发散形导电骨架的设计则降低了极板内的电压降，使电池具有高倍率放电的能力。Pierson 和 Weinlein 的实验表明，这种板栅在铅酸电池负极中的使用，使电池质量减轻了 16%，低温启动性能提高了 32%。这种板栅已经在一些军用蓄电池中使用。其他铅塑料复合材料也有应用。比如，在多孔的聚丙烯上镀铅、聚苯乙烯上镀铅、渗铅塑料纤维编织垫、薄的低强度铅导电板栅构件上的塑料支持体等。

其他复合材料有在可铸性树脂、玻璃纤维、碳纤维上镀金属作为板栅材料，如由70.0%聚乙烯、27.3%玻璃纤维上镀 2.7%银（或铜、镍）组成的复合材料，碳纤维上镀铅形成的复合材料，及在玻璃纤维上镀铅或铅锡、铅锑、铅钙合金等。但由于这些材料在应用于负极过程中都出现过各种各样的问题，故未被实用化。

4.3.3.5 其他板栅材料

铅塑料复合材料用作板栅可以减轻蓄电池的重量，其他金属比如，铜作高效电池的负极板栅，其极板导电率的增加可以增加蓄电池的性能。与铜类似，铝作为板栅材料也能改善电池的高倍率放电性能。其他金属如铁、钢、银等也被研究过，但离实际应用还有距离。日本研制的导电聚合物又称非硅氧烷，由于耐腐蚀性好、密度低，作为板栅能延长电池寿命，提高质量比能量。

4.3.3.6 发展前景

铅酸蓄电池板栅合金的用量很大范围很广，所以多元合金的优良性能有待于进一步的开发。基于钙和锑合金的优点和缺点，若向铅钙合金添加不同的添加剂，或进一步研究发展低锑合金，解决镉对人体的危害和环保问题，加上利用快速冷却技术来制造板栅合金，使两种合金材料能够扬长避短，具有很好的发展前途。

4.3.4 铅板栅的腐蚀

4.3.4.1 板栅腐蚀研究的起因及意义

铅及铅合金作为铅酸蓄电池的主要原料，主要用作板栅材料。对铅酸电池的正极板栅，除了必需能够为电子传导提供媒介及支撑电极的活性物质，还必须具有良好的抗阳极腐蚀的能力。但是由于电池充放电期间正极板栅都会处于比较强烈的腐蚀条件下（处于热力学上的不稳定状态），很容易发生阳极腐蚀，从而导致电池失效。在电池充放电循环和储存过程中，正极板栅表面会容易生长一层结构复杂的阳极腐蚀膜，由于它位于板栅和活性物质的界面处，会影响到板栅和活性物质间的电子导电性和活性物质在板栅表面的结合能力，从而影响电池的循环性能，造成电池失效。其中一方面由于正极上的活性物质 PbO_2 及含量30%～40%的 H_2SO_4 都是强腐蚀剂；另一方面，电池充电时正极处于高电位也会促进板栅的腐蚀。而且，电池反应产生的氧气也具有很强烈的氧化作用。因此，正极板栅的腐蚀是引起电池损坏的重要原因。因此，对铅和铅合金电极阳极膜的组成、结构和性质的研究，有助于对板栅的腐蚀机理提供理论依据，从而提出解决途径和措施，进而改善电池的性能。

4.3.4.2 板栅腐蚀的原理

20 世纪 60 年代，Ruetschi 等提出 $Pb-H_2O$ 和 $Pb-H_2O-H_2SO_4$ 体系的电位-pH 图，他们认为 Pb 在硫酸溶液中形成的阳极腐蚀膜的相组成取决于电极所处的电位和溶液的 pH 值。由于电位和 pH 值的多样性使 Pb 电极形成了组成很复杂的阳极腐蚀膜。Ruetshchi 对不同电位下 H_2SO_4 体系中 Pb 的腐蚀产物进行了研究，认为在 $-0.50V$（vs. Hg/Hg_2SO_4）以下，腐蚀产物主要是 $PbSO_4$，$-0.50～0.60V$ 电位区间，腐蚀层是多种化合物的复合层，并由外到内主要是 $PbSO_4/PbO \cdot PbSO_4/3PbO \cdot PbSO_4/PbO/\alpha-PbO_2/Pb$，当电位大于 $0.60V$ 时，腐蚀产物主要是 PbO_2，内层是 $\alpha-PbO_2$，外层是 $\beta-PbO_2$。

Pavlov 等用 X 射线衍射法（XRD）和常规电化学法相结合的手段，对硫酸体系中 $Pb/PbSO_4$ 平衡电位至 $PbSO_4/PbO_2$ 平衡电位区间内不同电位下铅的阳极腐蚀产物的相组成做了研究。其他研究者对铅在硫酸体系中的阳极腐蚀产物组成有着不同的观点。

铅阳极氧化时在不同电位区间发生的电化学反应按阳极产物可以分为四个电位区：

① $-0.7～-0.2V$　Pb 氧化成 $PbSO_4$，其机理到目前为止比较一致的看法是溶解沉淀和固相反应共存。

② $-0.2～0.695V$　此电位区间，板栅的腐蚀速率随电位变正而增大。Pavlov 研究铅在硫酸电解液中的阳极钝化机理时提出，当铅表面生成的 $PbSO_4$ 晶体之间空隙很小，约为离子直径数量级时，$PbSO_4$ 膜就像一个具有选择性的渗透膜。直径较小的 H_3O^+ 和 OH^- 可以自由地扩散，通过这层渗透膜到达铅表面，而直径较大的 SCV、HSCV 则很难通过这层膜。于是在硫酸铅内层的铅表面 pH 值升高，电解液呈碱性，在 $PbSO_4$ 膜的下面或孔中形成四方形 t-PbO 和碱式硫酸铅。

③ $0.695～1.165V$　此时的 t-PbO 直接生成导电的 $\alpha-PbO_2$。

④ 电位高于 $1.165V$　$PbSO_4$ 和碱式硫酸铅氧化成 $\beta-PbO_2$。

4.4 二氧化铅正极

4.4.1 二氧化铅的多晶现象

二氧化铅是多晶化合物，常见的有两种结晶变体：一种是 $\alpha\text{-PbO}_2$，另一种是 $\beta\text{-PbO}_2$。$\alpha\text{-PbO}_2$ 是斜方晶系，为铌铁矿型，其晶轴为：$a = 4.938\text{nm}$，$b = 5.939\text{nm}$，$c = 5.486\text{nm}$，$\beta\text{-PbO}_2$ 是正方晶系为金红石型，其晶轴为：$a = 4.925\text{nm}$，$c = 3.378\text{nm}$。$\alpha\text{-PbO}_2$ 和 $\beta\text{-PbO}_2$ 均为八面体密集，Pb^{4+} 居于八面体中心。$\alpha\text{-PbO}_2$ 为 z 形排列，$\beta\text{-PbO}_2$ 为线形排列，如图 4-4 所示。

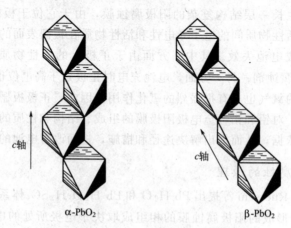

图 4-4 $\alpha\text{-PbO}_2$ 和 $\beta\text{-PbO}_2$ 的结构示意图

$\alpha\text{-PbO}_2$ 形成于弱酸性及碱性溶液中；$\beta\text{-PbO}_2$ 形成于强酸性溶液，pH 值在 2～3 以下。

与 $\alpha\text{-PbO}_2$ 相比，在硫酸电解液中，$\beta\text{-PbO}_2$ 转化的平衡电势较负，因此更稳定些。新制备的正极中 $\beta\text{-PbO}_2$ 含量低，使用一段时间后 $\beta\text{-PbO}_2$ 的含量逐渐变高了，这是由于在电池循环过程中有 $\alpha\text{-PbO}_2$ 向 $\beta\text{-PbO}_2$ 转变的过程。

与 $\alpha\text{-PbO}_2$ 活性物质相比，单位质量的 $\beta\text{-PbO}_2$ 活性物质给出的容量高，这是由于：①$\beta\text{-PbO}_2$ 的真实表面积大，物质利用率高；②放电过程中在 $\alpha\text{-PbO}_2$ 表面上生成致密的 $PbSO_4$ 层，降低了活性物质利用率，而在 $\beta\text{-PbO}_2$ 上则生成较疏松的 $PbSO_4$ 层。

研究表明，正极活性物质的容量不仅取决于 $\beta\text{-PbO}_2$ 与 $\alpha\text{-PbO}_2$ 的比率，还取决于固化后的正极活性物质是 $3PbO \cdot PbSO_4 \cdot H_2O$（3BS）还是 $4PbO \cdot PbSO_4 \cdot H_2O$（4BS）。

4.4.2 二氧化铅颗粒的凝胶-晶体形成理论

20 世纪 90 年代 Pavlov 等人提出 PAM 的最小单元为 PbO_2 颗粒，这种 PbO_2 颗粒由 $\alpha\text{-PbO}_2$、$\beta\text{-PbO}_2$ 和周围的水化带组成。水化带是由 $PbO(OH)_2$ 构成的，具有链状结构，是一种质子和电子导电的胶体结构。许多颗粒互相接触构成具有微孔结构的聚集体和具有大孔结构的聚集体。

晶体区：$\alpha\text{-PbO}_2$、$\beta\text{-PbO}_2$。

凝胶区：水化带 $PbO(OH)_2$。

高价态的氧化铅可形成聚合物链：

$$\text{Pb}\diagdown_{O}^{O}\diagup\text{Pb}\diagdown_{O}^{O}\diagup\text{Pb}\diagdown_{O}^{O}\diagup\text{Pb}\diagdown_{O}^{O}\diagup\text{Pb}$$

水化的聚合物链构成凝胶：

$$\text{OH}\diagdown^{O}\text{Pb}\diagdown_{O}^{O}\diagup\text{Pb}\diagdown_{OH}^{OH}\diagup\text{Pb}\diagdown_{O}^{OH}\diagup\text{Pb}$$

水化的 PbO_2 具有较好的稳定性，与溶液处于动平衡，可以和溶液中的离子进行交换。有着良好的离子（质子）导电性能。在凝胶区电子可以沿着聚合物链，克服低的能垒从一个铅离子上跳到另一个铅离子上。这种凝胶结构决定了它的电子导电性。晶体区好似一个小岛，在岛上整个体积内电子可以自由移动。晶体区与晶体区之间依赖水化聚合物链连接。岛上的电子借助于水化聚合物形成的桥，在晶体区之间移动。聚合物链的长度不足以去连接任意两个晶体区。因此，平行链间距离或链的密度对凝胶的电子导电有重要影响。电导依赖于凝胶的密度和局外离子。局外离子可引起水化聚合物链彼此分开（增加链间距离、电导下降）或引起水化聚合物靠近（减少链间距离、促进电子传递）。

4.4.3 正极活性物质反应机理

由于 $PbSO_4/PbO_2$ 电极具有多相结构特征，而该正极在电池的充放电循环过程中所涉及的活性物质结构、电解质的解离等都非常复杂，且相互影响，因此对于铅酸电池正极反应同样存在不同认识。

(1) 溶解-沉淀机理　根据该机理，正极在放电过程中，PbO_2 被溶解生成 Pb^{4+} 后在其表面被还原成 Pb^{2+}，Pb^{2+} 与硫酸反应形成 $PbSO_4$ 沉淀，其具体过程可表示如下：

$$PbO_2 + 4H^+ \longrightarrow Pb^{4+} + 2H_2O\text{（溶解）} \tag{4-9}$$

$$Pb^{4+} + 2e^- \longrightarrow Pb^{2+}\text{（电子转移）} \tag{4-10}$$

$$Pb^{2+} + HSO_4^- \longrightarrow PbSO_4 + H^+\text{（沉积）} \tag{4-11}$$

在充电时，$PbSO_4$ 首先溶解形成 Pb^{2+}，然后由 Pb^{2+} 转化形成 PbO_2，主要经历以下步骤：

① $PbSO_4$ 溶解　$PbSO_4$ 溶解时，在 $PbSO_4$ 晶体表面及其周围的微孔中保持一定浓度的 Pb^{2+}。

② Pb^{2+} 扩散　Pb^{2+} 通过扩散传输到附近的 PbO_2 表面。

③ 电化学反应　部分 $PbSO_4$ 溶解消失，PbO_2 固相出现并逐渐增长。在 $PbSO_4$ 与 PbO_2 两固相之间存在一个反应层，反应层发生电化学反应。

$$Pb^{2+} \longrightarrow Pb^{4+} + 2e^- \tag{4-12}$$

$$Pb^{4+} + 4H_2O \longrightarrow Pb(OH)_4 + 4H^+ \tag{4-13}$$

④ PbO_2 微粒的形成　其过程为：

$$x Pb(OH)_4 \longrightarrow [PbO(OH)_2]_x + x H_2O \tag{4-14}$$

$$[PbO(OH)_2]_x \longrightarrow [PbO_2]_x + x H_2O \tag{4-15}$$

Pavfov 等人认为传统的溶解-沉淀机理（把 PbO_2 看作晶体颗粒）难以解释电极的某些电化学行为，因此提出了活性物质为溶胶-晶体体系的模型，用以解释具体的溶解-沉淀过程。根据该模型，正极活性物质 PbO_2 颗粒具有胶体区域和晶体区域。其中的晶体区域由 PbO_2 构成，具有电子导电性。而胶体区域由水化的 PbO_2 构成，其聚合成链状结构，该链状同时具有电子和离子导电性能，电子借助该链状结构可以从一个 Pb^{4+} 被转移到另一个

Pb^{4+}，从一个晶体区到另一个晶体区。在该体系中，晶体区-胶体区-溶液三者构成了热力学平衡体系。在电极放电时，PbO_2 的还原是在胶体区域的活性中心进行的，反应式如下：

$$PbO(OH)_2 + 2H^+ + 2e^- \longrightarrow Pb(OH)_2 + H_2O \tag{4-16}$$

该反应所生成的水使胶体区域被稀释，$Pb(OH)_2$ 和硫酸根接触而发生如下反应：

$$Pb(OH)_2 + HSO_4^- + H^+ \longrightarrow PbSO_4 + 2H_2O \tag{4-17}$$

在电极充电时，$PbSO_4$ 首先被氧化成水化 PbO_2，其反应式为：

$$PbSO_4 + 3H_2O - 2e \longrightarrow PbO(OH)_2 + HSO_4^- + 3H^+ \tag{4-18}$$

生成的部分 $PbO(HO)_2$ 继续发生脱水反应，生成 $\beta\text{-}PbO_2$，从而再恢复到晶体-胶体体系：

$$PbO(OH)_2 \rightleftharpoons \beta\text{-}PbO_2 + H_2O \tag{4-19}$$

Pavfov 利用该模型成功解释了 $PbSO_4/PbO_2$ 电极在不同硫酸浓度中的结构变化和电化学行为。该模型可以看作是溶解-沉积机理的修正。

(2) 固相生成机理 所谓固相反应机理，指的是 PbO_2 的还原是通过固相反应生成一系列中间氧化物来实现的，而溶液中的离子不参加反应。在放电过程中，PbO_2 的氧化度不断降低，每一个瞬间均可把活性物质看作由不同比例的 Pb^{4+}、Pb^{2+} 及 O^{2-} 组成的固体物质，而 $PbSO_4$ 的生成则被认为是中间氧化物与 H_2SO_4 发生化学反应的结果。在放电结束后，正极活性物质中总会残留一些不能放电的 PbO_2，这些 PbO_2 被 $PbSO_4$ 包裹，与集流体绝缘。在充电时，残存的 PbO_2 可能成为新生成的 PbO_2 的生长中心，同时也有新的生长中心形成。充电初期 PbO_2 的生成反应主要在活性中心附近的区域内发生，以后的充电过程则局限于靠近 $PbSO_4$ 晶体表面区域。整个充电过程离子性铅并不离开电极，是一个固态反应的过程。

4.5 铅负极

4.5.1 铅负极的反应机理

尽管铅酸电池负极的反应可用式(4-2) 的反应式表示，但关于其具体的反应历程，不同的研究者得到的结论各不相同，其中可归纳成如下三个模型。其中溶解-沉淀和固相反应机理得到了广泛认可。

(1) 溶解-沉淀机理 根据溶解沉淀机理，铅酸电池负极的充放电过程可表述如下：

放电过程：

$$Pb + HSO_4^- - 2e^- \xrightarrow{\text{溶解}} Pb^{2+} + SO_4^{2-} + H^+ \tag{4-20}$$

$$Pb^{2+} + SO_4^{2-} \xrightarrow{\text{沉淀}} PbSO_4 \tag{4-21}$$

充电过程：

$$PbSO_4 \xrightarrow{\text{溶解}} Pb^{2+} + SO_4^{2-} \tag{4-22}$$

$$Pb^{2+} + SO_4^{2-} + H^+ + 2e^- \xrightarrow{\text{沉淀}} Pb + HSO_4^- \tag{4-23}$$

在放电过程中，海绵状金属铅转化为硫酸铅分两步进行，当负极的电极电位超过 $Pb/PbSO_4$ 的平衡电极电位时，Pb 首先失去 2 个电子后生成 Pb^{2+}，即所谓的溶解过程。然后才是 Pb^{2+} 的扩散，当其与 SO_4^{2-} 相遇且浓度超过 $PbSO_4$ 浓度积时发生化学反应，生成 $PbSO_4$ 沉淀，即所谓的沉淀过程。其中的第一步反应涉及电子转移步骤，为电化学反应，而第二步为化学反应。在充电时，由硫酸铅转化为海绵状铅的过程也同样经历两个步骤，即溶解和沉积步骤。但其与放电过程不同，其溶解步骤为化学反应，而沉淀步骤为电化学反应。硫酸铅首先溶解生成 Pb^{2+} 和 SO_4^{2-}，而后 Pb^{2+} 接受 2 个电子被还原成金属 Pb，与此同时 SO_4^{2-} 和 H^+ 结合生成 HSO_4^-。这一机理是目前获得广泛认可的铅酸电池负极充放电机理，其在研究电极失效机制，如建立高倍率部分荷电循环条件下的电池失效模型等方面发挥了重要的作用。

(2) 固相反应机理 固相反应机理认为，对于负极的放电反应，是当放电电势超过某一数值时，即达到固相成核过电势时，发生固相反应，SO_4^{2-} 与 Pb 表面碰撞直接形成固态的 $PbSO_4$。固相反应过程在较高的过电势下才能发生，$PbSO_4$ 的成核直接发生在铅的表面，随后 $PbSO_4$ 层以二维或三维方式生长，直到 Pb 表面上完全被 $PbSO_4$ 覆盖，最后 $PbSO_4$ 层的生长速率由 Pb^{2+} 通过 $PbSO_4$ 层的传质速率所决定。必须指出的是，固相反应机理强调 $PbSO_4$ 的生成主要发生在较高的过电位下，而溶解沉淀机理则主要是在较低的过电位下发生。

Hampson 等采用电势阶跃法，研究了不同电势下 $PbSO_4$ 层生长电流的变化。结果表明，在较高过电势下，$PbSO_4$ 是通过二维瞬间成核的生长机理形成的。

对于负极的充电过程，Hampson 等人认为 $PbSO_4$ 的还原属固相过程，可用二维瞬时成核与生长模型描述。Kanamura 等人则提出了 $PbSO_4$ 还原的微观模型，认为在 $PbSO_4$ 晶粒与其表面已还原的 Pb 晶粒之间有数纳米厚的液膜，$PbSO_4$ 的还原则由 Pb^{2+} 在该液层中的扩散控制。

(3) 固相反应-溶解沉淀机理 该理论首先是由 Pavfov 等人提出的，他们认为在 Pb 电极的阳极氧化过程中，$PbSO_4$ 的形成是固相反应的成核和生长过程，其同时伴随着 Pb 在电极表面溶解并生成 Pb^{2+} 的过程。阳极氧化形成的 $PbSO_4$ 层是一个具有离子选择性的半透膜。当 Pb 电极在较高过电势下发生阳极氧化时所形成的 $PbSO_4$ 层具有选择性，其只允许 Pb^{2+} 以及半径更小的 H^+ 和 OH^- 通过，而离子半径较大的 SO_4^{2-} 则不能通过。Pb^{2+} 主要通过电迁移和扩散穿过 $PbSO_4$ 的微孔，到达电极表面与 SO_4^{2-} 相遇后发生沉淀反应而生成 $PbSO_4$。

Vilche 等人在此基础上进一步研究了 $Pb/PbSO_4$ 体系，发现 $PbSO_4$ 层的形成机理可用图 4-5 的模型进行表述。

式(4-24)中，j 表示通过电极总的电流；j_g 表示电化学控制下的瞬间结晶和二维的 $PbSO_4$ 表面层的生长速率；j_d 表示自由金属表面层上铅的电化学溶解速率；j_f 表示透过最初形成的 $PbSO_4$ 表面薄层铅的电化学溶解。于是：

$$j = j_g + j_d + j_f \tag{4-24}$$

j_g 可表示为：

$$j_g = P_1 t \exp(-P_2 t^2) = q_g \frac{d\theta'}{dt} \tag{4-25}$$

其中 θ' 表示 Pb 表面被 $PbSO_4$ 薄层覆盖的分数；q_g 是表面覆盖 $PbSO_4$ 的电荷密度，P_1 和 P_2 由以下公式给出：

$$P_1 = 2\pi n FMhN_0 k^2 / \rho \tag{4-26}$$

$$P_2 = \pi N_0 M^2 k^2 / \rho^2 \tag{4-27}$$

式中，N_0 是瞬间形成的晶核数；k 是 $PbSO_4$ 层的平均生长速率；π 常数；M、ρ 和 h 分别是 $PbSO_4$ 的摩尔质量、密度和 $PbSO_4$ 层的平均厚度。

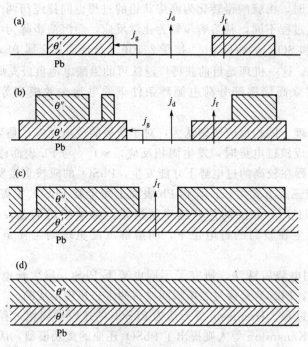

图 4-5　铅电极上 $PbSO_4$ 的形成模型

图中的 j_d 代表则与 Pb 表面未被 $PbSO_4$ 覆盖的分数 $(1-\theta)$ 成正比。

$$j_d(t)=j_d^0(1-\theta')\qquad(4\text{-}28)$$

其中 j_d^0 代表 $(t=0)$ 时金属铅的电化学溶解电流。

在 $PbSO_4$ 生长的最初阶段，$PbSO_4$ 薄层就像一个允许 Pb^{2+} 迁移的离子导体。当电极附近的 Pb^{2+} 浓度超过饱和浓度时，这些离子在 Pb/溶液界面上发生化学沉淀，用于 $PbSO_4$ 的生长，直到 Pb 表面被 $PbSO_4$ 覆盖为两个不同的区域，一个是 $PbSO_4$ 导电覆盖层（θ' 表示导电层覆盖度，$0\leqslant\theta\leqslant1$），另一个是 $PbSO_4$ 钝化覆盖层（θ'' 表示钝化层覆盖度，$0\leqslant\theta''\leqslant\theta'$）。

j_f 可由下等式给出：

$$-j_f=2Fk_f(\theta'-\theta'')\qquad(4\text{-}29)$$

j_f 随导电层覆盖度 θ' 的增加而增加，随钝化层覆盖度 θ'' 的增加而减小，钝化层不允许 Pb^{2+} 迁移，其增长速率可用如下等式表示：

$$\frac{dy}{dx}=k_p(\theta'-\theta'')\qquad(4\text{-}30)$$

其中，k_p 为常数。该模型可以看作是对 Pavlov 等人提出的固相反应-溶解沉淀机理的发展。

4.5.2　铅负极的钝化

铅酸电池负极的工作原理叫做溶解沉积机理，电池放电时，负极的铅失去两个电子，被氧化成铅离子，铅离子溶解在电解液中，与电解液中的硫酸根反应生成硫酸铅，当硫酸铅量超过临界值时，便会生成沉淀析出，沉积在电极表面；充电时，电极表面的硫酸铅便会溶解，铅离子接受电子，被还原为铅，沉积在电极表面。但是在电池工作时，由于硫酸铅不能完全转化为铅，电池的可逆性变差，使电池容量下降，性能变差。当电池处于放电态搁置时，负极主要是尺寸较小的硫酸铅，具有较大的比表面积，较为活泼，充电时，很容易接受电子变成铅。但是，这些尺寸较小的硫酸铅晶体的表面自由能大，会自发地溶解并在较大尺寸的硫酸铅晶体表面析出，这种重结晶使硫酸铅晶体缓慢长大，溶解度减小，即所谓的不可逆硫酸盐化。这种粗大的硫酸铅在充电时，不容易充电，不仅消耗了电解液中的硫酸根，而且覆盖了部分电极反应区域，堵塞了离子扩散的通道，使参与反应的活性物质减少，负极板内阻增大。前文说过电解液存在分层现象，这使负极板表面的硫酸浓度随着高度的增加而降低，充电时，上部最容易充电充分，而下部则充电缓慢，致使硫酸铅晶体长大，最先出现硫酸盐化。硫酸铅的电阻率很高，当硫酸盐化严重时，负极表面便会被一层致密的硫酸铅晶体覆盖，极化增大，负极板便会钝化，电极反应基本停止，电池便失效了。此外，负极板还存在自放电、析氢、变形等问题，为了解决这些问题，人们常常向负极活性物质中添加少量添加剂，很大程度上改善了电池负极的性能。

4.5.3 负极活性物质的收缩与添加剂

未经循环的负极海绵状铅由于具有较大的真实面积（$0.5 \sim 0.8 \mathrm{m}^2/\mathrm{g}$），且其孔隙率较高（约为50%），因而处于热力学不稳定状态，在循环过程中，特别是在充电过程中，存在收缩其表面的趋势。当负极活性物质发生收缩时，其真实表面积将大大减小，因而大大降低了负极板的容量。防止这种收缩的办法是采用负极添加剂。添加剂的一个功能是阻止负极活性物质收缩；另一功能是去极化作用。

4.5.3.1 膨胀剂

膨胀剂有木素及木素磺酸盐衍生物、腐植酸、硫酸钡、碳素材料等，通常用硫酸钡与木素或其衍生物（有机）。在第二次世界大战后，用合成材料制的隔板取代木隔板，发现负极板在低温时容量急剧下降，后来研究发现这是由于电解液中缺少木素磺酸盐引起的这一现象；原来有木隔板时，它溶出木素磺酸盐进入电解液。由于这一现象的发现，使电池制造时开始添加木素磺酸钠到负极。后来一系列的木素及其衍生物制成高活性的多品种的膨胀剂用于负极，如提高电池低湿工作性能，相继有许多负极膨胀剂配方问世。

另一种膨胀剂是硫酸钡，它是作为硫酸铅晶体的成晶剂，确保硫酸铅晶体沿着活性物质内部表面均匀分布的，这一功能取决于硫酸钡与硫酸铅之间的同晶现象。

4.5.3.2 导电剂

主要改善活性物质的导电性，特别当放电末期，活性物质大部分都为硫酸铅晶体，需要改善其导电性。这类碳素材料物质有炭黑、乙炔黑、碳纤维、石墨。

4.5.3.3 阻化剂

一类用来阻止（抑制）电池在开路搁置时的自放电，或者减少负极活性物质在干储存的失荷的物质。这类阻化剂材料通常为有机化合物，类似表面活性剂。它首先要能被铅表面吸附，要能展布成薄膜，阻止（或抑制）氢气析出反应与Pb的氧化反应。这类阻化剂进入铅膏可以弥补合金的缺陷。表现出阻化效应的化合物有硬脂酸锌、α-萘酚与β-萘酚、α-亚硝酸-β-萘酚、间位氨基酚等一些阻化剂。一般在负极中的添加量为0.1%～0.2%。

4.5.3.4 增强剂

这些添加剂纯粹是物理增强作用，目的是增强活性物质的强度，使活性物质之间彼此牵连。这类增强剂有玻璃纤维、丙纶、氯纶、涤纶等合成纤维。通常切成3mm长加入铅膏中。用量为 $0.1\% \sim 0.3\%$。

4.6 铅酸蓄电池的电性能

4.6.1 电动势

电动势是电池在理论上输出能量大小的量度之一,在其他条件相同的情况下,电动势越高,输出能量越大,实用价值越高。电池的电动势等于在平衡状态下的正负极电势差,即式(4-31)。

$$E = \varphi^+ - \varphi^- \tag{4-31}$$

4.6.2 容量

将电池在规定的条件下放电,容量等于放电电流与放电时间的乘积,以符号 C 表示。常见的单位为安培·小时,简称安时 (A·h) 或毫安时 (mA·h)。电池的容量可分为理论容量、额定容量、实际容量和标称容量。影响电池容量的因素有活性物质的重量及其利用率的大小。

4.6.3 内阻

电池内阻对电池的倍率放电能力影响较大,电池的内部阻抗一般包括:①电解液的离子电阻;②两个电极的活性物质、板栅和引线的电子电阻;③活性物质与板栅的接触电阻三部分,电池的内阻总和一般可以通过电化学测试仪直接读出。

4.6.4 能量

在规定的放电条件下,放电容量 C 与放电电压的乘积为电池的能量值,单位一般为瓦时,用符号 W·h 来表示。理论容量与电压的乘积为理论能量,即 $W = CE_0$,实际容量与电压的乘积为理论能量,$W_实 = C_实 E_实$。

4.6.5 比能量

在规定的放电条件下,单位体积 (L) 或质量 (kg) 内所给出能量的大小为电池的比能量,单位为 W·h/L 或 W·h/kg,比能量是电池重要的性能指标之一。

4.6.6 寿命

电池的使用寿命是指在规定的条件下的有效寿命,在电池的使用寿命内,电池内部不能短路或损坏,且实际容量必须在额定容量之上。

4.6.7 电压与充放电特性

铅酸蓄电池的电动势约为 2V,其值的实际大小主要由所用 H_2SO_4 的浓度和工作温度决定,即

$$E = \varphi^{\ominus}_{PbO_2/PbSO_4} - \varphi^{\ominus}_{PbSO_4/Pb} + \frac{RT}{F} \ln \frac{a_{H_2SO_4}}{a_{H_2O}} \tag{4-32}$$

开路电压接近电动势，开路电压的经验公式：

$$V_{开} = 1.850 + 0.917(\rho_{液} - \rho_{水})(V)$$

工作电压：
$$V_{开} = E - \eta_+ - \eta_- - IR(V)$$

通常采用充放电曲线表示电池的工作特性。在研究工作或分析问题时常常测量单个电极相对参比电极的充放电曲线。铅酸蓄电池的充放电曲线如图 4-6 所示。

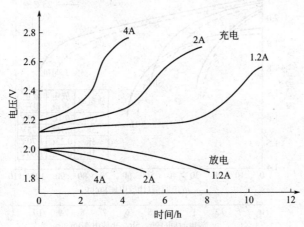

图 4-6　铅酸电池的充放电曲线

由图 4-6 可见，放电电流越大，放电电压越不平稳，这是因为放电电流大时，电极极化大。对于铅酸蓄电池来说，正负极的电化学极化不大，且硫酸溶液的电导率又高，因此发生的极化主要是浓差极化。

4.6.8　容量及其影响因素

铅酸蓄电池的种类很多，性能也各有特点，其性能主要包括电压特性、伏安特性、耐久能力、荷电保持能力等，其中容量是很重要的性能。铅酸蓄电池的容量，是把处于充电状态的铅蓄电池，按一定的放电条件，放电到所规定的终止电压时，能够释放的能量，用安时（A·h）或瓦时（W·h）表示。A·h 表示电池输出的电量，W·h 表示其做功能力的能量。电池的实际容量取决于活性物质量及其利用率。利用率又依赖于极板的结构形式（如管式、涂膏式或者形成式）、放电制度（放电的时率或者倍率、温度、终止电压）、原材料及制造技术等许多方面因素。如何提高活性物质利用率，一直是铅酸电池研究中重要的课题。

4.6.8.1　放电率对电池容量的影响

放电率越高，放电电流密度越大，电流在电极上分布越不均匀，电流优先分布在离主体电解液最近的表面上，从而在电极的最外面优先生成硫酸铅，堵塞多孔电极的孔口，电解液则不能充分供应电极内部反应的需要，电极内部物质不能得到充分利用，因而高倍率放电时容量降低。

4.6.8.2　温度对电池容量的影响

温度对铅酸蓄电池的容量影响较大，随着温度的降低容量减小。一般情况下，容量与温度的关系如式（4-33）所示：

$$C_{t_1} = \frac{C_{t_2}}{1 + K(t_2 - t_1)} \qquad (4-33)$$

式中 C_{t_1}——温度为 t_1 时候的容量，A·h；

C_{t_2}——温度为 t_2 时候的容量，A·h；

K——容量的温度系数；

t_1，t_2——电解液的温度。

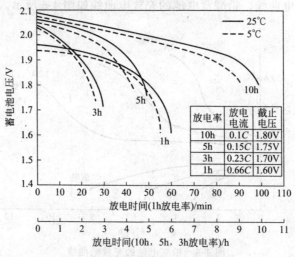

图 4-7 不同温度下放电特征曲线

在不同温度下放电时，其特性曲线也有变化。电解液温度越低，则放电时平均电压也越低，而充电电压高；反之电解液温度越高，则放电平均电压越高，而充电电压低。图 4-7 为不同温度下的放电特性曲线。蓄电池在低温放电时电压低，由于硫酸的黏度增加，流动性差，扩散缓慢，两极极化增加，电池内阻也增加。负极性能恶化可能成为限制容量和电池电压下降的主要原因。图 4-8 表示在 25℃ 下充电后，电池在各种平衡温度下放电，环境温度与放电容量的关系。从图中可以看出，应避免温度在 −10℃ 以下或 40℃ 以上使用，以免影响电池的性能。

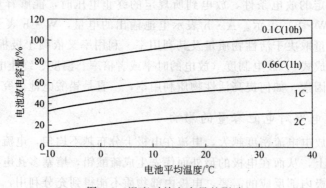

图 4-8 温度对放电容量的影响

4.6.8.3 终止电压对电池容量的影响

电池放电至某一电压值后，电压急剧下降，在这一点后连续放电，实际上能获得的容量很少，意义不大，相反会对电池的使用寿命有不良影响，所以必须在某一适当的电压值截止放电，该截止电压称为放电终止电压。根据放电率的不同，终止电压也不同。大电流放电时规定较低的终止电压，反之，小电流放电时则规定较高的终止电压。用大电流放电时，由于生成的硫酸铅量较少，即使放电到电压相当低时，极板也不会有损害。但是，用小电流长时间放电，硫酸铅量明显增加，对于负极板，由铅转化为硫酸铅时每安时体积增加 0.57×10^{-3} L，而正极板二氧化铅转化为硫酸铅时每安时体积增加 0.43×10^{-3} L。由于活性物质膨胀产生应力，会造成极板弯曲或者活性物质脱落，从而影响电池寿命，所以其放电终止电压应取较高值。

4.6.8.4 极板几何尺寸对电池容量的影响

在活性物质量一定时，与电解液直接接触的几何面积增加、极板厚度减薄，活性物质利用率将提高，电池容量增加。在极板高度方向上，利用率分布也不是均匀的，特别是极板较高时，极板下半部的利用率较差，这主要受极板电阻和电解液分层的影响。

4.6.8.5 电解液浓度对电池容量的影响

在铅酸蓄电池中 H_2SO_4 也是反应物，体积一定时，增加电解液的浓度就是增加反应物质，所以在实际使用的电解液浓度范围内，随着电解液浓度的增加，电池容量也会增加，特别是在高倍率放电并有正极板限制电池容量时更是如此。

4.6.8.6 制造工艺的影响

蓄电池的容量及活性物质利用率是由设计、工艺、材料、使用条件等综合因素决定的。极板的宽高及比值、厚度、板栅的结构及其材质，采用酸的密度，均属于设计范围，这些因素无疑对活性物质的利用率起着很重要的作用。归纳起来，就是活性物质应该具有高活性、高度发达的比表面积、高孔隙率，并且使用过程中这些参数衰退缓慢，能满足寿命需要。

4.6.9 失效模式和循环寿命

4.6.9.1 铅酸电池的失效模式

铅酸蓄电池在使用初期，随着使用时间的增加，其放电容量也增加，逐渐达到最大值。然后，随着放电次数的增加，放电容量减少。电池在达到规定的使用期限时，对容量有一定的要求。牵引电池的容量不得低于 80%；启动电池应不低于 70%，电动助力车电池标准规定也为 70%。由于极板的种类、制造条件、使用方法有差异，最终导致蓄电池失效的原因各异。归纳起来，铅酸蓄电池的失效有下述几种情况：

(1) 正极板的腐蚀变形 目前生产上使用的合金有 3 类：①传统的铅锑合金，锑的含量为 4%～7%（质量分数）；②低锑或超低锑合金，锑的含量为 2%或者低于 1%（质量分数），含有锡、铜、镉、硫等变形晶剂；③铅钙系列合金，实际为铅-钙-锡-铝四元合金，钙的含量在 0.06%～0.1%（质量分数）。上述合金铸成的正极板栅，在蓄电池充电过程中都会被氧化成硫酸铅和二氧化铅，最后导致丧失支撑活性物质的作用而使电池失效；或者由于二氧化铅腐蚀层的形成，使铅合金产生应力，使板栅长大变形，这种变形超过 4%时将使极板整体遭到破坏，活性物质与板栅接触不良而脱落，或在汇流排处短路。

(2) 正极板活性物质脱落、软化 除板栅长大引起活性物质脱落之外，随着充放电反复进行，多孔二氧化铅结构中颗粒之间的机械结合性能和导电性能降低，导电骨架中活性物质内阻的增加使得流过活性物质中的电流分布越来越不均匀，从而影响了充放电过程中靠近板栅筋条附近的活性物质的利用率，导致该区域的活性物质过量利用，随着循环的继续，这种情况还会进一步的恶化，结果使得该区域的活性物质软化和脱落。

（3）不可逆硫酸盐化　蓄电池过放电并且长期在放电状态下储存时，其负极将形成一种粗大的、难以接受充电的硫酸铅结晶，此现象称为不可逆硫酸盐化。轻微的不可逆硫酸盐化，可以用一些方法使它恢复，严重时，则电极失效，充不进电。动力型 VRLA 铅酸蓄电池的"硫酸盐化"失效模式是最常见的，电池失效中，有 70%～80% 是电池负极的"硫酸盐化"造成的。

（4）容量过早的损失　当采用低锑或铅钙为板栅合金时，在蓄电池使用初期（大约 20 个循环）出现容量突然下降的现象使电池失效。

（5）锑在活性物质上的积累　正极板栅上的锑随着循环，部分地转移到负极板活性物质的表面上，由于 H^+ 在锑上还原比在铅上还原的电势约低 200mV，于是在锑积累时充电电压降低，大部分电流均用于水分解，电池不能正常充电因而失效。对充电电压只有 2.30V 而失效的铅酸蓄电池的负极活性物质的锑含量进行检测，会发现在负极活性物质的表面层的锑含量高达 0.12%～0.19%（质量分数）。

（6）热失效　对于少维护电池，要求充电电压不超过单格 2.4V。在实际使用中，例如在汽车上，调压装置可能失控，充电电压过高，从而充电电流过大，产生的热将使电池电解液温度升高，导致电池内阻下降；内阻的下降又加强了充电电流。电池的升温和电流过大互相加强，最终不可控制，使电池变形、开裂而失效。虽然热失控不是铅酸蓄电池经常发生的失效模式，但也时有发生。

（7）负极汇流排的腐蚀　一般情况下，负极板栅及汇流排不存在腐蚀问题，但在阀控式密封蓄电池中，当建立氧循环时，电池上部空间基本上充满了氧气，电解液沿极耳上爬至汇流排，汇流排的合金会被氧化，进一步形成硫酸铅，如果汇流排焊条合金选择不当、汇流排有夹杂及缝隙，腐蚀会沿着这些缝隙加深，致使极耳与汇流排脱开，负极板失效。

（8）隔膜穿孔造成短路　个别品种的隔膜，如聚丙烯（PP）隔膜，孔径较大，而且在使用过程中 PP 熔丝会发生位移，从而造成大孔，活性物质可在充放电过程中穿过大孔，造成微短路，使电池失效。

4.6.9.2　铅酸蓄电池的寿命

铅蓄电池在使用初期，随着使用时间的增加，其放电容量也增加，逐渐达到最大值；然后，随着充放电次数的增加，放电量减少，渐渐不能使用，从开始使用到失去作用的这一段时间内的循环使用次数称为铅蓄电池的寿命。

影响电池使用寿命的因素包括内在和外在两种。

（1）内在因素的影响　正极板的腐蚀变形、正极活性物质的脱落和软化、不可逆硫酸盐化、容量过早的损失、锑在活性物质上的严重积累、热失控、负极汇流排的腐蚀、隔膜穿孔造成短路等等。

（2）外在因素的影响　放电深度、过充电程度、温度、酸浓度、放电电流密度等等。放电深度，即使用过程中放电到何种程度停止，放电深度越深，其循环寿命越短。放电深度对循环寿命的影响如图 4-9 所示。过充电时有大量气体析出，这时正极活性物质要遭受气体的冲击，促进活性物质的脱落；此外，正极板栅合金也遭受严重的阳极氧化而腐蚀，所以电池过充电会使应用期限缩短。在 10～35℃，每升高 1℃，增加 5～6 个充放电循环；在 35～45℃，每升高 1℃可延长寿命 25 个循环以上；高于 45℃则因负极硫酸化容量损失而缩短寿命。随着蓄电池中使用酸密度的增加，循环寿命下降。以牵引车铅蓄电池的寿命与温度的关

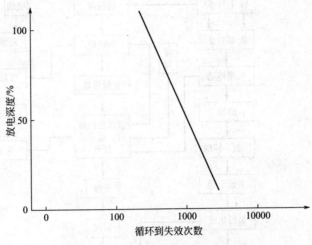

图 4-9　放电深度对循环寿命的影响

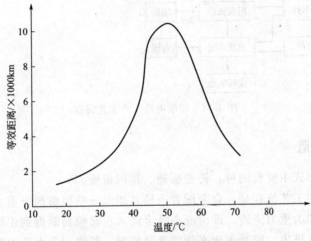

图 4-10　蓄电池寿命与温度的关系

系举例,车的行驶距离等效于使用期限,如图 4-10 所示。随着放电电流密度增加,电池的寿命降低,因为在大电流密度和高酸浓度条件下,均促使正极 PbO_2 松散脱落。

4.7　铅酸蓄电池制造工艺原理

尽管铅酸蓄电池品种繁多,用途各异,但所使用的原材料和制造技术大体相近。其生产工艺可归纳为如下的流程,如图 4-11 所示。

4.7.1　合金制备

按照耐腐蚀合金研究得出的最佳多元低锑合金配方,配制板栅合金。配制方法是先配制一定含量的母合金,再将它添加到纯铅中。然后在不同温度时加入不同含量的其他金属成分。在配制过程中要注意搅拌和控制温度。

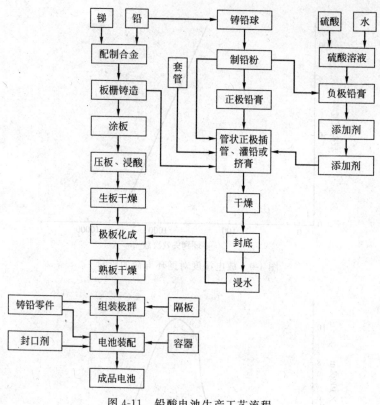

图 4-11 铅酸电池生产工艺流程

4.7.2 板栅的制造

铅合金板栅的形式主要有两种：铸造板栅、拉网板栅。

铸造板栅生产的工艺流程是：合金配置→模具加温→喷脱模剂→重力浇铸→时效硬化。

铸造板栅常见的为重力浇铸，即将液态合金浇入板栅模具而得到正极板栅。模具应留有出气孔，以利于空气排出。模具表面必须喷涂脱模剂。脱模剂是由软木粉、硅酸钠等组成的混合物。浇铸合金时必须注意控制合金和模具的温度。如果浇铸前合金温度过低，则浇铸时流动性差；如果合金温度过高，会发生氧化，且在铸件中容易出现气孔。

切拉网法制造铅酸蓄电池板栅的工艺流程为：合金配制→厚合金板的浇铸（或直接热成形）→辊轧压延制薄板→切拉板栅网→裁剪单片冲极耳［或检验→涂片（长片）→包膜→裁剪单片→塑封边→冲极耳→成品极板］→检验→拉网板栅。

拉网式板栅具有合金致密、机械强度高、柔韧性好、电阻小、耐腐蚀、质量和体积小、原材料的利用率高、加工成品率高、易检验等诸多优点，近些年来得到了快速的发展和应用。

4.7.3 铅粉制造

铅粉是制造铅酸蓄电池极板的活性物质，是表面层覆盖有一层 PbO 的金属铅的粉状物。铅粉的制造方法有两种：一是球磨法，即将铅球或铅块装入滚筒内，磨成铅粉；二是气相氧化法，即将铅熔化后用喷雾方法制成。

目前大多数企业采用球磨法生产铅粉，球磨法生产铅粉主要采用岛津式铅粉机。首先是把合乎纯度的铅铸造成一定尺寸的圆柱形或球形铅锭,送至滚筒内研磨。滚筒内仅靠铅球自身撞击摩擦而产生铅粉。由摩擦产生热量使筒体温度升高,在一定温度的空气流作用下铅球表面被氧化,生成一氧化铅,这是一个放热反应,即氧化产生的热量使筒内温度更高。由于铅球表面同时遭受撞击和变形位移,氧化的部分与铅球整体之间产生裂缝,随着裂缝的逐步深入,变形位移的结晶层就从球体上脱落下来,形成外层被氧化铅包围的金属铅小颗粒,即通常的铅粉。

在岛津式铅粉机滚筒中心有一个进风管道,送风机将空气均匀地吹到筒内,把铅粉从滚筒中吹出。在系统后面装有抽风机,从滚筒中抽出的铅粉与空气,经过旋风分离器分离出铅粉。为防止铅尘,滚筒要在负压下操作。岛津式铅粉机通过控制铅球数量、筒体里的温度、湿度和鼓风量,来得到性能稳定的铅粉。此法生产铅粉,操作、维护简便,铅粉质量均匀,铅粉颗粒呈扁平状,比球状铅粉颗粒的吸酸、吸水性能强,其结构主要是四方晶型的 PbO。

铅粉对铅膏以及极板性能影响很大,其特性主要通过氧化度、视密度、吸水率、筛析等参数来测定。氧化度指铅粉中氧化铅所占的百分数,颗粒越细,氧化度越高。氧化度高的铅粉可以提高蓄电池初期容量和活性物质利用率。一般生产中控制在 $70\%\sim80\%$。视密度是指单位体积堆积铅粉的质量,与铅粉颗粒大小和氧化度有密切关系,一般氧化度越高,视密度越低,视密度控制在 $1.5\sim1.75g/cm^3$。一般铅粉的吸水率为 $95\sim100mL/kg$,铅粉通过 100 目筛达 93%,不通过 42 目者小于 3%,通过 300 目者大于 55%。

4.7.4　铅膏的制造

铅膏配方、和膏的工艺对生极板的相组成有重要影响,直接关系到电池的容量及寿命,因此通常需根据电池的用途和性能要求来决定铅膏的配方。铅膏中的主要成分是 $3PbO \cdot PbSO_4$ 或 $4PbO \cdot PbSO_4$、游离的 PbO、少量未被氧化的 Pb 和 H_2O。

正负极板的铅膏一般由铅粉、硫酸、纯水、短纤维及添加剂所组成。根据正负极铅膏中各组分的比例,称取所需的添加剂,并按要求确定和膏所需的纯水、硫酸的量。待和膏机内输粉完毕,向和膏机内加入添加剂,干搅 $4\sim5min$,然后向合膏机内加入纯水,搅拌 $3\sim5min$,再向和膏机内缓缓均匀地淋入硫酸(加酸过程时间为 $6\sim7min$),同时搅拌均匀,待温度超过一定值时,需打开冷却水进行冷却。整个和膏时间控制一般大于 25min。

铅膏质量一般用铅膏的视密度来控制。铅膏视密度过大,使极板孔隙率过低,影响硫酸的扩散而使活性物质利用率下降,而且极板坚硬结实,在使用中会因活性物质膨胀而使极板翘曲变形,缩短蓄电池的使用寿命;铅膏视密度低,则活性物质利用率高,但极板松软,循环过程中活性物质容易脱落。一般正极铅膏的视密度为 $3.97\sim4.03kg/L$,负极板用的铅膏视密度为 $4.27\sim4.39kg/L$。若视密度过高,可加入适量的纯水继续搅拌进行调整,若视密度过低,可不加水继续搅拌进行调整,以得到所规定要求的铅膏。

4.7.5　生极板制造

对于涂膏式极板,生极板的制造工艺包括:涂板→淋酸(浸酸)→压板→表面干燥→固化。

涂板通常在涂板机上进行,涂板机分为单面涂板机和双面涂板机。涂板机连续地依次完成填涂、淋酸、压板工序。

淋酸是将密度 $1.08\sim1.15g/cm^3$ 的硫酸喷淋到极板表面上,其目的是防止极板出现裂纹。因为铅膏在干燥过程中易收缩而产生裂纹,经淋酸处理,使表面生成一薄层硫酸铅,能够防止干燥后出现裂纹，也能够防止密排时相互粘连的作用。

淋酸后的生极板要进行固化、干燥，这是一个蒸发水分的传质过程，在失水的同时不能破坏胶体网状结构，还要完成金属铅的氧化和碱式硫酸铅的结晶，在 60℃ 以下主要生成 $3PbO \cdot PbSO_4 \cdot H_2O$，其固化工艺称为常温固化工艺；温度高于 80℃ 时有利于 $4PbO \cdot PbSO_4 \cdot H_2O$ 的生成，相应的固化工艺称为高温固化工艺。

固化过程中，生极板中铅继续氧化，含铅量进一步降低，因为铅含量过高的生极板在化成或充放电循环中铅再转变为硫酸铅、二氧化铅的过程中体积变化大，容易使活性物质开裂、松散以至脱落。一般情况下，生正极板含金属铅应小于 2.5%，生负极板含金属铅应小于 5%。固化过程还使板栅表面生成氧化铅，增强板栅筋条与活性物质的结合力。经过固化的极板具有良好的机械强度和电性能，即具有良好的容量和寿命。

固化干燥主要应控制温度和湿度，它们决定固化产物和固化速率，固化好的极板孔隙率为 40%～60%，极板固化干燥后要进行化成。

4.7.6　化成

固化干燥好的极板主要成分是 PbO、$3PbO \cdot PbSO_4 \cdot H_2O$、$4PbO \cdot PbSO_4 \cdot H_2O$、$PbO \cdot PbSO_4$ 等物质。正极不含有可以放电的活性物质 PbO_2，负极少量的 Pb 也不能放电。在稀硫酸电解液中，把正极板与直流电源的正极相接，负极板与直流电源的负极相接，用电化学的方法使正极板上的活性物质发生阳极氧化，生成 PbO_2，同时在负极板上发生阴极还原，生成海绵状 Pb。这种用直流电电解的方法形成铅酸蓄电池活性物质的过程，叫极板的化成。

化成方式主要有两种，一种为槽式化成，也称为外化成，即将极板放在专门的化成槽中，多片正负极相间的连接起来，与直流电源相接，灌入电解液通电；另一种为电池化成，也称为内化成，即不需要专门的化成槽，而是用生极板装配成极群组，放在电池壳体中装成电池组后，灌满电解液再通直流电化成。电池化成避免了生极板在化成槽中化成时析出气体携带酸雾造成的污染，并减少了化成后的洗涤干燥等工序，其优越性是明显的。

4.7.6.1　化成时的反应

化成过程中，极板上进行着化学反应和电化学反应。

$$PbO + H_2SO_4 \rightleftharpoons PbSO_4 + H_2O \tag{4-34}$$

$$PbO \cdot PbSO_4 + H_2SO_4 \rightleftharpoons 2PbSO_4 + H_2O \tag{4-35}$$

$$3PbO \cdot PbSO_4 \cdot H_2O + 3H_2SO_4 \rightleftharpoons 4PbSO_4 + 4H_2O \tag{4-36}$$

铅膏主要成分中的氧化铅和碱式硫酸铅都是碱性氧化物，将极板放在硫酸溶液之后，会与电解液发生化学反应。首先进行水化作用，生成 Pb^{2+} 和 OH^-，然后 Pb^{2+} 与 HSO_4^- 进一步反应生成 $PbSO_4$。

从上述反应看出，化学反应的总结果是消耗 H_2SO_4 生成了 H_2O，使化成电解液浓度降低。化学反应从极板与电解液接触时开始，可以持续 6～7h，时间长短取决于 H_2SO_4 的浓度和温度。随着反应物的消耗，化学反应的速率逐渐减慢，与此同时，正负极上还分别进行电化学氧化还原反应。

负极进行的电化学反应是：

$$3PbO \cdot PbSO_4 \cdot H_2O + 6H^+ + 8e^- \rightleftharpoons 4Pb + SO_4^{2-} + 4H_2O \tag{4-37}$$

$$PbO \cdot PbSO_4 + 2H^+ + 4e^- \rightleftharpoons 2Pb + SO_4^{2-} + H_2O \tag{4-38}$$

$$PbO + 2H^+ + 2e^- \Longrightarrow Pb + H_2O \qquad (4\text{-}39)$$

随着各种碱式硫酸铅及氧化铅的还原反应的进行，反应物不断减少，使得 $PbSO_4$ 开始还原。

$$PbSO_4 + 2e^- \Longrightarrow Pb + SO_4^{2-} \qquad (4\text{-}40)$$

通电后负极上进行电化学还原的反应物主要是硫酸铅，随着通电时间的延长，硫酸铅量下降，极化增大，负极电极电势进一步变负，在负极板上将有氢气析出：

$$2H^+ + 2e^- \Longrightarrow H_2\uparrow \qquad (4\text{-}41)$$

到化成的后期，极板上的硫酸铅并未完全转换成活性物质，而大部分电量都将消耗在水的分解，即氢气和氧气的析出上，此时化成效率就很低了。

正极板在化成初期进行的电化学反应如下：

$$3PbO \cdot PbSO_4 \cdot H_2O + 4H_2O - 8e^- \Longrightarrow 4PbO_2 + 10H^+ + SO_4^{2-} \qquad (4\text{-}42)$$

$$PbO \cdot PbSO_4 + 3H_2O - 4e^- \Longrightarrow 2PbO_2 + 6H^+ + SO_4^{2-} \qquad (4\text{-}43)$$

$$PbO + H_2O - 2e^- \Longrightarrow PbO_2 + 2H^+ \qquad (4\text{-}44)$$

在化成前期，各种碱式硫酸铅的氧化反应在碱性、中性或弱酸性介质中进行，故生成的主要是 $\alpha\text{-}PbO_2$。随着电化学反应和化学反应的进行，氧化铅和碱式硫酸铅不断减少，硫酸铅不断增加，pH 值逐渐下降，使得 $PbSO_4$ 开始氧化：

$$PbSO_4 + 2H_2O - 2e^- \Longrightarrow PbO_2 + 4H^+ + SO_4^{2-} \qquad (4\text{-}45)$$

化成后期，主要是硫酸铅在酸性介质中氧化，生成 $\beta\text{-}PbO_2$。在活性物质转化的同时，正极板上还进行析氧反应。

$$H_2O - 2e^- \Longrightarrow \frac{1}{2}O_2 + 2H^+ \qquad (4\text{-}46)$$

特别是化成中后期，极化增加，使正极电极电势变得更正，析氧将更加剧烈。在整个化成过程中，电解槽中的电解液 H_2SO_4 浓度在不断变化。在化成开始时，由于铅膏和硫酸的化学反应，消耗了 H_2SO_4 且生成水，使 H_2SO_4 浓度降低。通电后，电化学反应有 H_2SO_4 生成和水的消耗，化成电解液浓度增加。在化成经 7～8h 后化学反应趋于全部完成，H_2SO_4 浓度就随时间增加而增加，在化成终了时，H_2SO_4 浓度高于化成前 H_2SO_4 的初始浓度。

4.7.6.2 化成的工艺条件及后处理

(1) 化成电解液的浓度和纯度 化成电解液是硫酸水溶液，采用的浓度过高容易在极板表面生成较厚而紧密的 $PbSO_4$ 盐层，阻碍电解液向极板内部孔隙扩散，造成极板里层化成不透，另外也会促使极板析气增加，降低电流效率，电能消耗增加。浓度太低，内阻增大，极板内部活性物质的转化不完全。在选定电解液浓度时，应考虑极板的厚度及类型。一般化成用的硫酸水溶液的密度应为 $1.03 \sim 1.15 \text{g/cm}^3$，极板厚度小于 3mm 时可用 $1.03 \sim 1.06 \text{g/cm}^3$，超过 3mm 时可以用 $1.10 \sim 1.15 \text{g/cm}^3$ 的硫酸溶液。

化成电解液 H_2SO_4 的纯度要求与注入蓄电池中的硫酸电解液一样，电解液中的任何杂质都会带到电池中，引起电池的自放电或板栅的腐蚀。要求电解液中铁、锰、氯杂质含量要低，电解液含 1.01% 的铁就会使正极板表面呈浅褐色，活性物质变得又脆又硬，锰、氯易于氧化还原，引起极板的自放电。化成用电解液杂质范围：铁含量小于 0.1g/L，氯含量小于 0.01g/L，有机酸（以醋酸计）含量小于 0.1g/L，氧化有机物消耗的高锰酸钾含量小于 450mg/L。

（2）化成电解槽的温度　化成时，铅膏中的氧化铅及碱式硫酸铅与硫酸发生中和反应要放出一定的热量，同时，化成时因内阻形成焦耳热，这两部分热量使槽温升高。温度过高或过低都会给极板的化成带来不好的影响。一般化成时槽温最好控制在 $25\sim45℃$，电解液温度低于 $5℃$ 时，负极板发生脱落，正极板发生剥皮现象。电解液温度超过 $45℃$ 时，析气加剧，板栅与活性物质间、活性物质之间结合力降低。

（3）化成的电流密度　电流密度是影响极板化成质量的一个重要因素。化成电流密度小些能保证极板深处粉料化成的完全，生成的活性物质均匀一致并结合牢固，但化成延续时间长，生产效率低。化成电流密度过大，电化学反应过快，造成极化加大，气体析出加剧，铅膏转变为活性物质不彻底，使得电流效率低。化成工序一般是根据不同类型的极板，选用合适的化成工艺条件，在专门的化成槽中进行化成。通常极板厚度小于 4mm，电流密度 $5\sim8mA/cm^2$；极板厚度 $>4mm$，电流密度 $10\sim20mA/cm^2$；电极按几何尺寸双面计算。同时要保证极板化成完全，生产上经常采用分段化成，即在化成开始采用较大电流密度，经一定时间后改为较小电流，这可以保证活性物质充分转化又减少气体析出的副反应。转换电流的时间，可根据化成时槽压的变化曲线，当槽压由最低逐渐上升达 2.5V 后，水已经开始分解，可将电流减少 1/2 再继续进行化成，直到化成槽电压达 $2.6\sim2.8V$，并维持 $2\sim3h$ 不变时，可认为化成完成。

在化成末期进行 $10\sim30min$ 的短时间放电，称为保护性放电，使极板的表面形成一薄层的硫酸铅，它可以增强正极板活性物质的强度，减少在下一步装配工序中活性物质的脱落，也减少负极活性物质与空气接触时的氧化。至此化成完毕。

将极板从化成槽中取出，用水清洗去掉 H_2SO_4，再进行干燥，称为二次干燥。正极 PbO_2 在空气中比较稳定，干燥条件要求不十分严格。而负极板由于含水在空气中会高速被氧化，应放在与正极板分开的干燥窑内用冷风吹干。化成干燥好的极板称为熟极板。在正极板中含 80% 以上的 PbO_2，其余为 $PbSO_4$，负极板约含 90% 的海绵状铅。

化成过程对于蓄电池质量，特别是干式荷电极板的初容量有重大影响，需严格控制化成时的各工艺条件，以保证极板活性物质的充分形成，并使极板具有足够的机械强度，同时尽量节约电能。

4.7.7　电池的装配

铅酸蓄电池生产的最后一道工序是组装电池，它是把化成后第二次干燥好的极板、隔板、电池槽和其他零部件按电池结构要求装成电池，组装工序是在流水生产线上完成的。铅酸电池装配工艺流程：配组极板群→焊接极群→装槽→穿壁焊接→热封盖→焊接端子→灌注封口胶。

首先把相同极板并联起来，焊在一个具有相同距离的汇流排上，汇流排再与极柱相连接。把不同极性的极板对插起来，组成极群组，在正负极板之间放入隔板，目的是防止正负极板短路。隔板尺寸略大于极板，以免极板边缘处发生短路。

将插好隔板的极群组按极性顺序装入电池槽内，加上盖，在盖子与槽体之间用封口胶封好。采用硬橡胶槽可用专门配制的封口胶，封口胶由沥青、机油、再生胶配成，其配方各厂不完全一致，如果用塑料槽，则可以热封。封口后，再对电池进行联结，即焊联结条，大多数厂家采用穿壁焊接方式。

装配好后检查极性和气密性，然后包装出厂。

4.8 小结

　　铅酸电池是一种传统的电池产品，自1859年发明至今已有150多年的历史，但该产业的发展仍方兴未艾。铅蓄电池目前仍是化学电池中市场份额最大、使用范围最广的电池，销售额居二次电池之首，尽管铅酸电池的质量比能量和循环寿命不能和锂离子电池相比，但它的性价比仍有很大优势。

　　随着新技术的突破和新结构的应用，铅酸电池将进入新技术时代。目前，包括卷绕式电池、铅碳电池、超级电池、双极性电池在内的先进铅酸电池，在美、日和欧洲等国家和地区已在各类电动汽车中进行大批量路试，卷绕式、双极性等铅酸电池已进入产业化阶段，拉网式、冲孔式等连续板栅生产工艺在国外已普遍采用。铅酸电池"新技术时代"的到来，为这个"传统产品"注入了新的活力，先进铅酸电池的比能量和比功率将大幅度提高，循环寿命延长。未来较长时期内，先进铅酸电池仍将在备用电源、储能和汽车启动等应用领域发挥重要的作用。

思考题

1. 铅酸电池的反应原理是什么？
2. 铅酸电池都有哪些优点及不足？
3. 铅酸电池结构中的板栅都起到哪些作用？
4. 锑在板栅中都起到了什么作用？铅钙合金板栅都有哪些优缺点？
5. 铅酸电池的失效模式都有哪些？
6. 铅酸电池都有哪些主要的应用领域？
7. 影响铅酸电池容量的因素有哪些？
8. 铅酸电池的生产过程都包含哪些步骤？用到的主要设备都有哪些？
9. 铅酸电池在化成时都发生了哪些反应？为什么化成过程中硫酸的浓度是先减小，后增大？

参 考 文 献

[1] 何云信，谢尚文．汽车混合动力技术发展现状及前景．装备制造技术．2010，2：133-135.
[2] 丁昂．阀控式免维护铅酸电池脉冲充电技术及其智能管理 [D]．杭州：浙江大学，2006：5-6.
[3] 程新群．化学电源．北京：化学工业出版社，2012.
[4] 朱松然．蓄电池手册．天津：天津大学出版社，1998.
[5] 陈军，陶占良，苟兴龙．化学电源原理、技术及应用．北京：化学工业出版社，2005.
[6] 蔡克迪，郎笑石，王广进．化学电源技术．北京：化学工业出版社，2016.
[7] Hyuck L，Hyeong K，Mi S C. Fabrication of polypyrrole (PPy) /carbon nanotube (CNT) composite electrode on ceramic fabric for supercapacitor applications. Electrochimica Acta，2011，56 (22)：7460-7466.
[8] Snydersa C，Ferga E E，van Dyl T. The use of a Polymat material to reduce the effects of sulphation damage occurring in negative electrodes due to the partial state of charge capacity cycling of lead acid batteries. Journal of Power Sources，2012，200，102-107.
[9] Newman R H. Advantages and disadvantages of Valve-regulated lead acid batteries. Journal of Power Sources，1994，

(52)：149-153.

[10] Boden D P，Loosemore D V，Spence M A，et al. Optimization Studies of Carbon Additives to Negative Active Material for the Purpose of Extending the Life of VRLA Batteries in High-Rate Partial-State-of-Charge Operation. Journal of Power Sources，2010，195（14）：4470-4493.

[11] Lam L T，Haigh N P，Phyland C G. Failure mode of valve-regulated lead-acid batteries under high-rate partial-state-of-charge operation. Journal of Power Sources，2004，133（1）：126-134.

[12] Zhou S Y，Li X H，Wang Z X，et al. Effect of Activated Carbon and Electrolyte on Properties of Supercapacitor. Transactions of Nonferrous Metals Society of China. 2007，17（6）：1328-1333.

[13] Nakamura K，Shiomi M，Takahashi K，et al. Failure Modes of Value Regulated Lead/Acid Batteries. Journal of Power Sources，1996，59（1）：153-157.

[14] Garche J. On the Historical Development of the Lead/Acid Battery Especially in Europe. Journal of Power Sources，1990，31（1）：401-406.

[15] 梁翠凤，张雷. 铅酸电池的现状及其发展方向. 广东化工，2006，33（154）：4-6.

[16] 王金良，孟良荣，胡信国. 我国铅蓄电池产业现状与发展趋势——铅蓄电池用于电动汽车的可行性分析（1）. 电池工业，2011，16（2）：111-116.

[17] Paul Rüetschi. Is the Lead-Acid Storage Battery Obsolete. Journal of the Electrochemical Society，1961，108（3）：297-301.

[18] Linden David，Reddy Thomas B. Handbook Of Batteries. 3rd. 2002，23（5）.

[19] Rand D A J，Garche J，Moseley P T，et al. Valve-Regulated Lead-Acid Batteries. Amsterdam：Elsevier，2004.

[20] Moseley P T. Gaston Plant Medal acceptance speech. Journal of Power Sources，2009，191（l）：7-8.

[21] 梁景志. 铋对铅酸电池性能的影响［D］. 广州：华南师范大学，2007：8-10.

[22] 张波. 铅酸电池失效模式与修复的电化学研究［D］. 上海：华东理工大学，2011：11-12.

[23] Ruetschi P. Silver-silver sulfate reference electrodes for use in lead-acid batteries. Journal of Power Sources，2003，116（1-2）：53-60.

[24] Shiomi M. Proceedings of the Battery Council International 2001. Las Vegas，USA，2001.

[25] Sawai K，Funato T，et al. Development of additives in negative active-material to suppresssulfation during high-rate partial-state-of-charge operation of lead-acid batteries. Journal of Power Sources，2006，158（2）：1084-1090.

第5章

锂电池

5.1 概述

金属锂位于元素周期表第二周期第Ⅰ主族，原子序数为3，是已知金属中原子量最小（6.94）、电极电位最负（相对于氢标电极电位$-3.045V$）、电化当量最高（$3860A \cdot h/kg$）的元素。1817年瑞典科学家阿弗韦聪在分析透锂长石矿时发现锂元素，由于其电负性极小，与合适的正极材料匹配组成的电池具有优良的电化学性能，这引起了世界各国科研人员的广泛关注。自20世纪50年代末期提出以活泼金属锂、钠作为电池负极的设想以来，锂电池的雏形就慢慢诞生，60年代人们开始了锂电池的基础研究，并把研制工作的重心集中在以金属锂作为负极的非水电解质体系上。70年代初日本松下电器公司率先发明的$Li-(CF)_n$电池获得实际应用，并于1976年首次成功推出了在计算机等领域广泛应用的锂-二氧化锰电池。

锂电池（lithium battery）是一类以金属锂为负极材料的化学电源系列的总称，具有比能量高、寿命长等优点，但安全性较差，主要用于手表、照相机等小型电器中。它的负极活性物质为金属锂，正极活性物质为金属氧化物或其他氧化剂，电解质为固体盐类或溶解于有机溶剂的盐类。此外，有些溶剂如亚硫酰氯等可兼作正极活性物质。

锂电池一般以金属锂或锂合金为主要的负极材料，但金属锂的活泼特性使其遇水会激烈反应释放出氢气，因此该类锂电池必须采用非水电解质，防止锂及电池其他材料发生持续的化学反应。非水电解质通常由有机溶剂和无机盐组成，主要用$LiClO_4$、$LiAsF_6$、$LiAlCl_4$、$LiBF_4$、$LiBr$、$LiCl$等无机盐作锂电池的电解质，用碳酸丙烯酯（PC）、碳酸乙烯酯（EC）、1,2-二甲氧基乙烷（DME）、四氢呋喃（THF）、乙腈（AN）中的两三种混合液作为有机溶剂。锂电池的正极活性物质常用的有：固态卤化物如氟化铜（CuF_2）、氯化铜（$CuCl_2$）、氯化银（$AgCl$）、聚氟化碳（CF_4），固态硫化物如硫化铜（CuS）、硫化铁（FeS）、二硫化铁（FeS_2），固态氧化物如二氧化锰（MnO_2）、氧化铜（CuO）、三氧化钼（MoO_3）、五氧化二钒（V_2O_5），固态含氧酸盐如铬酸银（Ag_2CrO_4）、铋酸铅（$Pb_2Bi_2O_5$），固态卤素如碘（I_2），液态氧化物如二氧化硫（SO_2），液态卤氧化物如亚硫酰氯（$SOCl_2$）。由此决定了锂一次电池的系列之多，常见的有锂-二氧化锰、锂-硫化铜、锂-氟化碳、锂-二氧化硫和锂-亚硫酰氯等。

锂电池的分类十分复杂，按电解质性质的不同，可分为有机电解质、无机电解质、固体电解质和熔盐电解质电池四大类，按结构形式的不同可分为圆柱型、方型、扣式硬币型等多种类型，（型号标识参照 GB/T 8897.2—2013《原电池第二部分外形尺寸和电性能要求》标准），锂电池的型号和种类如此繁多，电池容量也从几十毫安时到几百安时不等，但它们各自有其特点和应用范围，不能互相取代，如锂-碘（$Li-I_2$）电池主要适用于心脏起搏器的电源；锂-二氧化锰（$Li-MnO_2$）电池主要适用于照相机以及电子仪器设备的记忆电源；锂-二氧化硫（$Li-SO_2$）电池或锂-亚硫酰氯（$Li-SOCl_2$）电池主要适用于需要较大功率的无绳电动工具的电源；锂氧化铜（$Li-CuO$）电池、锂二硫化铁（$Li-FeS_2$）电池可与常规电池互换使用，应用领域非常广泛。

目前实现商品化生产的锂电池有锂-碘电池（$Li-I_2$）、锂-二氧化锰电池（$Li-MnO_2$）、锂-氧化铜电池（$Li-CuO$）、锂-聚氟化碳电池 $[Li-(CF)_n]$、锂-亚硫酰氯电池（$Li-SOCl_2$）、锂-二氧化硫电池（$Li-SO_2$）等。

5.2 锂-碘电池

锂-碘电池以金属锂为负极、碘加聚合物为正极、固态 LiI 为电解质。在电池制作过程中并不是直接加入 LiI，而是依靠 Li 与碘发生反应原位产生该物质作为电解质。尽管 LiI 的电导率很低（室温下约 $10^{-7}S/cm$），但极薄的 LiI 层足以维持所需的电流。如某型号电池能以 $20\mu A$ 放电，工作电压（2.8V）基本不变，连续三年仅降 10mV。此类电池特别适合作心脏起搏器电源，也是固体电解质电池中目前惟一能长期商品化的一类电池。

锂-碘电池的成功研制是生物医学方面的一大创举，它具有高能量密度、极高的可靠性、低自放电和全固态等性质，同时具备超长的储藏寿命、使用寿命和可密封性，使之成为极好的心脏起搏器电源。但由于其功率比较低，所以它不适于其他用途，如人工肾、人工心脏就需要功率较大的电池，这有待于进一步改善。

早期的锂-碘电池典型单元电池如"Enertec Alpha 33"，尺寸为 33.4mm×27.4mm×7.9mm，体积为 $6.0cm^3$，质量为 22g，采用全焊接结构，以特殊玻璃/金属密封件做的电馈入结构，其基本电池反应为：

$$Li+0.5I_2 \rightleftharpoons LiI \tag{5-1}$$

碘正极是由碘和聚乙烯基嘧啶混合，在高温条件下形成的一个电荷转移复合物。熔化的正极材料顷入电池在锂负极表面快速形成一个固态碘化锂的膜，原位形成一个非常薄的隔膜和电解质层，通常称此体系为固态体系。在电池的锂负极上仍有一个液态相存在，包含聚2-乙烯基吡啶（P2VP）包覆。该液态反应产生的碘化锂、碘、P2VP 将电解质的电导率增加了几个数量级。碘和 P2VP 阴极混合生成一种重要的一对一电荷传导复合物，其比碘与 P2VP 单独组分的电导率更高。P2VP 起到束缚碘的作用，碘与 P2VP 的质量比通常在10:1到50:1，是包含液相组分和固态碘的混合物表现出良好的电子导体性质。放电过程中，在电势和浓度梯度的作用下锂离子从阳极迁出，穿过电解质到达阴极/电解质界面，在阴极与还原的碘形成更多的 LiI。阴极和阳极的物质损失使得阴极和阳极的体积减小，LiI 电解质体积增大，且阴极材料量决定着电池容量。该机理与 LiI 晶体中锂离子和碘离子的扩散系数数据相吻合。

碘化锂阻抗对锂-碘电池的性能起主要的限制作用，放电初始时，I_2-P2VP 阴极块体电阻比自发生成的 LiI 电解质薄层高；随着放电的进行，LiI 电解质层厚度与电阻逐渐增大；

阴极、阳极体积随电极反应不断减小，电阻降低；阴极区的碘浓度不断下降直至电池放电结束，并出现碘耗尽层，此时电池容量耗尽，阴极电导率急剧下降。锂-碘电池体系拥有极差的倍率性能，这是由于放电产生的 LiI 电解质层的低电导率限制了电池在较高速率下的放电性能。同时，在高速率放电时，电池性能会因 LiI 电解质电导率的下降而产生更大的极化从而受到严重影响。可通过多种方式来降低该内阻，如锂表面包覆 P2VP 薄层，但高内阻始终将锂-碘电池的应用限制在低功率器件上（小于 $100\mu W$）。

5.3 锂-二氧化锰电池

5.3.1 锂-二氧化锰电池简介

锂-锰电池，全称锂-二氧化锰电池（lithium-manganese dioxide、Li-MnO$_2$）是一种高能量密度的化学电源（见表 5-1）。它以高电位、高比能量的金属锂为负极，以经过特殊工艺处理的二氧化锰为正极，电解液中的有机溶剂为 PC 和 DME 的混合液，溶质是 LiClO$_4$。电池结构分为全密封和半密封两种形式。当然，全密封的安全性和保存期都要比半密封的好一些。其化学表达式为：

$$(-)Li/LiClO_4, PC+DME/MnO_2(+)$$

电池负极反应： $$Li \longrightarrow Li^+ + e^- \tag{5-2}$$

正极反应： $$MnO_2 + Li^+ + e^- \longrightarrow MnO_2(Li^+) \tag{5-3}$$

总反应： $$Li + MnO_2 \longrightarrow MnO_2(Li^+) \tag{5-4}$$

从化学式可以看出，在放电过程中，负极的金属锂由于失电子变成锂离子，不断被溶解消耗，锂离子嵌入到正极活性物质二氧化锰中，使晶体中的 Mn 还原，电池向外释放出电能。由表 5-1 可以看出，锂二氧化锰电池的开路电压是碱性锌锰电池的 2 倍，比能量与储存寿命则是碱性锌锰电池的 2.5 倍以上，因此，锂-二氧化锰电池是一种极具发展潜力的高性能化学电源。

表 5-1 锂-二氧化锰电池与其他一次电池的性能比较

电池	比能量/(W·h/kg)		比功率 /(W/kg)	开路电压 /V	工作温度范围 /℃	储存寿命 /年
	理论	实际				
Zn-MnO$_2$	251.3	66	55	1.5	$-10\sim55$	1
Zn-MnO$_2$(碱性)	274	$30\sim100$	66	1.5	$-30\sim70$	2
Zn-HgO	255.4	$30\sim100$	11	1.35	$-30\sim70$	>2
Li-MnO$_2$	768	$150\sim250$	150	3.0	$-20\sim75$	$5\sim10$
Li-SO$_2$	1114	$280\sim330$	110	2.9	$-40\sim70$	$5\sim10$
Li-SOCl$_2$	1460	$450\sim550$	550	3.6	$-60\sim75$	$5\sim10$

锂-二氧化锰电池拥有以下特性：

① 锂-二氧化锰电池比能量高，是干电池的 5～10 倍（约 230W·h/kg 或 500W·h/L），单体电压高，工作电压为 2.8～3.2V；

② 使用温度范围广（-40～+85℃）；

③ 性能稳定，自放电小，可实现大电流放电，且在储存和放电过程中无气体析出，安全性好；

④ 储存寿命长（室温下可以储存 10 年以上），放电电压平稳，无电压滞后现象；

⑤ 高安全性、高可靠性、无公害；

⑥ 价格比较低廉；

⑦ 电池品种繁多，包括扣式电池、柱式电池、矩形电池三大类，每类都还有尺寸和结构上的差异，容量从几十毫安时到上百安时不等。

锂-二氧化锰电池可以满足多种应用的要求，如中小容量的锂-二氧化锰电池适合于做掌上电脑、手表、摄像机、数码相机、温度计、计算器、笔记本电脑的 BIOS、通信设备、遥控车门锁、助听器等小型通信机的电源，而大型容量电池则可作为军事领域的理想电源。

5.3.2 锂-二氧化锰电池的国内外研究现状及发展趋势

20 世纪 90 年代中期欧美能源研究重心的转移标志着锂-二氧化锰电池开始受到重视。从最初的多种小型号柱式电池到市场感兴趣的大容量电池，在技术上均取得了显著进展。现在，美国大量使用加拿大蓝星发展技术公司、Ultralife 电池有限公司、NY and Hawker Eternacell 公司生产的锂-二氧化锰电池，并着眼于可提供更高比容量和比功率电池的研究。美国 Ultralife 电池有限公司从 20 世纪 90 年代将研究重心转移到致力于锂电池市场化应用的专门研究，特别是高比特性锂-二氧化锰电池的研究。该公司称锂-二氧化锰电池因为阴极材料为固体物质，钝化影响很小，导致该体系基本不存在电压滞后现象，且体系本身比其他锂一次电池更具安全性。随着该公司对锂-二氧化锰电池研究的深入，目前在相同体积条件下，锂-二氧化锰电池比锂-二氧化硫电池提供的能量多 50%，打破了科研人员多年来认为的锂-二氧化锰电池不如锂-二氧化硫电池比能量高的观点。从此以后一些大型研究院所普遍着力于高比特性锂-二氧化锰电池的研究，在薄型锂-二氧化锰电池技术、锂-二氧化锰电池的高比能量研究和锂-二氧化锰电池的高比功率研究方面取得突破性进展，为锂-二氧化锰电池在水下应用、特种勘探领域应用打下了技术基础。典型的技术成果主要有薄型锂-二氧化锰电池可以做到 1mm 以下、锂-二氧化锰电池比功率达到并超过 580W/kg、锂-二氧化锰电池质量比能量达到并超过 300W·h/kg。

我国对锂-二氧化锰电池的研究始于 20 世纪 70 年代，在日本松下电器公司推出该体系电池产品后，中国电子科技集团公司第十八研究所开始了对锂-二氧化锰电池的研究，并成功研制出 CR14505 型锂-二氧化锰电池，为多种用途的该体系电池的研制奠定了技术基础。经过几十年的研究和生产，锂-二氧化锰电池、锂-二氧化硫电池、锂-亚硫酰氯电池已成为锂一次电池中应用最为广泛的三种体系，产品系列化，多达几十种。其中，锂-二氧化锰电池在锂系列一次电池中价格最低、安全性最好，成为 21 世纪"绿色电源之一"。该体系电池正极采用地球上储备丰富的二氧化锰，价格便宜；无论从电极材料还是电解质体系上来说，都不会造成环境污染；电池储存寿命长，在常温条件下可超过 10 年，且电池在储存和放电过程中无气体析出，安全可靠。现在，国内锂-二氧化锰电池的生产厂家很多，产品广泛应用于照相机、水表、仪器仪表、心脏起搏器等微功耗型电子产品。

随着纳米材料制造技术的发展，及对黏度低、安全性好的多元有机电解液体系的进一步研究，锂-二氧化锰电池的化学性能将会有更大程度的提高。

5.3.3 电池结构

锂-二氧化锰电池体系可采用不同的设计和结构来制造，以满足不同用途对小型化、轻型化移动电源提出的多方面要求。它包括多种结构形式，分为钱币式、碳包式、卷绕式和方形电池组体。

(1) 扣式电池 扣式电池的二氧化锰片对着锂圆盘负极，中间采用非编织聚丙烯隔膜隔开，隔膜浸透电解质。电池用卷边压缩密封。电池的壳体用作正极端子，而盖子用作负极端子。这种钱币式电池寿命为 3 年。图 5-1 为锂-二氧化锰电池扣式电池图解。

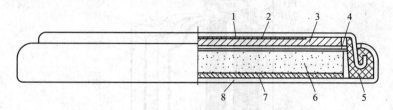

图 5-1　锂-二氧化锰电池扣式电池图解

1—负极盖；2—负极丝网；3—负极锂片；4—电池隔膜；
5—密封胶圈；6—正极片；7—正极丝网；8—正极字壳

锂-锰扣式电池广泛适用于计算机主机板、移动通信及电子记忆系统，亦可作为支撑电源，应用在手表、照相机、电话机、电饭煲、计算器、打卡机、电子记事簿、血糖测试仪、耳温枪、遥控器、电子闪光产品、电子闪光波鞋灯等日常电子产品中。

(2) 圆柱形碳包式电池（能量型） 圆柱形锂-二氧化锰电池包括碳包式与卷绕式两种形式，其中碳包式属于能量型（图 5-2），卷绕式属于功率型。一般能量型锂-二氧化锰电池型号后追加 SE。如：CR14335SE。不带 SE 则表示为功率型。碳包式电池厚的电极和最大量的活性物质，使其具有最大的比能量，但是电池的放电能力因为电极表面积的限制而受限，使其只能适用于低电流用途。电池盖上装有一个安全阀，一旦出现机械或电滥用事件便可释放电池内的压力。除了卷边密封电池外，还可以制成焊接式密封电池，这些电池的储存寿命长达 10 年，因而适用于储存器备用电源及其他低电流用途的设备。

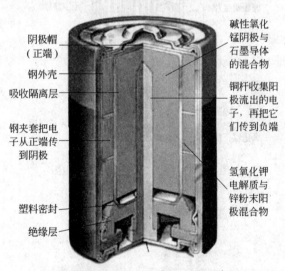

阴极帽（正端）

钢外壳

吸收隔离层

钢夹套把电子从正端传到阴极

塑料密封

绝缘层

碱性氧化锰阴极与石墨导体的混合物

铜杆收集阳极流出的电子，再把它们传到负端

氢氧化钾电解质与锌粉末阳极混合物

图 5-2　碳包式锂-二氧化锰电池结构图

(3) 圆柱形卷绕式 Li-MnO$_2$电池（功率型） 圆柱形卷绕式锂-二氧化锰电池专门用于高电流脉冲和连续高电流放电的场合。锂负极和正极（在导电网上的薄型、涂膏式电极）与配置在两个电极间的微孔聚丙烯隔膜卷绕成"胶卷"状结构。采用该设计增大了电极表面积，从而提高了电池的放电能力。高电流卷绕式结构电池也装有安全阀，遇到电池滥用事件就可释放压力，许多这种电池装有可恢复的正温度系数（PTC）器件，能够限制电流，防止短路

事故的发生。图 5-3 为锂-二氧化锰电池卷绕结构图。

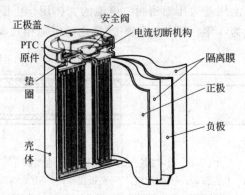

图 5-3   锂-二氧化锰电池卷绕结构图

(4) 9V 电池组   锂-二氧化锰电池体系可设计成 9V 电池组（如图 5-4 所示），按容量大小可分为两类，一类电池组由三只方形单体电池构成，电极设计充分利用了内部空间，容量为 1200mA·h，特别适用于烟警报雾气，寿命长达 10 年。另一类电池组由三只圆柱1/2AA 组成，容量为 800mA·h。电池组外壳采用超声波焊接密封的塑料盒，Ultrlife 电池组外壳采用超声波焊接密封的不锈钢。图 5-5 为 9V 锂-二氧化锰电池实物图。

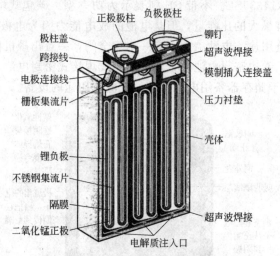

图 5-4   9V 锂-二氧化锰电池结构图

图 5-5   9V 锂-二氧化锰电池实物图

（5）薄型电池　薄型电池的设计概念是用轻型电池包装，使电池质量和成本降低。途径之一是用热封装薄膜包装的方形电池结构代替金属壳体包装。该结构的锂-二氧化锰电池在有源电子标签的使用中是一很好的选择，寿命为 5～10 年，容量和体积形状可自由设计，厚度设计最薄可为 6mm。如图 5-6 所示。

图 5-6　薄型软包锂-二氧化锰电池结构图

5.4　锂-亚硫酰氯电池

5.4.1　锂-亚硫酰氯电池简介

锂-亚硫酰氯（Li-$SOCl_2$）电池作为实际应用电池系列中比能量最高的一类电池，比能量可达 590W·h/kg 和 1100W·h/L。这一最高的比能量值是通过大容量、低放电率、大尺寸电池获得的。作为一种高能化学电源，Li-$SOCl_2$ 电池的理论开路电压为 3.65V，工作电压为 3.3V，其尺寸和结构各式各样，容量范围从圆柱形电池的 400mA·h 到方形电池的 10000A·h 不等，可满足多种需求与应用。低放电率商品化电池已成功地使用了多年，主要用于存储器的备用电压和其他要求长工作寿命的用途。大型方形电池作为应急应用电源已经用于军事用途。而中等、高放电率电池主要作为各种电器和电子装置的电源。在上述电池采用的亚硫酰氯和其他卤氧化物电解液中有些常常加入添加剂，以提高应用中电池的特定性能。

早在 20 世纪 60 年代法国 SAFT 公司就开始了对这种电池的研究，并于 1970 年首先获得 Li-$SOCl_2$ 电池的专利权。美国 GTE 公司为扩展引信功能，从 1980 年开始研制能适应温度范围在 -40～70℃的小型引信 Li/$SOCl_2$ 电池。我国在 20 世纪 70 年代中期将其研制成功并获得应用。目前，Li-$SOCl_2$ 电池从单一的配用地雷引信发展到备用电子时间引信，大、中口径炮弹近炸引信，多选择引信及导弹引信等。但是，在实际应用中发现该电池存在安全性和电压滞后两个比较突出的问题，其中在高放电率放电和过放电时容易引发安全问题，而电池经高温储存后进行低温放电时会出现明显的电压滞后现象，这都严重制约了 Li-$SOCl_2$ 电池的广泛应用。

在 Li-$SOCl_2$ 电池体系中，以锂为负极、碳为正极、无水四氯铝锂（$LiAlCl_4$）的 $SOCl_2$ 溶液为电解液，聚丙烯毡或玻璃纤维纸作为隔膜，其中 $SOCl_2$ 又兼做正极活性物质。负极、正极和 $SOCl_2$ 的成分由制造商根据电池预期获得的性能进行选择。一般公认的总反应机理为：

$$4Li + 2SOCl_2 \longrightarrow 4LiCl\downarrow + S + SO_2 \qquad (5\text{-}5)$$

硫与二氧化硫在过量的亚硫酰氯电解液中溶解，在放电过程中，二氧化硫的生成导致会有一定程度的压力产生。储存时，一旦锂负极与亚硫酰氯电解质接触就会反应生成 LiCl，形成的 LiCl 钝化膜将保护锂负极，从而有益于延长电池的储存寿命，但在放电开始时会引起电压滞后，尤其是在高温下长期储存后的电池，在低温下放电时，电压滞后现象更明显。

电解质的低冰点（-110℃）和高沸点（78.8℃）使电池能在较宽的温度范围内工作，随着温度的下降，电解质电导率减少甚微。$Li\text{-}SOCl_2$ 电池中的某些组分是有毒的、易燃的，因此应避免分解电池或将排气阀已打开的电池和电池组分暴露到空气中。

为克服 $Li\text{-}SOCl_2$ 电池体系在实际应用中的弊端，提高电池放电性能，科学家们进行了大量研究。目前主要集中在对电池正极材料的筛选与电解液改进两方面，特别注重正极催化剂的研究。由于碳电极具有孔率高、孔径分布合理、曲折系数小等优点，因此成为目前作为 $Li\text{-}SOCl_2$ 电池研究非常活跃的材料。研究者们通过对乙炔黑、石墨、活性炭的放电性能进行对比发现，乙炔黑具有良好的导电性，并且采用微波技术可合成孔率、孔径适合的碳正极，使组装的电池具有优良性能。

5.4.2　电池结构

5.4.2.1　碳包式圆柱形电池

$Li\text{-}SOCl_2$ 碳包式电池以符合 ANSI 标准的尺寸制成圆柱形（如图 5-7 所示）。这些电池是为低、中等放电率放电设计的，不得高于 $C/100$ 放电，它们具有高比能量。例如，ABLE D 型电池以 3.5V 的电压释放出 19.0A·h 的容量，与此相比，传统的碱性锌-二氧化锰电池以 1.5V 的电压只能释放出 15A·h 的容量。

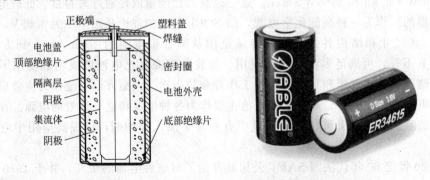

图 5-7　$Li\text{-}SOCl_2$ 碳包式电池剖视图及实物图

(1) $Li\text{-}SOCl_2$ 电池的结构　负极为锂片，倾靠在不锈钢外壳的内壁上；隔膜由非编织玻璃丝布组成；正极由聚四氟乙烯黏结的炭黑制成，呈圆柱形，具有极高的孔隙率，它占用了电池的大部分体积。电池采用气体密封性结构，而正极柱用玻璃-金属封接绝缘子。制造厂家可根据这些低自放电率电池的结构确定是否配备安全阀。

(2) $Li\text{-}SOCl_2$ 电池的性能　$Li\text{-}SOCl_2$ 电池的开路电压为 3.65V，工作电压为 3.3～3.6V。

5.4.2.2　螺旋卷绕式圆柱形电池

采用螺旋卷绕式（以下简称卷绕式）设计是为了获得中、高等放电率的 $Li\text{-}SOCl_2$ 电池（如图 5-8 所示）。这类电池主要为了满足军用及工业等领域的需求，如有大电流输出和低温工作等需要的场合。它们的典型结构为：电池壳由不锈钢拉伸制成；正极极柱采用耐腐蚀的玻璃-金属封接缘子；电池盖使用激光封接或焊接来保证电池的完全密封。安全装置如泄漏孔、熔断丝及 PTC 器件等都安装在电池内部以确保电池在有内部高气压和外部短路时的安全。

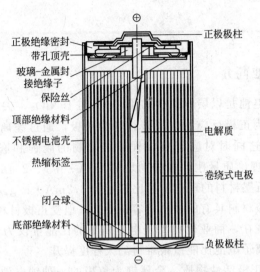

图 5-8　Li-SOCl$_2$ 卷绕式电池剖视图

左侧标注（从上到下）：正极绝缘密封、带孔顶壳、玻璃-金属封接绝缘子、保险丝、顶部绝缘材料、不锈钢电池壳、热缩标签、闭合球、底部绝缘材料

右侧标注（从上到下）：正极极柱、电解质、卷绕式电极、负极极柱

5.4.3　锂-亚硫酰氯电池的应用

Li-SOCl$_2$ 电池的应用价值主要在于比能量高、储存寿命长。小电流放电的圆柱形电池可作为 CMOS 存储器、高速公路过境自动电子交费系统（ETC 系统，其更好的解决方案是用锂-锰的软包电池代替）、程序逻辑控制器和无线安全报警系统等的无线电射频识别（RFID）器的电源（可用 3V 锂锰的扣式和软包电池代替）。但是这些锂电池的成本较高，存有一定的安全隐患，用后的处理方式也有特殊要求，因此在一般消费市场上的应用仍受限制。下面是一些锂-亚硫酰氯电池的应用领域。

①　检测仪表：热量计、自动仪表读数器、汽车试验场检测仪、地震测量仪、石油钻探检测仪器、资料记录器、工业仪表、航空导航系统、油泵表、出租车计价器等；

②　电信：功能电话、商用电话系统、电传机、无线寻呼系统、编码设备、无线电选频器等；

③　工业控制设备：生产程控、自动生产线控制等；

④　安全系统：无线报警器、烟雾警报器、险情按钮电子锁和电子封盖等；

⑤　搜索及营救设备：紧急位置指示器、无线电信标、无线电险情信标、紧急定位传送器、雪崩救援传送器等；

⑥　监控系统：高压电线短路及超载指示器、远程射频控制设备、夜视装备等；

⑦　商用机械设备：现金收款机、复印机、地址打印机、邮资计费器、自动售卖机等；

⑧　物体辨别系统：农场管理系统、公共交通监控系统、汽车生产线控制系统、交通流量控制系统、自动标签识别系统等；

⑨　科学检测仪器：海洋水流测量表、气象浮标、气球载无线电测空仪、生物遥测仪等；

⑩　电子医疗设备：心电图仪、外部心脏起搏器、氧气流量计、助听器、X 射线机械控

制设备等;

⑪ 娱乐电子设备:高保真无线调谐器、编程频率调谐器、弹子游戏机、电子合成音响装置等。

5.5 锂-硫电池

5.5.1 锂-硫二次电池简介

传统的锂离子二次电池是以层状结构的 $LiCoO_2$ 与 $LiNiO_2$、尖晶石结构的 $LiMn_2O_4$ 或橄榄石结构的 $LiFePO_4$ 为正极反应物,以碳材料为负极,通过锂离子在正极反应物中的嵌入和脱嵌实现充放电,这同时对应着负极锂碳结合物的脱锂和嵌锂。$LiCoO_2$、$LiNiO_2$、$LiMn_2O_4$ 及 $LiFePO_4$ 的理论质量比容量分别是 $275mA \cdot h/g$、$274mA \cdot h/g$、$148mA \cdot h/g$ 和 $170mA \cdot h/g$,负极石墨材料的理论质量比容量是 $372mA \cdot h/g$。与负极碳材料相比,尽管硅基和锡基等作为负极材料具有的放电比容量更大,但受正极材料的限制,锂离子二次电池的放电比容量不高。现在,商业化锂离子电池质量的比能量仅为 $150 \sim 200W \cdot h/kg$,且受正极材料的限制,锂离子电池比能量很难得到大程度提升。

锂-硫电池是以硫为正极活性物质、金属锂为负极的一种锂电池,与其他锂电池相比具有比容量高、成本低廉、资源丰富、对环境友好、耐过充能力较强等优点。锂-硫电池的工作电压在 2.1V 左右,能适应多种场合的应用需求,是目前正在研发的二次电池体系中最具高能量密度的一类,代表了高性能锂二次电池的发展方向。早在 20 世纪 70 年代,就有学者开始研究单质硫和多聚硫化物在电解液中的电化学行为。从早期的高温钠-硫电池到军用的锂-二氧化硫电池,从锂-亚硫酰氯无机电解质原电池到锂-硫有机非水电解质二次电池,人们对硫为电池正极活性物质的研究经历了一个探索、认识和发展的历程。尽管,目前人们对硫电极在充放电过程中生成的中间产物还没有明确的认识,但人们普遍认同的锂负极与硫正极的充放电反应如式(5-6)~式(5-10) 所示。

锂电极放电反应:
$$Li \longrightarrow Li^+ + e^- \qquad (5-6)$$

硫电极放电反应:
$$S_8 + Li^+ + e^- \longrightarrow Li_2S_n (3 \leqslant n \leqslant 7) \qquad (5-7)$$

$$Li_2S_n + Li^+ + e^- \longrightarrow Li_2S + Li_2S_2 \qquad (5-8)$$

锂电极充电反应:
$$Li^+ + e^- \longrightarrow Li \qquad (5-9)$$

硫电极充电反应:
$$Li_2S + Li_2S_2 \longrightarrow S_8 + S_m^{2-} (6 \leqslant m \leqslant 7) + Li^+ + e^- \qquad (5-10)$$

由此,根据单位质量的单质硫完全变为 Li_2S 所能提供的电量可得出硫的理论放电质量比容量为 $1675mA \cdot h/g$,同理可得出单质锂的理论放电质量比容量为 $3860mA \cdot h/g$。锂-硫电池的理论放电电压为 $2.287V$,当硫与锂完全反应生成硫化锂 (Li_2S) 时,相应锂-硫电池的理论放电质量比能量为 $2600W \cdot h/kg$。

与其他锂离子电池中的脱嵌锂行为不同,锂-硫电池的正极反应是通过 S—S 键的电化学断裂与重新键合来完成的。放电时,正极中的活性物质硫与锂离子完全反应时的电化学反应式如式(5-11) 所示:

$$S_8 + 16Li^+ + 16e^- \longrightarrow 8Li_2S \qquad (5-11)$$

但在实际放电过程中,正极活性硫的还原过程会经历多步电极反应,形成多种硫化锂(如 Li_2S_8、Li_2S_4、Li_2S_2、Li_2S) 中间产物。目前,人们认为,锂-硫电池的放电过程主要由两个相变的多电子传递步骤组成。如图 5-9 所示。

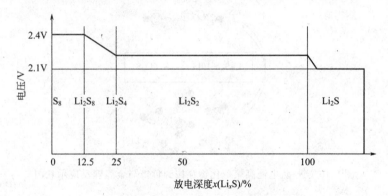

图 5-9　典型的锂-硫电池电化学反应过程

室温下，典型的锂-硫电池放电曲线有两个放电平台：一个为高放电平台在 2.4V 左右的，与环状单质硫接受电子形成一系列高聚态的多硫化锂（Li_2S_x，$4 \leqslant x \leqslant 8$）相对应；另一个是低放电平台在 2.1V 左右，对应着高聚态的多硫化锂进一步还原形成低聚态的多硫化锂（Li_2S_x，$1 \leqslant x \leqslant 4$）。通过对锂-硫电池的充放电机理进行研究，发现在高电压放电平台，每个硫原子接受 0.5 个电子，还原成 Li_2S_4，反应及其对应的能斯特方程如式（5-12）所示：

$$S_8^0 + 4e^- \Longrightarrow 2S_4^{2-}$$

$$E_H = E_H^0 + \frac{RT}{n_H F} \ln \frac{[S_8^0]}{[S_4^{2-}]^2} \tag{5-12}$$

每个硫原子接受 0.5 个电子可解释为高放电平台的正极活性物质是由 S_8 与 $x>4$ 的高聚硫离子 S_x^{2-} 组成，由式（5-7）可以计算，高放电平台的放电比容量是 419mA·h/g。在低放电平台过程中，高聚态的多硫化物可再接受 1 个电子还原成低聚态的 Li_2S_2 与 Li_2S 的混合物。该低放电平台的电化学反应及其所对应的能斯特方程如式（5-13）所示：

$$S_4^{2-} + 4e^- \Longrightarrow 2S^{2-} + S_2^{2-}$$

$$E_L = E_L^0 + \frac{RT}{n_L F} \ln \frac{[S_4^{2-}]}{[S^{2-}]^2 [S_2^{2-}]} \tag{5-13}$$

在实际放电过程中，放电终产物并非只有 Li_2S，而是 Li_2S_2 与 Li_2S 的混合物，这是因为 Li_2S_2 在电解液中溶解度较低、电化学动力学过程缓慢。由式（5-13）知，低放电平台的放电比容量为 837mA·h/g。

5.5.2　锂-硫二次电池的飞梭效应及容量衰减机理

锂-硫二次电池的飞梭效应是指电池在充放电过程中，产生的高聚硫化物溶解在电解液中并扩散到锂负极，直接与金属锂发生副反应，形成低聚硫化物，如图 5-10 所示。这类低价态聚硫离子会重新扩散到硫正极形成高价态聚硫离子。在电池满充的条件下，高充电平台过充程度是飞梭常数的简单函数。当飞梭常数较小时，只需略微过充就可达到完全充电的条件；当飞梭常数较大时，过充可能超过 100％；而当飞梭常数相当大时，无论充电过程多长，高平台聚硫化物永远无法完全转化成硫单质，同时飞梭常数会影响锂硫电池的放电容量、充放电效率、自放电及自放热等。理想条件下，飞梭常数是电解液组分与温度的函数，而在实际电池中，锂盐浓度对锂/电解液界面的影响、聚硫化物与锂表面不同反应的速率、锂盐浓度对聚硫化物的溶解和平衡、锂盐浓度对电解液黏度和聚硫化物迁移率都是决定飞梭

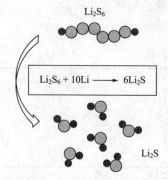

$$Li_2S_6$$

$$Li_2S_6 + 10Li \longrightarrow 6Li_2S$$

$$Li_2S$$

图 5-10　锂-硫电池高聚硫化物穿梭到负极与金属锂反应示意图

常数的主要因素。

尽管单质硫具有比容量高、成本低、环境友好等优点，但也存有一些致命的缺点如容量衰减快、循环寿命短等，还存在因多硫化锂在电解质中的溶解而引起的"飞梭效应"，致使锂-硫电池的充放电库伦效率低，腐蚀锂负极造成活性物质流失。通过 EIS、XRD、SEM 和 EDS 等方法对锂-硫电池硫正极的电化学反应的过程进行分析，结果表明，该放电过程分为两个阶段，第一阶段放电电压为 2.5～2.1V，单质硫还原成可溶性多硫化物，并伴随着一部分可溶性多硫化物被还原的过程；第二阶段的放电电压为 2.1～1.5V，可溶性多硫化物进一步被还原生成不溶性硫化物，并覆盖在基体碳材料的骨架上。而在充电过程中，这些不溶性硫化物只能氧化生成可溶性多硫化物而不能完全氧化生成单质硫，从而造成了锂-硫电池容量的不可逆损失。在锂-硫电池的第二个放电平台中，固态不溶性硫化锂在硫正极的基体碳骨架表面沉积，其对电极厚度和放电倍率颇为敏感。扫描电子显微镜的结果表明电极表面沉积的不溶性固态硫化锂层造成了第二个放电平台在高放电倍率下急剧下降。扫描电子显微镜和波谱散射光谱测试结果表明，进行多次充放电循环后，电池正极表面的硫化锂脱离原来的位置，逐渐生成不溶性硫化锂，致使硫正极放电容量下降，从而影响较高倍率的放电性能。研究表明，当炭黑均匀分布在硫颗粒周围时循环性能将会提高，电极密度也会增加，正极碳骨架的整体结构更具完整性。由此可知造成高放电电流密度下正极容量衰减的主要原因是电极结构中由裂纹扩展引起的结构性失效和后来碳粒子塌陷表面生成了不可逆的固态膜 Li_2S 层。基于这些容量衰减机制，可通过控制碳骨架的均一孔隙结构来抑制容量衰减。采用改良技术制备正极的锂硫电池循环 400 次以后电极结构仍保持较为完整的结构。总体来说，限制锂-硫电池实际应用的因素主要包括以下几个方面。

① 在室温下，8 个 S 原子首尾首尾相连形成冠状 S_8，它靠分子之间结合形成结晶性很好的最具热力学稳定性的单质硫，是典型的离子和电子绝缘体，因此其作为电池正极活性物质材料活化难度较大。

② 单质硫在常用的有机电解液中溶解度小，活性物质易团聚无法与电解液充分接触，导致硫的利用率不高。

③ 放电反应的中间产物大量溶解在电解液中并扩散到锂负极，导致正极活性物质的不可逆损失和负极锂的腐蚀，从而导致电池的循环寿命降低；同时不溶性的锂硫化物覆盖在正极材料表面妨碍了电解液和中间活性物质的接触，致使活性物质不能充分参加放电反应。

④ 金属锂易与电解液发生反应形成 SEI 膜，使电池内阻增大，并且电极表面不均匀，可能形成锂枝晶从而诱发安全问题。

上述问题是造成锂-硫二次电池活性物质利用率低、容量衰减快的最主要因素，因此研究锂-硫二次电池的关键在于这些问题的有效改善。

5.5.3 锂-硫二次电池研究进展

5.5.3.1 锂-硫二次电池硫系正极的研究进展

(1) 单质硫正极 硫在自然界中以游离态形式广泛存在于火山口及硫矿山等地。硫元素在地壳中的含量为 0.048%，是尚未充分利用的自然资源。硫单质有多种同素异形体，可由 $6\sim20$ 个原子形成环状结构。常温下，热力学稳定的单质硫主要是靠 8 个首尾相连的硫原子形成环状的 S_8，其晶体通常为淡黄色。由于 S_8 的分子结构呈菱形状，故称为菱形硫。单质硫在 $40\,℃$ 左右时开始熔化为液态硫，$280\,℃$ 左右时开始升华为硫蒸气，当到达 $444\,℃$ 时开始沸腾。由于单质硫在室温下不导电，因此不能单独作为二次电池正极材料使用，在制作正极活性物质时，一般会将单质硫和一定量的导电剂混合来提高正极的导电性。然而，若正极材料的导电剂过量就会造成电极甚至整个电池的比容量下降。研究者针对上述问题提出不同的方法来改进，认为碳材料是其不二之选。碳材料作为一种常用的提高电池正极材料导电性的添加剂，其对锂电池性能的影响因吸附能力、比表面积、导电性的不同而不同。

(2) 纳米碳管、纳米碳纤维/硫复合材料 纳米碳管属于一维纳米材料，直径处于纳米尺度，长度可达微米级。单壁纳米碳管具有中空结构，可认为由石墨单层卷曲而成。其管壁的结构单元是由六个碳原子形成的六元环，其中碳原子为 sp^2 杂化，每个碳原子与三个碳原子成键的同时还有一个未成对电子，该电子在外电场作用下易运动，所以纳米碳管在沿轴方向具有良好的导电性。纳米碳纤维与纳米碳管类似，都为一维纳米材料，只不过纳米碳纤维不具备中空结构，但纳米碳纤维沿轴向也有良好导电性。传统的碳硫复合材料用到的无定形乙炔黑是通过颗粒之间的接触进行电荷传输，其导电通道易被正极绝缘反应产物（Li_2S_2 和 Li_2S）阻断，相比之下，不论是纳米碳管还是纳米碳纤维都能通过相互搭接形成三维导电网络结构，相比乙炔黑颗粒间的电荷传输，该网络结构更难以被正极绝缘反应产物（Li_2S_2 和 Li_2S）破坏，更能为单质硫提供稳定的导电性。同时，三维导电网络通过对硫放电中间产物多硫化锂的吸附作用而抑制其在电解液中的溶解。

(3) 多孔碳材料/硫复合材料 多孔碳材料具有多微孔隙结构，无明显晶型，因比表面积大，吸附能力也大。它通过含碳前驱体炭化、活化（可依次进行，也可同时进行）后制成，含碳前驱体在隔绝空气条件下高温加热，形成含碳量较大的炭料，该炭料并不具备多微孔结构，要产生大量微孔，须对其进行活化处理。将多孔碳与单质硫混合后共同加热，硫会进入多孔碳材料的微孔隙中，孔隙表面对硫放电产物多硫化锂的吸附作用有助于阻碍其溶解于电解液而造成的损失。除了共同加热法，也可采用溶液渗透法使单质硫进入多孔碳的孔隙中，首先将单质硫溶解在有机溶剂（如二硫化碳）中，然后再将多孔碳浸入溶液，硫溶质扩散到多孔碳的孔隙中被吸附，将有机溶剂蒸发后进入多孔碳孔隙中的硫将停留在孔隙中。这样制得的多孔碳容纳的单质硫复合材料可以有效地提高电极材料的容量密度，提高硫的利用率，并能够一定程度上改进电池的大电流放电性能。

(4) 石墨烯/硫复合材料 石墨烯作为一种新型二维纳米碳材料，可看作是石墨片层，垂直于石墨片层方向上的石墨烯处于纳米尺度。石墨烯是一种高稳定的、高电子电导的、大比表面积的二维碳材料，所以自其被发现以来就是一种性能优良的电极材料，既可充当活性物质又能作为支撑材料。石墨烯加入到锂硫电池正极材料中可有效提高锂硫电池性能，首先，石墨烯可以大幅提高硫正极的导电性，从而提高电池的倍率性能；另外，石墨烯可以在硫正极内部形成广泛分布的导电网络，提高了硫的利用率，进而改善其容量密度。

（5）有机硫化物正极材料　有机硫化物的研究早在 20 世纪 80 年代就有过报道，主要研究有机二硫化物、聚有机二硫化物、聚有机多硫化物、碳硫聚合物等物质。以聚苯胺多硫化物为例，它可作为高能锂二次电池的正极材料。经氧化反应合成聚苯胺聚合物后用 HCl 进行处理使氯离子置换六元环上的氢离子，随后用 Na_2S 与单质硫中的硫元素取代氯代聚苯胺中的氯离子即制成实验所需的聚苯胺多硫化物。经元素分析表明每个苯胺单元结构上至少有 7 个 S 原子，充放电结果显示此复合正极材料的首次放电比容量高达 $980mA \cdot h/g$。通过聚苯胺可合成多氯代聚苯胺及锂电池正极材料多硫代聚苯胺，后者的放电曲线及其微分曲线表明其在充放电过程中可能有 3 个连续的氧化还原反应过程，在 2.07 V 处有一个明显的放电平台。在 30 次循环过程中，放电比容量能稳定在 $181\sim187mA \cdot h/g$，循环效率高达 94％。以四苯并噻吩作为反应单元，通过氧化反应制得含有硫支链的聚合物可作为锂二次电池的正极复合材料。电化学性能测试表明此高聚物有一定的电化学活性，但支链中的硫并没完全发生反应。在电流密度为 $0.25mA/cm^2$ 时，放电比容量为 $122mA \cdot h/g$，放电电流密度提高十倍，放电比容量仅下降 20％。

（6）无机硫化物正极材料　无机硫化物主要包括 Li_2S、FeS_2、TiS_2、Al_2S_3、Bi_2S_3、MoS_2 等，这些金属硫化物具有层状结构，层与层之间以范德华力结合，这种结构有利于锂离子在放电过程中的嵌入和脱出，使正负极之间具有电位差，从而利于电池的储能和释能。以 Al_2S_3 为正极活性物质的电池在 $100mA/g$ 的放电电流密度下首次放电比容量达到 $1170mA \cdot h/g$，接近理论比容量的 62％。XRD 结果显示表面的 Al_2S_3 在反应过程中是完全可逆的，但中心的 Al_2S_3 在初次反应中生成 LiAl 和 Li_2S 后，在后续循环中这两种物质不能完全形成 Al_2S_3。Li_2S 正极材料具有较好的可逆性，循环寿命较长，库仑利用率较高，以 Li_2S/介孔碳为正极材料的理论比容量为 $1550W \cdot h/kg$，是目前商品化的钴酸锂电池容量的 4 倍，但这种电极导电性差，结构变化明显，体积膨胀变化大若采用具有较高比容量的 Sn-C 复合材料来代替安全性能不高的金属锂电池的放电容量达到 $600mA \cdot h/g$，平均放电电压为 2.0V，有效能量密度高达 $1200W \cdot h/kg$。Bi_2S_3 材料作为锂二次电池的正极材料时，电池充放电循环 100 次之后，电池的比容量仍可保持在 85％，大约为 $500mA \cdot h/g$。

5.5.3.2　锂-硫二次电池电解液的研究进展

锂-硫电池要求电解液的离子电导率高，黏度低，能适宜的溶解多硫化物且电化学稳定。早期，锂-硫电池电解液主要以线性醚类溶剂为主，有四氢呋喃、乙二醇二甲醚等，例如，以体积比为 1∶1 的 THF/TOL 为溶剂、$LiClO_4$ 为锂盐的电解液，室温下活性物质硫的利用率高达 90％。在以 TEGDME 为溶剂、$LiCF_3SO_3$ 为锂盐的电解液中加入少量甲苯发现氧化峰与还原峰没有变化，但电解液的氧化电流增大，离子的迁移性和传导性也得到提高。交流阻抗分析得知甲苯的加入可降低电极与电解液接触界面的阻抗。此外，一些研究结果表明，二元和多元溶剂组分的 1,3-二氧戊环烷与 $LiCF_3SO_3$（三氟甲基磺酸锂）电解液能有效提高单质硫的氧化还原反应活性与可逆性，提高单质硫在 2.1V 的低放电平台电位的放电比容量。DOL-DME（乙二醇二甲醚）与 $LiCF_3SO_3$ 电解液能够较好地改善单质硫电极的表面钝化层结构，促进电活性物质离子的扩散，降低界面电荷传质阻抗，使电池表现出良好的放电倍率特性。

5.5.3.3　锂-硫二次电池黏结剂的研究进展

目前人们对锂二次电池的研究主要集中在正极材料、负极材料、电解液及隔膜等几个方面，相反，对电池黏结剂的研究较少。同为锂二次电池的重要组成部分，黏结剂的主要作用是黏结和保持活性物质，增强电极活性物质与集流体和导电剂之间的电子接触，稳定电极结构。锂-硫电池在充放电过程中会发生体积膨胀/收缩，因此选择一种能起到一定缓冲作用的黏结剂是非常重要的。硫电极中所使用的黏合剂有聚环氧乙烷 $\{+CH_2CH_2O\}_n(PEO)\}$、聚偏氟乙烯 $\{+CH_2CF_2\}_n(PVDF)\}$、白明胶（一种可溶生物蛋白质）和水性黏合剂（LA132）。这些黏结剂的电导率通常很低，所以在硫电极中加入的黏合剂必须适量，含量过大会导致含硫正极材料的导电性不高，含量过少正极含硫粉末在电池充放电过程中易从集流体上脱落，所有这些都会导致硫的利用率和硫电极的放电比容量下降。

5.5.3.4 锂-硫二次电池隔膜的研究进展

现有研究报道中，通过寻找合适的正极材料和电解质体系，可使锂-硫电池的性能得到有效改善。隔膜作为锂电池体系中的重要组成部分之一，其性能的优劣对电池性能同样有着重要的影响。隔膜位于正负极之间，在充放电循环过程中，防止正负极接触而发生短路，并且允许锂离子进行自由迁移。作为隔膜材料须具备一定的多孔性、弯曲性、收缩性、润湿性和离子导电率。目前常用的锂-硫电池隔膜大都为传统的烯烃类隔膜，主要是指聚丙烯（PP）微孔膜、聚乙烯（PE）微孔膜以及 Celgard 公司生产的多层复合隔膜（PP/PE 两层复合或 PP/PE/PP 三层复合）。聚烯烃隔膜生产成本较低，孔径的尺寸可控，具有较好的化学和电化学稳定性以及良好的机械强度，但其厚度、强度、孔隙率难以兼顾，且其耐高温和耐大电流充放电性能差，应用到动力锂硫电池中存在巨大的安全隐患。同时，锂-硫电池由于充放电反应过程的复杂性及电解液的多样性，传统的聚烯烃隔膜不能很好地抑制锂硫电池中间产物聚硫化物的扩散。因此，开发更高品质隔膜材料也成为改善锂-硫电池整体性能重要方向之一。

(1) 针对传统的聚烯烃类隔膜材料与电解液亲和性差、离子电导率小的不足，研究人员采用对聚烯烃类隔膜进行改性的方法，以提高其可逆容量、离子传导性、充放电和库伦效率及循环利用等性能。具体的改性办法包括涂覆经锂化反应处理的全氟磺酸或者涂覆三氧化二铝惰性涂层等手段。

(2) 聚环氧乙烷（PEO）基隔膜 自 1973 年，Wright 发现 PEO 与碱金属的复合物导电之后，PEO 被应用到锂电池中做隔膜材料。但 PEO 本身结构规整性好，易于结晶，当制备的膜吸附电解液之后，结晶部分会阻碍锂离子的迁移，只有很低的离子电导率，在室温下无法应用。目前主要通过加入无机纳米填料或其他聚合物，降低 PEO 的熔点，抑制 PEO 链段的结晶，增加 PEO 链的无序化，提高电导率。

(3) 聚偏氟乙烯（PVDF）基隔膜 聚偏氟乙烯（PVDF）由于碳氟键（—C—F—）键能较强，并且每 2 个氟原子包围着 1 个碳原子，使得碳原子与其他原子不易发生反应，化学性质稳定，此外 PVDF 成膜后的机械性能较好，更为重要的是 PVDF 及其共聚物能与电解液凝胶化，形成聚合物凝胶电解质隔膜，被认为是理想的膜材料，在锂二次电池中起着巨大作用。但过高的结晶性能同样是限制 PVDF 基隔膜材料发展的不利因素，可以通过共聚方法可以在一定程度上破坏 PVDF 大分子规整性。

5.6 锂-空气电池

金属空气电池（metal air battery，MAB）亦称金属燃料电池（metal fuel cell，MFC）

由金属负极、电解液和空气电极构成，其空气电极的活性物质为氧气。它不像一般电池那样只能从电池装置内部索取，而是源源不断地从周围环境中汲取，因而金属空气电池都具有很高的理论比能量（不包含氧气质量），在该体系中，锌-空气电池、镁-空气电池和铝-空气电池已被长期广泛研究，其中锌-空气电池在助听器电源等领域的应用已实现商业化。锂具有最低的氧化还原电位（$-3.03V$ vs. SHE）和最小的电化学当量 $[0.259g/(A \cdot h)]$，与其他所有金属空气电池相比，锂-空气电池具有最高的理论比能量。表 5-2 为一些金属空气电池的理论比能量的对比。

表 5-2　金属空气电池的特性

金属空气电池	开路电压/V	理论比能量/(W·h/kg)	
		包含氧气	不包含氧气
Li-O$_2$	2.91	5200	11400
Na-O$_2$	1.94	1677	2260
Ca-O$_2$	3.12	2990	4180
Mg-O$_2$	2.93	2789	6462
Zn-O$_2$	1.65	1090	1350

从表中可以看出，锂-空气电池体系的比能量相对于其他电池体系来说最高，是比较理想的高比能量电池，巨大的能量密度决定着锂空气电池将在移动能源领域中有广泛应用。然而锂-空气电池尚处于发展初期，距商业化还有很长的一段路要走，若能成功解决锂-空气电池的安全、腐蚀及相关材料的设计和制备问题，在不久的将来，锂-空气电池会成为下一代新兴的化学电源，为能源史带来一次变革。

5.6.1　锂-空气电池的工作原理

锂-空气电池作为一项先进的能量储存和转移技术，以金属锂为负极，多孔气体扩散层为空气电极，在放电过程中将锂和氧气的化学能转变成电能（与燃料电池一样，只不过锂取代了燃料氢气），在充电过程中通过分解 Li 和 O$_2$ 的放电产物（非水体系的 Li$_2$O$_2$ 和水体系的 LiOH）来储存电能（如同电解装置或可逆的燃料电池通过分解水来产生氢气和氧气）。

人们研究的 Li-空气电池一般有两种形式：非水体系和水体系，且都是可再充电的。其电化学反应如下：

阳极：$$Li \rightleftharpoons Li^+ + e^- \tag{5-14}$$

阴极：非水系 $$2Li^+ + 2e^- + O_2 \rightleftharpoons Li_2O_2(E_0 = 2.96V \text{ vs. } Li/Li^+) \tag{5-15}$$

碱性溶液：$$O_2 + 2H_2O + 4e^- \rightleftharpoons 4OH^-(E_0 = 3.43V \text{ vs. } Li/Li^+) \tag{5-16}$$

酸性溶液：$$O_2 + 4e^- + 4H^+ \rightleftharpoons 2H_2O(E_0 = 4.26V \text{ vs. } Li/Li^+) \tag{5-17}$$

锂-空气电池结合了燃料电池与锂离子电池的优点。实际应用的锂-空气电池可提供的比能量高达 800 W·h/kg，是最先进锂离子电池的 4 倍。考虑到在水体系中反应式(5-16)与式(5-17) 涉及水或酸作为活性反应物，初步模拟结果显示非水体系的锂空气电池的理论比能量要高于水体系的锂-空气电池，因此，近年来非水体系锂-空气电池引起了更多科学工作者的关注。

锂氧电化学反应的中间产物，如 O$_2^-$、O$_2^{2-}$ 和 LiO$_2$/LiO$_2^-$ 非常活泼，可以轻松分解大部分有机溶剂。这样锂空气电池中的放电产物有 Li$_2$CO$_3$、LiOH 和烷基碳酸锂等，并非只有预期的可使电池真正可再充电的 Li$_2$O$_2$（用 Li-O$_2$ 产物代替特定的产物如 Li$_2$O$_2$、Li$_2$O、Li$_2$CO$_3$ 等，且锂-空气电池不同放电产物的生成，取决于电解质、空气电极，甚至是放电条件）。

近年来，对锂-空气电池中的氧电催化剂已有很多研究，然而，由于锂氧电化学认识的缺乏，对 $Li-O_2$ 反应催化剂的作用仍有很大分歧，对充电过程（即析氧反应）中 $Li-O_2$ 产物的精确化学成分也不明确。先前，人们假设放电产物为 Li_2O_2；但近期的研究表明 $Li-O_2$ 产物并非如此。尽管 Li_2O_2 分解和其他锂化合物（Li_2CO_3、$LiOH$、烷基碳酸锂）的电化学分解可能有某些联系，但其作用机理仍需进一步研究，尤其是 Li_2O_2 的生成和分解。

P. G. Bruce 在研究中提到，锂氧电化学涉及至少一个基础反应。而 Scrosati 和合作者用微分容量法分析了锂空气电池中的氧化还原电化学反应；在 ORR（oxygen reduction reaction，氧还原反应）和 OER（oxygen evolution reaction，析氧反应）过程中可看到 3 个反应峰（见图 5-11）。他们把这些峰分别归于 ①$O_2 + e^- + Li^+ \rightleftharpoons LiO_2$；②$LiO_2 + e^- + Li^+ \rightleftharpoons Li_2O_2$；③$Li_2O_2 + 2e^- + 2Li^+ \rightleftharpoons Li_2O$。虽与 P. G. Bruce 的结果不同，但对放电过程不会造成较大影响，因为这些锂化合物都是绝缘的，并在空气电极表面形成一层固态膜。

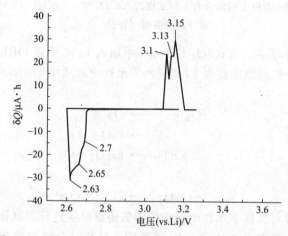

图 5-11　基于 Li/PCE/SuperP-O₂ 结构电池的微分容量曲线

锂-氧电池的放电产物 Li_2O_2 不溶解、不导电使锂氧电化学变得更复杂，其一旦在电极上生成，堵住表面并阻止进一步的 ORR 反应，尤其对于 OER 反应，可能致使电催化剂完全失效。而目前的主流观点认为，Li_2O_2 在空气电极的大量堆积是导致锂空气电池失效的主要原因之一。由此用大比表面积的孔道结构为放电产物提供更多的堆积空间是目前研究催化剂的一个方向。

ORR 和 OER 过程可能受电解质、电极材料、氧气压等多种因素影响。电极材料和电解质决定着氧气的反应机制。电解质添加剂，尤其是阳离子对于 ORR 和 OER 反应影响巨大，阴离子的影响却很小。已经被证实在非水性电解质中存在大量的像 TBA^+ 和 TEA^+ 的阳离子时，氧气的还原-氧化反应是一个电子转移的可逆反应。在这一反应中，氧分子首先还原成过氧根（O_2^-），接着被 TBA^+ 和 TEA^+ 溶解，然后被较小的电势氧化。如果电极电势太低，O_2^- 可以被进一步还原成 O_2^{2-}。超氧根离子则只会在很高的电势被氧化，形成一个超过 2V 的还原-氧化的峰电势差（见图 5-12）。在有大量正离子的非水性电解质中，氧还原是一个钝化反应，这意味着在 Pt、Au、Hg 和碳电极上发生的 ORR 反应会几乎相同。

相对而言，含有 Li^+、Na^+ 等少量阳离子的非水性电解质中的氧电化学反应则截然不同：①ORR 反应的起始电位发生明显偏移；②ORR/OER 变得更不可逆。P. G. Bruce 研究了含 Li 乙腈的 ORR/OER 反应。

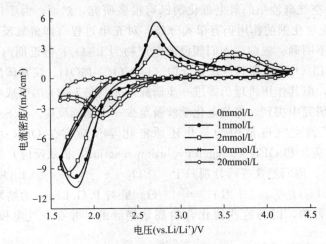

图 5-12　氧气中 Au 电极上浸润含有不同浓度的 LiClO₄ 的 0.1mol/L TBAClO₄-CH₃CN 的
循环伏安曲线（1.0V/s）

图 5-12 清楚地显示了在 TBAClO₄-CH₃CN 中加入 Li 离子后 ORR/OER 反应由可逆变成不可逆。基于此，他们总结出在含 Li 离子的非水性电解质中 ORR/OER 反应如下：

ORR：

$$O_2 + e^- \longrightarrow O_2^- \tag{5-18}$$

$$O_2^- + Li^+ \longrightarrow LiO_2 \tag{5-19}$$

$$LiO_2 \longrightarrow Li_2O_2 + O_2 \tag{5-20}$$

OER：

$$Li_2O_2 \longrightarrow 2Li^+ + O_2 + e^- \tag{5-21}$$

他们通过拉曼光谱对含锂非水性电解质中的氧还原反应进行测试证实了过氧根离子 O_2^- 与 Li^+ 在电极表面结合形成了 LiO_2。LiO_2 不稳定，随后歧化成稳定的 Li_2O_2。因此，实验室中 Li 空气电池的 ORR 过程按反应式(5-18)、式(5-19)、式(5-20)进行，并且由于锂-氧电池放电时间非常长，使得所有 LiO_2 在放电结束后都会歧化成 Li_2O_2，因此在锂-空气电池放电产物中一般观察不到 LiO_2（事实上，由于中间产物、副反应等的存在，在大多数锂-空气电池中也观察不到 Li_2O_2）。一旦充电，OER 过程就开始进行，Li_2O_2 会直接分解成 Li^+ 和 O_2，且反应不会涉及 LiO_2；也就是说，ORR 和 OER 的反应路线不同，这就解释了为什么充电和放电过程会有不同的过电位。

5.6.2　锂-空气电池目前所面临的问题

目前制约锂-空气电池发展和应用的主要问题如下。

① 锂-空气电池在空气中使用时，要防止一些气体杂质进入内部。在有机电解质体系锂空气电池中，因部分电解液暴露在空气中很容易吸收空气中的水或 CO_2，引起锂负极在空气中腐蚀；另外，H_2O 和 CO_2 会在产物中生成一些 Li_2CO_3，其在电化学循环中是不可逆的，容易导致锂-空气电池的循环性能下降。

② 锂-空气电池开放的工作环境容易使电解液挥发，而有机电解质的易挥发特性会对电池的放电容量、使用寿命及安全性能造成很大影响。而传统的含羰基有机电解质如碳酸乙烯酯（EC）、碳酸丙烯酯（PC）、碳酸二甲酯（DMC）等则被证实在放电过程中会分解。如图

5-13 为含羰基电解液在充放电过程中的反应示意图，因此寻找新的电解液并发挥其最佳性能的工作迫在眉睫。

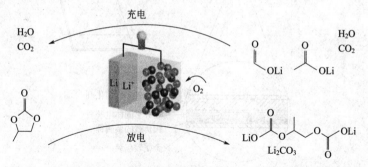

图 5-13　烷基碳酸盐电解液反应示意图

③ 合适的空气电极催化剂的选择。在无催化剂存在时，氧气在阴极的还原非常缓慢。为降低正极反应过程的电化学极化、加快氧气在阴极的还原速度，必须在锂空气电池中加入高效的氧还原催化剂，而经典的氧还原催化剂钛氰钴、贵金属及其合金等价格昂贵，不利于工业化生产。另外，由于锂空气电池的充电电压很高，一般都在 4.5V 左右或者更高，使用合适的催化剂也有利于减小充电电压，因此寻找廉价高效的氧还原催化剂迫在眉睫。而且，对于锂-空气电池，研发新型的催化剂、电解液都要面对的问题就是，锂-空气电池的 ORR 过程的机理尚不十分明确，这对提高锂-空气电池的性能具有非常重要的意义。如 2012 年有研究者发现，锂-空气电池中常用做催化剂的碳材料及一些含羰基电解质在充放电过程中都会存在分解反应，如图 5-14 所示，这对锂-空气电池的性能以及重新设计都有着重大的影响。

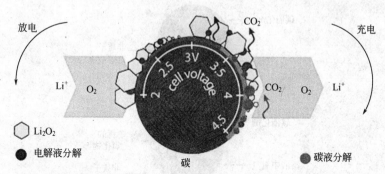

图 5-14　碳材料及含羰基电解质在充放电过程中发生分解

5.6.3　锂-空气电池的研究进展

锂-空气电池最早于 1976 年提出，因当时采用的水性电解质体系无法避免金属锂与水的接触而使研究停滞。1996 年，Abraham 等人成功的将有机电解质体系引入到锂-空气电池，代替了水溶液电解质。其开路电压（open-circuit voltage，OCV）在 3V 左右，比能量为 $250\sim350W\cdot h/kg$（结构见图 5-15）。从此，掀起了对有机电解质体系锂-空气电池研究的热潮。

5.6.3.1　电解质的研究进展

ORR/OER 的电催化剂是提高电池功率密度、循环性能和能量效率的关键，也是可再

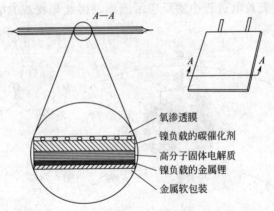

图 5-15　Abraham 报道的锂-空气电池模型示意图

氧渗透膜
镍负载的碳催化剂
高分子固体电解质
镍负载的金属锂
金属软包装

充电锂-空气电池的动力。新的锂-空气电池电催化剂的设计取决于对氧气催化机制（ORR/OER）的认识，但与水性锂-空气电池相比，人们对非水性锂-空气电池的氧气电化学的认识程度有限，有待进一步研究。

P. G. Bruce 曾指出，有机电解质的研究应集中于导电性、稳定性及氧气与放电产物的可溶性三个方面，为锂氧电池有机电解质的研究指明了方向。

氧还原反应生成的超氧负离子、过氧负离子等不溶于电解液中，因此在长期的放电过程中，空气电极多以固液两相存在，与水系电解液体系的三相反应（见图 5-16）不同，其正极为两相反应。所以能够影响"溶解氧"的因素有氧气在电解液中的溶解度、氧分压、扩散系数等。

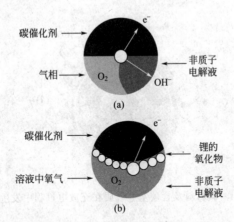

碳催化剂
气相
O_2
e^-
OH^-
非质子电解液
(a)

碳催化剂
溶液中氧气
O_2
e^-
锂的氧化物
非质子电解液
(b)

图 5-16　锂-空气电池在水系电解质和有机电解质中的空气电极的界面模型

2005 年，Kuboki 等分别对 5 种离子液体[1-乙基-3-甲基咪唑二(五氟乙基磺酸)亚胺(EMIBETI)、1-甲基-3-辛基咪唑二(三氟甲基磺酸)亚胺(MOITFSI)、1-乙基-3-甲基咪唑二(三氟甲基磺酸)亚胺(EMITFSI)、1-丁基-3-甲基咪唑六氟磷酸盐(BMIPF6)和 1-丁基-3-甲基咪唑无氟丁基磺酸盐(BMINf)]的性能进行了测试，并把室温离子液体应用到了锂-空气电池中。研究表明，在 20℃，相对湿度 90% 的条件下，EMITFSI、EMIBETI、MOITFSI 表现出了较好的阻水性能，在 $0.01mA/cm^2$ 的放电条件下，MOITFSI、EMIBETI、EMITFSI 的空气电极容量分别为 640mA·h/g、1790mA·h/g、5360mA·h/g（如图 5-17 所示）。

2010 年，Abraham 课题组研究了 DMSO、DME、TEGDME 等对空气电极反应的影

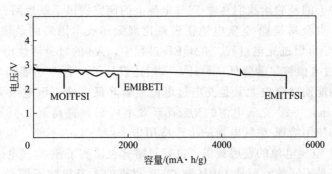

图 5-17　东芝公司研制的离子液体体系的锂-空气电池的放电曲线

响，在循环伏安分析中，他们根据氧化峰和电势数值的变化清晰地解释了含有锂盐的有机电解液中 ORR 过程的反应机理，并证实了 TEGDME 作为锂-空气电解质的可行性。其他学者则研究了 EC、PC 等在锂离子电池中的传统碳酸酯类溶剂在锂-空气电池中作为电解液时空气电极的充放电产物。证实传统的含羰基有机电解质如 EC、PC、碳酸二甲酯（DMC）等会在放电过程中分解。

5.6.3.2　正极催化剂材料的研究进展

锂-空气电池的功率、能量密度及能量效率都取决于空气电极。目前，锂-空气电池的充放电只能在 $0.1 \sim 0.5 \text{mA/cm}^2$ 的电流下（锂离子电池大于 10mA/cm^2，PEM 燃料电池大于 1500mA/cm^2）进行，电压效率低［小于 60%（锂离子电池大于 90%）］，充放电电压的过电位大于 1.0V。导致这些问题的原因可能在于空气电极性能较差、氧气氧化还原反应动力学缓慢、空气电极设计效率低，且伴有 $Li-O_2$ 副反应的发生。

近几年，对初级锂-空气电池和可再充电锂-空气电池的已有大量研究。尽管最近的报道已经质疑这些催化剂的真正的催化效果，研究结果仍然可以为我们将来对锂氧电催化剂的研究提供一个指导。正极催化剂大概可分为以下三类：①多孔碳材料，包括炭黑、纳米结构碳、多功能碳、类金刚石纳米结构碳及石墨烯；②贵金属（合金），如 Pt、Au、Ag 及 Pd；③过渡金属氧化物，主要是锰基氧化物和复合材料及钴氧化物。

(1) 多孔碳　严格来说，虽然碳不是催化剂，却被广泛地应用在锂空气电池的空气电极上，或者作为催化剂载体，或者作为导电添加剂或者本身为催化剂。锂空气电池中的空气电极如同 PEM 燃料电池的气体扩散电极。众所周知，孔状结构对气体扩散电极来说是非常重要的，而碳作为电子导电性最好的材料可以提供所需要的孔道结构。事实上，碳也是空气电极设计的关键。对锂-空气电池中碳的研究表明孔容，尤其介孔是决定锂-空气电池倍率性能的因素，并非比表面积。因此介孔的最优化成为人们最关心的问题，因为孔太大或太小都会使介孔孔容的利用率下降。

曾有很多报道声称氮掺杂碳具有良好性能，如炭黑在氮掺杂后，尽管比表面积、孔容、孔径尺寸及孔隙率的增加＜12%不显著，但放电容量系数却增加 5 倍，放电电压也升高。这表明了氮掺杂本身具有更高的反应活性。然而，碳材料作为空气电极催化剂时，其上面的官能团在充放电循环过程中不可避免的会发生分解。若采用氧同位素标记法，以 P50 碳纸为空气电极，研究只有碳催化剂时的锂空气电池，检测出的放电产物主要是碳酸酯的分解物 Li_2CO_3、烷基碳酸锂及少量 Li_2O_2，充电过程中产物主要是 CO_2，而非 O_2。因此碳材料催化剂会逐渐淡出锂-空气电池领域。与材料相比，结构对锂-空气电池的电化学性能影响更大，而碳材料结构上的经验给我们在锂-空气电池上的研究提供了新思路。

(2) 贵金属　贵金属是锂-空气电池正极催化剂除却成本因素的最优选择：Au/C可促进放电过程而Pt/C可促进充电过程。在ORR过程中，Au的自身活性比C更高，尤其在高倍率下，ORR的过电位被显著降低。另外，人们还设计了一种双功能纳米Pt-Au合金催化剂。这种该催化剂能使过电位尤其是充电过电位显著降低，使充电电压为$3.4\sim3.8V$低于纯碳极$4.5V$的电压，将锂-空气电池的充放循环效率从57%提高至73%。

虽然贵金属的使用给锂-空气电池的生产应用带来经济上的不便，但双功能电催化剂概念的提出为未来锂-空气电池的发展提供了良好策略。也证实了锂-空气电池的ORR/OER过程的电催化剂可能是不同的，就像ORR和OER过程的本身机制不同是一样的。例如，Pt是一种很好的氧还原电催化剂，但对于析氧氧化却表现不好；相对的，铱及铱氧化物呈现出氧还原中弱电催化活性，却在析氧过程中有良好的催化性能。

(3) 金属氧化物　金属氧化物储量丰富，价廉易得，在锂-空气电池的催化剂方面性能良好，成为人们关注的焦点。目前已经研究了在水体系电池（燃料电池、锌空气电池等）中被广泛使用的多种过渡金属氧化物（$La_{0.8}Sr_{0.2}MnO_3$、Fe_2O_3、Fe_3O_4、Co_3O_4、NiO、MnO_2、CuO、$CoFe_2O_4$）作为锂-空气电池氧催化剂的情况。他们发现Fe_3O_4、CuO和$CoFe_2O_4$具有最高的容量保留率，而Co_3O_4在初始容量和容量保留率之间有最好的平衡，与其他催化剂相比充电电压较低、循环稳定性更好。

空气电极表面沉积的这些物质对后续反应的影响可能很大。但是，寻找影响锂-空气电池放电过程的决定性因素并非易事。事实上，空气电极孔道的堵塞、碳表面催化活性位的堵塞，抑或是$Li-O_2$的放电产物致使的电极钝化。都会影响锂-空气电池的充放电行为。其作用大小依空气电极的设计情况而定。对于一个有能高效转移空气的通道的薄层空气电极而言，钝化机制可能控制着放电过程；相反，对一个低效率的空气转移的较厚的空气电极来说，孔道堵塞应该是电池衰减的主要原因，尤其在高电流密度下，该结论可由空气电极碳载量对比容量有较大影响中得出。因此，设计对发展新的空气电极来说是非常重要的。

5.6.4　锂-空气电池自支撑正极

如上文所述，锂-空气电池正极通常是采用和膏、涂覆法制备的多孔碳气体扩散电极。人们最先研究的锂-空气电池多以低成本、导电性好且拥有丰富活性位的多孔碳材料，例如活性炭、碳纳米管和石墨烯等作为正极催化剂或载体材料。有机黏结剂的加入可以帮助碳材料形成一个多孔的物质传输网络，而材料的大比表面积为电极反应提供了丰富的活性位点。但是正极反应的中间产物O_2^-及LiO_2拥有超高的活性，极易与碳材料（包括疏水性碳和亲水性碳）和有机黏结剂发生反应，导致正极分解并发生复杂的副反应，这是锂-空气电池循环性能差的主要原因。通常，研究人员采用无碳无黏结剂的自支撑材料来解决上述问题，包括使用贵金属或者过渡金属（Mn、Co等）氧化物的多孔材料作为自支撑正极。贵金属泡沫的高稳定性、高导电性和多孔结构帮助电池实现了优异的倍率和循环性能，但是其高昂成本限制了这类材料的实用化。而Mn和Co的氧化物具有与贵金属相近的催化能力和低得多的成本是贵金属主要的替代材料，但是其不理想的导电性不利于锂-空气电池的倍率性能。另外，这些氧化物在锂-空气电池工况下的稳定性也是存疑的：电池反应的中间产物超强的给电子能力使他们同样对于这几种氧化物拥有降解作用，这也是这几种催化剂的循环性能不理想的重要原因。综上，为了得到高功率、长寿命且实用的锂-空气电池正极，噬待开发一种高稳定的、低成本的、高催化能力的、高导电性的、拥有多孔结构的自支撑电极，将集流体、催化剂、气体扩散层集合于一体。

基于这一点，哈尔滨工业大学孙克宁课题组开发了多种高稳定性、低成本、性能优异的锂-空气电池自支撑正极，简要介绍如下。

(1) TiO₂基锂-空气电池正极 为了解决碳材料在锂-空气电池中的分解问题，提出了泡沫 Ti 支撑的 TiO_2 纳米管阵列作为正极基体，负载催化剂后作为电池正极实现了超过 140 圈的循环寿命。

如图 5-18 所示，我们在泡沫 Ti 表面制备了规则排列的 TiO_2 纳米管阵列，并使用冷溅射的方法在 TiO_2 纳米管表面成功沉积了一层尺寸小于 10nm 的 Pt 纳米颗粒催化剂。泡沫 Ti 中的大孔隙和 TiO_2 纳米管中的纳米级孔道为锂-空气电池正极反应提供了发达的物质传输通道，而高分散的 Pt 纳米颗粒则为材料提供了优异的催化能力。电池实现了 5C 倍率下循环超过 140 圈的循环性能，如图 5-19 所示。

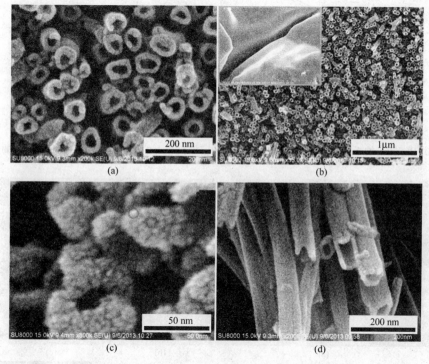

图 5-18　泡沫钛支撑的 Pt/TiO_2 纳米管阵列的 SEM 照片
注：（b）中插图为原始泡沫 Ti；（c）中圆圈内为 Pt 纳米颗粒

(2) Ti 纳米线阵列锂-空气电池正极 鉴于以上原因，我们开发了拥有更好的电子导电网络的泡沫 Ti 支撑的 Ti 纳米线阵列载体，通过电极电导率的提升进一步改善电池性能。如图 5-20 所示，在泡沫 Ti 基材上使用简单的 HF 酸刻蚀的方法制备了 Ti 纳米线阵列。此种载体既保持了发达的物质传输通道，又拥有比 TiO_2 纳米管阵列更好的导电性。载体表面冷溅射上 Au 纳米颗粒（<10nm）后，对电极的孔道结构没有丝毫影响。

由电池的充放电曲线和循环性能可以看出，比起 TiO_2 纳米管阵列作为载体的电极，Ti 纳米线阵列帮助电池实现了更小的过电位和更好的循环性能，达到了 5C 倍率下的 640 圈循环（如图 5-21 所示）。而 XPS 和 HNMR 结果表明电极和电解液在锂-空气电池中长循环后保持了很好的稳定性。

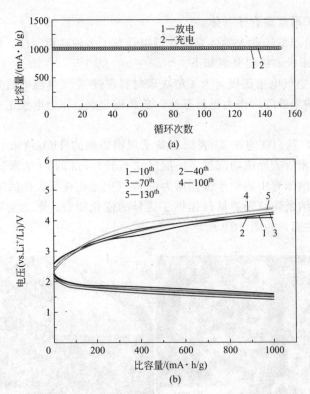

图 5-19　(a) Pt/TiO₂ 纳米管阵列催化的锂-空气电池在 5C 倍率下的循环性能；(b) 不同阶段的充放电曲线

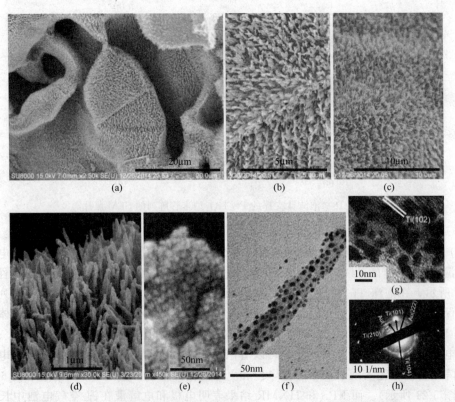

图 5-20　(a)~(c) 泡沫 Ti 支撑的 Ti 纳米线阵列 SEM 照片；(d)，(e) Ti@Au 纳米线阵列的 SEM 照片；
(f)，(g) Ti@Au 纳米线的 TEM 照片；(h) Ti@Au 纳米线的选区电子衍射图案

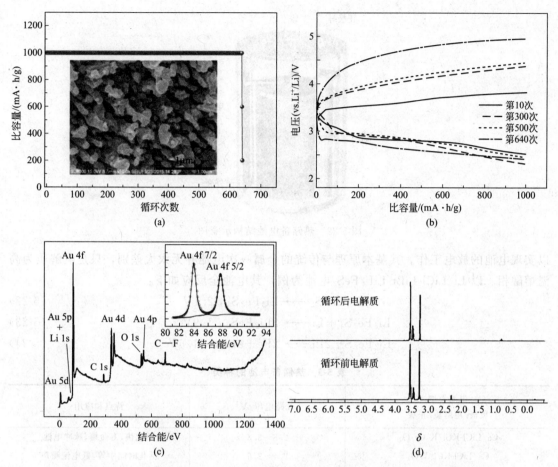

图 5-21 （a）以 Ti@Au 纳米线阵列为正极的锂-空气电池 5C 倍率下的循环性能，
插图为电极循环后的 SEM 照片；（b）不同阶段的充放电曲线；（c）循环后电极的 XPS 谱，
插图为 Au4f 的精细谱；（d）循环前后电解液的 HNMR 谱

5.7 锂基热储备电池

　　金属锂负极的另一重要应用是在热储备电池中作为高比能的负极材料。热储备电池，又称热激活储备电池，储存时电解质为不导电的固体，一般是熔融盐，使用时用电发火头或撞针机构引燃其内部的加热药剂，使电解质熔融成为离子导体而被激活的一种储备电池，如图5-22 所示。此种电池具备电流密度大、脉冲放电能力强、激活时间短、储存时间久、可使用温度范围广等优良性能，一般在 $400 \sim 600 ℃$ 使用。此类电池储存时间理论上是无限的，实际达 10 年以上，因此广泛应用于各种军事武器，特别是多应用于武器和军事装置的引信电源（例如，导弹和鱼雷）。热储备电池多采用氯化锂/氯化钾等低共熔物作为电解质，锆与铬酸铅末或铁粉与氯酸钾作为加热药剂。负极活性物质多用钙、锂或镁，正极活性物质为铬酸盐、金属氧化物（如五氧化二钒、三氧化钨）或硫化物（如二硫化铁）等，常用的热储备电池如表 5-3 所示。热储备电池由于其全固态结构，可以做到超长时间存储、待命。也正以如此，电池启动时需要电池内部的加热装置对电解质进行加热达到熔融状态，使其导离子，

正极耳

电热装置

电芯

外壳

图 5-22　热储备电池结构示意图

以实现电池的放电工作。其基本原理与传统的金属一次电池并无太大差别，只是电解质为高温熔融相。以 Li/LiCl-LiBr-LiF/FeS$_2$ 电池为例，其电池全反应如下：

$$3Li + 2FeS_2 \longrightarrow Li_3Fe_2S_4，2.1V \tag{5-22}$$

$$Li_3Fe_2S_4 + Li \longrightarrow 2Li_2FeS_2，1.9V \tag{5-23}$$

$$Li_2Fe_2S + 2Li \longrightarrow 2Fe + 2Li_2S，1.6V \tag{5-24}$$

表 5-3　热储备电池的种类

电池类型 负极/电解质/正极	开路电压/V	特点和应用
Ca/LiCl-KCl/K$_2$Cr$_2$O$_7$	2.8~3.3	活化快，寿命短，脉冲电池
Ca/LiCl-KCl/WO$_3$	2.4~2.6	活化时间中等，低电流噪声
Ca/LiCl-KCl/CaCrO$_4$	2.2~2.6	寿命中等
Mg/LiCl-KCl/V$_2$O$_5$	2.2~2.7	寿命较短
Ca/LiCl-KCl/PbCrO$_4$	2.0~2.7	活化快，寿命短
Ca/LiBr-KBr/K$_2$Cr$_2$O$_4$	2.0~2.5	寿命短，高电压低电流
Li(合金)/LiCl-LiBr-LiF/FeS$_2$	1.6~2.1	寿命较短，高容量
Li(金属)/LiCl-KCl/FeS$_2$	1.6~2.2	长寿命，高容量
Li(合金)/LiBr-KBr-LiF/CoS$_2$	1.6~2.1	长寿命(超过 1h)，高容量

　　热电池的负极材料对电池输出比容量和比功率有显著的影响，是决定热电池电化学性能的关键因素。经过几代发展，负极材料已经从最初的金属电极（镁、钙等）改进为锂系合金电极（锂铝、锂硅、锂硼）。由表 5-3 可以看出，要想获得高容量长寿命的储备电池以满足储备时间长且工作时间窗口宽的装备（例如远程战略导弹）的需求，使用金属锂及其合金作为负极材料是必然趋势。金属锂作为热电池的负极，在工作电压、比容量以及电池热稳定性等几个方面有了明显的改善，因其较低的放电电压和超高的容量密度。如前面几节所述，这一点也正是金属锂作为电池负极材料的一贯优点。但是作为热电池的负极材料时，因为热电池超高的工作温度必须对金属锂改性或者合金化。如表 5-4 所示，金属锂由于较低的熔点导致了不理想的工作温度，所以并不适合直接用于高温热电池。而锂硼合金的各种性能与纯金属锂十分接近，放电电位较低，相对金属锂达到了 0.1V；同时又具有较高的放电电流密度，其最大电流密度达到 8A/cm^2；特别是其耐受温度高达 1200℃，远高于金属锂负极。由此可

见，锂硼合金材料是一种性能优异的负极材料。用它制作的热电池具有体积小、重量轻、激活时间短（＜0.4s）、输出功率大（几百瓦至几千瓦）、工作寿命长等特点。

表 5-4　锂基热电池用阳极材料的性能

项目	纯金属锂	锂硼合金	锂硅合金	锂铁合金	锂铝合金
含锂量(质量分数)/%	100	72	44	19	19
电位(相对锂电极)/V	0.0	0.1	0.2	0.0	0.3
利用率/%	100	90	86	95	85
最高工作温度/℃	＜150	＞1200	约720	＞1200	约700
最大电流密度/(A/cm²)	8	8	0.5	0.5	0.5
主相	Li	Li_7B_6	$Li_{13}Si_4$	混合物	LiAl

以锂硼合金制作热电池阳极材料时可显著简化电池制备步骤、提高电池的综合性能，相同容量的热电池体积和重量可减小 10%～30%，最大放电电流可增加 3 倍，比容量可提高近 2 倍。以锂硼合金装配的电池阳极比锂硅合金具有更高的最高电压和更长的放电时间。实际上，锂硼合金之所以在 600℃ 以上仍能保持固态，具有超高的工作温度，是因为它是一种锂硼化合物多孔耐热骨架与填充在孔隙之中的金属锂构成的复合材料。在合成过程中伴随有两次放热反应，反应过程中要对条件和环境进行严格控制，才能获得所需要的结构。

20 世纪 70 年代末期，美国海面武器研究中心成功制备了锂硼合金，首次探究了锂硼合金在熔融盐中的电化学性能，申请了制作锂硼合金的专利。我国的北京有色金属研究院和长沙粉末冶金国家重点实验室等单位也于 20 世纪 90 年代研制出了适用于热储备电池的锂硼合金材料，为我国高性能装备用储备电池的发展做出了贡献。近年的研究主要集中在锂硼合金的电化学性能、合成反应的热分析及材料的物理性能测量、材料晶体结构与化学组成、反应机制等方面。与纯锂类似，锂硼合金的化学性质十分活泼，表面极易与潮湿空气中的 N_2、O_2、H_2O 发生化学反应。通过对比热重分析实验中在 Ar、N_2、O_2 和空气四种不同流动气氛中合金的反应活性以增重和反应速率计算，得知锂硼合金活泼的化学性质主要是出自 Li。因此，开发更稳定的锂硼合金和研究更可控的电池生产方法是锂基热储备电池的研究前沿。

5.8 小结

锂电池作为一种历史悠久的电池家族在人们的生产生活中扮演了重要角色，无论是成熟的一次电池还是正在研发阶段的高能二次电池都在不断地吸引人们的关注，其发展也将对电源工业和产业带来更深的影响。金属锂一次电池已经成为当前低成本、高能量密度电池的主力军，也是锂电池家族中出现最早、研究最清楚的一类。金属锂二次电池由于其超高的比能量，已经成为当下二次化学电源的主要研究方向，包括锂-硫电池和锂-空气电池等。这一类二次电池的优点和结构前面已经详述，其研究重点和发展的限制因素也已说明，此类二次电池还没有真正商业化的另一个重要原因是金属锂负极材料的稳定性和安全性问题，这也是锂电池出现以来，科学界一直努力去解决的一个重大科学问题。金属锂作为二次电池负极在充放电循环中不断地发生电解和电沉积的可逆过程，此过程会导致重新沉积的金属锂不规则生长，形成枝状晶体。这一过程作为二次电池存在两个致命的问题：①枝晶生长会刺破隔膜，造成微短路，最终导致电池过热甚至起火爆炸；②不断更新的金属锂表面会与电解液连续地发生反应，造成电解液消耗以及生成副产物。解决这两个问题需要人们深入研究金属锂的电解及电沉积行为、金属锂在充放电过程中与电解液之间发生的电化学反应、甚至是隔膜与金属锂之间的关系等基础科学问题。目前，研究人员主要从以下几个方面入手来解决这两个问题：开发具有规则微纳结构的金属锂负极以控制枝晶的过度生长、开发特殊电解液以保证其与金属锂之间的副反应在可控范围内、开发高安全性隔膜以避免微短路情况的出现。但是，到本书撰写完成为止，还没有出现一种高效的、可以商业化的手段解决这两个令人头痛的问题，更深入的研究工作还需进一步开展。

思考题

1. 金属锂电池的优点有哪些？
2. 金属锂电池按照电解质可以分为哪几类？
3. 锂-碘电池可以用于心脏起搏器电源的原因是什么？
4. 锂-二氧化锰电池的比能量和能量密度大概分别为多少？
5. 锂-亚硫酰氯电池是一次电池还是二次电池？
6. 影响锂-硫电池循环性能的因素有哪些？
7. 一般认为有机电解液体系中锂空气电池的放电产物是什么？
8. 锂空气电池常用的正极催化剂有哪几种？
9. 锂空气电池各种催化剂的优缺点是什么？
10. 尝试讨论一下金属锂电池的共同缺点是什么，解决办法有哪些？

参 考 文 献

[1] 查全性. 化学电源选论. 武汉：武汉大学出版社，2005.
[2] 夏熙. 二氧化锰及相关锰氧化物的晶体结构、制备及放电性能. 电池，2005，35（5-6）：363-411.
[3] 康卫民，马晓敏，赵义侠，等. 锂硫电池隔膜材料的研究进展. 高分子学报，2015，11：1258-1265.
[4] David Linden, Thomas B Reddy. Handbook of batteries. The McGraw-Hill Companies，2002.
[5] Tarascon J M, Armand M. Issues and challenges facing rechargeable lithium batteries. Nature，2001，414（6861）：359-367.
[6] Kinoshita K. Electrochemical oxygen technology, the electrochemical society series. New York：Wiley，1992.
[7] Visco, S. Beyond Lithium Ion. Rechargeable Lithium-air Battery Technology Based on Protected Lithium Electrodes. Richland，WA：Pacific Northwest National Laboratory，2011.
[8] Bruce P G, Freunberger S A, Hardwick L J, et al. Li-O$_2$ and Li-S batteries with high energy storage. Nature materials，2011，11（1）：19-29.
[9] Peng Z, Freunberger S A, Hardwick L J, et al. Oxygen Reactions in a Non-Aqueous Li$^+$ Electrolyte. Agewandte Chemie International Edition，2011，50（28）：6351-6355.
[10] Hassoun J, Croce F, Armand M, et al. Investigation of the O$_2$ Electrochemistry in a Polymer Electrolyte Solid-State Cell. Angewandte Chemie International Edition，2011，50（13）：2999-3002.
[11] Xu W, Xu K, Viswanathan V V, et al. Reaction mechanisms for the limited reversibility of Li-O$_2$ chemistry in organic carbonate electrolytes. Journal of Power Sources，2011，196（22）：9631-9639.
[12] 张灯. 锂空气电池的基础研究［D］. 上海：复旦大学，2010.

[13]　Mm O T，Freunberger S A，Peng Z，et al. The carbon electrode in nonaqueous Li-O$_2$ cells. Journal of the American Chemical Society，2013，135（1）：494-500.

[14]　McCloskey B D，Scheffler R，Speidel A，et al. On the efficacy of electrocatalysis in nonaqueous Li-O$_2$ batteries. Journal of the American Chemical Society，2011，133（45）：18038-18041.

[15]　牛艳宁. 钛纳米线阵列和多孔钛的制备及其在 Li-O$_2$ 电池中的性能研究. 哈尔滨：哈尔滨工业大学，2015.

[16]　吕吉先. 过钼酸铵辅助合成自支撑石墨烯材料及其电化学储能性质研究. 哈尔滨：哈尔滨工业大学，2015.

[17]　李甜. 热电池电极材料锂硼合金的分析方法研究. 北京：北京有色金属研究总院，2014.

第6章

锂离子电池

锂离子电池是由 SONY 公司于 1990 年首先在市场上推出的新一代二次电池。锂离子电池与其他常用二次电池（铅酸电池、Cd-Ni 电池、MN-Ni 电池）相比，锂离子电池具有工作电压高、能量密度大、使用温度范围宽（－40～60℃）、自放电率低、循环寿命长、无记忆效应、环境友好等优点。经过数十年的发展，锂离子电池的生产技术与工艺在不断地改进与完善，电池性能不断提高，成本逐渐降低。随着电动汽车的应用，太阳能、风能等清洁能源的开发与智能电网的发展，对能量储存与转化的需要不断增大，锂离子电池将在社会经济、人民生活中发挥着更为重要的作用。

6.1 锂离子电池简介

6.1.1 锂离子电池的发展历程

锂离子电池的研究最早始于 20 世纪 60～70 年代的石油危机。锂离子电池是在锂一次电池基础上发展起来的新型高能电池。对锂离子电池的研究始于 20 世纪 80 年代，在 90 年代得到迅速发展和应用。

以金属锂为负极的二次电池在充电的时候，由于金属锂电极表面的不均匀造成表面电位分布不均匀，造成锂不均匀沉积，这样导致锂在一部分沉积过快，产生枝晶。枝晶生长到一定程度时，一方面会折断产生"死锂"，造成锂的不可逆；另一方面枝晶可能穿破隔膜造成短路，产生严重的锂电池安全问题。为了消除锂枝晶的生成，解决锂二次电池的安全问题，1980 年，Armand 首次提出"摇椅电池"的构想，即用低嵌锂电位的层间化合物替代金属锂负极，配置以高嵌锂电位的嵌锂化合物做正极材料，组成没有金属锂的二次电池。这样伴随着充电和放电，锂离子可以来回移动，相当于 Li 的浓差电池。紧接着 Goodenough 等合成了能够可逆地插入和脱出 Li 的层状化合物 $LiMO_2$（M＝Ni、Co、Mn），后来，逐渐发展成为锂离子二次电池的正极材料。

6.1.2 锂离子电池的工作原理

图 6-1 是锂离子电池工作原理图。如图 6-1 所示，充电时，正极中的锂离子，在外电场的作用下，经过电解液向能量较高的负极迁移，然后锂离子嵌入负极；放电时，嵌入到负极中的锂离子向负极表面移动，并在外电场的作用下，锂离子由电解液流向正极，

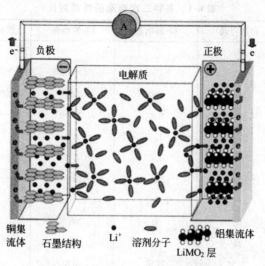

图 6-1 锂离子电池工作原理图

电子通过负载流流向正极，并插入到正极中去。在该电池中，锂是以离子形式嵌入和脱嵌，所以被称为锂离子二次电池。正是由于锂离子电池的这种只涉及锂离子而不涉及金属锂的充放电过程，使得从根本上消除了锂枝的析出问题，解决了二次锂电池的循环性与安全性问题。

锂离子电池的典型化学表达式为：$(-)C_n | electrolyte | LiMO_x (+)$，正负极及电池总反应见式(6-1)至式(6-3)所示。

正极反应：

$$LiMO_x \xrightarrow[\text{放电}]{\text{充电}} Li_{1-y}MO_y + yLi^+ + ye^- \tag{6-1}$$

负极反应：

$$C_n + yLi^+ + ye^- \xrightarrow[\text{放电}]{\text{充电}} Li_yC_n \tag{6-2}$$

电池总反应：

$$LiMO_x + C_n \xrightarrow[\text{放电}]{\text{充电}} Li_{1-y}MO_y + Li_yC_n \tag{6-3}$$

负极反应以碳负极为代表，电极电位与金属锂负极电位接近，根据锂离子电嵌入碳负极中的量不同，电极电位介于 $0.001 \sim 0.25V$（vs. Li）之间。正极电极电位嵌入化合物中金属元素 M 不同而不同，如锰酸锂和钴酸锂正极电极电位约 $4.1V$（vs. Li），镍酸锂正极电极电位约 $3.8V$（vs. Li）。

6.1.3 锂离子电池的特点及分类

表 6-1 对比了各种二次电池的性能。如表 6-1 所示，锂离子电池与传统化学电源相比，具有如下优点。

① 工作电压高：商品锂离子电池的工作电压为 $3.6V$，是 Ni-Cd、Ni-MH 电池的 3 倍。

② 比能量大：锂离子电池的比能量已经达到 $180W \cdot h/kg$，是 Ni-Cd 电池的 3 倍，Ni-MH电池的 1.5 倍。

③ 循环寿命长：通常具有大于 1000 次的循环寿命，在低放电深度下可以达到几万次，超过其他二次电池。

④ 具有快速充电能力，$1C$ 充电时容量可以达到标称容量的 80% 以上。

⑤ 自放电率小，月自放电率为 $3\% \sim 9\%$。

表 6-1 各种二次电池的性能对比

性能	铅酸电池	镍-镉电池	镍-氢电池	锂离子电池	锂聚合物电池
比能量/(W·h/kg)	50	75	75~90	180	120~160
能量密度/(W·h/L)	100	150	240~300	300	250~320
功率密度/(W/L)	200	300	240	200~300	220~300
循环寿命/次	300	800	>500	>1000	400~500
开路电压/V	2.1	1.3	1.3	>4.0	>4.0
平均输出电压/V	1.9	1.2	1.2	3.6	3.7
工作温度/℃	−10~50	−20~60	−20~50	−20~60	−20~60
月自放电率/%	3~5	15~20	20~30	6~9	3~5
记忆效应	无	有	有	无	无
毒性	高	高	中	低	低
形状	固定	固定	固定	固定	不固定

⑥ 无记忆效应。

锂离子电池的种类很多，分类方法也有多种。

① 根据电池所采用电解质的状态不同，可以分为液体锂离子电池、全固态锂离子电池和聚合物锂离子电池；

② 根据温度来分，可分为常温锂离子电池和高温锂离子电池；

③ 从外形分类，一般可分为圆柱形、方形和扣式三种，聚合物锂离子电池除了可以制成方形和圆形外，还可以根据需要制成任意形状。

6.1.4 新一代锂离子电池的发展需求

电池的发展已经经历了 180 多年的历史，从铅酸电池、镉-镍电池发展到镍-氢电池和锂离子电池，电池的能量密度和功率密度都在不断提高。目前，锂离子电池的能量密度已达到铅酸电池的 5~8 倍，在各个领域都得到了广泛应用。

(1) 便携式电子设备 随着手机、相机、笔记本电脑等设备向着小、轻、薄等方向发展，人们对电池的稳定性、安全性、续航能力、充放电时间和次数等的要求越来越高。作为先进的二次电池的典型代表，锂离子电池具备的质量轻、体积小、续航时间长等优点使便携式电子设备实现了革命性的突破。

(2) 电动汽车 目前的混合动力汽车主要采用铅酸、镍-氢电池作为供能电源，并在双路用备用电源上连接数十个电化学电容器。随着汽车电子控制线路的增多，要求备用电源具有更高的容量。与现在的电化学电容器相比，新型锂离子电池同样具有高可靠性，能够大幅度提高质量和体积比能量，正在逐步取代传统铅酸和镍-氢电池。

(3) 军事 在国防军事领域，锂离子电池涵盖了海（鱼雷、潜艇、水下机器人）、陆（单兵系统、陆军战车、军用通信设备、导弹）、空（无人侦察机）等诸多兵种。由于锂离子电池具有能量密度高、质量轻、体积小等优点，因此装备后可以提高武器、装备的灵活性。

(4) 航空航天 由于锂离子电池具有很强的优势，因此目前已经用于火星着落器和火星漫游器。在今后的系列探测任务中也将采用锂离子电池。除了美国航空航天局的星际探索外，其他航天组织也在考虑将锂离子电池应用于航天任务中。如"神舟七号"已经采用锂离子电池作为主电源。

可以看到，不管是在民用还是军用领域，锂离子电池只有不断提高能量密度、功率密度、安全可靠性和循环寿命，才能满足未来巨大的市场需求。众所周知，电池的性能是与电池材料的性质密切相关的。尽管目前已经商品化的锂二次电池能量密度高达 $150 \sim 200W \cdot h/kg$，但由于受到碳负极材料以及传统正极材料储锂容量的限制，要想进一步提高其能量密度，以抢占未来高科技尖端行业及电动汽车等重要战略领域的"制高地"，就必须不断探索更高比能量的锂离子电池电极材料。

要想获得高的比能量，构建锂离子电池的正负极材料，必须具备以下三种性质。首先，正负极材料之间有较大的电势差，即负极材料应具有更低的电极电势，而正极材料具有更高的电极电势，以保证电池具有足够高的输出电压；其次，电化学反应中所涉及的电子转移数要尽可能多，即正负极活性材料采用多变价的元素，以成倍提高电池的能量密度；同时，正负极活性材料的分子量应尽可能小，以获得更高的单位重量比能量。基于以上三种途径，本书围绕以 $LiNi_{0.5}Mn_{1.5}O_4$ 为代表的高电压正极材料体系，以层状三元正极材料、富锂锰基材料为代表的高容量正极材料体系，以磷酸亚铁锂为代表的高安全性正极材料体系，以 Si 为代表的高容量负极材料体系，以石墨为代表的碳基负极材料体系，以钛氧化合物为代表的高稳定性负极体系，从电极材料的角度阐述了新一代锂离子电池的材料体系的发展现状与趋势，同时研究了提高锂离子电池能量密度的可行性及潜在的应用前景。

6.2　锂离子电池材料

锂离子电池的正负极均为能够可逆嵌锂-脱锂的化合物材料，正极材料一般选择氧化还原电势较高且在空气中稳定的嵌锂过渡金属氧化物，主要有层状结构的 $LiMO_2$、聚阴离子型正极材料、尖晶石结构的 LiM_2O_4 化合物（M = Co、Ni、Mn、V 等过渡金属元素）；$LiFePO_4$ 属于正交晶系，为橄榄石结构。商业常用的负极材料则选择电势尽可能接近金属锂电势的可嵌锂物质，常用的有焦炭、石墨、中间炭微球等碳素材料。

锂离子电池所采用的电解液一般为 $LiClO_4$、$LiPF_6$、$LiAsF_6$、$LiBF_4$、$LiCF_3SO_3$ 及其他的新型含氟锂盐的有机溶液。其中，尽管 $LiAsF_6$ 有较好的物理化学性能，但由于砷的毒性问题而受到限制；而 $LiClO_4$ 是很强的氧化剂，人们担心其会引起电池的安全性问题而没有商业化应用，目前商业化锂离子电池常使用的为 $LiPF_6$。有机溶剂常使用的有碳酸丙烯酯、碳酸乙烯酯、碳酸丁烯酯、碳酸二甲酯、碳酸甲乙酯等一种或几种的混合物。

锂离子电池所使用的隔膜材料一般为多孔性的聚烯烃树脂，常用的隔膜由单层或多层的聚丙烯（PP）和聚乙烯（PE）微孔膜，如 Celgard 公司生产的 Celgard2300 隔膜为 PP/PE/PP 三层微孔隔膜。

6.2.1　正极材料

6.2.1.1　钴酸锂

$LiCoO_2$ 正极材料具有放电平台平稳、大电流充放电性能好、能量高和制备工艺简单等优点，是被研究及应用最成熟的材料之一。如图 6-2 所示，$LiCoO_2$ 为 α-$NaFeO_2$ 层状结构，归属于 R$\overline{3}$m 空间群，为六方晶系。氧原子呈立方紧密堆积排列，锂和钴分别占据立方紧密堆积中的八面体位置。其实际容量为 $145mA \cdot h/g$（理论容量为 $274mA \cdot h/g$）。

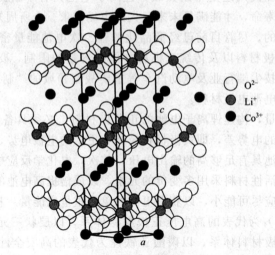

图 6-2　$LiCoO_2$ 结构示意图

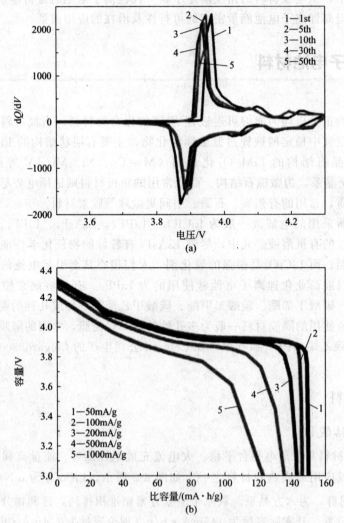

1—1st
2—5th
3—10th
4—30th
5—50th

(a)

1—50mA/g
2—100mA/g
3—200mA/g
4—500mA/g
5—1000mA/g

(b)

图 6-3　$LiCoO_2$ 的 CV 和放电曲线

$LiCoO_2$ 正极材料的制备方法比较多，包括溶胶凝胶法、固相合成法、水热合成法、喷雾干燥法、沉淀冷冻法和微波合成法等。$LiCoO_2$ 正极材料存在循环性能不理想、其放电容量远未达到理论值等不足。为解决此问题，除制备工艺的改进研究外，通过掺杂和包覆的方法对钴酸锂进行改性是研究的热点。掺杂改性包括金属离子掺杂、稀土离子掺杂和非金属离子掺杂。掺杂改性可以提高钴酸锂正极材料的放电容量、振实密度、电子电导率、结构的稳定性和循环性能。包覆改性可以减少正极材料和电解液的直接接触面积、降低副反应的程度、提升循环性能。虽然 $LiCoO_2$ 正极材料具有较优异的电化学性能，但其耐过充性能和热稳定性能差，存在安全隐患。加之其有限的资源和高昂的价格，$LiCoO_2$ 正逐步被其他正极材料所取代。

图 6-3 是 $LiCoO_2$ 的 CV 和放电曲线。如图 6-3(a) 所示，3.88V 和 3.93V 处的峰对应于 Co^{3+} 和 Co^{4+} 之间的转化。4.08V 和 4.19 V 处的峰是持续的相变化造成的。图 6-3(b) 是 $LiCoO_2$ 在不同电流密度下的放电曲线，随着电流密度的增加，电池的极化现象越明显，放电平台电压降低，容量减小。

6.2.1.2　镍酸锂

$LiNiO_2$ 正极材料具有和钴酸锂相同的 α-$NaFeO_2$ 层状结构，归属于 R $\overline{3}$m 空间群，为六方晶系。但与 $LiCoO_2$ 相比，其具有价格低、容量高（实际容量为 $190\sim210$mA·h/g，理论容量为 275mA·h/g）、资源丰富、毒性小和对环境友好等优点。目前 $LiNiO_2$ 尚未取代钴酸锂且发展较缓慢，因其存在以下不足：①镍酸锂中镍和氧间的键能较钴和氧小，同时 NiO_6 八面体容易发生变形，所以其结构稳定性差；②深度充电会导致 NiO_2 层间距突然紧缩，层状结构坍塌，故其耐充性能差；③高度脱锂态的材料中，高氧化态的 Ni^{4+} 易氧化电解液，引发安全隐患。针对材料存在的上述问题，研究者将工作重点放在材料合成工艺的改进、离子掺杂和包覆改性上，并取得了不错的效果。虽然改性优化可以提升镍酸锂正极材料的性能，但是其较严格的制备条件和制备符合化学计量比的 $LiNiO_2$ 纯相的困难（Ni^{3+} 比 Co^{3+} 难以得到）限制了其在锂离子电池正极材料中的使用以及其商品化的可能。

图 6-4 是 $LiNiO_2$ 的 CV 和放电曲线。如图 6-4(a) 所示，在第一次扫描过程中，3.92V 和 4.05V 处的氧化峰对应于材料的六角晶相向单斜晶相的转变。可逆的还原峰在 3.95V、3.72V 和 3.58V 处。图 6-4(b) 为 $LiNiO_2$ 的放电曲线，在前两圈的放电曲线中，多个放电平台是由于锂离子的嵌入而造成的相变。

6.2.1.3　$Li[Ni_{1/3}Co_{1/3}Mn_{1/3}]O_2$ 的结构特点及电化学性能

$Li[Ni_{1/3}Co_{1/3}Mn_{1/3}]O_2$ 具有与 $LiCoO_2$ 类似的结构，为基于六方晶系的 α-$NaFeO_2$ 层状结构，空间群 R $\overline{3}$m。锂离子占据 (111) 面的 $3a$ 位置，镍离子、钴离子和锰离子占据 $3b$ 位置，氧离子占据 $6c$ 位置。锂离子嵌入于被 ab 位面中 MO_6 八面体的共边面所环绕的空隙通道中，充放电时，锂离子可在过渡金属原子与氧形成的 $(Ni_{1-x-y}Co_xMn_yO_2)$ 层之间嵌入与脱出。因为二价镍离子的半径（0.069nm）与锂离子的半径（0.076nm）相接近，所以少量镍离子可能会占据 $3a$ 位，导致阳离子混合占位情况的出现，这种混合占位会使材料的电化学性能变差。

图 6-5 是 $Li[Ni_{1/3}Co_{1/3}Mn_{1/3}]O_2$ 的 CV 和充放电曲线。如图 6-5(a) 所示，循环扫描过程中，$3.5\sim3.6$V 和 $4.5\sim4.6$V，这些峰对应于 Ni^{2+}/Ni^{4+} 和 Co^{3+}/Co^{4+} 氧化还原过程。图 6-5(b) 为 $Li[Ni_{1/3}Co_{1/3}Mn_{1/3}]O_2$ 在 20mA/g 的电流密度下充放电曲线，其首次放电

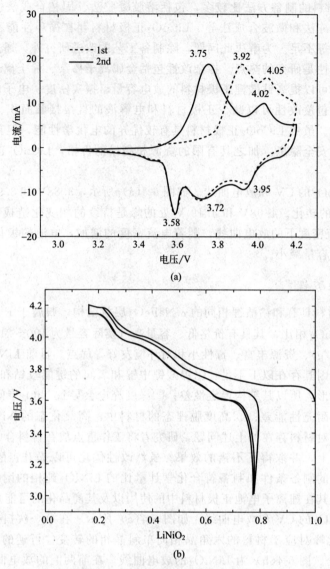

(a)

(b)

图 6-4 LiNiO$_2$ 的 CV 和放电曲线

容量为 168.5mA·h/g 左右,不可逆容量损失为 13.6%。

6.2.1.4 磷酸铁锂的结构与性能

磷酸铁锂具有资源丰富、价格低廉、环境友好、平稳的 3.4V 放电平台、优异的循环性能、突出的热稳定性及安全性能等诸多优点而备受瞩目。LiFePO$_4$ 属于正交晶系,空间群为 Pnma,为橄榄石结构,其结构如图 6-6 所示。

具有橄榄石结构的 LiFePO$_4$ 在自然界中以磷铁锂矿的形式存在,属于正交晶系空间群为 Pmnb。每个晶胞中有 4 个磷酸铁锂单元,其晶胞参数为:$a = 0.6008$nm, $b = 1.0324$nm, $c = 0.4694$nm。O^{2-} 呈六方最紧密堆积排列,且轻微形变。Li$^+$ 和 Fe^{2+} 分别占据八面体的 $4a$ 和 $4c$ 位置,P^{5+} 占据四面体的 $4c$ 位置。在 bc 面上 FeO$_6$ 八面体相互连接,在 b 轴方向上 LiO$_6$ 八面体互相连接成链状结构。每个 FeO$_6$ 八面体同时与两个 LiO$_6$ 八面体和一个 PO$_4$ 四面体共边,而每个 PO$_4$ 四面体与两个 LiO$_6$ 八面体共边。因无连续的 FeO$_6$ 八

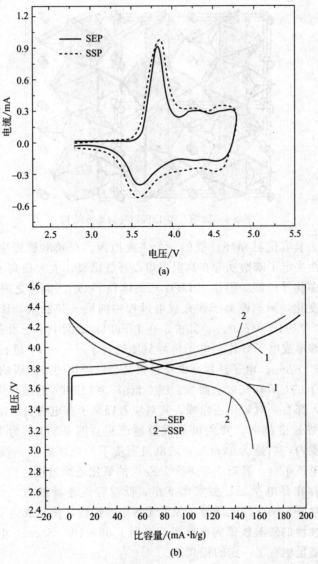

图 6-5　Li$[Ni_{1/3}Co_{1/3}Mn_{1/3}]O_2$ 的 CV 和放电曲线

面体共边网络结构以及介于八面体之间的 PO_4 四面体对晶格体积变化的限制致使 LiFePO$_4$ 正极材料的电导率和锂离子扩散速率较低。LiFePO$_4$ 的实际容量为 $135\sim160$mA·h/g（理论容量为 170mA·h/g）。因 LiFePO$_4$ 和充电态的 FeO$_4$ 结构类似，所以其具有稳定的循环性能。

磷酸铁锂理论比容量较高，为 170mA·h/g，相对金属锂的电压为 3.4V，在小电流充放电时有着极为平稳的充放电平台。这主要是由于 LiFePO$_4$ 晶体中的两个 Fe 原子和一个 P 原子共用一个 O 原子，Fe—O—P 的诱导效应削弱了 Fe—O 键的强度，而聚阴离子团 PO_4 使 LiFePO$_4$ 结构稳定，并降低了 Fe^{3+}/Fe^{2+} 氧化还原电对的费米能级，从而增加电极电位。充放电过程是在 LiFePO$_4$ 和 FePO$_4$ 两相之间进行，由于两物相互变过程中 Fe—O 和 P—O 原子之间距离变化不大，在充放电过程中该材料体积变化较小，这种变化正好与碳负极在充放电过程中所发生的体积变化相抵消，总体上并没有影响其电化学性能的体积效应产生。首先，LiFePO$_4$ 与 FePO$_4$ 在结构上极为相似，在锂离子的脱嵌过程中，晶体结构不需要发生重

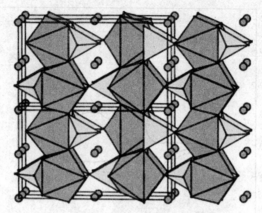

图 6-6 橄榄石型 $LiFePO_4$ 的晶体结构

排，这也是 $LiFePO_4$ 具有优异循环性能的一个主要原因。在磷酸铁锂中，锂与氧之间是共价键结构，这一特性决定了磷酸铁锂在高温下难以释放出氧，大大提高了它的热稳定性。尽管 $LiFePO_4$ 有着众多优异性能，但位于 LiO_6 八面体和 FeO_6 八面体之间的 PO_4 四面体限制了 $LiFePO_4$ 的体积变化，影响锂离子在充放电过程中的嵌入和脱出，使得 $LiFePO_4$ 的离子扩散率较低，为 $10^{-14} \sim 10^{-11} cm^2/s$。其次，在 $LiFePO_4$ 结构中由于没有连续的 FeO_6 共棱八面体网络，不能够形成电子导体，电子传导只能通过 Fe—O—Fe 进行，使 $LiFePO_4$ 电子电导率较低，为 $10^{-9} S/cm$。电子迁移率低反过来又会以极化的形式影响锂离子的扩散。

图 6-7 是 $LiFeO_4$ 的 CV 和充放电曲线。图 6-7(a) 为 $LiFeO_4$ 的循环伏安曲线，电极材料在各种扫描速度下，都有一对氧化还原峰，其对应着锂离子在电极材料中的嵌入和脱嵌。从图中可以看到，扫描速度越大，峰的极化现象越严重。图 6-7(b) 为 $LiFeO_4$ 电极材料在 $2.0 \sim 4.2V$ 电压范围内，扫速为 $17mA/g$ 的电流密度下的电压容量曲线。不同的样品都在 $3.45V$ 处展现一个电压平台，其对应于 Fe^{3+}/Fe^{2+} 的氧化还原过程。

尽管 $LiFePO_4$ 存在导电率低、振实密度小、低温特性差等缺点，但它的安全性能好、比容量大、高温特性好、循环性能优异、无毒无污染等特性，使其成为了最有前途的锂离子电池正极材料。经改性的磷酸铁锂的电导率可达到 $1.08 \times 10^{-1} S/cm$，电池大电流工作特性有了较大改善，比能量也有了一定的提高。

6.2.2 负极材料

6.2.2.1 碳负极材料

锂离子电池最早采用金属锂作为负极，但金属锂在充电过程中易产生锂枝晶，造成电池内部短路，存在安全问题。1926 年发现碳材料具有嵌脱锂性能，后来进一步发现锂在碳材料中嵌入电位低，很接近金属锂的电位（$0.001 \sim 0.25V$ vs. Li），且与有机溶剂发生电化学反应后在电极表面形成稳定的固体电解质膜（SEI 膜），循环性能好，可用做锂离子电池负极材料。伴随着碳负极材料的使用，锂离子电池才开始大规模商业化使用。虽然针对碳负极比容量不高的缺点，出现了硅、金属氧化物、纳米金属粉末等负极材料。但由于这些负极材料存在着循环性能差、充放电电压高等缺点，限制了其在商品锂离子电池中的使用，目前锂离子电池负极材料还是以碳材料为主。

碳材料可以分为石墨化材料和非石墨化材料两类。其中石墨化碳材料又包括天然石墨、人造石墨、石墨化碳纤维等。非石墨化碳材料包括软碳、硬碳两大类。

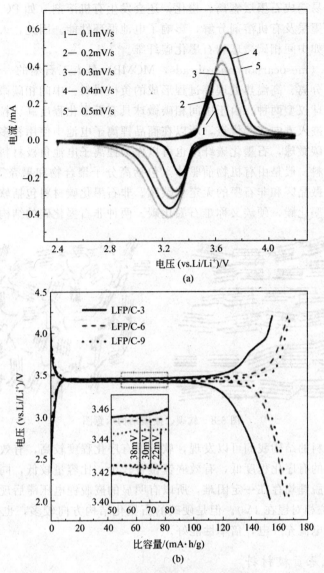

图 6-7   LiFePO$_4$ 的 CV 和放电曲线

石墨化碳材料作为锂离子电池的负极具有充放电电压平台低、循环性能好的优点。石墨化碳材料的充电过程是锂嵌入石墨层间结构中形成插层化合物的过程。按嵌锂量的不同，插层化合物可以分为一阶、二阶、三阶三种。理论上石墨化碳材料的理论嵌锂容量可以达到372mA·h/g。石墨化碳材料的嵌锂机理带来一个严重的问题，由于石墨层间距在 0.335nm 左右，嵌锂后层间距 0.370nm，在嵌锂过程中，较小的层间距限制了锂离子在石墨中的扩散。常温情况下，锂离子在石墨负极中的扩散系数为 $10^{-12} \sim 10^{-14}$ cm^2/s，远远小于锂离子在电解液中的扩散系数。低的锂扩散系数限制了石墨化碳材料的倍率性能和低温性能。因此改善低温下负极材料脱嵌锂性能的主要方法应该是提高其扩散系数、降低嵌锂过程电化学传递阻抗。

天然石墨可以按结构分为无定形石墨和鳞片状石墨两种。无定形石墨纯度低，石墨晶面间距为 0.336nm，主要按 ABAB···顺序排列，可逆容量低，不可逆容量高；鳞片石墨晶面间距为 0.335nm，主要为 ABAB··· 及 ABCABC···两种顺序排列。天然石墨在充放电过程中，层间距发生改变，易造成石墨层剥离、粉化，还会发生有机溶剂（如 PC 基电解液）在嵌锂过程中共同嵌入石墨层及有机溶剂分解，影响了电池循环性能。因此，人们又研究了其他一些石墨化碳材料，如中间相碳微球和石墨化碳纤维。

中间相碳微球（mesocarbon microbeads，MCMB）是人工石墨的一种，是将石油焦等前驱体经过缩聚、分离、高温热处理等过程形成的负极材料。中间相碳微球从微观结构上可以分为洋葱型和地球仪型两种。由于中间相碳微球具有石墨化程度高、粒度分布均匀、充放电电压平稳、锂的嵌入方向多等优点，所以在商品锂离子电池中使用较多。

除中间中间相碳微球，石墨化碳纤维也可以作为锂离子电池负极材料。

非石墨化碳材料一般是由有机物前驱体（包括高分子聚合物和果壳等天然产物），经过热处理，形成石墨微晶区和非石墨的无定型碳区。非石墨化碳材料包括软碳、硬碳两大类。

软碳又称易石墨化碳，硬碳又称难石墨化碳。两种非石墨化碳的结构如图 6-8 所示。

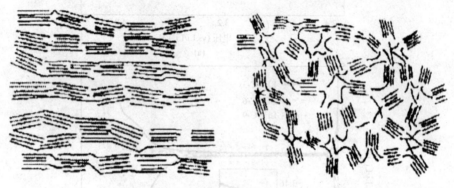

图 6-8　软碳、硬碳结构示意图

从这两种碳材料的结构我们可以发现，软碳的有序化程度较高，有效嵌锂位置多，所以比容量较高，硬碳的有序化程度低，有效嵌锂位置较少，比容量较低，同时由于其石墨化方向杂乱，造成嵌锂脱锂均存在一定困难，所以有明显的嵌脱锂电压滞后现象（嵌锂电位相对锂在 0V，脱锂电位相对锂在 1V）。但是硬碳的石墨化结构方向较多，也就意味着嵌锂方向较多，所以适合大电流充放电，倍率性能好。

6.2.2.2　硅基负极材料

硅基负极材料是已知的容量最高的负极材料。常温下能够稳定存在的 Li-Si 合金有 $Li_{12}Si_7$、$Li14Si_6$、$Li_{13}Si_4$ 和 $Li_{22}Si_5$ 等。按照最大处理量 $Li_{22}Si_5$ 计算，硅的理论容量高达 4200mA·h/g。并且硅嵌脱锂离子的电势很低，为 0～0.4V，非常适宜做锂离子电池的负极材料。一般情况下，硅负极的首次脱锂容量能够达到 3000mA·h/g，但可逆性不好。随着循环的进行，容量衰减很快，循环 5 次后，容量仅 500mA·h/g。其主要原因是硅材料在嵌脱锂离子的过程中体积变化很大。硅材料在嵌入锂离子后体积膨胀超过 4 倍。当锂离子脱出时，体积有剧烈减小。体积的剧烈膨胀/收缩容易导致硅晶体结构的破坏，活性物质同集流体接触性变差，电导性因此降低，可逆容量剧烈衰减。

大多数金属及其氧化物都不具备层状结构，但可通过与锂离子的合金化反应作为电池负极材料，如 Pb、Al、Zn、Cd、Ag、Mg、Sb、Sn 和 Si 等，其充放电电极反应可写作：

$$M + xLi^+ + xe^- \underset{\text{放电}}{\overset{\text{充电}}{\rightleftharpoons}} Li_x M \tag{6-4}$$

该反应也是一个可逆反应。一般来说，合金类负极的理论容量比较高，在反应过程中能够储存或释放大量的电荷。不同元素嵌脱锂的理论容量可由该种元素与锂形成的锂含量最高的合金相组成计算而出。同时，合金类负极的嵌脱锂电位稍高于碳材料，可避免形成锂枝晶，这就为锂离子电池提供了一类比较理想的负极材料。

图 6-9 是 Si 的 CV 和充放电曲线。图 6-9（a）为 Si 的循环伏安曲线，电极材料电压为 $0 \sim 1V$，锂离子嵌入过程中，在 $0.2V$ 和 $0.05V$ 对应着两个还原峰，锂离子从电极材料脱嵌的过程中，在 $0.32V$ 和 $0.5V$ 处有两个氧化峰。CV 曲线结果表明，材料在充放电过程中，没有 $Li_{15}Si_4$ 结晶相形成。

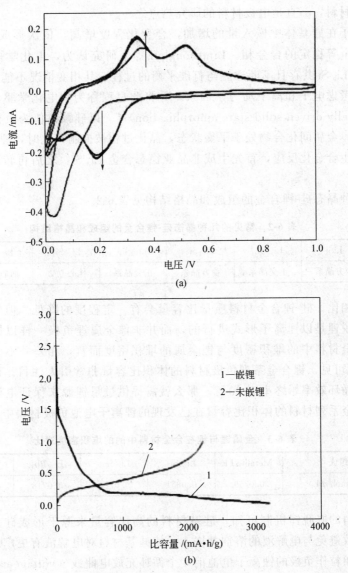

图 6-9　Si 的 CV 和充放电曲线

三菱-松下公司于 20 世纪 80 年代推出 Wood′s 合金（含 Bi、Pb、Sn、Cd 等元素），是世界上首批商业化的负极材料。不得不说的是，只有将充放电深度限制到很低，此类材料才能保持比较好的循环性能；但与此同时，也丧失了合金类材料高比容量的优势。究其原因，还是嵌脱锂前后引起的体积效应造成活性物质的粉化、失效。1994 年，日本 Fuji 公司推出非晶态锡基复合氧化物负极材料，基于锡与锂的合金化反应，其比容量高达 $600mA \cdot h/g$，由此，合金类负极材料重新成为研究热点。

元素周表中的很多元素都可与锂形成合金，如第ⅢA族的铝（Al）、第Ⅳ-Ⅵ主族的其他元素，它们都具有比 LiC_6 更高的储锂容量。然而，并不是所有能够与锂发生合金化反应的元素都适合作为负极材料。部分元素因含量较少而价格昂贵，如锗（Ge）等；部分元素因毒性而非环境友好，如砷（As）、铅（Pb）、铋（Bi）等；一般来说，对于这些元素的研究相对较少。

作为自然界最丰富的元素之一，硅来源丰富、价格低廉，也是迄今为止发现的嵌脱锂容量最高的负极材料，一直是电极材料的研究热点之一。

随着锂离子在硅基体中嵌入量的增加，合金化程度增高，依次形成 $Li_{12}Si_7$、$Li_{14}Si_6$、$Li_{13}Si_4$、$Li_{22}Si_5$ 等稳定的合金相。Limthongkul 等人研究认为，电化学嵌锂是一个晶态 Si 与非晶亚稳态 Li_xSi 共存且不断建立与打破平衡的过程，其相变情况不能只从热力学角度分析，还应综合考虑电子和离子动力学因素，并将此过程称为"电化学驱动固态非晶化过程（electrochemically-driven solid-state amorphization）"。以硅颗粒作为负极的锂离子电池在室温下工作时，金属间化合物处于平衡状态，晶化过程被抑制；此时，锂与硅在外加电场驱动力作用下发生合金化反应，首先生成非晶亚稳态合金 Li_xSi，之后再转化为稳定存在的晶态合金相。

常见的几种晶态硅-锂合金的组成和晶格结构见表 6-2。

表 6-2 常见的几种晶态硅-锂合金的组成和晶格结构

组成	LiSi	$Li_{12}Si_7$	$Li_{14}Si_6$	$Li_{13}Si_4$	$Li_{15}Si_4$	$Li_{21}Si_5$	$Li_{22}Si_5$
晶格结构	四方晶系	正交晶系	菱方晶系	正交晶系	体心立方	面心立方	面心立方

与金属锂相比，硅-锂合金材料质量比容量会有一定程度的降低。但实际上，锂在合金中的电化学嵌脱锂是以锂离子形式进行的，而并非像金属锂负极一样以原子态锂的形式存在。就锂在合金材料中的堆积密度与锂金属的堆积密度而言，相差并不多，具体数据如表6-3所示。由此可见，锂合金系列负极材料的体积比容量非常引人注目。而且，金属锂负极在实际使用中循环效率始终小于 99%，那么就需提供过量锂源来保证电池的循环寿命。这样看来，锂合金系列材料的体积比容量在已发现的锂离子电池负极材料中是有绝对优势的。

表 6-3 金属锂与锂在合金材料中的的堆积密度对比

嵌锂物质组成	Metallic Li	$Li_{21}Si_5$	$Li_{21}Sn_5$	$Li_{22}Pb_5$	Li_3As	LiC_6
锂堆积密度/(mol/mL)	0.0769	0.0851	0.0724	0.0718	0.0761	0.0279

由硅基材料的嵌脱锂机制可知，硅基材料的高比容量来源于形成硅-锂合金化的过程，这样就能够有效避免与电解液的溶剂共嵌入，使硅基材料对电解液有更广的适用范围。

以晶体硅颗粒作负极的锂离子电池前 4 个循环充放电曲线（voltage-capacity）及其微分曲线（dq/dV-voltage）表明：硅基材料的首次嵌锂电位比较低，放电时电位迅速降到 0.2V（vs. Li/Li$^+$）以下，之后出现较长的嵌锂平台；首次脱锂电位 0.3～0.4V（vs. Li/Li$^+$）；在后续循环中嵌脱锂电位平台集中在 0.4～0.5V（vs. Li/Li$^+$）。硅基材料较窄的嵌脱锂电位范围使其十分适用于锂离子电池负极材料。

相对的，碳类材料的嵌脱锂电位更低些，为 0.05～0.2V（vs. Li/Li$^+$），更接近金属锂的析出电位。所以，高倍率充放电过程中，碳类材料表面容易形成锂枝晶，存在一定的安全隐患。除比容量较小外，这是制约以碳类材料为负极的锂离子电池作为高功率电动车电源的又一个因素。虽然硅基材料较高的嵌脱锂电位会造成锂离子电池平均工作电压的降低，一定程度上限制了电池的应用广度；但其较高的嵌脱锂电位也有效避免了大倍率充放电过程中锂金属的析出，提高了电池的安全性。

如前所述，硅基材料作为锂离子电池负极有诸多优势，但其迟迟未能实现产业化。要实现以硅基材料为负极的锂离子电池大规模生产和使用，就必须提高硅基负极在常温下的充放电可逆性，解决其在嵌脱锂过程中的体积膨胀问题。Kasavajjula 等综述了硅基材料体积膨胀的程度，具体数据见表 6-4。

表 6-4　硅-锂合金的晶格结构、晶胞体积和单个硅原子体积

硅-锂合金组成	晶格结构	晶胞体积/Å³	单个硅原子体积/Å³
硅	立方晶系	160.2	20.0
$Li_{12}Si_7$（$Li_{1.71}Si$）	正交晶系	243.6	58.0
$Li_{14}Si_6$（$Li_{2.33}Si$）	菱方晶系	308.9	51.5
$Li_{13}Si_4$（$Li_{3.25}Si$）	正交晶系	538.4	67.3
$Li_{22}Si_5$（$Li_{4.4}Si$）	立方晶系	659.2	82.4

注：$1Å = 10^{-10}m$，下同。

锂在晶态硅中嵌入，形成 $Li_{12}Si_7$、$Li_{14}Si_6$、$Li_{13}Si_4$、$Li_{22}Si_5$ 等多种组成的合金，它们的晶胞体积均大于晶态硅的晶胞体积。比较 $Li_{22}Si_5$ 与 Si 的晶胞体积，可以看出，$Li_{22}Si_5$ 基本上 4 倍于晶态 Si 的晶胞体积，这将直接导致电极破裂和粉化，与集流体失去电接触，造成电池首次不可逆容量大，电池容量在前几个循环后锐减。

硅基材料作为锂离子电池负极材料，具有很高的电化学容量，但由于循环性能差、首次库伦效率低限制了其在商业上的应用。为了解决这些问题，通过硅基材料纳米化、薄膜化；硅包覆到碳材料或金属表面；改善与集流体的接触；硅化物的多项掺杂等方法或技术手段，可以获得高容量、循环型能好的电极材料。由于硅基复合材料的制备方法和结构不同，作为锂离子电池负极材料其电化学性能也不尽相同。因此，在探索材料制备技术基础上，深入探讨硅基材料的电化学作用机制、丰富材料及电极的测试手段、优化材料制备工艺、选择合适的黏结剂和电解液添加剂、制备出具有更高容量和优良循环性能的硅基材料，将是今后的研究重点。

6.2.2.3　钛氧化物负极材料

钛氧化物由于较高的充放电平台、高化学稳定性、充放电过程体积"零"应变，且具备开放的嵌脱锂通道等特点，成为潜在应用于新兴动力锂离子电池的负极材料。但固有电导率低限制了其快速充放电能力。

$Li_4Ti_5O_{12}$ 的结构与 $LiMn_2O_4$ 相似同属尖晶石结构，Fd3m 空间群，可为 Li^+ 提供三维扩散通道。在 $Li_4Ti_5O_{12}$ 中 Li、Ti 和 O 元素分别以 +1、+4 和 -2 价形式存在。在一个 $Li_4Ti_5O_{12}$ 晶胞中 32 个 O^{2-} 构成 FCC 点阵，位于 $32e$ 的位置，占总数 3/4 的 Li^+ 位于 $8a$ 的四面体间隙中，同时所有 Ti^{4+} 和占总数 1/4 的 Li^+ 位于 $16d$ 的八面体间隙中，其结构式可写为 $[Li]^{8a}[Li_{1/3}Ti_{5/3}]^{16d}[O_4]^{32e}$。当锂嵌入时，嵌入的锂和四面体 $8a$ 位置的锂移到邻近的 $16c$ 位置，形成蓝色的 $[Li_2]^{16c}[Li_{1/3}Ti_{5/3}]^{16d}[O_4]^{32e}$。

图 6-10 展示了 $Li_4Ti_5O_{12}$ 更为详细的晶体结构图。$8a$ 位的锂离子可以移动到八面体 $16c$

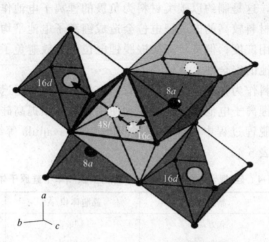

图 6-10　Li₄Ti₅O₁₂ 的晶体结构示意图

注　灰圈代表钛原子，黑球代表锂原子，虚线环代表可以被临时占的位。可能的扩散途径
由箭头指示。锂离子可以从 8a 位移到 16c 位，反之亦然。16d 和 16c 位共同分享的以 48f 位
为中心的四面体被用黑线加粗了

位连接的两个四面体 8a 的空位上。八面体的 16d 和 16c 位共同分享的以 48f 位为中心的四面体。因此，除了 8a→16c→8a 扩散路径外，锂离子也可以以 8a→16c→48f→16d 途径来扩散。

$Li_4Ti_5O_{12}$ 电极的理论容量为 175mA·h/g。Bach 等在研究中证实 $Li_4Ti_5O_{12}$ 的尖晶石结构对 Li^+ 有一定的容纳空间，1mol $Li_4Ti_5O_{12}$ 最多能容纳 2.7mol Li^+。通常，$Li_4Ti_5O_{12}$ 的实际容量为 150～160mA·h/g，与理论容量相差不多。以金属 Li 为对电极进行充放电实验，$Li_4Ti_5O_{12}$ 的充放电曲线非常平坦，嵌入的平台电位为 1.5V，脱出的平台电位为 1.65V，如图 6-11 所示。$Li_4Ti_5O_{12}$ 不能提供锂源，因此只能与有锂的电极搭配。作为正极时，负极只能是金属锂或锂合金，电池电压为 1.5V 左右；作为负极时，正极可用 4V（如 $LiCoO_2$、$LiMn_2O_4$ 等）或 5V（如 $LiNi_{0.5}Mn_{1.5}O_4$ 等）材料，组成 2.2V 或 3.2V 电池。虽然 $Li_4Ti_5O_{12}$ 既可作负极，也可作正极，但由于其相对于 Li 金属的电位仅为 1.5V，故没有作为正极材料而获得广泛的研究和应用。

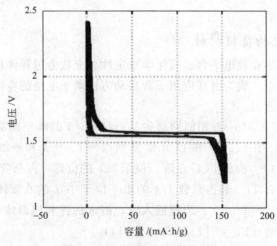

图 6-11　Li₄Ti₅O₁₂ 充放电曲线

6.2.3 隔膜材料

隔膜的作用是将电池正负极隔离开，阻隔电子在电池内部的传导，避免电池内部短路，同时又使离子自由通过。因此，隔膜对于锂离子电池的性能具有重要影响，其结构和性能决定了锂离子电池的内阻和界面结构，直接影响了锂离子电池的充放电容量、循环稳定性和运行安全性等。

不同电池由于电极反应与电池结构的不同，所采用的隔膜也不尽相同。在锂离子电池中，通常使用聚合物绝缘膜材料作为隔膜。由于电解质为有机溶剂体系，因此，需要对膜材料耐有机溶剂，一般为多孔性的聚烯烃树脂，如聚丙烯（PP）和聚乙烯（PE）微孔膜。目前市场化的锂离子电池隔膜主要有单层 PE、单层 PP、3 层 PP/PE/PP 复合膜。保证安全性，锂离子电池隔膜通常要求闭孔温度较低和熔断温度较高。PP 隔膜通常闭孔温度较高，熔断温度也很高；PE 隔膜闭孔温度较低，熔断温度也较低，多层隔膜结合了 PE 和 PP 的优点，因此，其研究受到广泛关注。

由于 PE 和 PP 隔膜对电解质的亲和性较差、吸液率低，因此需进行改性。常用的改进方法有：①表面涂覆掺有纳米二氧化硅的聚氧乙烯；②涂覆聚偏氟乙烯（PVDF）、聚丙烯腈（PAN）、聚环氧乙烷（PEO）、聚甲基丙烯酸甲酯（PMMA）、聚氯乙烯（PVC）、橡胶等改性物质。通过在表面形成一层改性膜来提高隔膜的机械性能、亲水性、润湿性等，同时使隔膜在具有较高强度的前提下，降低了隔膜的厚度、减小了电池的体积。

单纯的聚烯烃膜具有一定的局限性，例如不耐高温，为此要开发新型膜材料。新型膜材料开发主要有高孔隙率纳米纤维隔膜、Sepafion 隔膜以及聚合物电解质隔膜。制备高孔隙率纳米纤维隔膜技术的关键是静电纺丝技术，但在解决单喷头静电纺丝的局限、纳米丝之间不黏结和薄膜力学性能低等关键技术方面有待突破。德国的赢创德固赛有限责任公司结合有机物的柔性和无机物良好热稳定性的特点，生产出商品名为 Separion 的隔膜，是在纤维素无纺布上复合 Al_2O_3 或 SiO_2。聚合物电解质隔膜亦称锂聚合物电池隔膜，聚合物锂离子电池采用固态（胶体）电解质代替液态电解质，不会产生漏液及燃烧爆炸等安全问题，使用的聚合物电解质具有电解质和隔膜的双重作用。

6.2.4 电解液

电解液是锂离子电池四大关键材料（正极、负极、隔膜、电解液）之一，号称锂离子电池的"血液"，在电池中正负极之间起到传导电荷的作用，是锂离子电池获得高电压、高比能等优点的保证。当前最流行的商品电解液是由 $LiPF_6$/EC/线性碳酸酯组成。

6.2.4.1 锂离子电池电解液溶剂

碳酸乙烯酯（EC）是一种环状碳酸酯，当它被加入电解液溶液中将会有利于提高离子电导率。碳酸甲乙酯（EMC）、碳酸二甲酯（DMC）、碳酸二乙酯（DEC）是一种线性的碳酸酯，拥有区别于环状碳酸酯的低黏度、低沸点以及低的介电常数。并且 EMC 可以和 EC 按照任意比例混合成均匀的混合物，这使得混合的电解液能够改善 EC 的熔点高的问题使电解液成液态，并且得益于 EMC 降低整体黏度、获得高的介电常数的优点。每年生产的 10 亿块锂离子电池中几乎都是基于这种 EC 和一种或者多种线性碳酸酯混合电解液。

醚类有机物是在 1980 年被广泛研究的，由于醚类化合物有较低的黏度因而能获得较高的离子电导率，但是最重要的是醚类作为电解液溶剂能够使得电池中的锂在循环中保持良好的形态结构。尽管醚类电解液能够很好的抑制电池循环中锂枝晶的形成，但是不管如何改变醚基电解液的配方，都不能改善其较大的容量衰减。并且当持续循环（大于 100 圈）的时候依旧会产生锂枝晶导致电池短路。

6.2.4.2　锂离子电池电解液电解质

相对于溶剂来说能被用作锂离子电池电解液的溶质物质是比较少的。其理想的电解质溶质需要满足以下几点要求：①溶质需要能够完全的溶解在非水溶剂中，并且溶解后的电解液中的离子（特别是锂离子）需要有足够大的迁移速率；②阴离子在阴极表面需要有不会发生氧化分解，有足够的稳定性；③阴离子不能够和电解液中的溶剂发生反应；④不管是阴离子还是阳离子在整个电池中保持惰性，不和电池中其他组成部分（例如，电池隔膜、电极材料、电池包装材料）发生反应；⑤阳离子应该是无毒的，并且不会和溶剂或者其他电池成分发生反应，放出大量热，造成热失控。

常用的锂盐有 $LiPF_6$、$LiBF_4$、$LiAsF_6$、$LiClO_4$ 等。但在众多锂离子电池锂盐中，六氟磷酸锂（$LiPF_6$）凭借着其优点，最终被商品化而广泛应用。$LiPF_6$ 得到广泛的应用，也不单因为其某一个优点，而是因为其拥有比较均衡的特点。没有一种其他锂盐能像 $LiPF_6$ 一样满足多样的要求。$LiPF_6$ 对水分很敏感，并且除了热稳定差之外，还很难提纯和制备。在起初的商品化 $LiPF_6$ 中含有大量的 LiF 和 HF，直到纯化的难题被攻克之后，$LiPF_6$ 才被广泛地应用。

6.2.5　固体电解质

与液态有机溶液为电解质的传统锂离子电池相比，全固态锂离子电池主要采用固态的电解质代替了液态有机电解质，故不存在漏液、易燃、易爆等安全隐患。并且由于固体电解质具有较好的热稳定性和化学稳定性，全固态电池能在较高温度下正常工作。全固态电池中在充放电过程中固体电解质与电极间的副反应较少，使得电池的循环和存储寿命比较长。全固态离子电池并不需要隔膜，一定程度上简化了电池的结构组成。

6.2.5.1　NASICON 型固体电解质

1976 年具有 NASICON 型结构的 $Na_3Zr_2Si_2PO_{12}$ 被第一次被发现。NASICON 结构的化合物的通式简写为 M $[A_2B_3O_{12}]$，其中 M 一般为一价的碱金属元素，A 和 B 分别代表四价和五价的阳离子。具有 NASICON 型结构的锂离子固体电解质 $LiTi_2(PO_4)_3$，但是其离子电导率并不足够高，目前的主要通过用三价的金属离子来取代部分的 Ti^{4+} 来增加间隙中 Li^+ 的数量来提高材料的离子导电率。

6.2.5.2　硫化物固体电解质

硫化物体系的固体电解质主要有 Li_2S-SiS_2 体系和 Li_2S-P_2S_5 体系。其中 Li_2S-SiS_2 体系的离子电导率比较低，并且与 Li_2S-P_2S_5 体系材料的物理和化学性能相比有较大的差距，所以目前硫化物固体电解质主要是 Li_2S-P_2S_5 体系材料。制备硫化物体系固体电解质材料的方法一般有三种，分别是熔融法、高能球磨法和液相法，不同方法制备出来的材料会有各自不同的优缺点。硫化物体系材料的离子电导率虽然高，但是其在空气中稳定性较弱。通过掺杂复合一定量的氧化物或硫化物（如 P_2O_5、Sb_2S_3、GeS_2、FeS、CuO、LbO 等）可以提高材料的稳定性。

6.2.5.3　石榴石型固体电解质

石榴石结构的通式可以写为 $A_3B_2Si_3O_{12}$，其中 A 为氧的八配位离子，B 为氧的六配位离子。1969 年 Kasper 首次发现了类石榴石结构的固体电解质材料 $Li_5La_3W_2O_{12}$ 和 $Li_5La_3Ta_2O_{12}$，1988 年 Mazza 等人又报道出了另一种类石榴石结构的物质 $Li_5La_3Nb_2O_{12}$。这种类石榴石结构的固体电解质材料的通式可写为 $Li_5La_3Me_2O_{12}$，Li^+ 部分占据了八面体位置，另一部分占据在与八面体共面的四面体位置，这些位置构成了锂离子传输三维通道，从而使其具有锂离子导体的性能。

6.2.5.4　钙钛矿型固体电解质

钙钛矿矿型结构的固体电解质 $La_{0.51}Li_{0.34}TiO_{2.94}$ 在 1993 年首次在 Inaguma 等人的研究中被报道，其离子电导率比较高。钙钛矿的结构通式可简写为 ABO_3。钙钛矿结构为立方面心堆积，BO_6 八面体构成了结构的骨架。虽然钙钛矿结构的电解质材料离子导电率比较高，但是由于其电化学稳定性比较低，而不能应用于较高电压环境，所钙钛矿结构的电解质材料也需要进一步改性，提高其化学稳定性。通常针对巧铁矿材料改性的方法主要有部分元素取代和元素掺杂。

6.3　锂离子电池的结构和设计

6.3.1　锂离子电池的结构

锂离子电池的形状有圆柱形、方形和扣式锂离子电池三种。无论是何种锂离子电池，其基本结构分为正极片、负极片、正负极集流体、隔膜、电解液、外壳、密封圈、安全阀、正温度控制端子及盖板等。在正负极极片制备的过程中，除了活性物质之外，还需要引入导电剂和黏结剂等辅助的材料。本节将围绕以上的电池主要组成部分展开介绍，从电极结构的角度阐述各个部件在电池中所起的作用以及各部分对电池性能的影响。

(1) 正极　目前商业化的正极一般采用 $LiCoO_2$、$LiFePO_4$ 和 $LiMn_2O_4$ 等作为活性物质，将活性物质与黏结剂导电剂进行混合，然后涂覆在正极集流体铝箔上，通过热压制成正极片。

(2) 负极　采用同样的方式，以石墨等碳基材料作为活性物质，混料之后涂覆碾压于负极集流体铜箔上制备。

(3) 集流体　作为锂离子电池的集流体，必须基本以下特性。

① 具有足够的机械强度、质量轻、厚度较薄；

② 在电解液中具有足够的化学稳定性和电化学稳定性；

③ 与电极混合物材料（活性材料、黏结剂和导电剂）具有良好的黏结性能。

负极的集流体一般用铜箔（$10\sim20\mu m$ 厚），对于铜而言，主要会发生如下反应：$Cu \longrightarrow Cu^+ + e^-$，该反应发生在 3.566V（相对于 Li/Li^+ 电极）。一般而言，放电电压应控制在 2.5V 以上，否则会造成 Cu 溶解，产生环境开裂。

在 EC/DEC-$LiPF_6$ 电解液中，高纯度的铝的耐腐蚀性最佳，因此正极集流体一般采用铝箔（$20\mu m$ 厚）。铝在空气和中性水环境中，表面能形成一层致密的氧化物保护膜，动力学上比较稳定。在有机电解液中，该性能也能够保持，形成稳定的钝化膜层。但是正极充电电位较高，铝在有机电解液中容易发生氧化或点蚀，使金属的定域电荷溶解形成阳离子。在过充电时发生局部点蚀，导致内阻增加，容量下降。在极端情况下，甚至可能失去机械性能。

(4) 黏结剂 在一般的充放电过程中，黏结剂起着以下几种基本作用：黏附粉体状活性物质；使活性物质与集流体良好的接触结合；在生产电池过程中形成浆状，以利于涂布。对于锂离子电池碳负极而言，由于插入锂时体积发生膨胀，因此黏结剂还起着缓冲的作用。作为理想的黏结剂，应具备以下性能：良好的耐热性、耐溶剂性、电化学稳定性。

(5) 导电剂 由于活性材料的电导率低，一般加入导电剂以加速电子的传递，同时也能有效提高离子在电极材料中的迁移速率。常用的导电剂为石墨、炭黑、乙炔黑等。炭黑和乙炔黑一般为烃热分解制备而成，表面为憎水性，在混合过程中不能被电解液完全分散。将他们分成 $0.1\sim0.2\mu m$ 的均匀粒子，并黏附分散在亲水性聚合物中，可以得到胶体碳。对于锂离子电池而言，分散聚合物有聚乙烯吡咯烷酮和 PVDF。这种胶体碳作为黏结剂，相对于石墨和炭黑具有更好的效果，主要原因如下。

① 可以填充更多活性物质 因为在制作电极极板时，为了减少体积，需要进行压制。胶体碳可以以导电膜覆盖在活性物质表面，从而形成导电网络。同样质量的胶体碳，活性物质的包覆量可增加 $20\%\sim25\%$。

② 利用率高 以石墨和炭黑而言，其中一些小粒子夹于活性物质粒子中间，起不到导电剂的作用，而胶体碳的利用率则大大提高。

③ 充放电过程中防止电阻增大 电极材料在充放电过程中体积会发生膨胀、收缩变化。当体积收缩后，对于石墨和炭黑而言，此时与活性物质的接触不充分，导致电阻增加。而胶体碳以点接触，无论是收缩还是膨胀过程，接触更为有效。

(6) 隔膜 在电池体系中，为了防止正极极短路，一般采用隔膜将两者隔开。隔膜位于正极和负极之间，主要起着以下两个作用：①防止正极、负极活性物质相互接触，引起短路现象；②在电化学反应时，保持必要的电解液，形成离子移动的通道。在实际应用中，隔膜应具备以下条件：

① 非电子导体；

② 在电池体系内，化学稳定性好，能耐受有机溶剂；

③ 机械强度大，在电池组装过程中要耐受冲击，需要有较高的机械强度，使用寿命要长；

④ 有机电解液的离子电导率比水溶液体系低，为了减少电子，电极面积需要尽可能的大，隔膜必须很薄；

⑤ 当电池体系发生异常时，温度升高，为了防止产生危险，在快速产热温度（$120\sim140\mathbb{C}$）开始时，热塑性隔膜发生熔融，微孔关闭，变为绝缘体，防止电解质通过，从而达到遮断电流的目的；

⑥ 保持电解液，从电池的角度而言，要能被有机电解液充分浸渍，而且在反复充放电过程中能保持高度浸渍。

隔膜材料主要为多孔性聚烯烃，首先使用的为多孔性聚丙烯膜，其中以 Celgard 公司生产的为代表。后来在多孔性聚丙烯膜的基础上进行改性或采用其他类型的聚烯烃膜，如丙烯与乙烯的共聚物、聚乙烯均聚物等。

(7) 正温度系数端子 在一般的蓄电池体系中，均采用正温度系数端子以防止电流过大。由于电流过大，电池体系产生的热量多，内部温度高，容易对电池产生破坏作用。对于锂离子电池而言，安全问题尤为重要，正温度系数端子更是不可或缺。

在正常温度下，正温度系数端子的电阻很小，但是当温度达到一定值时，电阻突然增大，导致电流迅速下降。当温度下降之后，其电阻又减小，又可以正常充放电。一般而言，跃变温度约为 120℃。常见元件组分为导电性填料与聚合物的复合材料。当电流明显变大时，正温度系数端子元件因电阻的存在而发热，聚合物组分发生膨胀，导电性填料粒子之间的距离突然变大，电阻明显增加，形成"熔断"现象。当温度降低时，聚合物冷却，又回到低阻值。

(8) 安全阀 在电池体系中，因大电流、大量放热等原因产生大量气体时，体系的内压会急剧增大，将铝片向上挤压，发生弯曲形变，从而与正极引线发生分离，使电流回路发生断路，抑制电池体系热量的进一步产生。在通常状况下，如果使用纯 $LiCoO_2$ 作为正极材料，大电流或过充电时，电池体系的温度突然增加，产生的气体量不足以将铝片向上挤压，安全阀无法发挥作用，而此时电池体系已经遭到了破坏。由于 Li_2CO_3 的分解电压为 4.8～5V，索尼公司在 $LiCoO_2$ 中加入 Li_2CO_3，过充电时，Li_2CO_3 发生分解，导致内压明显增加，此时安全压力阀发生作用，使体系断路，抑制温度升高。一般而言，温度不应超过 50℃。

(9) 电解液 电解液作为电池中一个重要组成部分，从实用角度出发，必须满足以下几个基本要求。

① 离子电导率 电解质需要具有良好的离子导电性，而且不能具有电子导电性，一般在室温下，电导率要达到 10^{-3}～10S/cm。

② 迁移数 电解质中的锂离子不仅是电荷载体，也是电池反应的活性体。高的锂离子迁移数能减少电池在充放电过程中电极反应的浓差极化，是电池具有高的能量密度和功率密度的必要条件。对锂离子电池而言，理想的锂离子前已述及应该接近 1。

③ 稳定性 包括热稳定、化学稳定性和电化学稳定性三方面。热稳定性高，是指在较宽的温度范围内不发生分解反应；化学稳定性高，是指不与电极材料、隔膜、集流体发生化学反应；电化学稳定性高，是指在较宽的电位范围内不发生分解。

④ 使用温度范围 对一般电池而言，要求其使用温度范围在 −30～60℃ 之间，对于动力电池，温度的上限要求更高。为了得到一个合适的操作温度范围，溶液电解质必须具有足够低的熔点和足够高的沸点。

⑤ 安全低毒，价格低廉 锂离子电池的电压高达 3～4V，电解质只能用有机溶剂，而不能采用水溶液体系，因为水的分解电压为 1.229V。锂离子电池的电解液由锂盐和混合有机溶剂组成，电解液的电导率一般只有 0.01S/cm，是铅酸蓄电池电解液电导率的几百分之一。因此，锂离子带大电流放电时，来不及从电解液中补充 Li^+，会发生浓差极化引起的电压降。$LiPF_6$ 是最常用的锂盐，溶剂为环状碳酸烷基酯（EC、PC 等）和链状碳酸烷基酯（DEC、DMC、DME 和 EMC 等）混合，并以 EC 为主体组成二元、三元或多元体系，1～2mol/L 的 $LiPF_6/EC+DMC$ 是理想的电解液组成。

6.3.2 锂离子电池的设计

6.3.2.1 电池设计基础

电池设计，就是根据仪器设备的要求，为设备提供工作电源或动力电源。因此，电池设计首先必须根据用电器具的需要及电池的特性，确定电池的电极、电解液（电解质）、隔膜、外壳以及其他部件的参数，并对工艺参数进行优化，将它们组成有一定规格和指标的电池或电池组。电池设计是否合理，关系到电池的使用性能，必须尽可能使其到达设计最优化。

(1) 电池的设计要求 电池设计时，必须了解用电器具对电池性能指标及电池使用条件的要求，一般应考虑以下几个方面。

① 电池的工作电压。

② 电池的工作电流，即正常放电电流和峰值电流。

③ 电池工作时间，包括连续放电时间，使用期限或循环寿命。

④ 电池工作环境，包括电池工作环境及环境温度，如锂离子电池用作卫星电源时，卫星在不同的运行轨道，其环境温度相差很大。

⑤ 电池的最大允许提价，特别是随着电子产品的小型化和轻量化，允许电池存在的空间将越来越有限。

锂离子电池由于具有优良的性能，使用范围越来越广，有时要应用于一些特殊场合，而且还有一些特殊要求，如耐冲击、振动、加速度及低温、低气压等。在考虑上述基本要求时，同时还应考虑材料来源、电池特性的决定因素、电池性能、电池制造工艺、技术经济分析、环境问题。

(2) 评价电池性能的主要指标 电池性能一般通过以下几个方面来评价。

① 容量 电池容量是指在一定放电条件下，可以从电池获得的电量，即电流对时间的积分，一般用 $mA \cdot h$ 或 $A \cdot h$ 来表示，它直接影响到电池的最大工作电流和工作时间。

② 放电特性和内阻 电池的放电特性是指电池在一定的放电制度下，其工作电压的平稳性、电压平台的高低以及大电流放电性能等，它表明电池带负载的能力。电池内阻包括欧姆内阻和电化学内阻，大电流放电时，内阻对放电特性的影响尤为明显。

③ 工作温度范围 用电器具的工作环境和使用条件要求电池在特定的温度区间内有良好的性能。

④ 储存性能 电池储存一段时间后，会因某些因素的影响使性能发生变化，导致电池自放电、电解液泄漏、电池短路等。

⑤ 循环寿命 循环寿命是指二次电池按照一定的制度进行充放电，其性能衰减到某一程度时的循环次数。

⑥ 内压和耐过充电性能 对于密封的锂离子电池，大电流充电过程中电池内压能否达到平衡、平衡压力的高低、电池耐大电流过充电性能等都是衡量电池性能优劣的重要指标，如果电池内部压力达不到平衡或平衡压力过高，就会使电池限压装置开启而引起电池漏气或漏液，从而很快导致电池失效。如果限压装置失效，则有可能引起电池壳体开裂或爆炸。

(3) 决定电池特性的主要因素

① 电极活性物质的选择 电极活性物质的类型决定了电极的理论容量和电极的平衡电位，从而决定了电池的容量和电动势。电极活性物质的化学当量越小，它的电化学当量也越小，其理论比容量就越大。

电池的电动势是电池体系理论上能给出最大能量的量度之一。所以在设计电池时，还应注意选择正极物质的平衡点为越正，选择负极物质的平衡电位越负，则电池的电动势越高。除此之外电极活性物质还要有合适的晶态、密度、粒度、表面状态等，还要求有良好的稳定性，与电池内各组分不发生作用。

② 电解液 电解液是电池的主要组成之一，电解液的性质直接决定了电池的性质。因此，在进行电池设计时，应根据电池及活性物质的性质选择合适的电解液，一般来说应注意电解液的稳定性、活性物质是否与电解液由相互作用、电解液的比电导、导电盐及电解液的

状态。

③ 隔膜的选择　化学电源对隔膜的基本要求是有足够的化学稳定性和电化学稳定性，有一定的耐蚀性、耐腐蚀性，并具有足够的隔离性和电子绝缘性，能保证正负极的机械隔离和阻止活性物质的迁移，并具有足够的吸液保湿能力和离子导电性，保证正负极间良好的离子导电作用。此外还要求有良好的透气性能、足够的机械强度和防震能力。隔膜的好坏直接影响电池的内阻、放电特性、储存性能、循环寿命和内压等。选择合适的隔膜对电池的性能非常重要。

④ 电池的结构　常见的电池按开口方式分为密封型电池和开口型电池；按形状分为圆柱形电池、方形电池和扣式电池，同时还可根据不同的用途设计特殊的电池。但电池的尺寸直接影响电池的性能。特别是随着电子产品的薄型化和轻量化，根据用电器具的需要和空间合理的设计，电池形状是非常重要的。

⑤ 电池极片生产工艺　电极的制造方法有粉末压成法、涂膏法、烧结法和沉积法。不同的制造方法各有其特点，压成法设备简单、操作方便，较为经济，一般电池系列均可采用；涂膏法应用也较为普遍；烧结法制备的电极寿命长、大电流放电性能好，主要用于动力电池；电沉积法制备的电极孔率高、比表面积大、活性高，适用于大功率、快速激活的电池。锂离子电池的电极采用涂布、辊压的方法制造。负极碳材料与黏结剂等搅拌均匀呈糊状，用专用涂布设备在铜箔上涂布，再经过干燥、辊压而成；正极活性物质与黏结剂、导电剂等搅拌均匀呈糊状，在铝箔上进行涂布，经干燥、辊压而成。

⑥ 电池的装配　电池的结构设计同样需要根据电池的使用条件，结合电池的特性来进行。合理的电池结构，有利于发挥电池的最佳性能。为了保证电池的安全性，除了在工艺上采取必要的措施（如两极物质的配比、良好的密封方式、设置安全阀、防爆栓等）外，还应注意电池的使用条件，尤其是电池的工作温度和储存温度对电池性能及寿命的影响。

密封型电池是在正负极中间用隔膜隔开后卷成电芯装入电池壳中，因此，电芯的松紧程度对电池性能影响很大。松紧度也称为电池的装配比，松紧度过大，不利于加工装配，且极板、隔膜润湿较困难，放电电压低，容量低；松紧度过小，不仅降低了比容量，还会使极板过度膨胀，影响电池寿命。

图 6-12（a）是现代锂离子电池的涂布机，能将搅拌后的浆料均匀地涂覆在金属箔片上，厚度能控制在 $3\mu m$ 以下。图 6-12（b）是辊压机，其可以将涂布后的极片进一步压实，提高电池的能密度。图 6-12（c）是现代全自动卷绕机，其可以将制造好的几篇卷绕成电池。图 6-12（d）是自动注液机，其可以保证高精度的流水化将电解液真空注入电池包装材料内。图 6-12（e）是激光焊机设备，其可以全自动焊接导电接触件。

6.3.2.2　电池设计的基本步骤

电池设计主要包括参数计算和工艺制定，具体步骤如下。

(1) 确定组合电池中单体电池数目，单体电池工作电压与工作电流密度。

① 单体电池数目

$$单体电池数目 = \frac{电池组工作电压}{单体电池工作电压}$$

② 确定单体电池工作电压与工作电流密度　根据选定系列电池的伏安曲线，确定单电池的工作电压与工作电流密度，同时应考虑工艺的影响，如电极结构的影响等。

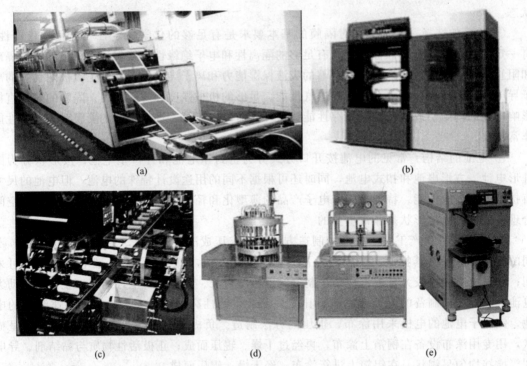

图 6-12 涂布机、辊压机、现代自动卷绕机、自动注液机和激光焊机设备的图片

(2) 计算电极总面积和电极数目

① 根据要求的工作电流和选定的工作电流密度，计算电极总面积（以控制电极为准）：

$$电极总面积 = \frac{工作电流}{工作电流密度}$$

② 根据要求的电池外形最大尺寸，选择合适的电极尺寸，计算电极数目：

$$电极数目 = \frac{电极总面积}{极板面积}$$

(3) 计算电池容量

① 额定容量

$$额定容量 = 工作电流 \times 工作时间$$

② 设计容量 为了保证电池的可靠性和寿命，一般设计容量应大于额定容量的 $10\% \sim 20\%$。

$$设计容量 = (1.1 \sim 1.2) \times 额定容量$$

(4) 计算电极正、负活性物质的用量

① 计算控制电极的活性物质用量 根据控制电极的活性物质的电化学当量、设计容量及活性物质利用率来计算单体电池中控制电极的物质用量。

$$控制电极的活性物质用量 = \frac{设计容量 \times 电化学当量}{活性物质利用率}$$

② 计算非控制电极的活性物质用量 单体电池中非控制电极活性物质的用量，应根据控制电极活性物质的用量来决定，为了保证电池有较好的性能，一般应过量，通常取过剩系数为 $1 \sim 2$。锂离子电池通常采用负极碳材料过剩，过剩系数取 1.1。

(5) 计算正负极板的平均厚度

① 计算每片电极物质用量

$$每片正负极极片物质用量 = \frac{单体电池正负极物质用量}{单体电池正负极极板数目}$$

② 每片电极厚度

$$正负极活性物质平均厚度 = 集流体厚度 \times \frac{每片正负极物质用量}{物质密度 \times 极板面积 \times (1 - 孔率)}$$

(6) 隔膜的选择　锂离子电池经常用的隔膜为聚乙烯和聚丙烯微孔膜，Celgard 的系列隔膜已在锂离子电池中广泛应用。

(7) 确定电解液的浓度及用量　根据选定的电池系列特性，结合具体设计电池的使用条件（如工作电流、工作温度等）或根据经验数据来确定电解液的浓度和用量。

(8) 确定电池的装配比及单体电池容器尺寸　电池的装配比根据所选定的电池特性及设计电池的电极厚度等情况来确定。一般控制在 $80\% \sim 90\%$。根据用电器具对电池的要求选定电池后，再根据电池壳体材料的物理性能和机械性能，确定电池容器的宽度、长度和壁厚等。特别是随着电子产品的薄型化和轻量化，给电池的空间越来越小，这就更要求选用先进的电极材料，制备比容量更高的电池。

6.3.3　锂离子电池的安全性

对于锂离子电池，特别是使用液体电解质的锂离子电池，安全问题居于首要位置。要想获得安全系数高的电池产品，首先应考虑电池体系在充放电过程及其他非正常情况下可能发生的反应，然后通过一系列测试方法进行检测，进而采取措施提高安全系数。

6.3.3.1　锂离子电池热量的产生

电池体系的温度由热量的产生和散发两个因素所决定，热量的来源可以通过热分解和电极材料之间的反应产生，主要有以下几个方面。

① 电解质与负极的反应　虽然电解质与金属锂或碳化锂之间有一层界面保护膜，它们之间的反应收到了限制。但是，当温度升高时，反应活性增加，该界面膜不足以防止两者之间的反应，只有进一步反应生成更厚的保护膜才能防止反应发生。而该反应为放热反应，会使电池体系的温度增加。将电池置于保温器中，将空气温度升高到一定温度时，电池体系的温度上升，而且比周围空气的温度更高，但是经过一段时间后，又恢复到周围的空气温度。这表明当保护膜达到一定厚度时，反应停止。当然反应温度与保护膜的类型有关。

② 电解质的热分解　当锂离子电池体系达到一定温度时，电解质会发生分解并产生热量。分解温度可以用加速量热法进行测试。

③ 电解质与正极的反应　由于锂二次电池电解质的分解电压必须高于正极的电压，因此电解质与正极反应的情况很少发生。但是当发生过充电时，电极变得不稳定，会与电解质发生氧化反应而产生热量。

④ 负极的热分解　对于金属碳负极而言，$Li_{0.86}C_6$ 在 $180℃$ 发生分解产生热量。通过针刺实验表明，锂的安全插入限度为 60%，插入量过多易导致在较低的温度下就发生放热分解反应。

⑤ 正极的热分解　4V 正极材料不稳定，特别是处于充电状态时。对于 4V 正极材料，处于充电状态时，分解温度按如下顺序降低：$LiMnO_2 > LiCoO_2 > LiNiO_2$。$LiNiO_2$ 的可逆容量高，但是不稳定，通过掺杂加入 Al、Co、Mn 等元素，可有效提高其热稳定性。

⑥ 正极活性物质以及负极活性物质发生熔变　锂离子电池充电时吸热，放电时放热，

主要是由于嵌入到正极材料中的熵发生改变。以 $LiCoO_2$ 为正极的锂离子电池为例，以 36mA 进行充放电，热量的吸收和放出虽然低于 10mW，但是不可以忽略。

⑦ 电流通过电池体系时，由于内阻存在而产生热量。当电池外部短路时，电池内阻产生的热量占主导地位。

当某个部分发生偏差时如内部短路、大电流充放电和过充电，就会产生大量的热量，导致电池体系的温度增加。当电池体系达到较高的温度时，就会导致分解反应的发生，使电池产生热失效。由于液体电解质易燃，因此在较严重的情况下电池会发生起火现象。

6.3.3.2 锂离子电池正常循环时发生的事故

对于锂离子电池而言，就目前的技术来说，安全性比较可靠，但是在电池运行过程中发生的一切意外情况，特别是滥用，会引起不可估量的安全事故。

① 负极或征集在两端发生脱落，与另外一极接触，造成局部电流突然增大，易产生大量放热。

② 循环时负极片发生脱落　如果负极片与集流体焊接不牢固，在充放电过程中，导致电流密度陡增，这时候易产生锂的沉积，从而可能引起锂枝晶的形成，并进一步导致短路。

③ 内部短路　内部短路的主要检测方法是采用针刺法，如果电池发烟、起火或爆炸，则不易作为商用。但是，即使电池通过了针刺检测，内部短路也会使电池体系温度达到 100℃ 以上，因此应尽可能减少短路的概率。在生产过程中，如果不注意，将少量导电粒子卷入或隔膜有裂纹及排列不好，会造成内部短路。

6.3.3.3 锂离子电池设计中的安全措施

综上所述，锂离子电池体系非常复杂，会发生多种多样的化学反应。为了防止这些反应的发生，应防止电池体系电流突然增大和温度过高。在锂电子电池体系的设计中，采用的主要措施如下。

① 采用正温度系数端子；
② 采用具有电流遮断性能的多孔性隔膜；
③ 采用安全压力阀；
④ 采用防止过充电、过放电控制回路，充电终止电压为 4.1V 或 4.2V，放电终止电压为 2.5V。

6.3.3.4 安全测试

为了保证锂离子电池的安全性，在电池出厂前，必须对电池进行测试。主要测试方法可分为 4 类，如表 6-5 所示。

表 6-5　电池的主要安全测试方法

类别	主要测试方法
电测试	过充、过放、外部短路、强制放电
机械测试	落体、冲击、针刺、振动、震动、挤压、加速
热测试	着火、沙浴、热板、热冲击、油浴
环境测试	降压、高度、浸泡、耐菌性

(1) 外部短路　将电池正极、负极用导线直接连接，检验其性能。如在隔膜部分所述，

多孔聚丙烯的电流遮断温度较高，这时易发生危险，采用聚乙烯或共聚物，降低电流遮断温度，提高安全性。

(2) 过充电　过充电有两种形式：定电压或定电流。即使在充电器和控制回路同时失灵时，也能保证锂离子电池不出现安全问题。发生过充电时，锂在负极发生沉积，电解液发生分解。对于锂离子电池而言，过充电时即使安全方面不发生问题，电池的使用寿命也会明显降低。

(3) 强制过放电　在强制过放电时，部分锂会在正极表面发生沉积。因此在设计时，正极材料均会部分过量，尽可能避免此类事情的发生。

(4) 挤压测试　挤压实验有两种：一种为板式，另一种为条式，后者更难通过。如果电池的安全性不好，就会在测试条与电池发生接触的 3s 内起火。目前对于起火的机理并不是很清楚，有可能是下述原因引起的：①在挤压实验时，隔膜在某些地方破损，导致内部短路，产生大电流；②隔膜发生破裂，使正极和负极的活性物质发生混合，产生放热反应；③挤压时隔膜发生破裂，产生电火花，从而使电解质起火。

(5) 针刺测试　针刺测试主要是模拟电池内部短路。将直径为 3mm 的针插入到电池中。同挤压测试一样，如果安全性不高，会在 3s 内起火。

(6) 用交流电进行充电、放电测试　由于日本等一些国家的交流电为 $100\sim110V$，而中国的则为 220V，因此国内电池检测应采用后者。也就是说即使交流电进行充电、放电，也不会发生危险。

(7) 投火测试　用电池投入到炭火、沸水或加热的油浴当中，当然电池会发生燃烧，但是不应发生爆炸。也可以在加热板上加热至 180℃ 进行测试。

(8) 高温、低温循环测试　在高温、低温下反复进行。高温条件为 65℃，相对湿度为 90%，时间 8h；低温条件为 −30℃，时间 8h，循环次数 5 次。

(9) 盐水喷雾。

(10) 高处跌落实验（自 1.5m 高度自由下落）。

当然，电池的安全性还应包括后处理问题，及电池使用寿命期满之后在自然界不会造成严重的环境污染。对于锂离子电池而言，基本上可以通过上述的实验来提高电池的安全性。即使对电动车用的 100A·h 的大型动力电池进行过充电、过放电、落体冲击、挤压、弯曲、针刺、水中浸泡、外部短路、外部加热测试等，并没有起火或爆炸发生。如果电动汽车在碰撞时不发生爆炸，从安全角度而言将比内燃机汽车的安全性显著提高，吸引力也大大增强。

6.4　锂离子电池的开发方向

6.4.1　提高锂离子电池的均匀性

电动汽车和混合型电动汽车用的锂离子电池组，都是由许多卷绕式或平板式单电池组成的。各个单体电池之间的均匀性对电池组的可靠性和使用寿命起到极其重要的作用。小电池产品可以采用筛分档次出厂的办法；但对大容量动力型电池们必须从原材料选择和检验、电池设计、生产工艺灯方面下功夫，确保电池产品的均匀性。

6.4.2　确保电池产品的安全性

这是阻碍锂离子电池广泛商业化应用的瓶颈因素。一般来说，电极的活性越高，电池的比能量就越高，其安全性隐患就越大。到目前为止，锂离子电池的安全性尚未真正解决。2006年日本笔记本电脑用的小容量低电压的锂离子电池还出现过着火现象，那么确保电动车用大容量高电压锂离子电池组的均匀性和安全性就显得格外突出，难度更大。2011年在杭州、上海和深圳发生了电动汽车起火事故，最近使用锂离子电池（由韩国LG公司提供）的WOLT增程式混合型电动汽车也起火燃烧，说明锂离子电池产品的安全性有待进一步提高。

6.4.3 降低价格

产品的性能/价格比是其广泛应用的决定性因素。锂离子电池的价格是目前几个动力电池中的最高者。由于原材料的价格不断上涨，使得锂离子电池价格下降的空间和幅度越来越小。现今的锂离子电池生产厂家采用价格较低的电极材料，又使得电池性能有所下降。因而必须开发新的更优异的电极材料，优化生产工艺，从而降低产品价格，提高电池的市场竞争力。

6.4.4 开发新的电极材料

目前使用的电极材料还不能满足电动汽车和储能等应用领域的要求，一方面可以对现有的材料进行改性，另一方面则应当开发新的锂离子电池体系，尤其是锂离子电池材料。

6.5 本章小结

本章中首先回顾了锂离子电池的发展历史，介绍了其工作原理，所涉及的关键材料、结构设计流程及安全性评价方法，同时对今后锂离子电池的发展趋势进行了展望。

思考题

1. 相比于其他二次电池，锂离子电池的优点有哪些？
2. 锂离子电池的主要结构由哪几个部分组成？
3. 锂离子电池的正极材料有哪几类？理论容量分别是多少？
4. 锂离子电池的负极材料有哪几类，各自的优缺点是什么？
5. 隔膜在锂离子电池内起什么作用？
6. 锂离子电池的电解液的主要成分是什么？
7. 锂离子电池的正负极集流体分别使用什么材料？集流体有哪些性能指标？
8. 锂离子电池有哪些安全问题？
9. 锂离子电池安全测试有哪些？
10. 你认为锂离子电池未来的发展趋势是什么？

参 考 文 献

[1] 刘国强，厉英. 先进锂离子电池材料. 北京：科学出版社，2015.
[2] 李红辉. 新能源汽车及锂离子动力电池产业研究. 北京：中国经济出版社，2013.

[3] 王伟东，仇卫华，丁倩倩．锂离子电池三元材料：工艺技术及生产应用．北京：化学工业出版社，2015.

[4] 王恒国，段潜，李艳辉，等编著．锂离子电池与无机纳米电极材料．北京：化学工业出版社，2016.

[5] 吴宇平，等编著．锂离子二次电池．北京：化学工业出版社，2002.

[6] 黄可龙，王兆翔，刘素琴．锂离子电池原理与关键技术．北京：化学工业出版社，2008.

[7] 梁广川，宗继月，崔旭轩．锂离子电池用磷酸铁锂正极材料．北京：科学出版社，2013.

[8] 詹弗兰科·皮斯托亚．锂离子电池技术——研究进展与应用．北京：化学工业出版社，2017.

[9] ［日］小泽一范．锂离子充电电池．赵铭姝，宋晓平译．北京：机械工业出版社，2014.

[10] ［日］义夫正树，［美］布拉德，［日］小泽昭弥，等编．锂离子电池——科学与技术．苏金然，等译．北京：化学工业出版社，2015.

第7章

燃料电池

7.1 概述

燃料电池是一种把储存在燃料和氧化剂中的化学能直接转化为电能的能量转换装置。与传统能源相比，燃料电池在反应过程中不涉及燃烧，因而能量转换效率不受卡诺循环的限制，具有污染少、高效节能、可靠性好、比能量和比功率高等显著特点，这些优势让它成为继火力发电、水力发电和核能发电技术之后的第四代化学能发电技术，被认为是 21 世纪首选的洁净高效发电技术。

7.1.1 工作原理

燃料电池按电化学原理将化学能转化成电能，但是它的工作方式却与内燃机相似，是一种能量转换装置。它在工作（即连续稳定的输出电能）时，必须不断地向电池内部送入燃料与氧化剂（如氢气和氧气）；与此同时，它还要排出与生成量相等的反应产物，如氢氧燃料电池中所生成的水。燃料电池是由含催化剂的阳极、阴极和离子导电的电解质构成，如图 7-1 所示。燃料在阳极氧化，氧化剂在阴极还原，电子从阳极通过负载流向阴极构成电回路，产生电能从而驱动负载工作。燃料电池与常规电池不同之处在于，它工作时需要连续不断地向电池内输入燃料和氧化剂，并释放出电能；原则上只要保持燃料供应，电池就会不断

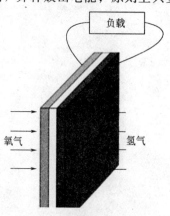

图 7-1 燃料电池原理图

工作提供电能。

以最简单的氢氧燃料电池为例，电池反应为：

$$H_2 \longrightarrow 2H^+ + 2e^- \tag{7-1}$$

$$\frac{1}{2}O_2 + 2H^+ + 2e^- \longrightarrow H_2O \tag{7-2}$$

$$H_2 + \frac{1}{2}O_2 \longrightarrow H_2O \tag{7-3}$$

燃料电池使用的燃料和氧化剂均为流体（即气体和液体）。最常用的燃料为纯氢、各种富含氢的气体（如重整气）和某些液体（如甲醇水溶液）。常用的氧化剂为纯氧、净化空气等气体和某些液体（如过氧化氢和硝酸的水溶液等）。

7.1.2 分类及特点

燃料电池有很多种分类方法，根据电解质的不同，可以分为以下六类，如表7-1所示。

表7-1 燃料电池分类

电池类型	工作温度/℃	燃料	氧化剂	特点	技术状态及应用
碱性燃料电池（AFC）	室温～200	纯氢	纯氧	能量转化效率高；高比功率；高比能量；但不适合在地面上应用	高度发展，20世纪60年代已在航天中成功应用，可作为特殊地面应用
质子交换膜燃料电池（PEMFC）	室温～100	纯氢 净化重整气	氧气 空气	可室温快速启动；无电解液流失；水易排出；寿命长；比功率与比能量高	高度发展，适用于分散电站、电动车、潜艇推动、各种可移动电源、家庭动力源。已有电动车样车，需降低成本，尽早实现产业化
直接甲醇燃料电池（DMFC）	室温～200	CH₃OH	空气	可以使用液体作为燃料，启动速度快	正在开发。适宜为手机、笔记本电脑等供电
磷酸燃料电池（PAFC）	100～200	重整气	空气	建分散电站运行可靠度高，但启动时间长，成本高，余热利用价值低	高度发展，适用于特殊需求、区域性分散电站
熔融碳酸盐燃料电池（MCFC）	600～700	重整气 天然气	空气	具有建立分散电站的优势，余热利用价值高	适宜建区域性分散电站，正在进行现场实验，需延长寿命，才能有竞争力，实现商业化
固体氧化物燃料电池（SOFC）	800～1000	净化煤气 天然气	空气	全固体结构，无使用液体电解质带来的腐蚀和电解液流失问题，可望实现长寿命运行，高工作温度是其技术难点	适宜建造大、中型电站、分散电站，电池结构选择开发廉价制备技术

燃料电池具有其他发电方式不可比拟的优越性。

(1) 效率高 燃料电池将化学能直接转化为电能，不涉及热机过程，能量转换不受卡诺循环的限制，其理论热电转化效率可达85%～90%，但由于电池在工作时受各种极化的限制，目前各类燃料电池的实际发电效率均为40%～60%，若实现热电联供，总体热效率可达80%以上。

(2) 环境友好 燃料电池几乎不排放 NO_x 及 SO_x，温室气体 CO_2 的排放量也比火力发电减少 40%～60%，减轻了对大气的污染；没有传动部件，工作时噪声极低，因而可直接设在用户附近，从而减少传输费用和传输损失。燃料电池的环境友好性是使其具有极强生命力和长远发展潜力的主要原因。

(3) 可靠性高 与燃气涡轮机或内燃机相比，燃料电池没有机械传动部件，因而系统更加安全可靠，不会因传动部件失灵而引发恶性事故。

但目前燃料电池仍有许多不足之处，不能进入大规模的商业应用，例如：①成本高，价格昂贵；②高温时寿命及稳定性不理想；③没有完善的燃料供应体系。

7.1.3 发展简史

燃料电池的研究开始于 19 世纪，1801 年戴维（H. Davy）最早提出了燃料电池的概念。英国人格罗夫（W. Grove）在 1839 年使用铂电极电解硫酸时发现，析出的气体（氢气和氧气）具有电化学活性，在两个铂电极之间产生约 1V 的电势差。随后，兰格（C. Langer）和蒙德（L. Mond）在 1889 年研究了采用煤气作为燃料的燃料电池。

20 世纪初，人们期望将化石燃料的化学能直接转变为电能。能斯特（Nernst）、哈伯（Haber）等杰出的物理化学家对直接采用碳燃料的燃料电池开展了大量的研究工作，但是受制于当时材料技术的水平，一直没有实际的突破。1920 年以后，随着低温材科性能研究方面的成功，对气体扩散电极的研究重新开始。1932 年，英国剑桥工程教授培根（F. Bacon）改进了兰格和蒙德的实验装置，设计出了最早的碱性燃料电池。随后在 20 世纪50 年代，培根成功地开发了多孔镍电极，并制造了第一个千瓦级碱性燃料电池系统。20 世纪 50 年代后期及 20 世纪 60 年代早期，美国宇航局（NASA）以培根的研究为基础，开发了一系列燃料电池用于太空任务。其中最著名的阿波罗（Apollo）计划就采用了 1.5kW 的碱性燃料电池，该电池在为飞船提供电力的同时，还可以产生饮用水供宇航员使用。在此期间，NASA 还与通用电气公司合作开发出了最早的质子交换膜燃料电池，并在 20 世纪 60 年代中期应用于双子座计划。

由于宇航项目数量上的减少，燃料电池的研究经历了短时期的低潮。进入 20 世纪 70 年代后，随着人们环保意识的不断提高，对空气污染的关注，以及欧佩克石油禁运导致的石油危机，使政府、企业和消费者逐渐接受了能源效率的概念。燃料电池的研究开发出现了新的浪潮，研究项目逐年增多。许多国家政府和大公司在 20 世纪 70 年代开始了新的研究项目，以开发更为有效的能源生产形式。其成果之一是磷酸燃料电池技术的研制成功，其更适用于燃料电池发电站。大量固定式磷酸燃料电池装置开始应用，并进行了离网发电的现场演示，功率可达 1MW 以上。在此期间，来自美国军事和电力公司的资金还支持了熔融碳酸盐燃料电池技术的发展，其可以通过内部重整将天然气转化为氢气并用来发电。

由于在电能和热能方面的高效率，20 世纪 80 年代熔融碳酸盐燃料电池和 20 世纪 90 年代固体氧化物燃料电池都得到了快速发展，但寿命仍然是高温燃料电池必须解决的难题。在 20 世纪 80 年代，应用于交通运输的燃料电池研发工作也开始进行。

在 1990 年，研究者们将注意力转向质子交换膜燃料电池和固体氧化物燃料电池技术，特别是小型固定应用方面，两者均具有商业可能性。因为每单位瓦时的成本更低、潜在市场更多，例如电信站点和住宅微型热电联产的备用电源。在德国、日本和英国，开始有大量政府资金用于开发住宅微型热电联供应用的质子交换膜燃料电池和固体氧化物燃料电池技术。政府促进清洁运输的政策也推动了用于汽车应用的质子交换膜燃料电池的开发。

进入新世纪以后，随着清洁能源汽车的发展，质子交换膜燃料电池成为当前研究开展的重点方向之一。美国能源部于 2002 年建立了氢、燃料电池和基础设施技术规划办公室，提出了《向氢经济过渡的 2030 年远景展望报告》。美国总统布什通过联邦政府从 2002 年到 2007 年投资了 1.7 亿美元，投入到了氢燃料汽车研制当中。日本政府先后在"月光计划"和"阳光计划"中大力支持燃料电池发展，日本丰田公司 2015 年量产了氢燃料电池汽车"未来"。我国政府也将燃料电池技术列为发展重点，国产燃料电池电动车已经为 2008 年的北京奥运会、2010 年的广州亚运会服务。

7.2 碱性燃料电池

碱性燃料电池（alkaline fuel cell，AFC）是第一种实用化的燃料电池技术，由英国剑桥大学的培根教授（Francis Thomas Bacon）发明。培根发明的 AFC 的两极分别是多孔镍阳极、多孔氧化镍阴极，使用 30% KOH 循环电解质，工作温度 200℃。为防止电解质沸腾，采用高压运行，压力 4～5MPa。在如此高的温度和压力下，AFC 的表现是非常优异的，在 200℃、4.5MPa 的条件下，电池电压为 0.78V 时，可以获得 $800mA/cm^2$ 的电流密度。NASA 早在 1960 年时便开始将它运用在航天飞机的发射及人工卫星上，包括著名的阿波罗计划也使用了这种燃料电池。随着技术的发展，现在的 AFC 操作温度可以降低到 70℃，其电能转换效率可以达到 60%，使用多孔非贵金属作电极催化剂，成本进一步降低。

7.2.1 工作原理

碱性燃料电池工作原理如图 7-2 所示。

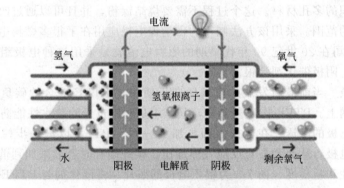

图 7-2　碱性燃料电池示意图

AFC 主要以 KOH 水溶液为电解质，通过氢氧根离子（OH^-）移动进行离子传导，KOH 的质量分数一般为 30%～45%，最高可达 85%。在碱性电解质中，氧化还原反应比在酸性电解质中容易。

在阳极，氢气与氢氧根离子发生氧化反应，释放电能和电子，并产生水，如式(7-4)。

$$2H_2 + 4OH^- \longrightarrow 4H_2O + 4e^- \tag{7-4}$$

在阴极，氧气和来自电极的电子、电解质中的水相遇，发生还原反应形成新的氢氧根离子，如式(7-5)。

$$O_2 + 4e^- + 2H_2O \longrightarrow 4OH^- \tag{7-5}$$

为了使以上反应连续进行，OH⁻必须能够通过电解质，并且必须有电路保证电子从阳极至阴极。对比式(7-4)和式(7-5)可以发现，氢气的用量是氧气的两倍，并且阳极水的形成量也是阴极消耗量的两倍。因此，为保持电池连续工作，除需要等速地供应氢气和氧气外，还需连续地从阳极排出电池反应所生成的水，以维持电解液碱浓度的恒定，排除电池反应的废热以维持电池工作温度的恒定。

7.2.2 结构和材料

7.2.2.1 电极催化剂

对于碱性电池，强碱的阴离子为OH⁻，它既是氧电化学还原反应的产物，又是导电离子。因此在电化学反应过程中，不存在酸性电池中出现的阴离子特殊吸附对电催化剂活性和电极过程动力学的不利影响。碱的腐蚀性比酸低得多，因此碱性电池的电催化剂不仅种类比酸性的多，而且催化活性也较高。

(1) 烧结镍粉 培根在开发AFC的时候，就想使用简单、低成本的材料，避免使用贵金属催化剂。因此选择了镍电极，通过将金属镍粉末加工、烧结以制成刚性多孔镍结构。为了使气体、液体电解质和固体电极三相良好接触，镍电极被加工成两层，分别采用两种不同尺寸的镍粉末。靠近液体侧是易润湿的精细孔结构，而气体侧则为更多开放孔结构。采用这样的电极结构能够获得很好的应用效果，但为了保证气液界面处于合适位置，需要严格控制气体与电解质之间的压力差。早期的燃料电池当中，阳极直接采用镍粉作为催化剂，而阴极则使用部分锂化及氧化的镍。

(2) 雷尼（Raney）金属 雷尼金属是一种可以获得高活性和多孔结构金属的制备方法，从20世纪60年代至今一直用于碱性燃料电池。雷尼金属的制备主要是通过将活性金属（例如镍）与惰性金属（通常为铝）混合。然后将混合物用强碱处理，溶出铝，从而获得了具有非常高表面积的多孔材料。这个过程不需要烧结镍粉，并且可以通过改变两种金属的混合程度调节孔径的范围。采用该方法制得的雷纳镍电极应用在了很多燃料电池上。德国西门子（Siemens）公司在20世纪90年代早期的燃料电池就是采用这种电极组合，阳极催化剂为涂钛的雷尼镍，阴极催化剂涂银。

(3) 辊压电极 当前最新发展的电极倾向于使用与PTFE混合的碳负载型催化剂，然后将其轧制到镍网上。PTFE作为黏合剂，其作用是利用自身的疏水性能防止电极浸没并阻止液体电解质对电极的渗透。在电极表面再加上一薄层PTFE以进一步控制电极孔隙率和防止电解质穿过电极，从而无需对反应气体加压。碳纤维有时会被添加到催化剂当中，用来增加强度、导电性和粗糙度。图7-3为辊压电极的照片，将催化剂与PTFE黏合剂混合并滚轧到镍网上，最上面是气体侧的PTFE薄层。同前两种电极制备方式相比，辊压电极的制备过程非常简单，并且成本低。

7.2.2.2 电解质

AFC使用的电解质是KOH水溶液，浓度一般为6～8mol/L，并且必须采用高纯度的KOH溶液，否则会使催化剂中毒。按照其流动方式可分为循环和静止两种类型。

(1) 循环电解质 图7-4为循环电解质AFC的基本结构。KOH溶液通过循环泵在电池内部循环。由于阳极在反应过程中会产生水，所以H₂必须要循环，使H₂中的水蒸气蒸发，然后在冷却系统中冷却。氢气被储存在一个压缩气瓶当中，通过一个射流泵使其进行循环。图7-4中，使用的是空气而不是纯氧气，由于空气中的CO₂会与KOH反应生成K₂CO₃，

图 7-3　辊压电极的照片

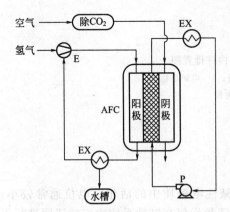

图 7-4　循环电解质 AFC 的基本结构
E—射流泵；EX—换热器；P—循环泵

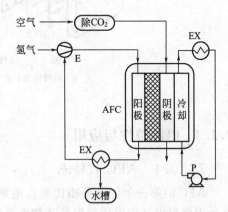

图 7-5　静止电解质 AFC 的基本结构
E—射流泵；EX—换热器；P—循环泵

OH^- 会随之减少，电池的性能也会降低。解决的方法之一就是在进入阴极之前，加上一个 CO_2 洗涤，从而减少 CO_2 的含量。大部分的 AFC 都采用循环电解质形式。

(2) 静止电解质　图 7-5 为静止电解质 AFC 的基本结构。KOH 溶液放在石棉隔膜当中。阴极必须采用纯氧，这是因为形成碳酸盐后，电解液很难被更换。氢气与前面的系统一样也需进行循环，用以去除产生的水。冷却系统也是必需的，因而需要水或其他冷却介质。采用这种结构的 AFC 主要应用于航天飞行器当中。

7.2.2.3　隔膜材料

AFC 最早采用的隔膜材料是石棉，在电池当中一方面利用其阻气功能，分隔氧气和氢气，另一方面为 OH^- 的传递提供通道。由于石棉具有致癌作用，不少国家提出禁止石棉在 AFC 中的使用，这也间接地制约了碱性燃料电池的商业推广。其他可替代隔膜材料包括聚苯硫醚（PPS）、聚四氟乙烯（PTFE）以及聚砜（PS）等材料，其中 PPS 和 PTFE 在碱性溶液中具有与石棉非常接近的特性，即允许液体穿透而有效阻止气体的通过，具有较好的抗腐蚀性和较小的电阻，并且 PPS 的某些性质甚至还优于石棉。

7.2.2.4　电池堆

单个 AFC 的电压一般在 0.6～0.8V，为获得实际应用电压，须将多个单电池组装成电池堆。

电池堆的构造有两个基本部分：电极架及其附件、框架组合。双极式 AFC 的框架及构件在压滤成型前的排置如图 7-6 所示。

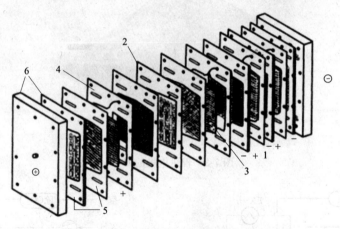

图 7-6 双极式 AFC 电池堆构件排置图
1—双极电池；2—双极板；3—隔板；4—电解质框；
5—电流收集板；6—夹板

7.2.3 电池特性与应用

7.2.3.1 AFC 的特点

AFC 的第一个优点是相比酸性电解质，阴极在碱性电解质中的活化过电位通常较小。在低温燃料电池中电压损失是非常重要的，目前还不清楚为何在碱性系统中氧的还原进行得更快，这样就使得 AFC 具有高达 0.875V 的工作电压。

AFC 的第二个重要的优点是系统成本低。作为电解质的氢氧化钾本身非常便宜。此外，电极特别是阴极，可以采用非贵金属。因此，电极比其他类型的燃料电池便宜得多。

AFC 的最后一个优点是 AFC 可以不使用双极板，这就进一步降低了成本，但这样也降低了电池的功率密度。

AFC 最大的问题是 CO_2 与 KOH 电解质的反应，从而导致 OH^- 减少、黏度增加等一系列问题，最终导致电池性能降低。

7.2.3.2 AFC 的应用

AFC 的最为成功的应用是被 Apollo 宇宙飞船所采用，如图 7-7(a) 所示，从此开启了燃料电池航天应用的新纪元。Apollo 宇宙飞船在 1966 年至 1978 年服役期间，总计完成了 18 次飞行任务，累积运行超过 10000h，表现出良好的可靠性与安全性。除了宇宙飞船外，燃料电池在航天飞机上的应用是航天史上又一成功范例。美国航天飞机载有 3 个额定功率为 12kW 的碱性燃料电池如图 7-7(b)，每个电堆包含 96 节单电池，输出电压为 28V，效率超过 70%。单个电堆可以独立工作，确保航天飞机安全返航，采用的是液氢、液氧系统，燃料电池产生的水可以供航天员饮用。从 1981 年首次飞行至 2011 年航天飞机宣布退役，在 30 年间燃料电池累积运行了 101000h，可靠性达到 99% 以上。

我国中国科学院大连化学物理研究所早在 20 世纪 70 年代就成功研制了以航天应用为背景的碱性燃料电池系统。燃料分别采用氢气和肼在线分解氢，额定功率分别为 500W 和 300W。整个系统均经过环境模拟实验，接近实际应用。这一航天用燃料电池研制成果，为我国此后燃料电池在航天领域应用奠定了一定的技术基础。

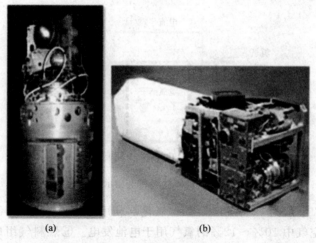

图 7-7 (a) Apollo 宇宙飞船用燃料电池；(b) 航天飞机用燃料电池

7.3 磷酸燃料电池

磷酸燃料电池（phosphoric acid fuel cell，PAFC）是采用磷酸作为电解质的燃料电池。阳极采用富氢并含有 CO_2 的气体作为燃料，阴极通入空气作为氧化剂，发电效率 35%～43%，工作温度 200℃左右。由于工作温度降低，反应速度慢，因此需要使用贵重金属 Pt 做催化剂。PAFC 的显著特征之一是对 CO_2 具有耐受力，这使得 PAFC 成为世界上最早在地面上应用的燃料电池。

7.3.1 工作原理

PAFC 采用磷酸作为电解质，燃料一般采用氢气。氢气进入气室，到达阳极后，在阳极催化剂作用下，失去 2 个电子，氧化成 H^+。

阳极反应：

$$H_2 \longrightarrow 2H^+ + 2e^-$$
(7-6)

H^+ 通过磷酸电解质到达阴极，电子通过外电路做功后到达阴极。氧气进入气室到达阴极，在阴极催化剂的作用下，与到达阴极的 H^+ 和电子结合，还原生成水。

阴极反应：

$$\frac{1}{2}O_2 + 2H^+ + 2e^- \longrightarrow H_2O$$
(7-7)

总反应：

$$\frac{1}{2}O_2 + H_2 \longrightarrow H_2O$$
(7-8)

反应示意图如图 7-8 所示。

目前，PAFC 的工作条件如下。①工作温度 180～210℃，工作温度的选择要根据磷酸电解质的蒸气压、材料的耐蚀性能、电催化剂耐 CO 中毒能力以及实际工作的要求。随工作温度提高，电池效率增加。②工作压力，对于大容量电池组一般选择加压工作，压力一般为 0.7～0.8MPa；对于小容量电池电池组一般是常压运行。加压会加快反应速率，提高发电效

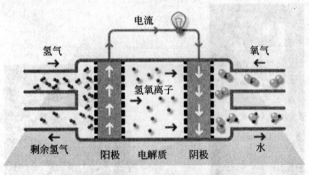

图 7-8　磷酸盐燃料电池示意图

率。③燃料利用率，一般为 $70\%\sim80\%$。④氧化剂利用率，一般为 $50\%\sim60\%$，如果使用空气作为氧化剂，空气中 $10\%\sim12\%$ 的氧气用于电池发电。⑤燃料气组成，一般 H_2 的质量分数大约为 80%，CO_2 的质量分数大约为 20%，还有少量的 CH_4、CO 与硫化物。

7.3.2　结构和材料

PAFC 单电池由阴极和阳极（均为多孔气体扩散电极）、电解质隔膜以及双极板等主要部件构成。磷酸电解质在两电极间形成的夹层结构如图 7-9 所示。

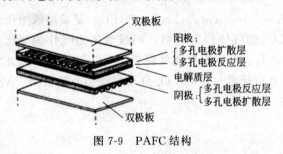

图 7-9　PAFC 结构

7.3.2.1　电极和催化剂

PAFC 的电极是由反应层（又称催化剂层）和扩散层（也称支撑层）构成的多孔气体扩散电坂。反应层是由在碳载体上高度分散的 Pt 催化剂与聚四氟乙烯（PTFE）黏结而成，厚度约为 $100\mu m$。多孔的扩散层（碳纸）具有支撑反应层、气体扩散和收集电流的功能。

在 20 世纪 60 年代中期，PAFC 中使用的多孔电极是 PTFE 黏合的铂黑，每个电极上 Pt 的负载量约是 $9mg/cm^2$。此后，采用碳载 Pt 取代了铂黑作为电催化剂。碳与 PTFE〔$30\%\sim50\%$（质量分数）〕结合形成电极支撑结构。催化剂中的碳具有以下重要的功能。

① 使 Pt 催化剂均匀分散，确保其起到最佳的催化作用；

② 在电极中提供微孔，保证更多的气体扩散到催化剂表面和电极/电解质界面；

③ 提高催化剂的导电性。

通过使用碳分散的 Pt 催化剂，使 Pt 负载量显著降低。目前，阳极中 Pt 载量约为 $0.10mg/cm^2$，阴极中 Pt 载量约为 $0.50mg/cm^2$。Pt 催化剂的活性取决于催化剂的类型、颗粒尺寸和比表面积。较小的颗粒及较高的表面积会提高催化剂的活性。当 Pt 颗粒尺寸减小至 2nm 左右时，比表面积高达 $100m^2/g$，Pt 负载量也能够大幅减低。此外，通过将 Pt 与过渡金属如 Ti、Co、Ni、Cr、V 等形成合金，也能减低 Pt 含量并提高催化性能和稳定性，例如 Pt-Ni 合金作为阴极催化剂可使性能得到 50% 的提高。

PTFE 在反应层中具有黏结催化剂和疏水双重功效。电极中的电化学反应发生在反应气体-电解质-催化剂三相（气-固-液）界面。为提高电极性能，三相区的面积应尽可能得大。为此需要优化电极的疏水性能，使电解质能适当地润湿电催化剂。如果电解质将电极完全淹没，会影响反应气体的扩散；然而过分强调反应气体的扩散又不利于电解质润湿电极。一般而言，当磷酸在反应层中的比例在 40%～60% 之间时，有利于形成较大的三相界面，使阴、阳极的过电位降低。由于有水生成，阴极应比阳极有更强的疏水性能。通常，阳极和阴极的最佳 PTFE 含量分别为 30%（质量分数）左右和 40%～60%（质量分数）。

扩散层与反应层相连，要耐腐蚀、电和热传导性好、气体扩散阻力小和有一定的机械强度。目前多采用碳纸作为扩散层，起结构支撑和集流的作用。典型的碳纸具有约 90% 的初始孔隙率，通过用 40%（质量分数）的 PTFE 溶液处理后将其降低至约 60%。疏水处理后的碳纸具有直径为 3～50μm 的大孔和 3.4nm 左右的微孔。

7.3.2.2 电解质

PAFC 采用的电解质是磷酸（H_3PO_4），是一种常见的无机酸，具有良好的热稳定性、化学和电化学稳定性，以及较低的挥发性（≥150℃）。尤为重要的是，磷酸在燃料和氧化气氛当中均能够耐受 CO_2，克服了 AFC 的不足。

磷酸是无色黏性吸湿液体，具有大于 90° 的接触角，为了能够在 PAFC 当中使用，需要通过毛细作用吸附在电解质隔膜上。PAFC 最早采用 100% 纯磷酸作为电解质，由于其凝固点为 42℃，为了避免由于磷酸固化和再液化而产生的应力，PAFC 堆通常要保持在该温度以上，这也是 PAFC 的不足之一。此外，虽然磷酸蒸气压低，但在高温长时间操作过程中，依然会有一部分磷酸损失掉，必须在操作期间及时补充电解质。PAFC 使用的电解质隔膜主要是由少量 PTFE 黏结的碳化硅（SiC）。电解质隔膜厚度较薄，一般为 0.1～0.2mm，可以减少离子传导阻力，但太薄又不利于阻止阴极和阳极间的气体透过。SiC 电解质隔膜能够承受的最大压力差至少可以达到 10kPa。

7.3.2.3 双极板

双极板（又称隔板）的功能是提供气体流道，防止电池气室中的氢气与氧气联通，并在串联的阴阳两极之间建立电流通路。在保证一定的机械强度和良好阻气作用的前提下，双极板厚度应尽可能地薄，以减少对电流和热的传导阻力。

PAFC 最早采用镀金的钽作为双极板材料，价格非常昂贵。20 世纪 60 年代后期开始使用便宜的石墨作为双极板材料。如图 7-10 为早期开发的单片石墨双极板。这种双极板是在石墨板两面分别通过机械加工出气道，制造成本比较高。目前改进后的双极板设计与加工方法通常是采用一种多层结构，如图 7-11 所示为多组件双极板。这种带肋扩散层的双极板，是用一块薄的（一般不超过 1mm）、不透气的碳板（多用玻璃炭材料）把电堆中相邻电池的反应气体分隔开，用另外两块带沟槽的多孔碳板提供气体流道。这种双极板适合批量制造，还可以利用沟槽储存磷酸，延长电池堆寿命。

7.3.2.4 电堆

PAFC 实际使用时需要将单体电池组装成为电池堆，电堆的各部分功能及特点如下。

(1) 供气 供给电堆的气体是通过外部分气管或内部分气管的方式分配到每个电池。内

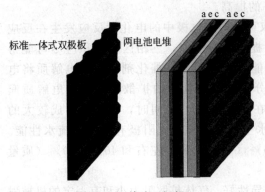

图 7-10 单片双极板

a—阳极；e—电解质；c—阴极

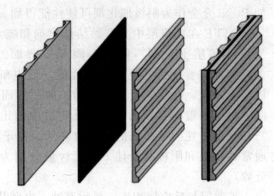

图 7-11 多组件双极板的结构

部分气管利用双极板上与电池平面垂直的气道来分配气体；而外部分气管则把分气室直接附着在电堆的侧面。合理设计分气管有利于燃料和氧化剂均匀地分配到每一个电池中，减少电堆中的温度差，延长使用寿命。

(2) 密封。 为防止氢气外泄，加压 PAFC 电堆必须放置在充满氮气的容器内，并且氮气压力应略高于电堆的运行压力。

(3) 冷却 用于 PAFC 电堆的冷却介质有水、空气及不导电的导热油。3 种冷却方式性能优劣的比较见表 7-2。一般而言，水的冷却效果最好，适合大功率 PAFC 装置（大于100kW）。空气冷却最简单，适合小型 PAFC 装置，但需要循环空气，使用辅助动力设施，能耗大，系统发电效率降低。导热油适用于规模较小但装置要求紧凑的场合，导热油冷却性能和系统复杂程度介于前两者之间。

表 7-2　PAFC 电堆不同冷却方式性能比较

冷却介质	水	加热油	空气
冷却效率	高	中等	较低
冷却系统复杂程度	复杂	中等	简单
冷却剂处理	复杂	中等	简单
工作压力	高	中等	低
热回收	好	中等	较差
辅助动力消耗	少	较少	高
冷却板设置	几个电池设一块	几个电池设一块	每个电池或几个电池设一块

7.3.3　电池特性与应用

7.3.3.1　PAFC 的性能

PAFC 电堆的工作电流密度通常为 $150\sim400mA/cm^2$。常压工作时，单体电池的电压为 $600\sim800mV$。PAFC 当中，主要的极化发生在阴极，并且在空气中的极化（$300mA/cm^2$ 下电压为 560mV）要大于纯氧中的极化（$300mA/cm^2$ 下电压为 480mV），主要是因为反应物的稀释。相比阴极，阳极在纯氢中表现出较小的极化（$-4mV \cdot 100mA/cm^2$），当燃料中CO出现后，极化会增加。此外，PAFC中的欧姆极化也相对较小，约为$12mV \cdot 100mA/cm^2$。PAFC性能主要受到压力、温度、气体成分和杂质的影响。压力增加，氧分压提高，阴极极化减少；同时，水分压增加，磷酸浓度降低，离子电导率略有增高，进一步减少活化极化和欧姆极化。温度升高，电池的活化极化、扩散极化以及欧姆损失都减少，电池性能提高。燃料气体中的CO对阳极催化剂有毒害作用，但电池运行温度越高，阳极催化剂耐CO中毒能力越强。燃料中的硫化物（主要是H_2S）也会使催化剂中毒，但硫化物中毒是暂时性的，提高温度或者提高阴极电位（即电池电压）可以恢复催化剂的活性。通常，燃料中硫化物的质量分数要低于50×10^{-6}。

7.3.3.2　PAFC的应用

美国最早在20世纪60年代后期就开始对PAFC进行评价研究，是最早发展PAFC电站技术的国家，而日本是PAFC电站技术发展最快的国家，它仅用$10 \sim 15$年时间就与美国并驾齐驱。1991年，东芝与美国国际燃料电池公司（IFC）联合为东京电力公司建成了当时世界上最大的11MW的PAFC装置。该装置发电效率达41.1%，能量利用率为72.7%。最初开发PAFC是为了控制发电厂的峰谷用电平衡，近来则侧重于作为向公寓、购物中心、医院、旅馆等地方提供电和热的现场集中电力系统。除此之外，PAFC还用作车辆电源和可移动电源等。总之，磷酸燃料电池及其技术已基本成熟，发达国家正在向商业化生产阶段迈进，而在我国这项技术还是空白。国内的专家学者已就我国的燃料电池工作提出了积极和建设性意见，期望及早发展适合我国国情的燃料电池体系，尽快赶上国际水平。

7.4　熔融碳酸盐燃料电池

熔融碳酸盐燃料电池（molten carbonate fuel cell，MCFC），通常被称为第二代燃料电池，它是继磷酸燃料电池之后进入商业化阶段的一种燃料电池。MCFC的工作温度温度为650℃。与低温燃料电池相比，有几个潜在优势。第一，在MCFC的工作温度下，燃料（天然气）的重整可在电池堆内部进行，降低了系统成本，提高了效率；第二，电池反应高温余热可以利用；第三，燃料重整产生的CO可作为MCFC的燃料使用。MCFC的显著缺点是在其工作温度下，电解质的腐蚀性强，阴极需不断供应CO_2。MCFC的研究开发始于1950年，其后近半个世纪时间内，在电极反应机理、电池材料、电池性能和制造技术等方面，均取得了巨大进展，规模不断扩大，目前已达到千瓦至兆瓦级别。

7.4.1　工作原理

熔融碳酸盐燃料电池采用碱金属（如Li、Na、K）的碳酸盐作为电解质，电池工作温度为650℃。在此工作温度，电解质呈熔融状态，载流子为碳酸根离子（CO_3^{2-}）。典型的电解质由摩尔分数62% Li_2CO_3 + 38% K_2CO_3（熔点490℃）组成。MCFC的燃料气为H_2，氧化剂是O_2和CO_2。当电池工作时，阳极上的H_2与从阴极区迁移过来的CO_3^{2-}反应，生成CO_2和H_2O，同时将电子输送到外电路；而阴极上的O_2和CO_2与从外电路输送过来的电子结合，生成CO_3^{2-}，反应示意图如图7-12所示。

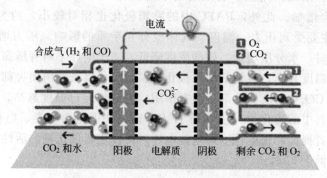

图 7-12　熔融碳酸盐燃料电池示意图

阳极反应：

$$H_2 + CO_3^{2-} \longrightarrow H_2O + CO_2 + 2e^- \tag{7-9}$$

阴极反应：

$$CO_2 + \frac{1}{2}O_2 + 2e^- \longrightarrow CO_3^{2-} \tag{7-10}$$

总反应：

$$H_2 + \frac{1}{2}O_2 + CO_2(阴极) \longrightarrow H_2O + CO_2(阴极) \tag{7-11}$$

从上述方程式可以看出，不论阴阳极的反应历程如何，MCFC 的发电过程实质上就是在熔融介质中氢的阳极氧化和氧的阴极还原过程，其净效应是生成水。MCFC 与其他类型燃料电池的电极反应的不同之处在于：CO_2 在阴极是反应物，在阳极是产物，从而 CO_2 在电池工作过程中构成了一个循环。为确保电池稳定连续地工作，必须将阳极产生的 CO_2 返回到阴极，通常采用的办法是将阳极室所排出的尾气经燃烧消除其中的 H_2 和 CO 后，再进行分离除水，然后再将 CO_2 送回至阴极。

7.4.2　结构和材料

7.4.2.1　MCFC 的部件

熔融碳酸盐燃料电池主要是由阳极、阴极、电解质和双极板构成，图 7-13 显示了 MCFC 电池结构。表 7-3 列出典型 MCFC 电极和电解质的主要材料及性质。

表 7-3　MCFC 电极和电解质的主要性质

项目	成分	厚度/mm	孔隙率/%	孔径/μm	BET 比表面积/(m²/g)
阳极	Ni-Cr 或者 Ni-Al	0.5~1.5	0.5~0.7	3~6	0.1~1.0
阴极	NiO+(1%~2%)Li	0.4~0.8	0.7~0.8	7~15	
电解质层	45%γ-LiAlO₂+26.2%Li₂CO₃ +28.8%K₂CO₃(质量分数)	0.5			

7.4.2.2　阳极

MCFC 的阳极催化剂最早采用银和铂，为降低成本，后来改用了导电性与电催化性能良好的 Ni。但 Ni 被发现在 MCFC 的工作温度与电池装配力的作用下会发生烧结和蠕变现

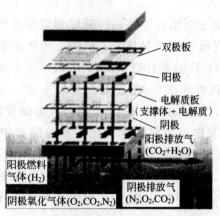

图 7-13　MCFC 电池结构示意图

象，通过加入 Cr、Al 金属进行合金化处理后，形成的多孔 Ni-Cr/Ni-Al 合金作阳极的电催化剂可有效缓解上述问题。多孔合金阳极一般采用热压或流延法制备，厚度通常为 0.4～0.8mm，孔隙率为 55%～75%。Ni-Cr 合金当中 Cr 的含量通常为 10%～20%，目的是缓解 Ni 在电池运行过程中的烧结，而这是 MCFC 阳极面临的主要问题，会导致阳极孔径增大、表面积减小和在电堆组装过程中在负载下发生机械形变，从而可能导致 MCFC 的性能衰减。然而，添加到阳极中的 Cr 随着时间的推移也会和电解质当中的 Li 发生反应，加剧电解质的损失。在一定程度上，可通过添加 Al 金属来克服，能够提高阳极的抗蠕变性并减少电解质损失。这是因为在镍颗粒内形成了 LiAlO$_2$。虽然 Ni-Cr/Ni-Al 合金阳极已经实现了商业化，并具有较好的稳定性，但其相对较高的成本促使人们进一步开发替代材料。例如，采用 Cu 部分取代 Ni 可以在一定程度上降低材料成本。此外，陶瓷阳极材料如 LiFeO$_2$ 和 Mn、Nb 掺杂的 LiFeO$_2$ 能够提高对燃料中硫的耐受力。

7.4.2.3　阴极

MCFC 的阴极催化剂普遍采用 NiO，一般是将多孔镍电极在电池升温过程中原位氧化形成。但 NiO 在熔融碳酸盐电解质当中会发生溶解，在电解质当中形成的镍离子，并慢慢阳极扩散。随着镍离子到达阳极侧后，会被还原成为金属 Ni 沉淀在电解质当中，从而引起内部短路，电池功率衰减。此外，沉淀的 Ni 会进一步促进更多的镍离子从阴极中溶解。在高 CO$_2$ 分压下，Ni 溶解的现象会变得更加严重，因为会发生如下反应：

$$NiO + CO_2 \longrightarrow Ni^{2+} + CO_3^{2-} \tag{7-12}$$

研究表明，如果采用碱性更强而不是酸性较强的碳酸盐用于电解质，能够减轻上述反应的发生。常见的碱金属碳酸盐的酸碱性（碱性→酸性）有如下规律，Li$_2$CO$_3$ > Na$_2$CO$_3$ > K$_2$CO$_3$。还发现 62%Li$_2$CO$_3$ + 38%K$_2$CO$_3$ 和 52%Li$_2$CO$_3$ + 48%Na$_2$CO$_3$ 共混物具有最低的溶解度。此外，通过添加一些碱土氧化物（CaO、SrO 或 BaO）也具有同样的效果。解决阴极溶解的可能途径有开发新的阴极材料、增加电解质的厚度、向电解质中加入添加剂提高其碱性。目前新型阴极材料研究最多的是 LiCoO$_2$ 和 LiFeO$_2$。在大气压下，LiCoO$_2$ 具有较低的溶解速率，比 NiO 低了近一个数量级。LiFeO$_2$ 电极在阴极环境下化学性能稳定，基本上无溶解，但反应动力学性能差。

7.4.2.4 电解质基底

电解质基底是 MCFC 的重要组成部件，由隔膜和碳酸盐电解质两部分构成，其中碳酸盐被固定在隔膜内。基底既是离子导体，又是阴、阳极隔板。电解质通常采用碳酸锂（Li_2CO_3）和碳酸钾（K_2CO_3）的混合物（简称 Li/K）或者碳酸锂和碳酸钠（Na_2CO_3）的混合物（简称 Li/Na），其熔点在 500℃左右。一般来说，在 Li/K 电解质中 NiO 和氧的溶解度比在 Li/Na 中大 1 倍，这两个指标对 MCFC 寿命和阴极动力学的影响非常大。熔融碳酸盐电解质依靠毛细作用力保持在氧化铝基的隔膜中。目前典型的电解质是含有约 40% 的碳酸锂和 60% 其他碳酸盐（摩尔分数）。MCFC 使用的隔膜一般采用 γ-LiAlO₂制成。γ-LiAlO₂颗粒大小、形状、分布及相对稳定性决定了电解质隔膜的机械强度及碳酸盐保持量。γ-LiAlO₂颗粒应按一定比例的粗细颗粒配比才能保持电解质不透气。

7.4.2.5 双极板

双极板能够分隔氧化剂和还原剂，并提供气体的流动通道，同时还起着集流导电的作用。一般采用不锈钢（如 SS316、SS310）。一般而言，阳极侧的腐蚀速度大于阴极侧。双极板腐蚀后的产物会导致接触电阻增大，进而引起电池的欧姆极化加剧。因此，双极板阳极侧涂覆金属 Ni，在还原气氛中能够保持稳定并提供了电流收集的导电路径，并且电解质在 Ni 表面不易润湿，有利电解质的迁移。在阴极侧，不锈钢表面生成 $LiFeO_2$，内层又有氧化铬，二者均起到钝化膜的作用，减缓不锈钢的腐蚀速度。SS310 不锈钢由于铬镍含量高于 SS316，因而耐蚀性能更好。在电解质隔膜与电极有效面积以外的双极板的柔性接触，可有效地阻止气体向外泄露，即所谓的"湿密封"。为减少"湿密封"部位熔融碳酸盐对不锈钢的腐蚀，需要对双极板边框做"渗铝"保护处理。通过铝与 Li_2CO_3反应，在"湿密封"部位形成一层 $LiAlO_2$保护层。

7.4.2.6 电池堆

将 MCFC 单电池经过简单重复就构成了电池堆，如图 7-14 所示。双极板在两个 MCFC 单体电池之间，作为电池间的连接。如果双极板和电极间的电子接触良好，可以取消一极或双极的电流收集器。双极板的两面都做成波纹状，供反应气体通过。双极板波纹与电极接触，施加恒定的压力以减少接触电阻。MCFC 的一个主要优点是电池面积可以做成很大而不会产生过大的机械压力，其单电池面积可做到大于 $1m^2$。这是由于电解质基底的塑性和金属双极板的延展性。

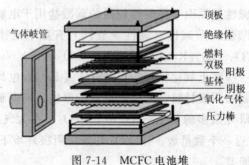

图 7-14 MCFC 电池堆

气体岐管
顶板
绝缘体
燃料
双极
阳极
基体
阴极
氧化气体
压力棒

7.4.3 电池特性及应用

7.4.3.1 内部重整

MCFC 的一个最主要优点是可以内部重整。甲烷的重整反应可以在阳极进行，重整反应所需热量由电池反应提供。在内部重整（IR）MCFC 中，空速较低、重整反应速率适当。但硫和微量碳酸盐可使重整催化剂中毒。MCFC 也可以使用外部重整器。内部重整 MCFC（简称 IRMCFC）则没有外部重整器，重整反应在电池堆内部进行。内部重整的方式有两种，间接内部重整（IIR）和直接内部重整（DIR）。不同类型重整方式如图 7-15 所示。

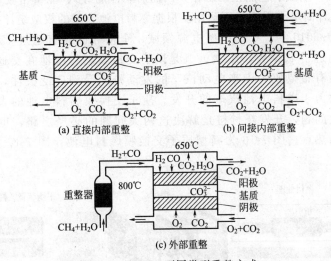

图 7-15　MCFC 不同类型重整方式

在间接内部重整中，重整室与阳极反应室是分开的，但紧密相邻，电极反应放热供给吸热重整反应。在直接内部重整中，重整反应在阳极室进行，阳极消耗 H_2，H_2 分压降低，但会促使甲烷转化率提高。在内部重整 MCFC 中，重整反应热量直接由电极反应供给，无需热交换器。电极反应产生的 H_2O 也能够参与重整反应和水气置换反应，促使生成更多的氢气。外部重整器的温度为 $800 \sim 900℃$，甲烷的理论转化率能达到 $95\% \sim 99\%$（气碳摩尔比为 $2.5 \sim 3.0$）。MCFC 内部温度 $650℃$，使用以 MgO 或 $LiAlO_2$ 为载体的镍催化剂，甲烷理论转化率 85%（气碳摩尔比为 2.5），但在实际系统中，接近 100%。

7.4.3.2 应用

美国 MCFC 技术开发的重点是分布式发电系统。美国从事 MCFC 研究的单位有国际燃料电池公司（IFC）、煤气技术研究所（IGT）、能源研究公司（ERC）。1995 年 ERC 在加州 Santa Clara 建立了 2MW 试验电厂，1996 年夏季运行达 5000h，共有 16 个电池组，电能效率为 43.6%，电力净输出量为 $1.93MW$。日本对 MCFC 的开发主要由 NEDO、电力公司、煤气公司和机电设备制造厂商组成的"熔融碳酸盐型燃料电池发电系统技术研究组合（MCFC 研究组合）"进行。日本 IHI 在川越火力发电厂建成了由 4 个 250kW 叠层电池组成的 1MW 级试验发电装置，并于 1999 年成功进行了发电试验，运行时间达 4900h。国内，中科院大连化物所可批量生产隔膜材料 $LiAlO_2$ 粉料，成功开发制备了 $100cm^2$ $LiAlO_2$ 隔膜制备工艺，组装了 $28cm^2$、$110cm^2$ 单电池。上海交通大学燃料电池研究所研制并组装了 $12cm \times 10cm$ MCFC 单体，2000 年成功完成小电堆的发电。

7.5 质子交换膜燃料电池

质子交换膜燃料电池（proton exchange membrane fuel cell，PEMFC）由两块多孔电极组成。电极一侧负载催化剂，黏结在质子交换膜上构成膜-电极集合体。多孔电极另一侧与极板接触，极板制成槽形以便燃料和氧化剂气体通过。这些极板同时也作集流体使用，与电极的电接触可通过这些有流体流场的极板实现。PEMFC 的优点包括工作温度低（其最佳工作温度为 80℃ 左右，室温下也能正常工作，因而启动性能好）、能量密度和功率密度高、无腐蚀性、电池堆设计简单、系统坚固耐用。根据燃料电池领域的权威统计机构 Fuel Cell Today 的统计，2005~2010 年，单是小型电源领域，全世界已经有超过 15 万套燃料电池交付使用，总功率超过了 15MW，其中 96％ 是质子交换膜燃料电池在交通领域中。质子交换膜燃料电池因最有希望成为未来电动汽车的发动机而受到广泛关注，全球几乎主要的汽车生产商都在致力于燃料电池汽车的开发。质子交换膜燃料电池的大规模商业化还面临成本和寿命两大问题，开发新材料是解决这两大问题的必经之路，也是目前质子交换膜燃料电池研究的热点。图 7-16 为新型质子交换膜燃料电池，图 7-17 为典型的 PEMFC 结构。

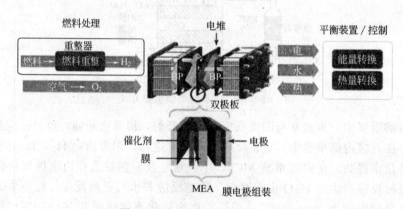

图 7-16　新型质子交换膜燃料电池

7.5.1　工作原理

PEMFC 以全氟磺酸型固体聚合物为电解质，Pt/C 或 Pt-Ru/C 为电催化剂，氢或净化重整气为燃料，空气或纯氧为氧化剂，带有气体流动通道的石墨或表面改性金属板为双极板。图 7-18 是 PEMFC 的工作原理示意图。

PEMFC 的电极反应类同于其他酸性电解质燃料电池。

阳极催化层中的氢气在催化剂作用下发生电极反应：

$$H_2 \longrightarrow 2H^+ + 2e^- \tag{7-13}$$

该电极反应产生的电子经外电路到达阴极，氢离子则经电解质膜到达阴极。氧气在阴极与氢离子及电子发生反应生成水，反应如下：

$$\frac{1}{2}O_2 + 2H^+ + 2e^- \longrightarrow H_2O \tag{7-14}$$

生成的水不稀释电解质，而是通过电极随反应尾气排出。

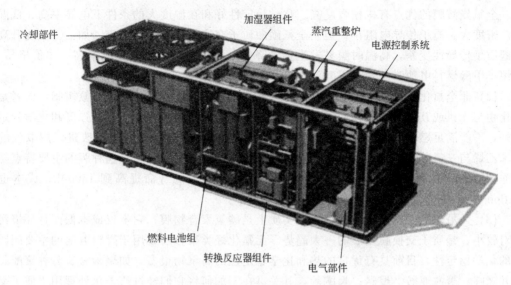

图 7-17 典型的 PEMFC 结构

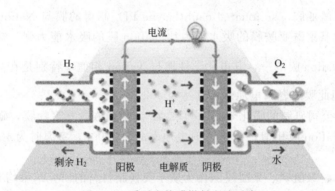

图 7-18 质子交换膜燃料电池示意

7.5.2 结构和材料

7.5.2.1 电解质材料

质子交换膜作为 PEMFC 的核心元件,从材料的角度来说,对其基本要求包括:①电导率高(高选择性地离子导电而非电子导电);②化学稳定性好(耐酸碱和抗氧化还原的能力);③热稳定性好;④良好的机械性能(如强度和柔韧性);⑤反应气体的透气率低;⑥水的电渗系数小;⑦作为反应介质要有利于电极反应;⑧价格低廉。质子交换膜工作的特殊性要求加大了对其制备和改性等研究工作的难度。

(1) 全氟磺酸离子交换膜 全氟磺酸离子交换膜由碳氟主链和带有磺酸基团的醚支链构成,具有极高的化学稳定性,是目前应用最广泛的燃料电池膜材料,其质子电导率在 80℃和完全润湿条件下可达 0.10S/cm 以上。全氟磺酸型质子交换膜是已经商品化的燃料电池膜材料,主要有以下几种类型:美国杜邦公司的 Nafion 系列膜、美国陶氏化学公司的 XUS-B204 膜、日本旭化成的 Aciplex 膜、日本旭硝子的 Flemion 膜、日本氯工程公司的 C 膜、加拿大 Ballard 公司的 BAM 型膜。目前在国内外应用最广泛的是由美国杜邦公司研制的 Nafion 系列全氟磺酸质子交换膜。

全氟磺酸膜的优点有机械强度高、化学稳定性好和在湿度大的条件下电导率高、低温时电流密度大、质子传导电阻小。但是全氟磺酸质子交换膜存在一些缺点，如：①温度升高会引起质子传导性变差，高温时膜易发生化学降解；②单体合成困难，成本高；③价格昂贵；④用于甲醇燃料电池时易发生甲醇渗透等。

(2) 非全氟化质子交换膜 非全氟化主要体现在用取代的氟化物代替氟树脂，或者是用氟化物与无机或其他非氟化物共混如早期聚三氟苯乙烯磺酸膜。由于机械强度和化学稳定性不好，不能满足燃料电池长期使用的要求，加拿大 Ballard 公司对其进行改进，用取代的三氟苯乙烯与三氟苯乙烯共聚制得共聚物，再经磺化得到 BAM3G 膜，这种膜的主要特点是具有非常低的磺酸基含量、高的工作效率，并且使单电池的寿命提高到 15000h，成本也较 Nafion 膜和 Dow 膜低得多，更易被人们接受。

(3) 无氟化质子交换膜 无氟化膜实质上是碳氢聚合物膜，它不仅成本低而且环境污染相对较小，是质子交换膜发展的一大趋势。无氟化烃类聚合物膜用于燃料电池的主要问题是它的化学稳定性，目前具有优良的热和化学稳定性的高聚物很多，如聚苯醚、芳香聚酯、聚苯并咪唑、聚酰亚胺、聚砜、聚酮等，其关键在于如何将它们经过质子化处理用于质子交换膜燃料膜电池。

用磺化萘型聚酰亚胺（sulfonated naphthalene PI）制得的膜与 Nafion 膜比较，当膜的厚度相同时，磺化萘聚酰亚胺膜的吸水能力比 Nafion 膜的吸水能力强，热稳定性好，且氢气的渗透速率为 Nafion 膜的 $\frac{1}{3}$，其电化学性能与 Nafion 相似，特别是在高电流密度下其性能优于 Nafion，用此膜的燃料电池寿命已达 3000h。

由美国 DAIS 公司研制的磺化苯乙烯-丁二烯/苯乙烯嵌段共聚物膜，磺化度在 50% 以上时，其电导率与 Nafion 膜相似，在 60℃时电池寿命为 2500h，室温时为 4000h，它有希望用于低温燃料电池。

采用磺化聚砜、聚醚砜、聚醚醚酮作为质子交换膜材料的研究结果均有报道，它们在一定程度上提高了 PEMFC 的性能，但往往在质子传导率高时，膜的机械性能差，或者阻醇性好时，质子电导率又很低，因此对电池性能的提高是有限的，其关键的问题是它们的质子传导性和机械强度的平衡。

(4) 复合膜 全氟型磺酸膜在低湿度或高温条件下有因为缺水导致的电导率低，以及阻醇性能差等缺点，近年来，通过复合的方法来改性全氟型磺酸膜有了较多的研究报道。Kima 等采用聚苯乙炔［poly（phenylenevinylene），PPV］作为 Nafion 的修饰材料，通过将 Nafion 干膜浸入含有不同浓度聚苯乙炔的前驱液，以真空干燥的方法完成修饰。测试结果显示，该种修饰膜的质子传导率随 PPV 前驱液浓度的升高呈缓慢下降趋势，但与之相对的是甲醇透过率大幅度降低，并且远低于 Nafion 膜的甲醇透过率。以聚糠基醇为修饰材料的 Nafion 掺杂膜在 40℃与 60℃均表现出比纯 Nafion 膜更好的 DMFC 性能。用经过磺化与交联处理的聚乙烯醇（PVA）与 Nafion 掺杂混合，得到阻醇性能很好的 PEM 通过聚吡咯对 Nafion 进行修饰，可以有效降低 Nafion 的溶胀度与自由体积，从而将甲醇透过率降低到 Nafion 的一半。此外，选用无机物作为填充物，采用有机无机复合也是一种改性方法，由于无机材料具有良好的耐溶剂耐高温性，能够有效抑制膜材料的溶胀，阻止甲醇分子渗透。例如，将 ZrP、SiO_2 通过离子交换反应填充进入 Nafion 膜的微结构中，有效降低膜材料甲醇渗漏。将高分子材料和无机填料共混，发挥各自的长处，是电池用质子交换膜的重要发展途径之一。表 7-4 为不同类型的质子交换膜。

表 7-4 不同种类的质子交换膜

项目	全氟磺酸膜(Nafion 膜)	部分氟化 PEM(BAM3G)	复合膜(Nafion/SiO₂)
优点	机械强度高,化学稳定性好,在湿度大的条件下导电率高;低温时(<80℃)电流密度大,质子传导阻力小	具有非常低的磺酸基含量、高的工作效率,使单电池的寿命提高到15000h,成本较 Nafion 膜低得多	具有较好的吸水和保水性能;采用该种复合膜的质子交换膜燃料电池可在大于 100℃ 的情况下稳定工作
缺点	温度升高引起质子传导性变差;单体合成困难,成本高;价格昂贵;醇渗透等	有关其准确化学组分、电导、厚度、机械强度等参数还无准确获得	在复合膜的合成阶段仍存在一定的问题,仍在研究中

7.5.2.2 质子交换膜燃料电池电催化剂

(1) 担载型铂催化剂 纳米颗粒极易发生团聚,所以催化剂大多采用担载方法以提高颗粒的稳定性和分散性。碳具有良好导电子能力,炭黑(XC-72)成为常用的载体材料。已发现 23nm 的 Pt/C 具有优良的 ORR 能力,也发现对碳载体表面高分子化形成类 Nafion 物质,通过提高质子传导而使 ORR 提高 78% 以上。XC-72 属于低表面载体,利于电子传递但难于提高纳米 Pt 担载量。近来,低表面载体碳纤维(CNF)克服了 XC-72 低担载缺点,功率密度提高 94% 以上。采用规则化纳米分层结构的碳载体,利用内部孔有效担载 Pt 颗粒,ORR效率可提高 88% 左右,同理,可利用含中孔壳的中空球形碳作为阳极载体,高表面载体如碳纳米管(CNT)导电性虽比 XC-72 略差,但 CNT 与 Pt 复合后可加速传质和电荷传递,活性明显提高,利用阵列碳纳米管载体的高阵列性高石墨性以强化导电子能力,表现出强稳定性和耐蚀性;采用表面功能化的石墨烯和多壁碳纳米管(CNT)的复合材料载体,其多维纳米结构在 ORR 中表现出更优的复合效果;采用 CNT@SnO₂ 核-壳结构,由于其优良的抗蚀能力,担载 Pt 后表现出优良的活性和长期稳定性。对载体材料的表面修饰也是改进的重要方面,已发现氮、SnOₓ、TiO₂ 修饰的碳载体,均可以提高活性及稳定性。

(2) 二元、三元铂系催化剂 当阳极原料含有 CO 或采用甲醇为原料时,因 CO 在 Pt 表面强烈吸附,必须对 Pt 修饰来有效脱附 CO,从而形成了 Pt Ru/C,以及 Pt Sn/C、Pt Mo/C 等二元催化剂,以及在 Pt Ru/C 基础上掺杂的 MoO₂、CeO₂ 等三元催化剂,均表现出强烈的抗 CO 效果。对阴极 ORR 来讲,O₂ 在 Pt 表面的吸附模式将决定 ORR 还原路径,四电子还原不仅效率高,而且能有效避免双氧水的腐蚀问题通过修饰 Pt 纳米结构,则可以有效促进 ORR 的四电子反应过程,已发现二元系 PtCo/C、三元系 PtVFe/C、Pd₄₅Pt₅Sn₅₀/C 均具有优良的 ORR 效果。

(3) 非铂催化剂 以往研究主要集中于过渡金属大环化合物和过渡金属簇合物两类催化剂,在过渡金属大环化合物(N₄-金属大环化合物)中,过渡金属 Co、Fe、Ni 等是 ORR 的活性中心,大环结构则起到稳定活性中心目的。其中 Co-ppy(聚吡咯)、Co-N₄ 型螯合物/C 已实现了 135~140mW/cm² 的功率密度,但还不能与 Pt 系相比。Co、Mo、W、Fe 氮化物的研究不断深入,Ru 氮化物已可达到 180mW/cm² 的高功率密度,表现最为突出。过渡金属簇合物催化剂主要为 Mo₆₋ₓMₓX₈(X=Se、Te、Se、O、S 等,M=Os、Re、Rh、Ru 等),其中 Ru 的卓越表现在 Mo、Se 修饰时最为有效,部分报道表明 Mo₄.₂Ru₁.₈Se₈ 已能达到 Pt 催化剂的 60%~70% 水平。

近来,其他贵金属的 Pt 替代研究不断深入,Ir-V/C 已达到 1016.6mW/cm² 的功率密度,比 Pt/C 可提高 50.7%;Au-MnO₂/MWNT 和 Au-ZnO/MWNT、PdFe 纳米棒也表现出一定 ORR 行为。另外,碳的部分修饰结构也表现出 ORR 特征,纳米壳碳由于具有球形中空结构，在掺杂 N 后 ORR 活性显著提高，电池可达到 $0.38W/cm^2$ 的功率密度，有望成为重要突破。

7.5.2.3 燃料电池扩散层材料

(1) 碳纤维纸 碳纤维纸是一种广泛使用的燃料电池扩散层材料，利用短切碳纤维经过操纸后与黏结剂一起碳化制成，目前燃料电池生产商采用的扩散层基本都是几个国际大生产商的碳纸产品。我国的碳纸开发生产落后于国外，国内中国石油大学、东华大学等开展过碳纤维纸的研究工作，上海和森公司也有小批量碳纸产品。

用作燃料电池扩散层的碳纤维纸需要经过疏水处理后，再制备一层微孔层。Ballard 等公司生产的包含微孔层的碳纤维纸扩散层由于单层微孔层容易出现微小裂缝而影响性能，巴拉德的扩散层制备工艺中采用了多层制备的方法，先将低密度碳纤维纸氧化、碳化、石墨化后，浸渍 PTFE 并涂布多层微孔层，然后烧结而成。

(2) 碳纤维编织布 与碳纤维纸相比，碳纤维编织布是由碳纤维纱线编织而成，或者由碳纤维前驱体编织成布后经过碳化而成。碳纤维纸均匀性较好，但是强度不高，容易折断，在电堆组装过程中双极板上流道的脊也容易把碳纸压断。碳纤维编织布强度很好，不容易折断，具有更大的空隙分布，阴极产生的水也只需要更小的压力就能从扩散层传递到流道中，因此，碳纤维编织布比碳纸组装的电池具有更大的极限电流；但是由于编织的原因，碳纤维编织布表面平整度比碳纸差，在其表面制备微孔层也存在厚度的差异不如碳纸均一性好，所以用碳纤维布组装的电池放电最大功率密度没有碳纤维纸高。

(3) 其他气体扩散层材料 目前主要采用的碳纤维系列材料在生产过程中需要经过高温石墨化，成本比较高。一种价格更为低廉的扩散层是将炭黑和 PTFE 黏结剂混合后经过滚压形成炭黑膜，这种炭黑膜具有良好导电性和透气性，作为燃料电池扩散层性能良好，但是其机械强度却是一个问题。

金属具有良好的导电性和强度，一些研究中也用不锈钢箔片、铜箔片、钛箔片等作为气体扩散层材料。清华大学的万年坊等曾经提出过一种微型燃料电池的新结构，将 ePTFE 膜夹在两片加工了微细孔道的钛箔片中间再浇筑 Nafion 溶液，然后涂敷催化剂和碳粉，将原来的燃料电池五合一结构变成了一个整体，这种新结构非常适合小功率的微型燃料电池。

7.5.2.4 质子交换膜燃料电池双极板

(1) 双极板的功能及要求 燃料电池双极板主要作用是分隔反应气体，并通过流场将反应气体导入燃料电池收集并传导电流和支撑膜电极，同时还承担整个燃料电池系统的散热和排水功能。结合双极板的功能，对双极板提出如下性能要求：①为了保证燃料电池的电压，要求双极板的导电性要高，接触电阻要尽可能得小；②双极板还必须是热的良导体，以保证电池组的温度均匀分布和排热方案的实施；③双极板还要起到向阴极提供氧和向阳极提供燃气的作用，因此双极板表面的流道设计要很复杂，要能使气体很好地通过电极表面，均匀而且充分地反应，并将反应产物水带出电池；④双极板还需要分隔燃气和氧气，两个供气系统要严格分开，这就要求双极板本身具有良好的阻气性；⑤因 PEMFC 的电解质为酸，要求双极板材料有良好的化学稳定性，在酸性条件下，在一定的工作温度和电位范围内不发生分解或腐蚀；⑥双极板的材料同时应纯净且不含可以使燃料电池催化剂中毒的成分，并具有良好的加工性能和机械性能，以保证流道场的可成型性，同时还要有尽可能高的强度，防止双极板在安装过程中损坏，并减小燃料电池的体积；⑦较小的密度，以便减轻电池的质量；⑧双极板的成本要低廉，且制造周期要短。

（2）双极板材料的研究进展　双极板作为 PEMFC 的关键组件之一，其性能优劣直接影响电池的输出功率和使用寿命目前，PEMFC 中广泛使用的双极板材料主要包括石墨板和金属板。

① 石墨双极板　最基本的双极板是选用机械加工石墨板材料得到的，同时也是 PEMFC 最常用的双极板。石墨是导电材料，导热性能强、耐腐蚀，并且易于加工，密度较低，比许多金属材料更适合制作双极板。采用石墨制备的燃料电池堆能够获得较高的功率密度，但是其缺点在于：a. 石墨板的石墨化的温度通常高于 2500℃，需按严格的升温程序进行，以避免石墨板收缩和弯曲等变形，制备时间较长；b. 石墨双极板切割加工周期长，并且对机械的精度要求较高，成本高；c. 石墨易碎，组装比较困难；d. 石墨是多孔材料，须作堵孔处理。

② 金属双极板　金属材料也可以用来制备双极板，其优点在于导电和导热性能非常好，易于加工（可用冲压法等进行加工），具有无孔结构，选用非常薄的极板就能达到隔离反应气体的目的。金属材料的主要不足在于密度较大，且易于腐蚀。PEMFC 的内部为高度腐蚀性氛围，含有水蒸气和氧气，并且温度较高。磺化过程中过量的硫酸也有可能渗出 MEA 引起腐蚀，为了避免腐蚀则必须牺牲掉金属具有的至少一个优势，为了防止腐蚀，世界各国金属板材料的研究主要集中在几个方面。

可以采用表面改性的方法来增加金属双极板的耐腐蚀能力，如电镀、化学镀、物理气相沉积（PVD）、化学气相沉积（CVD）和喷射模塑等工艺。对无涂层 316L 钢板的燃料电池性能进行了研究，通过对 MEA 内的金属离子进行化学分析，结果表明：无涂层 316L 钢板的空气面板表面发现形成了氧化层，运行 100h 后，MEA 内发现了镍、铬和铁；涂金 316L 钢板的燃料电池性能与石墨板接近，运行 700h 后，MEA 内铁含量增加，由此可见这种表面电镀薄金的方法可以避免双极板表面氧化膜的生成和镍的分解，防止 MEA 受到污染，起到一定的防腐蚀作用。但这种表面的防腐处理不仅成本很高，也难于制备。虽然可以在金属双极板上面覆盖一层特殊的防腐涂层，但这样的措施又增加了工艺的复杂程度和耗用时间。如今已开发出很多新的表面镀层保护技术，包括在铝或不锈钢的表面镀一层耐腐蚀且导电的聚合物。研究较多的导电高分子为聚苯胺，目前这种表面改性技术生产的双极板性能仍达不到 PEMFC 双极板的性能需要，仍然需要继续对性能进行改进，包括利用化学气相沉积方法在钛的表面沉积一层无定形碳等，或者利用等离子喷涂和溅射等方法在不锈钢表面镀上一层氮化物膜，以及在金属双极板表面涂碳纳米管与聚四氟乙烯的混合物，也有利用高温固体填埋法在钢表面进行渗铬处理以得到渗铬层，从而达到提高钢的抗腐蚀性目的。表 7-5 为不同材质的双极板优缺点比较。

表 7-5　不同材质的双极板优缺点比较

项目	石墨材料	金属材料
优点	导电性能好,接触电阻小,耐腐蚀,重量轻,技术较成熟	强度高,加工性能好,导热导电性能优良,阻气性好,成本较低,可循环利用
缺点	透气、强度较差,难加工成薄板,加工费用高	耐蚀性能较差

7.5.3　应用

20 世纪 60 年代，美国通用电气 GE 研制出 PEMFC，并应用于美国 Gemini 航天飞机的辅助电源，但是受限于质子交换膜的寿命，并未在航天领域得到进一步推广应用。20 世纪 70 年代，美国杜邦公司研制出 Nafion 系列全氟磺酸膜产品，提高了质子交换膜的热稳定性和耐酸性，从而提高了 PEMFC 的寿命。同时，随着石墨双极板加工技术、气体流道的优化以及系统集成等技术的进步，使得 PEMFC 的性能进一步提高。1983 年，加拿大巴拉德公司着力发展 PEMFC，并取得突破性进展，截至 2015 年巴拉德公司 PEMFC 产量累计达到 215MW。国内外对 PEMFC 的深入研究，使得 PEMFC 在性能、寿命及成本等方面得到了长足的发展，并且在交通、便携式电源以及分布式发电等领域得到了广泛的应用，并逐步推进了 PEMFC 的商业化。

PEMFC 作为便携式电源，与锂电池相比，质量轻、续航时间长，为此许多公司对便携式 PEMFC 进行了深入的研发。目前，开发基于 PEMFC 的便携式燃料电池的公司有瑞典的 myFC 公司、新加坡的 Horizon 燃料电池技术公司、英国的 Intelligent Energy 制造商等，表 7-6 列出了目前主要的便携式 PEMFC 公司及其产品。

表 7-6　便携式 PEMFC 制造商及产品

制造商	国别	产品名称	特点
myFC 公司	瑞典	Power Trekk	燃料为硅化钠，内置 1600mA·h 的锂电池，单个燃料盒为 1000mA·h，价格 229 美元，燃料盒 4 美元/个
	瑞典	MyFC JAQ	单个燃料盒为 2400mA·h，预计售价 75 美元，燃料盒 1 美元/个
Horizon 燃料电池技术公司	新加坡	MINPAK	氢气燃料，输出功率 2W
Intelligent Energy 公司	英国	Upp fuel cell	氢气燃料，分离式燃料储存槽，储存电能 25000mA·h，价格 200 美元
Brunton	美国	Brunton Hydrogen Reactor	氢气燃料，电池容量 8500mA，价格 150 美元，燃料罐 15 美元/个，质量 242g
SFC 能源公司	德国	EFOY COMFORT	甲醇燃料，输出功率有 40W、72W、105W 共 3 种规格
东芝	日本	Dynario charger	甲醇燃料，价格 300 美元

由于 PEMFC 的启动速度快、比功率高，PEMFC 移动式电源的应用较为广泛。在航天、航空、地面运输以及深海潜水器等领域均有成功的示范目。2002 年西门子公司将 PEMFC 电池堆应用于德国 212A 型潜艇中。2003 年，Aero Vironment 公司成功将 PEMFC 应用于无人飞机中。目前，由于 PEMFC 的成本较高，其在深海潜水器、航空中的应用仍仅限于军事用途。图 7-19 为质子交换膜燃料电池在军事上的应用。

由于 PEMFC 尾气零污染、燃料补充速度快、续航里程长，因此 PEMFC 在汽车领域的应用更具竞争力。1994 年，奔驰生产了第一代 PEMFC 汽车 Necari，随后许多汽车公司纷纷开始 PEMFC 汽车的研究，所涉及的领域也逐渐增大，包括了 PEMFC 汽车、PEMFC 叉车、PEMFC 公交车以及 PEMFC 轨道交通。在 PEMFC 轿车领域，日本丰田和韩国现代走在商业化的前列。2014 年 12 月，丰田公司推出第一款 PEMFC 汽车 Mirai（见图 7-20），发电机最大功率可达 114kW，续航里程达到 650km，0～100km/h 加速时间为 10s，加氢只需 3min，性能与燃油汽车相当。Mirai 最突出的特点是成本大大降低，推出售价为 723.6 万日元（约 36 万元人民币）。韩国现代公司在 2013 年 2 月推出了 Tucson FCV PEMFC 汽车，电池功率为 100kW，续航里程为 426km，但是 Tucson FCV 的售价高达 1.5 亿韩元（约 85 万元人民币）。国内，上海汽车集团推出荣威 750PEMFC 汽车，续航里程 300～400km，并经历了上万公里的考核。

(a) HDW212A 型潜艇

(b) 阿穆尔 1650 型潜艇

(c) "太阳神" 无人驾驶飞行器

(d) "大黄蜂" 无人驾驶飞行器

(e) 运输车带有 5kW PEMFC 辅助系统

(f) 轻型装甲车带有 2kW PEMFC 辅助系统

(g) 未来使用 PEMFC 作为动力的驱逐舰的模型

(h) 无人驾驶机器人使用 10kW PEMFC 动力系统

图 7-19　质子交换膜燃料电池在军事上应用

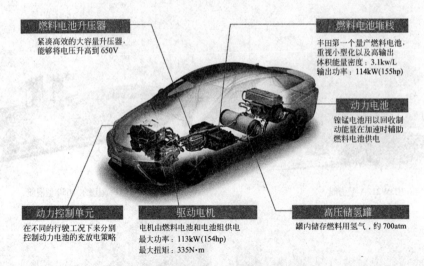

燃料电池升压器
紧凑高效的大容量升压器，能够将电压升高到650V

燃料电池堆栈
丰田第一个量产燃料电池，重视小型化以及高输出
体积能量密度：3.1kw/L
输出功率：114kW(155hp)

动力电池
镍锰电池用以回收制动能量在加速时辅助燃料电池供电

动力控制单元
在不同的行驶工况下来分别控制动力电池的充放电策略

驱动电机
电机由燃料电池和电池组供电
最大功率：113kW(154hp)
最大扭矩：335N·m

高压储氢罐
罐内储存燃料用氢气，约700atm

图 7-20　丰田 Mirai 外观和燃料电池系统

目前，PEMFC 在固定式发电如家用热电联产、小型分布式供能系统以及备用电源等领域均有示范项目，而且开展的范围在不断拓展。2002 年，美国通用电气公司建成了 7kW 住宅用 HomeGen 7000 型 PEMFC 发电系统，并向市场开始供应。2009 年，日本松下公司推出 PEMFC 型 ENE-FARM 1kW 家用热电联产 PEMFC 发电系统，并在日本国内进行了商业性推广。

7.6　直接醇类燃料电池

在 20 世纪 90 年代，质子交换膜燃料电池（PEMFC）在关键材料与电池组方面取得了突破性的进展。但在向商业化迈进的过程中，氢源问题异常突出，氢供应设施建设投资巨大，氢的储存与运输技术以及氢的现场制备技术等还远落后于 PEMFC 的发展，氢源问题成为阻碍 PEMFC 广泛应用与商业化的重要原因之一。因此在 20 世纪末，以醇类直接为燃料的燃料电池，尤其是直接甲醇燃料电池（direct methanol fuel cell，DMFC）成为研究与开发的热点，并取得了长足的进展。

直接甲醇燃料电池属于质子交换膜燃料电池（PEMFC）中之一类，直接使用水溶液以及蒸汽甲醇为燃料供给来源，而不需通过重组器重组甲醇、汽油及天然气等再取出氢以供发电。相较于质子交换膜燃料电池（PEMFC），直接甲醇燃料电池（DMFC）低温生电、燃料成分危险性低与电池结构简单等特性使直接甲醇燃料电池（DMFC）可能成为可携式电子产品应用的主流。

直接甲醇燃料电的期望工作温度为 120℃，比标准的质子交换膜燃料电池略高，其效率大约是 40%。其缺点是当甲醇低温转换为氢和二氧化碳时要比常规的质子交换膜燃料电池需要更多的白金催化剂。不过，这种增加的成本可以因方便地使用液体燃料和勿需进行重整便能工作而相形见绌。直接甲醇燃料电池使用的技术仍处于其发展的早期，但已成功地显示出可以用作移动电话和膝上型电脑的电源，将来还具有为指定的终端用户使用的潜力。

7.6.1 工作原理

DAFC 工作时，甲醇或乙醇被输送到阳极反应室，被阳极电催化剂催化氧化生成二氧化碳，同时生成质子和电子，质子经两电极间的质子交换膜由阳极到达阴极，电子则通过外电路流到阴极；氧气在阴极被电催化还原，与到达阴极的电子和质子结合生成水。其中，甲醇完全氧化生成二氧化碳是一个 6 电子的转移过程，而乙醇完全电氧化则是 12 电子的转移过程，而且中间还伴随 C—C 键的断裂。所以，相比于直接甲醇燃料电池（DMFC），直接乙醇燃料电池（DEFC）的电极反应更困难，反应过程更复杂。

7.6.2 结构和材料

7.6.2.1 直接醇类燃料电池基本结构

DMFC 的结构基本上由 PEMFC 转化而来，与 PEMFC 相似，主要由阴极、阳极、质子交换膜、流场板及双极板等组成，如图 7-21 所示。

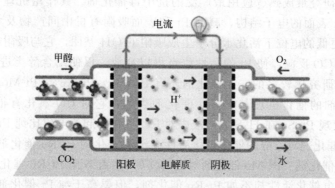

图 7-21　DMFC 的工作原理示意图

工作时，甲醇被输送到阳极室，在阳极上被氧化为 CO_2，同时产生 6 个电子和 6 个质子，电子经外电路由阳极到达阴极，而质子经质子交换膜由阳极到达阴极。氧气在阴极上还原时，与到达的质子和电子结合生成 H_2O，电子通过外电路做功，构成回路。

7.6.2.2 直接醇类燃料电池的电极材料

与 PEMFC 相似，DAFC 的电极也是由扩散层和催化层构成的多孔气体扩散电极。扩散层的功能是为反应物和产物提供通道，也是电子在双极板与催化层之间传递的通道，此外还对催化层起支撑作用，一般采用的材料为石墨化的炭纸或炭布。催化层是发生电化学反应的场所，主要是由一定担载量的催化剂和催化剂载体构成，是 DAFC 电极材料的核心部分。在 DAFC 中，阳极催化剂一般选择炭载 Pt 或炭载 Pt-Ru，担载量为 $2\sim4mg/cm^2$；阴极催化剂一般采用炭载 Pt，担载量为 $1\sim2mg/cm^2$。长期以来，开发高效的电极催化剂一直是 DAFC 研究的热点，是商业化进程中必须解决的问题。

（1）阳极催化剂

① Pt 基催化剂　贵金属 Pt 由于具有较高的催化醇类氧化活性及优异的抗腐蚀性能，一直是 DAFC 首选的阳极电催化剂。下面以甲醇在 Pt 基催化剂上的反应过程为例，介绍 Pt 基阳极催化剂的作用机理。

$$CH_3OH + Pt \longrightarrow PtCH_2OH + H^+ + e^-$$

（7-15）

$$PtCH_2OH + Pt \longrightarrow Pt_2CHOH + H^+ + e^- \qquad (7-16)$$

$$Pt_2CHOH + Pt \longrightarrow Pt_3COH + H^+ + e^- \qquad (7-17)$$

$$Pt_3COH \longrightarrow PtCO + 2Pt + H^+ + e^- \qquad (7-18)$$

$$Pt + H_2O \longrightarrow PtOH + H^+ + e^- \qquad (7-19)$$

可见，甲醇分子在 Pt 表面吸附后，经过多步解离脱附产生吸附的氢离子和电子，同时也生成吸附的有机中间产物 CH_2OH、$CHOH$、COH 基团和 CO。而吸附在 Pt 表面的水分子也会发生解离，生成吸附的 OH 基团，该 OH 基团可以进一步与 Pt 表面吸附的有机中间产物和 CO 反应，最终生成水和 CO_2。

由于甲醇氧化过程中产生的 CO 在 Pt 表面的吸附能力很强，如果没有足够的 OH 等含氧官能团跟吸附的 CO 反应，Pt 的活性位点就会被 CO 占据，这样就阻碍了甲醇的解离吸附，从而造成 Pt 催化剂中毒。此外，纯 Pt 的价格昂贵，资源也非常有限，这样便使二元或多元 Pt 基复合催化剂得到了迅速发展。

研究表明，在纯 Pt 催化剂的基础上加入第二种金属，可以大大降低 Pt 的中毒程度。目前 Pt-Ru 催化剂是研究最成熟、应用最广泛的抗中毒催化剂。其作用机理可阐述如下：Ru 的加入可以改变 Pt 表面的电子结构，减弱 Pt 和表面吸附有机中间产物及 CO 间的化学键；同时，Ru 可以在更低的电位下活化水分子生成吸附的 OH 基团，它与吸附在邻近 Pt 表面上的有机中间产物及 CO 反应，使 Pt 的活性位点得以释放，以便结合醇类进行下一轮的氧化反应。此外，其他研究比较多的二元催化剂还有 Pt-Sn、Pt-Au、Pt-Mo 和 Pt-Os 等。一般认为 Pt-Sn 催化剂的催化机理与 Pt-Ru 催化剂类似，它对 CO 氧化有很好的促进作用，Gasteiger 等研究发现 Pt_3Sn 在 H_2SO_4 溶液中对 CO 氧化的起始电位比纯 Pt 负移了 0.5V 左右，而且，Pt-Sn 催化剂对乙醇的催化氧化活性高于商业化的 Pt-Ru 催化剂，是目前 DEFC 阳极氧化的最佳电催化剂。Pt-Mo 催化剂对含 CO 的 H_2 有着比 Pt-Ru 催化剂更高的催化活性，对甲醇氧化的电催化活性却不如 Pt-Ru 催化剂，但要高于纯 Pt 催化剂。Grgur 等研究发现：Pt-Mo 对抗 CO 毒化的机理和 Pt-Ru 相似，且 Pt：Mo＝3：1 时表现出最佳催化活性，在催化反应过程中，Mo 原子表面可形成大量 $MoO(OH)_2$，这些含氧官能团可以作为氧化剂进一步氧化吸附在 Pt 表面的 CO。

在实际应用中，DAFC 需要长时间工作，而 Pt-Ru 等二元催化剂的稳定性和活性达不到需求。因此，在二元 Pt 基催化剂的基础上再加入一种或两种金属以提高阳极催化剂的长期工作稳定性和催化活性成为 DAFC 研究领域的另一热点。

目前开发得比较成功的三元 Pt 基催化剂有 Pt-Ru-W、Pt-Ru-Mo 和 Pt-Ru-Sn 等。研究表明，当加入第三种金属以后，可以进一步降低 Pt 的中毒程度。Goetz 等研究发现，Pt-Ru-W 和 Pt-Ru-Mo 的催化活性要比 Pt-Ru 高，但 Pt-Ru-Sn 的催化性能不如 Pt-Ru。实验表明，当各个元素的原子比为 1：1：1 时，三元催化剂的活性顺序为 Pt-Ru-W＞Pt-Ru-Mo＞Pt-Ru-Sn。四元 Pt 基催化剂是在三元 Pt 基催化剂的基础上再加入另一种金属元素，相比于三元 Pt 基催化剂，四元 Pt 基催化剂的研究比较少。目前研究比较成功的四元催化剂有 Pt-Ru-Sn-W、Pt-Ru-Os-Ir 和 Pt-Ru-Mo-W 等。2002 年，Choi 等用组合的循环伏安法比较了其制备的四元 Pt-Ru-Mo-W 催化剂的电催化活性，发现其催化甲醇氧化时比 Pt-Ru 二元催化剂具有更高的活性和稳定性。

② 其他催化剂　目前，DAFC 阳极主要采用的催化剂基本都是 Pt 基催化剂，而 Pt 价格昂贵，资源匮乏，导致 DAFC 成本居高不下；而且醇类燃料氧化过程中产生的中间产物能使 Pt 催化剂中毒，降低其催化活性。因此，开发非 Pt 催化剂，降低催化剂成本，提高醇

类阳极氧化的催化活性和抗中毒能力，是目前 DAFC 阳极催化剂研究的重点。目前研究比较成功的非 Pt 催化剂主要有过渡金属碳化物、含稀土元素的钙钛矿型复合氧化物和过渡金属合金等。

近年来，人们对过渡金属碳化物作为 DAFC 阳极催化剂的催化性能进行了深入研究，在提高其催化活性和稳定性方面做了大量工作。特别是 W 基碳化物，由于具有在酸碱溶液中均比较稳定、导电性良好以及类似 Pt 的电子结构等特性，得到了广泛的研究。1983 年，Kudo 等研究了 Mo/WC 在酸性介质中对甲醇的催化作用，发现含 Mo 的碳化物有利于甲醇的催化氧化。1997 年，Barnett 等研究了 WC、Ni/WC 和 Fe/WC 在硫酸介质中对甲醇的催化作用，其中 Ni/WC 的催化活性最高，但是与 Pt 基催化剂的催化活性相比较还是相差甚远。

此外，含稀土元素的钙钛矿型复合氧化物由于含氧丰富、高导电性以及高催化活性而广受关注。钙钛矿型复合氧化物分为 ABO_3 和 A_2BO_4 两种，其中 A 通常为稀土或碱土金属元素（Sr、Ba、La、Ni、Ca、Ce 等）；B 为第三周期过渡金属元素（Co、Fe、Ni、Cu、Ru 等）。这类物质具有比贵金属更好的抗醇类氧化中间物中毒的能力，原因是晶格中的活性氧能有效地氧化 CO 等物种。同时，钙钛矿氧化物表面的碱性有助于吸附醇类分子脱去氢离子，具有代替 Pt 基贵金属催化剂的潜力。ABO_3 型钙钛矿复合氧化物当中当 B＝Ru 时催化性能较好，其催化活性顺序为：$SrRuO_3＞BaRuO_3＞LaRuO_3＞CaRuO_3$。另外，过渡金属合金作为一种新型的 DAFC 催化剂材料也得到了人们的重视。用于制备过渡金属合金催化剂的元素有 Ni、Zr、Fe、Cu、Cr、Mo 等，由于 Cr、Zr 等能够在合金表面形成氧化物或氢氧化物钝化膜，使其在电解质溶液中呈现出良好的稳定性，但这种催化剂对甲醇的催化活性却远低于 Pt 基催化剂。

(2) 阴极催化剂 除了阳极催化剂活性不高、容易中毒等因素外，阴极反应太慢和"甲醇透过"现象也是目前影响 DMFC 性能的主要问题。阴极反应太慢主要还是因为催化剂活性不够；所谓"甲醇透过"是指甲醇分子透过质子交换膜到达阴极后引起阴极催化剂中毒。因此，DAFC 阴极催化剂的设计和改进思路就是提高催化活性和耐甲醇（或乙醇）能力。

目前，纳米级纯铂黑和 Pt/C 催化剂是 DAFC 阴极主要使用的催化剂，其催化 O_2 还原活性和稳定性比较高，但耐甲醇（或乙醇）能力较差。此外，纯 Pt 的价格昂贵，资源也非常有限，这样便使 Pt 基复合催化剂受到了重视。研究发现，过渡金属（如 V、Cr、Ti）和 Pt 构成的合金催化剂对 O_2 还原的电催化活性明显优于纯 Pt 催化剂；而 Pt-Ni 和 Pt-Pd 合金不仅对 O_2 还原的电催化活性要比纯 Pt 高很多，而且还表现出很好的耐甲醇性能。此外，$Pt-TiO_x$ 催化剂也具有很好的耐甲醇性能。

除了 Pt 基复合催化剂外，过渡金属大环螯合物、金属氧化物和过渡金属簇化物也是研究比较多的催化剂。过渡金属的大环化合物（如 Co、Fe 的酞菁和卟啉络合物）对 O_2 电化学还原具有活性，而且经过高温热解后，O_2 还原电催化剂的电化学活性与稳定性均有所提高。一些过渡金属氧化物，如 MnO_2、CrO_2、TiO_2，以及钙钛矿、烧绿石、$Cu_{1.4}Mn_{1.6}O_4$、$LaMnO_3$ 等，由于具有成本低、耐氧化和对氧还原的电催化活性较高等优点也受到人们的广泛关注。过渡金属簇化物（如 $Mo_xRu_ySe_z$、$Rh_xRu_ySe_z$、$Re_xRu_ySe_z$ 等），由于其对 O_2 还原具有良好的电催化活性和耐甲醇性，也受到了人们的青睐。

(3) 催化剂载体 目前在 DAFC 中常用催化剂是炭载 Pt 基催化剂，但要满足 DAFC 长期工作的要求，Pt 基催化剂的寿命还需要进一步的提高。近来研究表明，Pt 基催化剂性能衰减的主要原因是 Pt 纳米颗粒的团聚和炭载体的氧化腐蚀。因此，寻找新型催化剂载体是目前解决 Pt 基催化剂稳定性问题的首要任务。

催化剂载体通常不具有催化活性或催化活性很低，其主要作用是分散催化剂颗粒，以提高催化剂的催化效率。此外，一些载体与催化剂之间还存在相互作用，可以提高催化剂的催化活性和稳定性。对于 DAFC 中电催化剂载体材料，一般需要具备以下四个基本条件：a. 具有一定的导电能力，以传输电极反应需要（或产生）的电子；b. 具有较大的比表面积，以提高 Pt 纳米颗粒的分散性和减少 Pt 催化剂的用量；c. 具有合理的孔结构，以提高电极催化层三维立体结构的稳定性；d. 具有较强的耐腐蚀性能，以防止被电解质腐蚀。在 DAFC 用电催化剂的研究中占据中心地位的载体材料是炭载体，如 Vulcan XC-72R 炭黑、碳纳米管、石墨烯、介孔碳、碳纤维、碳微球等。此外，过渡金属氧化物和导电聚合物作为 Pt 基催化剂的载体材料也日趋成为人们研究的热点。

① 炭载体　Vulcan XC-72R 是无定形活性炭经石墨化处理的炭黑材料，具有良好的导电性、较高的比表面积和较佳的孔结构，有利于提高 Pt 等贵金属催化剂颗粒的分散性，是目前应用较为广泛的 DAFC 催化剂载体材料。但在 DAFC 长时间工作中，炭黑很容易被电解质氧化腐蚀，而且 Pt 的存在会加快其腐蚀速度，从而又造成负载于炭黑表面的 Pt 纳米颗粒脱落，降低了催化剂的耐久性。因此，开发新型炭载体具有相当的迫切性。

碳纳米管（CNTs，见图 7-22），由于具有优良的导电性、很好的化学和电化学稳定性、大的比表面积、较好的电催化性能以及能促进电活性物质的电子传递等优点，是目前研究较为深入的炭载体之一。在相同条件下 Pt/CNTs 催化剂的电流密度较之 Vulcan XC-72R 等常规炭载体担载的 Pt 催化剂要高 3～7 倍。Bessel 等以 CNTs 为催化剂载体用于 DMFC 的甲醇氧化反应，发现 5%（质量分数）担载量的 Pt/CNTs 催化剂与 30%（质量分数）担载量的 Pt/C(Vulcan XC-72R) 催化剂的甲醇氧化活性相当。但 CNTs 最大的缺点是壁面结构十分紧密，使得 Pt 等贵金属颗粒不易在上面沉积，所以，一般在使用前都需要对 CNTs 进行氧化预处理，以增加表面上的含氧基团，使得在催化剂合成过程中 Pt 等贵金属纳米颗粒容易在壁面上附着，但是这样的氧化处理很容易破坏 CNTs 原有的有序结构，从而降低它的化学和电化学稳定性。

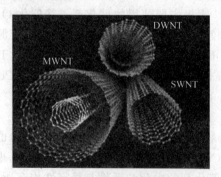

图 7-22　多种结构碳纳米管示例

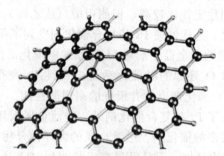

图 7-23　石墨烯结构示意图

石墨烯（graphene，见图 7-23），一种从石墨材料中剥离出来的单层碳原子面材料，在 DAFC 电催化剂载体方面的应用十分乐观。将 Pt 纳米粒子负载在石墨烯上，得到的 Pt/石墨烯催化剂 O_2 还原性能远远优于商用 Pt/C(Vulcan XC-72R) 催化剂，并且稳定性也得到了提高。Pt/石墨烯的甲醇电催化氧化性能是商用 Pt/C(Vulcan XC-72R) 催化剂的 2 倍，稳定性也优于商用 Pt/C(Vulcan XC-72R) 催化剂。尽管现阶段对石墨烯作为催化剂载体的报道并不多，但随着人们对其认识的提高，这种新型的炭材料必将在 DAFC 催化剂载体领域发挥巨大的作用。

除了以上几种炭载体外，有序介孔碳、碳纤维、碳微球等也是目前研究比较多的新型炭载体材料。

② 过渡金属氧化物载体　除了具备辅助催化功能外，金属氧化物还具备分散和固定催化剂的载体性质。多孔的过渡金属氧化物由于具有较高的电化学稳定性和较大的比表面积，是目前研究较多的一类非碳载体材料，如 TiO_2、WO_3、NbO_2、SnO_2、RuO_2、SiO_2、IrO_2 和铟锡氧化物等。Antolini 等对金属氧化物载体进行了详细的研究（包括 Ti 氧化物、Sn 氧化物、WO_3、RuO_2、SiO_2、硫酸盐化的氧化锆和铟锡氧化物），认为掺杂 TiO_2、掺杂 SnO_2 和 WO_3 是低温燃料电池最有前途的催化剂载体，而且这些氧化物还显示了对 Pt 基电催化剂的促进效果。与商业 Pt/C（Vulcan XC-72R）催化剂相比，Pt/TiO_2 催化剂具有更高的电流密度和更好的耐久性。Nb 掺杂的 TiO_2（Nb-TiO_2）作为催化剂载体也有较为深入的研究，发现其对 O_2 的电催化还原电流明显高于商业 Pt/C（Vulcan XC-72R）催化剂。Sn 氧化物具有较高的电化学稳定性，特别是经过元素掺杂或碳导体辅助后，其导电性能会得到明显的增加，可以做电催化剂载体使用。对 SnO_2 纳米线进行部分氢还原得到了优化后的 Sn-SnO_2 纳米线，并在其表面负载了 Pt 纳米颗粒，电化学试验结果显示，与商业的 Pt-Ru/C 催化剂相比，Pt/Sn-SnO_2 催化剂显示了更高的乙醇氧化催化活性。在碳纸纤维上原位生长 SnO_2 纳米线，后将 Pt 纳米颗粒沉积上去，与商业 Pt/C 催化剂相比，发现这种 Pt/SnO_2/C 催化剂表现出更高的甲醇氧化及氧还原活性。以铟锡氧化物（ITO）为载体，制备了 Pt/ITO 催化剂并对其进行了电化学稳定性测试，发现 Pt/ITO 的稳定性要远远高于商业 Pt/C 催化剂。

③ 导电聚合物载体　在燃料电池催化剂载体的研究领域，导电聚合物是一类被寄予厚望和被给予了大量研究的材料，这是由于它具有低电阻和高稳定性，而且可获得高比表面积。因此，早在 1988 年导电聚合物就被用于 Pt 纳米颗粒催化剂的电沉积制备中，而且发现以导电聚合物为载体的 Pt 纳米颗粒较之裸 Pt 纳米颗粒具有更高的甲醇氧化电催化活性和抗 CO 中毒能力。

在导电聚合物中，聚苯胺（PANI）作为一种良好的电子和质子传导材料，是用来分散金属纳米颗粒的最常用载体。Pt 纳米颗粒分散在 PANI 膜上时其催化活性得以显著提高；为了减少 Pt 颗粒的用量，预先在 PANI 膜上分散 Sn 纳米颗粒，然后再将 Pt 纳米颗粒分散上去，发现这种 Pt-Sn/PANI 催化剂的电催化活性高于 Pt/PANI 催化剂。Pt-Ru/PANI 催化剂也显示了较高的 CO 及甲醇催化氧化活性。

除聚苯胺外，聚噻吩、聚吡咯、聚邻苯二胺等也是目前研究比较热门的燃料电池催化剂载体材料。

7.6.2.3　质子交换膜

DMFC 目前广泛采用 Nafion 系列膜作为电解质，该类聚合物电解质最初是为气体燃料电池设计的，当采用醇作燃料时，会出现较为严重的液态燃料从阳极向阴极渗透现象。一方面甲醇的渗透会降低燃料的利用效率，更重要的是会严重降低电池的总体效率。另一方面，甲醇在低温下的反应动力学速率较慢，这使得 DMFC 的功率密度和能量转化效率都较氢氧 PEMFC 低，为实现较高的电池功率密度和能量转化效率，提高电池的实际操作温度是一条途径。但目前采用的典型的全氟磺酸膜如 Nafion 系列膜在较高温度下会发生脱水现象，发生收缩，减少了电解质膜和电极有效接触，从而导致较高的电池内阻，恶化了电池性能；同时失水也可能导致膜穿孔现象的发生，引发燃料短路现象。因此目前 DMFC 电解质的研究目的主要包括如下几个方面：①降低甲醇的渗透；②提高固体电解质抗高温的能力，也就是提高其在稍高温度下保持水的能力和抗高温分解能力；③提高电解质导质子的能力；④提高其抗氧化分解能力和热稳定性，增加其寿命。

另外 Dow 化学公司生产的类似的全氟磺酸膜具有更低的内阻，并能承受更大的电流密度。这些膜都具有较好的化学稳定性，但它们目前的价格还不能为市场所接受，这需要进一步研究以降低成本或者研制新材料以替代它们。该类电解质膜目前最大的问题是价格高昂，而且膜的厚度和离子传导率都还有待提高。

7.6.2.4 酸、碱性电解质的优缺点比较

目前常应用于便携式仪器的直接燃料电池及质子交换膜燃料电池都是使用酸性电解质。强酸性电解质的直接燃料电池虽然能够排除阳极反应产生的 CO_2，但只有铂系金属在酸性电解质中才表现较高的电催化活性，很多氧化物催化剂都不能稳定存在，因此，大大地提高了催化剂的成本和限制了催化剂的品种。这是目前 DMFC 催化剂研究举步维艰的根本原因。近十年来，为了拓展催化剂的研究领域，对碱性环境中醇类的电化学氧化的研究逐渐增多。直接醇类燃料电池如果采用碱性电解质，催化剂的活性可大幅提升，电化学极化明显减小，可以减少催化剂用量。催化剂的选择范围也可大大拓宽，可以使用比较廉价的非贵金属催化剂如 Ni、Fe、Co 及其氧化物，对于燃料电池商品化有非常重要的意义。碱性直接醇类燃料电池（ADAFC）工作时 OH^- 在阴极产生，经碱性质子交换膜传至阳极，避免了醇类随 H^+ 向阴极渗透，有效解决了醇类渗透问题。但是碱性电解质会吸收阳极反应产生的 CO_2 而碳酸化，降低催化剂性能，甚至阴极会由于局部失水析出碳酸盐而失去憎水性，导致电解质发生泄漏。碳酸化使阳极区 pH 值下降，阴极区由于不断产生 OH^-，可保持强碱性。ADAFC 稳定工作时阴阳极之间出现的 pH 差，在热力学上必然引起电池电压损失。

(1) 碱性直接甲醇燃料电池工作原理 碱性直接甲醇燃料电池（ADMFC）也是直接将燃料甲醇的化学能转化为电能，但其工作原理与酸性直接甲醇燃料电池有很大的不同。在电池反应过程中，ADMFC 中导电离子为 OH^-，OH^- 由阴极产生，透过阴离子交换膜到达阳极，然后与甲醇发生氧化反应进行放电，生成 CO_2 和 H_2O，阳极氧化产生的电子经外电路传递到阴极，供阴极氧还原使用，完成整个电池反应。其具体反应如下：

$$\text{阳极反应：} \quad CH_3OH + 6OH^- \longrightarrow 6e^- + CO_2 + 5H_2O, \ E_0 = -0.81V \tag{7-20}$$

$$\text{阴极反应：} \quad \frac{3}{2}O_2 + 3H_2O + 6e^- \longrightarrow 6OH^-, \ E_0 = 0.40V \tag{7-21}$$

$$\text{电池反应：} \quad CH_3OH + \frac{3}{2}O_2 \longrightarrow CO_2 + 2H_2O, \ E_0 = 1.21V \tag{7-22}$$

通过以上反应计算可得电池的可逆电动势达到 1.21V，而实际工作中工作电压远远低于 1.21V，这是由于在低电流密度区，控制步骤电化学反应受到活化极化、欧姆极化和浓差极化的影响。因此，提高催化剂的催化活性是提高实际工作电压的关键。

(2) 碱性直接乙醇燃料电池工作原理 碱性直接乙醇燃料电池（ADEFC）的工作原理，从热力学角度考虑，乙醇的氧化主要生成乙醛和乙酸，只有少量的 CO_2。以下为直接乙醇燃料电池阳极上的反应过程：

$$C_2H_5OH \longrightarrow CH_3CHO + 2H^+ + 2e^- \tag{7-23}$$

$$C_2H_5OH + 3H_2O \longrightarrow 2CO_2 + 12H^+ + 12e^- \tag{7-24}$$

$$C_2H_5OH + H_2O \longrightarrow CH_3COOH + 4H^+ + 4e^- \tag{7-25}$$

从动力学角度考虑，假设可以达到理想状态，乙醇完全氧化生成 CO_2 和 H_2O，以下为直接乙醇燃料电池中的电化学反应过程。

$$C_2H_5OH + 3H_2O \longrightarrow 2CO_2 + 12H^+ + 12e^- \tag{7-26}$$

$$3O_2 + 12H^+ + 12e^- \longrightarrow 6H_2O \tag{7-27}$$

$$C_2H_5OH + 3O_2 \longrightarrow 2CO_2 + 3H_2O \tag{7-28}$$

可以看出，每个乙醇分子的氧化伴随着 12 个电子的转移，同时发生 C—C 键的断裂，与甲醇的氧化相比要更为复杂，多电子转移易产生较多反应碎片和中间产物，从而降低了直接乙醇燃料电池的法拉第效率，甚至引起催化剂毒化。方翔与沈培康通过循环伏安与现场傅里叶变换红外光谱对乙醇在钯电极上的电氧化机理的研究，说明碱性溶液中乙醇氧化的途径有乙醇在 Pd 电极上的脱氢吸附与较高 pH 值下被 OH^- 的氧化。因此，为保证 DEFC 中质子交换膜的传导质子能力，控制 Nafion 膜工作温度低于 $100℃$，寻求提高燃料转化率、增强催化剂抗中毒能力、降低催化剂载量需求的方法就显得至关重要。

(3) 碱性直接醇类燃料电池（ADAFC）阳极催化剂

① 电催化活性高　催化剂要对燃料具有较高的催化活性，降低电化学极化，提高化学能的转化效率，而且对于阳极催化剂，还要对反应过程中存在的副反应具有良好的抑制作用，包括对于阳极反应产生的中间产物具有较好的抗中毒能力；对于阴极催化剂，当甲醇作为燃料时具有渗透现象，还必须具有抗甲醇氧化的能力。

② 电催化稳定性好　目前在质子交换膜燃料电池中所采用的高分子固体电解质（全氟磺酸型质子交换膜）是依靠在酸性介质中的质子导电来传输电荷，催化剂的稳定性取决于其化学稳定性和抗中毒能力。化学稳定性好是指其在电解质溶液中不腐蚀。抗中毒能力是指催化剂不易被一些物质毒化。如当氢气中含有 CO 时，它会强烈地吸附在 Pt 催化剂表面而使 Pt 催化剂毒化。此时，必须在 Pt 催化剂中加入 Ru 等第二或第三种组分，以提高 Pt 催化剂的抗中毒能力。

③ 比表面积高　电催化活性一般与催化剂的比表面积有关。为了降低贵金属催化剂的用量，提高催化剂的利用率，必须使催化剂具有尽可能高的分散度和高的比表面积。一般来说，分散度越高，比表面积越大，电催化活性也就越高。

④ 导电性好　电催化剂既是电化学反应的场所，又是电子传导的起点或终点，甲醇在催化剂上反应后的电子要通过催化剂传导，这就要求催化剂以及分散和支撑催化剂的载体必须具有良好的电子导电性，为电子交换反应提供不引起严重电压降的电子通道。

⑤ 适当的载体　电催化剂的载体对点催化活性也具有很大的影响，必须具备良好的导电性和抗腐蚀性。常用的载体有活性炭、炭黑等，它们的比表面积大、导电性好。近年来，碳纳米管、导电聚合物、WC 等也被广泛研究。载体的作用一方面是作为惰性的支撑物将电催化剂固定在其表面，并将催化剂粒子物理地分开，避免它们由于团聚而失效；另一方面有些载体（WC、WO_3、导电聚合物）和催化剂之间存在着某种相互作用，能够通过修饰催化剂表面的电子状态，发生协同效应，提高催化剂的活性和选择性。

(4) ADAFC 电催化机理　对在酸性电解质中甲醇阳极氧化机理的研究已相当成熟，通常认为甲醇电氧化过程可分为以下两个步骤。

① 甲醇吸附在催化剂表面后，经过多步脱氢后形成含碳中间产物。

② 碳中间产物与水中的氧结合，氧化生成 CO_2。

对于碱性电解质中甲醇的氧化机理研究却很少，但可以根据近年来的研究结果推测出碱性电解质甲醇电氧化的机理：

$$Pd + OH^- \Longleftrightarrow Pd(OH)_{ads} + e^- \qquad (7\text{-}29)$$

$$Pd + (CH_3OH)_{ads} \Longleftrightarrow Pd(CH_3OH)_{ads} \qquad (7\text{-}30)$$

$$Pd(CH_3OH)_{ads} + Pd(OH)_{ads} \longrightarrow Pd(CH_3O)_{ads} + Pd + H_2O \qquad (7\text{-}31)$$

$$Pd(CH_3O)_{ads} + Pd(OH)_{ads} \longrightarrow Pd(CH_2O)_{ads} + Pd + H_2O \qquad (7\text{-}32)$$

$$Pd(CH_2O)_{ads} + Pd(OH)_{ads} \longrightarrow Pd(CHO)_{ads} + Pd + H_2O \qquad (7\text{-}33)$$

$$Pd(CHO)_{ads} + Pd(OH)_{ads} \longrightarrow Pd(CO)_{ads} + H_2O \qquad (7\text{-}34)$$

$$Pd(CO)_{ads} + Pd(OH)_{ads} \longrightarrow Pd(COOH)_{ads} + Pd \qquad (7\text{-}35)$$

$$Pd(COOH)_{ads} + OH^- \longrightarrow Pd(OH)_{ads} + (HCOO^-)_{sol} \qquad (7\text{-}36)$$

$$Pd(COOH)_{ads} + Pd(OH)_{ads} + 2OH^- \longrightarrow 2Pd + (CO_3^{2-})_{sol} + 2H_2 \qquad (7\text{-}37)$$

$$Pd(COOH)_{ads} + OH^- \longrightarrow Pd + CO_2 \uparrow + H_2O + e^- \qquad (7\text{-}38)$$

在以上反应步骤中，反应式(7-35)为比较慢的不可逆过程，是速度决定步骤，所以影响反应速度的不是吸附甲醇的中间体，而是 $(CO)_{ads}$。根据 pH 值的不同，最终产物可能是甲酸根、碳酸根或 CO_2。

因此，为了加快甲醇电氧化的速度，可以通过提高电解质 pH 值，提供较多含氧物质，氧化含碳中间体，或在催化剂中掺杂某种元素，通过增加氧化含氧物质的活性位或改变金属粒子表面电子状态以及吸附性能，从而提高 Pd 对甲醇及中间体的氧化能力。目前，对于碱性电解质中乙醇阳极氧化机理还处在研究阶段。

7.6.3 应用

DAFC 的早期研究始于 20 世纪 50 年代，但那时并没有受到重视。到了 20 世纪 90 年代，由于 PEMFC 在商业化过程中遇到了氢能源的问题，而且与 PEMFC 相比，DAFC 有着体积小、结构简单、燃料的储存和运输容易且安全等明显优势，于是人们开始认识到 DAFC 作为手机电源和机动车驱动电源的应用前景。因此，许多国家开始对 DAFC 产生了巨大热情，对发展 DAFC 特别是 DMFC 给予了较大的科技投入，并取得了明显进展（见表 7-7）。

表 7-7 DMFC 的开发情况

年度	国家	开发单位	开发内容
1961	美国	Allis Chalmer	$645cm^2$，49 片电堆，输出 600W，$80mA/cm^2$，0.4V（50℃），液体甲醇-过氧化氢，碱性电解质
1965	荷兰	ESSO	$323cm^2$，16 片电堆，输出 132W，$50mA/cm^2$，0.4V（70℃，0.1MPa），液体甲醇-空气，硫酸电解质
1993	美国	Giner Inc.	$50cm^2$ 单电池，$100mA/cm^2$，0.535V（60℃，0.3MPa），液体甲醇-O_2
1996	美国	Los Alamos National Lab.	$5cm^2$ 单电池，$370mA/cm^2$，0.5V（130℃，0.3MPa），甲醇蒸气-空气
1996	德国	Siemens	$25cm^2$ 单电池，$400mA/cm^2$，0.5V（140℃，0.4MPa），甲醇蒸气-O_2
1998	韩国	KIER	$148cm^2$，3 片电堆，最大输出 58W，$200mA/cm^2$，0.4V（90℃）甲醇-O_2
1999	美国	Jet Propulsion	150W 电堆试运转，$25cm^2$ 单电池，$500mA/cm^2$，0.3V（90℃）

进入 21 世纪以后，带有实用性质的 DMFC 发电系统的研发相当活跃，主要研究目标是小型仪器设备的电源。2003 年，日本东芝公司开发出了笔记本用体积为 $140cm^3$、质量为 900g 的小型 DMFC，电池最大输出功率为 24W，可连续工作 5h。接着，2004 年，德国 SMART 公司宣布，该公司已向数百家客户出售了质量为 1.1kg、平均输出功率为 25W 的

DMFC。此外，韩国的三星高科技研究院也有相应的研发产品。我国对 DMFC 的研究起步比较晚，大连化物所在 1999 年首次开展研究工作，并在电极催化剂的开发和电池的组装方面取得了一定的进展。

DEFC 的发展要比 DMFC 滞后，目前正处于初级研究阶段，还未投入到实际应用之中。DAFC 发展初期，主要研究的燃料是甲醇，因为甲醇分子只含一个碳原子，容易被氧化，被认为是最好的燃料。但人们逐渐发现甲醇有毒，十分易燃，需经不可再生的化石燃料获得，而且很容易透过质子交换膜，这些缺点使得世界各国科学家把目光投向其他有机小分子。乙醇作为链醇中最简单的有机小分子，是最有吸引力的甲醇替代燃料。相比于甲醇，乙醇有很多优势，它基本上无毒、来源丰富（可通过农作物发酵大量生产），是一种可再生燃料，能量密度高于甲醇，对质子交换膜的渗透能力也远低于甲醇。但由于乙醇分子中含有两个碳原子，要使 C—C 键断裂完全生成 CO_2 比较困难，需要催化性能更高的阳极电催化剂。所以，目前对 DEFC 的研究还集中在研究其电氧化反应机理和提高电催化剂性能方面。尽管 DEFC 的发展不如 DMFC 快，但它的应用潜力十分广阔，还有待世界各国给予更多的科技投入。

尽管还有许多的问题有待解决，但是直接醇类燃料电池（DAFC）具有的无须中间燃料转化与精制装置、燃料补充方便、系统结构简单的优点是其他类型的电池无法比拟的。作为长期的发展，DAFC 的研究开发将是各国研究重点。从目前的研究现状看，DAFC 在今后几年须着重解决的问题仍然是电池关键部件、电池堆组装技术及降低电池成本等以便开发出数十千瓦的燃料电池组。据估计，只要 DAFC 的价格达到 300 \$ /kW 左右，就可在小功率的应用场合与其他化学电源相竞争，有望在以下几方面得到应用。

① 野外作业或军事领域便携式移动电源；

② 固定式发电设备，这种功率在数十千瓦左右的发电设备，特别适合偏远山区、矿产勘探与开采设备供电；

③ 未来电动机车动力电源；

④ 微型 DAFC 还可用做移动设备电源，如移动电话、笔记本电脑、微型摄像机等。

7.7　固体氧化物燃料电池

7.7.1　工作原理

SOFC 的工作原理如图 7-24 所示。

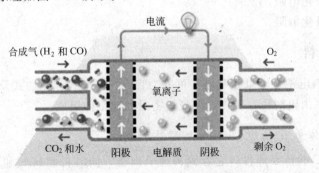

图 7-24　SOFC 工作原理示意图

在阴极上，氧分子吸附解离后得到电子被还原成氧离子

$$O_2 + 4e^- \longrightarrow 2O^{2-} \tag{7-39}$$

氧离子在电化学势的作用下，通过电解质中的氧空位向阳极迁移，与燃料（以 H_2 为例）发生氧化反应生成水，同时释放电子

$$2O^{2-} + 2H_2 - 4e^- \longrightarrow 2H_2O \tag{7-40}$$

电池的总反应为

$$2H_2 + O_2 \longrightarrow 2H_2O \tag{7-41}$$

电池电动势可用 Nernst 方程计算得到：

$$E_r = E_0 - \frac{RT}{nF} \ln\left(\frac{a_{H_2O}}{a_{H_2} a_{O_2}^{1/2}}\right) \tag{7-42}$$

式中，E_0 为电池的标准电动势。

$$E_0 = -\frac{\Delta G_0}{nF} \tag{7-43}$$

式中 ΔG_0——电池反应的标准 Gibbs 自由能变化值；

n——电化学反应转移电子数；

F——法拉第常数。

25℃时计算得到 $E_0 = 1.228V$。

可以看到，电池的可逆电动势与电池工作温度和反应气压力有关。温度升高，电池的可逆电动势降低；压力增大，电池的可逆电动势增大。升高温度可以加快反应物质的质量传输，提高电极反应速率，减小电池的欧姆电阻和极化电阻，有利于提高电池的性能。但工作温度的升高促进了电极材料与电解质的反应，降低了电极的稳定性，增大了电池的制造成本和加工难度。

氢氧燃料电池的最大效率为 83%，尽管由于电池内阻和极化现象的存在，燃料电池的实际效率为 50%～70%，仍远大于内燃机的 30%（实际效率）。

SOFC 的理论电压可以保持在开路电压，但实际上电池工作时受到阴阳极的电化学极化、欧姆极化以及浓差极化的影响，电池的工作电压随着工作电流的增大而减小，其电压与电流的关系可以用式(7-44) 来表示。通常将 SOFC 的阴极、电解质和阳极制备在一起，组成"三明治"式电池的核心部件。

$$V = E^0 - iR - \eta_a - \eta_c \tag{7-44}$$

式中 V——电池工作电压；

E^0——电池开路电压；

η_a——阳极极化电阻；

η_c——阴极极化电阻。

7.7.2 结构和材料

固体氧化物燃料电池按电堆组装结构可分为管式、平板式、瓦楞式及扁管式几种，见图 7-25。电池材料主要由电解质、阳极、阴极、密封和连接体组成。

7.7.2.1 固体氧化物燃料电池电解质材料

电解质是 SOFC 的核心部件，它起到传递氧离子，同时将燃料气和氧化气隔离的双重作用，要求其具有较高的离子电导率和离子迁移数、良好的热稳定性和化学稳定性。SOFC

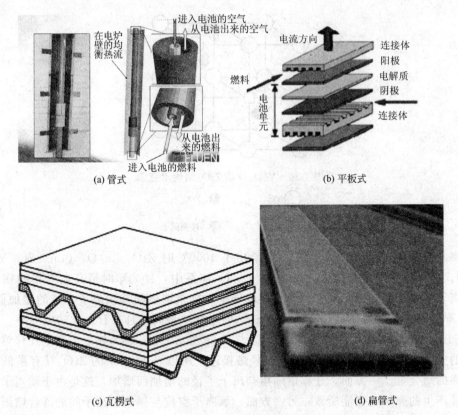

(a) 管式   (b) 平板式

(c) 瓦楞式   (d) 扁管式

图 7-25　固体氧化物燃料电池的分类

电解质主要有掺杂的 ZrO_2、CeO_2、$LaGaO_3$ 离子导体材料。离子电导可以用随机行走方程描述，电导率与温度关系符合 Arrhennius 方程：

$$\sigma_T = \sigma_0 \exp\left(-\frac{E_a}{kT}\right) \tag{7-45}$$

式中，σ_0 是常数。进一步 E_a 可写成：

$$E_a = \Delta H_m + \Delta H_a \tag{7-46}$$

式中，迁移焓 ΔH_m 为氧空位跃迁到相邻空位所需要的能量；由于低温下的团聚作用，氧空位受到束缚无法自由移动，因此 ΔH_a 则为氧空位从团簇中解离形成自由氧空位所需要的缔合焓。

固体电解质以 ZrO_2 为例，ZrO_2 有单斜、立方与四方三种晶型，三种晶型的转变温度是单斜 $\xrightarrow{1117℃}$ 四方 $\xrightarrow{2370℃}$ 立方，为保持晶型稳定及提高载流子浓度，通常以掺杂的 ZrO_2 用作电解质，掺杂的离子与 ZrO_2 形成固溶体，结构示意图见图 7-26。ZrO_2 中 V_O 占据氧的亚晶格位置，Zr^{4+} 位于 O^{2-} 构成的立方点阵的面心位置，O^{2-} 占据 Zr^{4+} 形成的四面体空位，八面体空位敞空，允许空位扩散。以 M_2O_3 掺杂为例，其 Kronger-Vink 缺陷方程可用式 (7-47) 来表达：

$$M_2O_3 \xrightarrow{ZrO_2} 2M'_{Zr} + 3O_O^X + V_O^{··} \tag{7-47}$$

8%（摩尔分数）Y_2O_3 掺杂 ZrO_2 的抗弯强度是 230MPa，8%（摩尔分数）Sc_2O_3 掺杂 ZrO_2 抗弯强度是 270MPa；在氧分压为 10^{-30} atm 时，电子电导率与离子电导率相当，但在 SOFC 的正常工作时的氧分压范围（$10^{-20} \sim 0.21$ atm）其电子电导率可忽略。ZrO_2 基电解

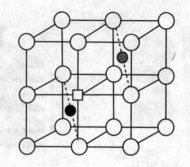

图 7-26 Y$_2$O$_3$掺杂 ZrO$_2$结构示意图

○ O^{2-} ● Zr^{4+}

□ 空位 ● 掺杂离子

质电导率与掺杂元素组成有关。图 7-27 给出了 1000℃时 ZrO$_2$-Ln$_2$O$_3$（Ln＝Sc、Yb、Y、Dy、Gd、Er）体系的研究结果。在 ZrO$_2$-Ln$_2$O$_3$体系中，1000℃时最高电导率的掺杂浓度与掺杂离子半径关系如图 7-28。具有最高电导率的掺杂浓度随掺杂离子半径的增加而降低。Sc^{3+}与 Zr^{4+}离子半径最接近，因此掺杂 Sc^{3+}时电导率最高，且具有最大的电导率。迁移能与 E_a 与迁移焓 ΔH_m 和缔合焓 ΔH_a 有关。图 7-29 是 ZrO$_2$-Ln$_2$O$_3$体系中离子迁移焓与缔合焓之间的关系。因为 Sc^{3+}与 Zr^{4+}离子半径最接近，所以 Sc^{3+}掺杂的 ZrO$_2$具有最低的迁移焓和最高的缔合焓。一方面，迁移焓随掺杂离子半径的增加而增加，这是由于阳离子点阵中尺寸差异产生的弹性应变能所致；另一方面，氧离子空位与掺杂阳离子间的缔合焓随掺杂阳离子半径的增大而减小。

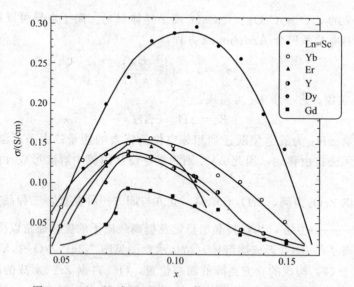

图 7-27 1000℃时 ZrO$_2$-Ln$_2$O$_3$体系的电导率与组成关系

7.7.2.2 固体氧化物燃料阳极材料

阳极的作用是将 H$_2$催化氧化为 H$^+$，释放出电子。由于 Ni 对氢气具有很好的催化性，阳极一般由 NiO 在高温下经 H$_2$还原成 Ni。Ni 在高温下容易发生团聚使阳极性能降低，因此在 SOFC 阳极中通常加入 YSZ 组成 NiO/YSZ 阳极，经 H$_2$还原成 Ni/YSZ 金属陶瓷。YSZ 的加入不仅可以为 Ni 的分散提供骨架，阻止 Ni 在高温的团聚，而且调节 Ni 与 YSZ 的

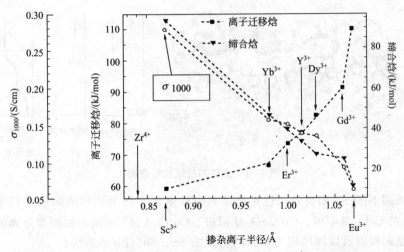

图 7-28　ZrO_2-Ln_2O_3体系中离子迁移焓和缔合焓与掺杂离子半径的关系

膨胀系数的差异，使其与 YSZ 共烧结，同时 YSZ 的加入可以实现电极的立体化。Ni/YSZ 阳极的三相界面示意图见图 7-29，H_2 在 Ni 与 YSZ 上的 O^{2-} 进行式(7-39) 的反应。阳极电导率曲线与 Ni 含量符合一个"S"形关系，见图 7-30。要使阳极电导率大于 400S/cm，Ni 的含量要大于阈值 30%（体积分数）。

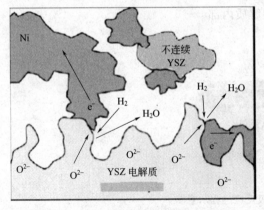

图 7-29　Ni/YSZ 阳极三相界面示意图

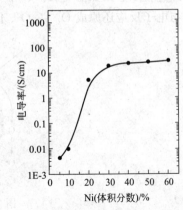

图 7-30　室温下 Ni 含量对电导率的影响

由于 Ni 含量增加，膨胀系数增大，Ni 含量为 85%（摩尔分数）时，热膨胀系数大于 $13.7 \times 10^{-6} K^{-1}$，并且膨胀系数受 NiO/YSZ 颗粒大小以及比例影响。为了减小因为阳极与电解质之间的膨胀系数的差异，阳极常制备成多层结构：靠近电解质层的阳极是电化学反应活性区，称为功能层，由细小颗粒的 Ni 和 YSZ 组成，以获得大的三相界面长度，减小极化，膨胀系数应与 YSZ 接近；与电解质较远的层应该由颗粒较大的 Ni 组成，起气体扩散和集流作用，称为阳极支撑层，见图 7-31。

制备大尺寸单体电池时 Ni/YSZ 阳极多以流延的方法：首先将陶瓷粉末与分散剂、黏结剂、塑化剂和溶剂等混合球磨，得到均匀稳定的浆料，过筛和脱泡处理后从储料斗中流至塑料或不锈钢基带上，通过基带与刮刀的相对运动形成坯膜，坯膜的厚度由刮刀与基带之间的间隙控制。制得的素坯将阳极/电解质经高温共烧结制成阳极/电解质半电池，制备过程需考虑分散剂、黏结剂、塑性剂的种类与含量的影响，烧结过程烧结制度和烧结方式对单体电池影响很大。

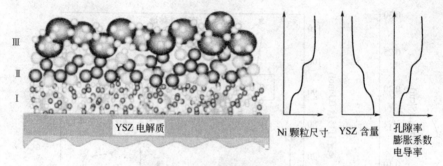

图 7-31　多层阳极结构示意图

除了传统的 Ni-YSZ 阳极外，近年来还对以碳氢化合物为燃料的阳极进行了较多研究。主要有含 Ni 的 CeO_2 基阳极、$Cu-CeO_2$ 基阳极、$Cu-Co-CeO_2$ 阳极，添加贵金属的 CeO_2 基阳极、钙钛矿基阳极以及以固体碳为燃料的熔融的 Sn、Sb、Pb 基阳极。

7.7.2.3　固体氧化物燃料阴极材料

阴极的作用是为氧化剂的电化学还原提供反应场所，因此阴极材料必须在氧化气氛下保持稳定，并在 SOFC 操作条件下具有足够高的电子电导率和对氧电化学反应的催化活性，同时还要从室温至操作温度下与其他材料在化学相容性和热膨胀系数匹配性上符合要求。阴极反应过程示意图如图 7-32。O_2 扩散至阴极表面，然后转化成吸附态的 O_{ad}，O_{ad} 在三相反应区与电子反应还原成 O^{2-}，O^{2-} 传递至电解质内部。

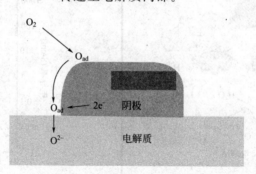

图 7-32　阴极反应过程示意图

目前，最常用的 SOFC 阴极材料是掺杂的 ABO_3（A＝La、Pr、Sm、Gd、Nd；B＝Mn、Fe、Co、Ni）型钙钛矿氧化物。ABO_3 型钙钛矿氧化物首先要保持结构稳定，可以用容限因子

$$t = \frac{r_A + r_O}{\sqrt{2}(r_B + r_O)} \tag{7-48}$$

式中，r_A、r_B、r_O 为 A、B 和 O 的离子半径，要求 t 在 $0.80 < t < 1.10$。可以选择的 A、B 元素如图 7-33 所示，表明元素周期表中大部分金属元素都可以组成该钛矿型氧化物。

Sr 掺杂的 $LaMnO_3$（LSM）具有在氧化气氛中电子电导率高、与 YSZ 化学相容性好，通过修饰可以调整其热膨胀系数等优点，是 SOFC 领域最经典的阴极材料。LSM 钙钛矿结构如图 7-34 所示。Mn 和 O 离子构成 MnO_6 八面体结构，而八个 MnO_6 通过共用 O 离子分布于立方体的八个顶点上。La 离子位于立方体的中心。立方结构的 $LaMnO_3$ 会因产生原子位置的扭曲而转变为正交或菱形结构。

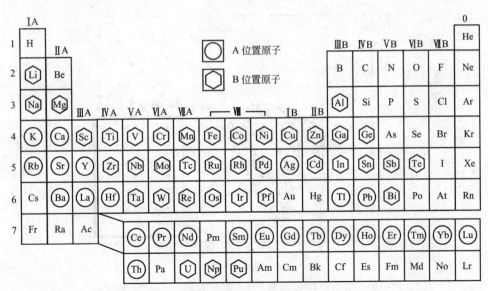

图 7-33　ABO₃型钙钛矿氧化物中 A、B 可选择元素

LSM 中的电导率和氧缺陷随温度和氧分压的变化关系见图 7-35 和图 7-36。LaMnO₃为本征 P 型半导体，电导率很低，其在室温的电导率为 10^{-4} S/cm，在 700℃时为 0.1S/cm。但是 LaMnO₃在 A 位和 B 位掺杂低价态的金属氧离子，会使材料的电导率得到大幅度的提高。比如在 La^{3+} 中掺杂 Sr^{2+}，反应方程为

$$LaMn\,O_3 \xrightarrow{x\,SrO} La_{1-x}^{3+} Sr_x^{2+} Mn_{1-x}^{3+} Mn_x^{4+} O_3 \tag{7-49}$$

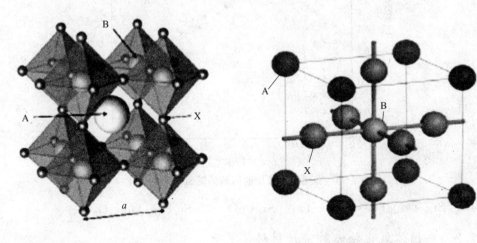

(a) A 离子在单位晶胞中心表示法　　　　　　　(b) B 离子在单位晶胞中心表示法

图 7-34　理想钙钛矿结构单位晶胞示意图

图 7-35 表明 LSM 在空气中具有足够大的电导率。随着 Sr^{2+} 掺杂量的增加，LSM 在高氧区的非化学计量比氧缺陷减弱，不利于氧的催化活性的提高。为此，LSM 在 1000℃时高电子导电性使其成为高温工作时的理想阴极材料。

LSM 阴极材料通常与 YSZ 复合制备成离子-电子复合导体，以实现阴极反应区域由电解质界面扩展至电极区域。但是随着目前固体氧化物燃料电池向中低温化发展，LSM 阴极通常无法满足中低温化的要求，为此，目前阴极的发展以电子-离子复合导体的材料为主，

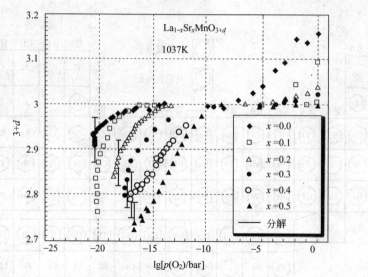

图 7-35　空气中 LSM 的电导率与温度关系图（1bar＝10^5 Pa）

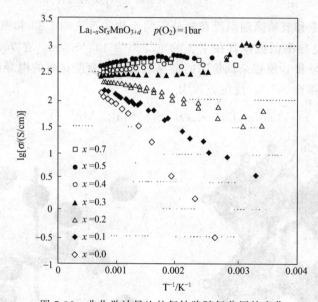

图 7-36　非化学计量比的氧缺陷随氧分压的变化

主要有 $Ba_{0.5}Sr_{0.5}Co_{0.8}Fe_{0.2}O_{3-\delta}$、$La_{1-x}Sr_xCoO_{3-\delta}$、$Sr_2Fe_{1.5}Mo_{0.5}O_6$ 等。

7.7.2.4　固体氧化物燃料密封材料

所谓封接是指为了实现某种特殊功能在不同组件之间进行的一种连接。分为同类同种材料之间的封接和不同类不同种材料之间的封接。平板 SOFC 的封接就属于后者。在平板 SOFC 中，在电解质材料两侧分别复合阳极和阴极材料构成的三合一结构成为一个电池单元，通过封接材料将电池单元与带有气体通道的连接体材料结合在一起，依次连接形成固体氧化物燃料电池串联电池堆，结构示意图如图 7-37 所示。

SOFC 作为固定电源其要求寿命必须超过 40000h，并且能够耐受几百次热循环（从室温到操作温度）；而作为移动电源其寿命必须超过 5000h，并且能够耐受 3000 次以上热循环。为了达到上述目标，封接材料必须满足下述要求。

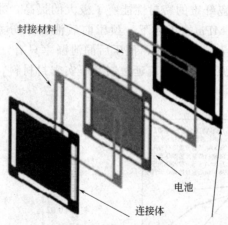

封接材料

电池

连接体

图 7-37　平板型 SOFC 封接结构示意图

① 气密性　从室温到操作温度，不允许氧化气与燃料气的渗漏以及混合。

② 黏结性　从室温到操作温度，封接材料与 SOFC 的被封接组件有足够高的黏结强度，封接材料的自身强度与韧性高且界面不发生剥离。

③ 热膨胀性　封接材料与电池组件要有良好的热膨胀匹配性，或者是可以有效消除由于热膨胀失衡导致的应力，从而在长期工作或者在热循环过程中，可以避免电池组件的开裂、变形；在工作温度下，热膨胀系数不随氧分压的变化而变化。

④ 稳定性　从室温到工作温度范围内，在氧化和还原气氛下保持力学与化学稳定，耐受局部温度波动，作为移动电源还必须耐受热循环、热震以及机械震动。

⑤ 相容性　与氢气、氧气的反应活性低，能够适应燃料气中一些杂质污染，尽量限制封接材料与邻近组件材料之间化学界面反应或元素扩散，且不发生氢脆现象。

⑥ 其他　低成本、操作简便、装配过程对电池其他组件影响小等。

SOFC 电池堆要通过封接防止漏气和串气，由于电池的工作温度高（600～1000℃），对封接的要求苛刻。SOFC 中根据电池的支撑形式不同（电解质支撑，阴极支撑和阳极支撑），封接的方式也有所不同，主要存在的封接类型有金属-陶瓷间、陶瓷-陶瓷间的封接。可按封接材料和组件间的连接状态将封接方法分为硬封接、压实封接和自适应封接。

① 硬封接　硬封接是指封接后，封接材料无塑性变形，为硬连接，这种封接方法对封接材料的热膨胀系数要求高。所采用的封接材料主要有玻璃、玻璃陶瓷、金属材料等。玻璃及玻璃陶瓷有封接方法简单、成本低廉、易于大规模制备等优点，得到了广泛的应用。但其缺点是封接后的电堆不易拆卸和维修。金属材料具有韧性好、封接强度高和气密性好等优点，但其易发生高温反应导致性能恶化。玻璃陶瓷又称晶态玻璃或微晶玻璃，由结晶相和玻璃相组成，其性质由两者的性质和数量比决定。玻璃陶瓷在封接前呈玻璃态，在封接后希望是结晶态，通过玻璃态向结晶态的转化，提高使用温度，保证封接材料在 SOFC 工作温度下不软化或明显不软化。乐士儒等用 $SrO-La_2O_3-Al_2O_3-B_2O_3-SiO_2$ 微晶玻璃为密封材料，开路电压可达 1.10V，接近理论开路电压。

② 柔性封接　柔性封接指的是使用机械力载荷压紧燃料电池组件及添加材料实现封接。这种方法的优点是几乎不存在高温下封接材料与组件的直接化学反应、无需成强的化学键合黏结，且对热膨胀系数匹配性要求宽松。采用的封接材料是耐高温材料，压缩时产生良好的气密性且化学性质稳定，如云母、陶瓷纤维、银线等。乐士儒等采用对气相 SiO_2 填充后的陶瓷纤维，利用了陶瓷纤维的绝缘性、弹性以及气相 SiO_2 的可压缩性，对其进行预压，预

压后对填充气相 SiO_2 的陶瓷纤维的密封性能有了极大的提高，尤其是在施加的压力较低的时候。在 10kPa 气压差，1MPa 的压力下，预压前后泄漏率分别是 18.49mL/(min·cm)（标况）和 0.04mL/(min·cm)（标况），预压后的泄漏率只有预压前的 1/460，见图 7-38，梁骁鹏等用 Al_2O 和 Al 为原料，通过流延法制备压实密封材料，达到电堆密封性要求，见图 7-39。

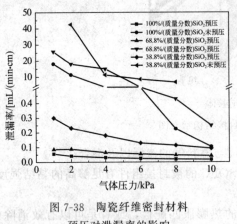

图 7-38　陶瓷纤维密封材料
预压对泄漏率的影响

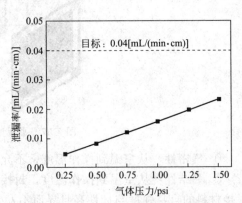

图 7-39　Al_2O_3-Al 密封材料泄漏率的
研究（1psi=6894.76Pa）

③ 自适应封接　自适应封接允许封接材料在使用温度下产生一定的塑性变形，消除由于温度变化产生的热应力。由于电池组件的热膨胀系数不一致，温度变化会产生热应力进而造成断裂失效，如果封接材料塑性变形可将热应力耗散掉，就可大大提高电池的性能。一般所采用的封接材料有柔性金属、可自修复的黏性玻璃等。

7.7.2.5　固体氧化物燃料连接体材料

SOFC 单体电池由阳极、电解质、阴极组成"三合一"的电池结构，单体电池的工作电压一般仅为 0.7V 左右，所以，在实际应用中需将单体电池串联起来，组成电堆，起这部分作用的电池组件称为连接体，也称双极板。连接体的作用是提供气体通道、隔离两极气体和在相邻电池阴、阳极之间传导电子。因此，连接体必须满足以下要求：①有高的电子导电性；②完全气密性；③高温下可同时耐氧化（$p_{O_2}=2.13\times10^4$ Pa）和还原性气氛（$p_{O_2}=10^{-13}$ Pa）；④与单体电池所有其他相关材料不发生化学反应；⑤与固体电解质的热膨胀性一致。

连接体主要有耐高温 $LaCrO_3$ 陶瓷连接体材料和不锈钢材料。铬酸盐之所以可以用作连接体，是因为它们在 1000℃和 10^{-16} bar（1bar=10^5Pa）氧分压下仍保持单相结构而未出现分解，没有其他的氧化物具有这样大的电导率又能在这样的还原条件下存在，因此铬酸盐是唯一一类可以作用连接体的氧化物。

由于铬酸盐的脆性以及制备成本高，近年来，各国主要开发了基于不锈钢的连接体。付长璟以不锈钢 430 为连接体，经 $La_{0.8}Sr_{0.2}MnO_{3-\delta}$ 和 $La_{0.8}Sr_{0.2}FeO_{3-\delta}$ 表面等离子喷涂改性，测试表面电阻，在 800℃空气气氛下，喷涂 $La_{0.8}Sr_{0.2}MnO_{3-\delta}$ 和 $La_{0.8}Sr_{0.2}FeO_{3-\delta}$ 保护涂层的 SUS430 合金的面电阻随氧化时间的变化，见图 7-40，经 LSM20 改性的连接体氧化时间延长至 1000h 时，其面电阻达到了 24.19mΩ·cm²，很容易超过连接体材料长期运行的面电阻极限范围（25~50mΩ·cm²），而 LSF20 喷涂的不锈钢 430 合金面电阻增长缓慢，并且随着氧化时间的延长，其阻值基本保持不变，经 800℃空气中高温氧化 1000h，ASR 仅

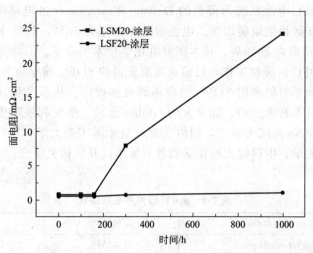

图 7-40　800℃空气中 $La_{0.8}Sr_{0.2}MnO_{3-\delta}$ 和 $La_{0.8}Sr_{0.2}FeO_{3-\delta}$ 涂层合金的面电阻随氧化时间变化

为 $1m\Omega\cdot cm^2$。同时采用 $La_{0.8}Sr_{0.2}FeO_{3-\delta}$ 涂层合金汇流阴极的过电势随极化时间的延长，极化电阻不是增大而是缓慢减小，而 $La_{0.8}Sr_{0.2}MnO_{3-\delta}$ 涂层合金改性的连接体汇流的阴极极化却在增加。

7.7.3　电池特性和应用

相对于碱性燃料电池、质子交换膜燃料电池、磷酸燃料电池以及熔融碳酸盐燃料电池，固体氧化物燃料电池在燃料效率和灵活性、环境影响等具有自身的特点而作为新一代燃料电池受关注。它具有燃料适应性广、燃料利用率高、环境无污染、结构可靠性高等特点，SOFC 的具体特点和应用见表 7-8。

表 7-8　固体氧化物燃料电池特点

效率	独立发电效率可大于 55%，与燃气轮机组成混合发电系统可达 70%
环境影响	NO_x,SO_x 排放低 CO_2 排放低，尾部高能度 CO_2 易于捕集 安静，几乎无震动
燃料灵活性	氢气、煤基合成气、液化气、汽油、柴油、生物质合成气
热电联产系统	可提供高品质余热 可与蒸汽轮机、燃气轮机、可再生能源技术进行耦合
灵活性	部分负荷性优越，移动部件少，可靠性高，模块化好
应用领域	固定电站（分布式或集中式），100kW～1GW 交通运输（辅助电源、卡车、火车、轮船等），0.1MW～1GW 移动电源（娱乐、军事等）1W～10kW 逆向用于电解制氢和合成气 氧传感器或制氢

美国 Westinghouse 电气公司是最早从事 SOFC 研究的公司，集中发展管式 SOFC。自 1986 年到 1992 年，成功地研制出了 2 个 25kW 级的管式 SOFC 系统，并分别在日本大阪和美国南加州进行了管道天然气、液体燃料运行一万多小时的成功试验。Westinghouse 电气公司为荷兰/丹麦 Utilities（WDM/ELSAM）公司建造 100kW 的管式 SOFC 电池系统，已

交付使用，这套 SOFC 电池系统为荷兰的 Duiven/Westervoort 区电网供电，同时向荷兰的 Duiven/Westervoort 区提供取暖用热。电池设计电效率为 50%，热效率 25%，总能量效率为 75%，热、电总功率为 165kW。日本国家电化学技术实验室、日本电力发展公司和三菱重工也从事管式 SOFC 的研制工作，目前这几家公司的 SOFC 功率也分别达到千瓦级规模，并已开展以天然气为燃料的家用 SOFC 的应用研究和推广。从事平板式 SOFC 研制的有德国 Siemens 公司、日本富士公司、加拿大的 Global 公司、澳大利亚陶瓷燃料电池有限公司（CFCL）及丹麦的 Riso 国家实验室，国内主要有哈尔滨工业大学、中科院宁波材料所、清华大学、华中科技大学、中科院大连化学物理所等单位开展相关研究。表 7-9 是 SOFC 国内国外发展现状。

表 7-9 SOFC 国内外发展现状

电池类型	研制单位	电池结构	目前规模
管式电池	Westinghouse	管式结构	$100kW, 0.2W/cm^2$
	Electric Power Develop. Co. Ltd	管式结构	10kW
	National Electrotech. Lab	管式结构	1.2kW
	中科院大连化学物理所	管式结构	1.0kW
平板电池	Siemens AG	平板结构	$10.8kW, 0.6W/cm^2$
	CFCL, Australia	平板结构	$5kW, 0.2W/cm^2$
	中科院宁波材料所	平板结构	1.0kW
	哈尔滨工业大学	平板结构	0.5kW
	Zteck Co.	平板结构	1.0kW
	Fuji Electric	平板结构	2~5kW
	Sanyo Electric	平板结构	$159W, 0.23W/cm^2$
	Chubu Electri Inc.	块状结构	$5kW, 0.223W/cm^2$
新型结构	Swiss Sulzer	热交换一体化	1kW
	ceramatec. Inc.	电池与燃料处理一体化	$1.4kW, 0.18W/cm^2$
中温电池	Allied Signal	平板结构	$0.7kW, 0.54W/cm^2$
	Julich Center, Germany	平板结构	$0.5kW, 0.2W/cm^2$
	SOFCo	平板结构	$0.25W/cm^2$

德国 Siemens 公司虽然起步较晚（20 世纪 90 年代初开始），但进展非常迅速。Siemens 公司研制的平板式 SOFC 电池功率已超过 20kW，居世界领先地位。丹麦的 Riso 国家实验室和澳大利亚的 CFCL 公司分别从 20 世纪 80 年代末和 20 世纪 90 年代初开始投巨资发展平板式 SOFC，进展相当迅速，它们自己解决和部分采用了 Siemens 公司的平板式 SOFC 的关键技术，正在研制千瓦级的 SOFC 电池。我国在国家"863"和"973"项目的资助下，目前已成功制备出千瓦级的管式和平板式电池堆，但目前电池长期运行的稳定性问题仍需要进一步深入地开展研究。

7.8 小结

燃料电池是一种高效、环境友好的发电装置，它可以直接将储存在燃料和氧化剂中的化学能转化为电能。在环境与能源备受关注的今天，燃料电池日益受到各国的重视，特别是在电动汽车和分布式发电领域，低温质子交换膜燃料电池和高温固体氧化物燃料电池逐步成为了未来燃料电池两大重点发展方向，拉开了燃料电池大规模商业化的序幕。

伴随着新能源汽车的发展，质子交换膜燃料电池作为新能源电动汽车的动力来源，得到了极大的发展。从全球范围看，日本和韩国的燃料电池研发水平目前处于全球领先的水平，尤其是丰田、日产和现代汽车公司，在燃料电池电动汽车的耐久性、寿命和成本等方面逐步超越了美国和欧洲。2015年，日本丰田公司发布的Mirai燃料电池电动汽车引领了氢燃料电池车的商业化热潮。未来的研究重点主要集中在提高燃料电池功率密度、延长燃料电池寿命、提升燃料电池系统低温启动性能、降低燃料电池系统成本、大规模建设加氢基础设施、推广商业化的示范等方面。我国也在"十三五"重点研发项目"新能源汽车"专项当中把高性能、长寿命质子交换膜燃料电池作为重点研发对象。

作为一种优异的分布式燃料电池系统，高温固体氧化物燃料电池近年来也开始了商业化的推广。美国Bloom Energy公司和日本东京煤气公司分别开发的SOFC发电系统是当前大型和小型燃料电池分布式发电装置的典型代表，瞄准了100kW级商用和1kW级家用两个市场。我国还需要加快SOFC的研发和商业化进程，早日实现千瓦级SOFC发电系统产品的商业化示范。

思考题

1. 燃料电池有什么特点？与储能电池有何区别？
2. 碱性燃料电池的特点是什么？
3. 磷酸盐燃料电池面临的主要问题是什么？
4. 熔融碳酸盐燃料电池的优势是什么？
5. 质子交换膜燃料电池电极结构有什么特点？
6. 直接醇类燃料电池碱性膜与质子膜的优缺点各是什么？
7. 固体氧化物燃料电池优势及未来发展方向是什么？
8. 高温燃料电池和低温燃料电池有何差异？
9. 你认为未来最具发展前景的是哪种燃料电池？为什么？

参 考 文 献

[1] http://www.fuelcelltoday.com.
[2] 王林山，李瑛．燃料电池．北京：冶金工业出版社，2005.
[3] 隋智通，隋升，陈冬梅．燃料电池及其应用．北京：冶金工业出版社，2004.
[4] 曹殿学，吕艳卓．燃料电池系统．北京：北京航空航天大学出版社，2009.
[5] 万年坊．微型聚合物膜燃料电池的结构与性能研究[D]．北京：清华大学，2007.
[6] 吴越．催化化学．北京：科学出版社，1995.
[7] http://mse.xjtu.edu.cn/keyan/hsmg/kpzs/rldc01.htm.
[8] 衣宝廉．燃料电池——高效、环境友好的发电方式．北京：化学工业出版社，2000.
[9] Aramata A，et al. Electrochimica Acta，1992，37：1317.
[10] Romme R．et al. 2nd IFCC，Kobe Japan：Technical Session，1996：5-12，385.
[11] Cote R，et al. J New Materials for Electrochemical Systems，1998，1 (1)：7.
[12] 林维明．燃料电池系统．北京：化学工业出版社，1996.

［13］ 彭红建，谢佑卿．质子交换膜燃料电池电催化剂催化机理研究最新进展．材料导报，2004．

［14］ 林维明．燃料电池系统．北京：化学工业出版社，1996．

［15］ Schmal D，Kluiters C E，Barendregt I P. Testing of a De Nora polymer electrolyte fuel cell stack of 1kW for naval applications. J Power Sources，1996，61：255-257．

［16］ Quah C G，Sifer N，Patil A，et al. Compact fuel cell systems for soldier power//Proceedings of the International Fuel Cell Conerence，2003．

［17］ Sifer N，Gardner K. An analysis of hydrogen production from ammonia hydride hydrogen generators for use in military fuel cell environments. J Power Sources，2003，121：135-141．

［18］ Ashok S Patil，Terry G Dubois，Nicholas Sifer，et al. Portable fuel cell systems for America's army：technology transition to the field. J Power Sources，2004，136：220-225．

［19］ Stefan Geiger，David Jollie. Fuel cell market survey：Military Applications. Fuel Cell Today，2004．

［20］ 张小琴，易良廷．燃料电池在军事装备中的应用分析．移动电源与车辆，2004，3：33-38．

［21］ Grgur B N，Markovic N M，Ross P N. Electrooxidation of H_2，CO，and H_2/CO Mixtures on a Well-Characterized $Pt_{70}Mo_{30}$ Bulk Alloy Electrode. J Phys Chem B，1998，102（14）：2494- 2501．

［22］ Gasteiger H A，Markovic N M，RossJr P N. Electrooxidation of CO and H_2/CO Mixtures on a Well-Characterized Pt_3Sn Electrode Surface. J Phys Chem，1995，99（22）：8945-8949．

［23］ Choi J H，Park K W，Kwon B K，et al. Methanol oxidation on Pt/Ru，Pt/Ni，anode electrocatalysts at different temperature for DMFCs. J Electrochem Soc，2003，150：A973-A978．

［24］ Kudo T，Kawamura G，Okamoto H.. A New（W，Mo）C Electrocatalyst Synthesized by a Carbonyl Process：Its Activity in Relation to H_2，HCHO and CH_3OH Electro-oxidation. J Electrochem Soc，1983，130（7）：1491-1497．

［25］ Barnett C J，Burstein G T，Kucernak A R J，et al. Electrocatalytic activity of some carburised nickel，tungsten and molybdenum compounds. Electrochimica Acta，1997，42（15）：2381-2388．

［26］ Bessel C A，Laubernds K，Rodriguez N M，et al. Graphite Nanofibers as an Electrode for Fuel Cell Applications. J Phys Chem B，2001，105（6）：1115-1118．

［27］ Scott K，Taama W M，Argyropoulos P. Engineering aspects of the direct methanol fuel cell system. Journal of Power Sources，1999，79（1）：43-59．

［28］ Yu E H，Scott K. Development of direct methanol alkaline fuel cells using anion exchange membranes. Journal of Power Sources，2004，137（2）：248-256．

［29］ Eileen Hao Yu，Xu Wang，Ulrike Krewer，et al. Direct oxidation alkaline fuel cells：from materials to systems. Energy Environ Sci，2012，5：5668-5680．

［30］ Ji Q，Xin Le，Zhang Zhiyong，Sun Kai，et al. Surface dealloyed PtCo nanoparticles supported on carbon nanotube：facile synthesis and promising application for anion exchange membrane direct crude glycerol fuel cell. Green Chemistry，2013，15（5）：1133-1137．

［31］ Shen S Y，Zhao T S，Xu J B. High performance of a carbon supported ternary PdIrNi catalyst for ethanol electro-oxidation in anion-exchange membrane direct ethanol fuel cells. Energy and Environmental Science，2011，4（4）：1428-1433．

［32］ Bai Y X，Wu J J，Qiu X P，et al. Electrochemical characterization of $Pt\text{-}CeO_2/C$ and $Pt\text{-}Ce_xZr_{1-x}O_2/C$ catalysts for ethanol electro-oxidation. Applied Catalysis B-Environmental，2007，73（1-2）：144-149．

［33］ Wang D，Li Y. Bimetallic Nanocrystals：Liquid-Phase Synthesis and Catalytic Applications. Advanced Materials，2011，23（9）：1044-1060．

［34］ Hou W，Dehm N A，Scott R W J. Alcohol oxidations in aqueous solutions using Au，Pd and bimetallic Au-Pd nanoparticle catalysts. Journal of Catalysis，2008，253（1）：22-27．

［35］ Wang D，Li Y. Bimetallic. Nanocrystals：Liquid-Phase Synthesis and Catalytic Applications. Advanced Materials，2011，23（9）：1044-1060．

［36］ 衣宝廉．燃料电池——原理技术应用，北京：化学工业出版社，2003．

［37］ Antolini E，Gonzalez E R. Ceramic materials as supports for low-temperature fuel cell catalysts. Solid State Ionics，2009，180（9-10）：746-763．

［38］ James Larminie，Andrew Dicks. Fuel Cell Systems Explained. Second Edition. England：John Wiley & Sons Ltd，2003．

[39] Arachi Y, Yamamoto H S O, et al. Electrical conductivity of the ZrO-Ln$_2$O$_3$ (Ln＝lanthanide) system. Solid State Ionics, 1999, 121: 133-139.

[40] Muller A C, Ivers-Tiffee B H E. Development of a Multilayer Anode for Solid Oxide Fuel Cells. Solid State Ionics, 2002, (152-153): 537-542.

[41] Le S, Sun K, Zhang N, et al. Fabrication and evaluation of anode and thin Y$_2$O$_3$-stabilized ZrO$_2$ film by co-tape casting and co-firing technique. Journal of Power Sources, 2010, 195 (9): 2644-2648.

[42] Le S, Mao Y, Zhu X, et al. Constrained sintering of Y$_2$O$_3$-stabilized ZrO$_2$ electrolyte on anode substrate. Int J Hydrogen Energ, 2012, 37 (23): 18365-18371.

[43] Zhou X, Oh T S, Vohs J M, et al. Zirconia-Based Electrolyte Stability in Direct-Carbon Fuel Cells with Molten Sb Anodes. Journal of the Electrochemical Society, 2015, 162 (6): F567-F570.

[44] Junichiro Mizusakia, Y Y, Hiroyuki Kamatab, et al. Electronic conductivity, Seebeck coefficient, defect and electronic structure of nonstoichiometric La$_{1-x}$Sr$_x$MnO$_3$. Solid State Ionics, 2000, 132: 167-180.

[45] 乐士儒，朴金花，陈新冰等 . 阳极支撑型 ITSOFC SrO-La$_2$O$_3$-Al$_2$O$_3$-B$_2$O$_3$-SiO$_2$ 微晶玻璃的研究 . 功能材料，2006, 37 (8): 1256-1258.

[46] Le S, Sun K, Zhang N, et al. Novel compressive seals for solid oxide fuel cells. Journal of Power Sources, 2006, 161 (2): 901-906.

[47] 梁骁鹏，李凯，张伟，等 . SOFC 氧化铝基密封材料的成型工艺及相关性能研究 . 陶瓷学报，2014, 35: 356-359.

[48] 付长璟 . 中温平板式 SOFC 合金连接体的制备及其性能研究 [D] . 哈尔滨：哈尔滨工业大学，2007.

第8章

液流电池

可再生能源（如，风能、太阳能等）具有间歇性、不可预测性的特征。其能量生产曲线与实际的能量需求曲线往往并不匹配，甚至出现峰谷相反的现象。若想推动其应用，需要寻找合适的方案，使得可再生能源得到最大化利用并实现连续向外输出。大规模能量存储是一个有效的解决方案。

人们发展了抽水蓄能技术，用过剩的能源将水抽上大坝以重力势能的形式存储起来，效率一般可达到80％以上。然而，并不是所有的地方都有条件采用抽水蓄能技术。电池作为一种传统的能量/电力转换介质，适用范围广，受到广泛关注。铅酸技术价格便宜，但循环次数有限、重量大；而锂离子电池对大规模应用而言价格较高。液流电池技术正是在这样的背景下发展起来的。

8.1 概述

液流电池（flow redox cell）最早由美国航空航天局（NASA）资助设计，1974 年由 L. H. Thaller 公开发表并申请了专利。

在液流电池中，两种反应产物（阴极和阳极）是液体，通常称为液体电解质。由于其液体的性质，液流电池具有更大的物理设计灵活性。它们的功率输出和储能容量是独立的。因为功率取决于电池堆的流速和配置，而储能容量仅取决于储存的液体量。

8.1.1 液流电池的工作原理

与传统电池的工作原理类似，液流电池通过两种活性材料之间的氧化反应和还原反应来储存化学能和发电。而在液流电池中，活性材料不像传统电池那样永久密封在电池主体区域内，而是单独储存并由泵控制其在电池中的流动。典型的氧化还原液流电池包括存储在两个分离的罐中的两种液体电解质，它们被泵入电池以产生能量。液体电解质被注入到电池（图8-1 的中心部分）中，氧化还原反应发生并在外电路产生电子，同时离子交换膜发生离子交换以保持两侧液体的电中性。典型的液流电池工作示意图如图 8-1 所示。

由此可见，液流电池主要具有以下特点。

① 活性物质以液态形式存在，既是电极活性材料，又是电解质溶液；

② 反应物装在储液罐中，泵入液流电池，在电极上发生相应的氧化、还原反应；

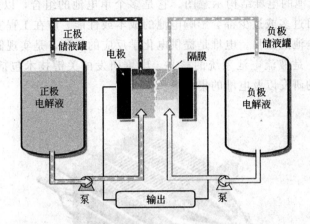

图 8-1　典型的液流电池工作原理示意图

③ 单电池可通过双极板串联成"电堆"，形成不同规模的蓄电装置；

④ 功率输出与储能容量可单独设计；

⑤ 能够实现100％深度放电，且不会损坏电池；

⑥ 电解液循环流动，浓差极化小；通过更换电解液，可实现"瞬间再充电"。

8.1.2　液流电池的结构

液流电池单电池主要有框架、正负电极、离子交换膜和双极板构成。如图8-2所示。框架起到集流和分流的作用——通过不同的沟槽将流入腔室的电解液均匀分布在电极表面；同时，将流过电极的电解液再次收集起来，循环到下一个单电池腔室中。

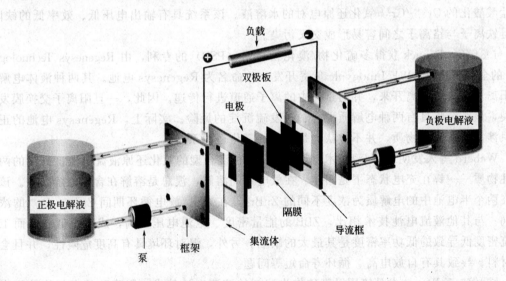

图 8-2　液流电池的单电池结构示意图

液流电池的双极板与燃料电池的双极板作用类似，有以下作用：①分隔氧化剂与还原剂；②作为热、电的良导体，起到收集电流和保证电池组温度分布均匀的作用；③两侧具有流场以确保反应电解液在整个电极各处均匀分布；④材料质量轻、强度高、耐腐蚀，保证装置的安全、稳定运行。

图 8-3 是液流电池的电堆结构示意图。它是多个单电池的组合，以达到设计的电压值。电堆中单电池的数目过多或过少都会影响电池的成本或性能。应在工程实际要求下，设计优化电对的结构和单电池的数目。电堆是提供电化学反应的场所，是实现储能系统电能和化学能相互转换的场所，是液流电池系统的核心。电堆研发的关键技术包括密封设计、流场设计、集流体与隔膜的研发以及电堆的集成等。

图 8-3　液流电池的电堆结构示意图

8.1.3　液流电池的类型

液流电池技术的发展经历了不同的研发时期。

第一个发展的液流电池技术是由 NASA 在 20 世纪 70 年代开发的铁/铬（Fe/Cr）液流电池，首先应用于光伏领域。该系统的正极是 Fe^{2+}/Fe^{3+} 氧化还原电对的水溶液，负极是用盐酸酸化的 Cr^{2+}/Cr^{3+} 氧化还原电对的水溶液。该系统具有输出电压低、效率低的缺陷，并且铁离子与铬离子之间容易形成交叉污染。

1984 年，Remick 获得多硫化物/溴化物技术（PSB）的专利，由 Regenesys Technologies Ltd 的全资子公司 RWE Innogyplc 负责开发，并命名为 Regenesys 电池。其两种液体电解质由阳离子交换膜隔离开来，并通过其中的离子通道进行传递。因此，一旦阳离子交换膜发生破裂，该系统将具有两种电解质混合、触发硫沉淀的风险。实际上，Regenesys 电池的正反应只涉及溶解离子物质，并不被认为是真正的氧化还原系统。

Weberd 等人发明的锌/溴技术（ZBB）是一种混合型的氧化还原液流电池。其中的两种活性物质——锌在充电状态下是固体、在放电期间溶解，溴总是溶解在含水电解质中。该技术在两个半电池中的电解质为浓度不同的 $ZnBr_2$，在充电/放电循环期间 Zn^{2+}、Br^- 的浓度相同。与其他液流电池技术相比，ZBB 的能量密度、电池电压更高，成本更低。然而工作电流密度低导致的低功率密度是其最大的缺陷。另外，溴对环境具有高度危险性，并且会腐蚀材料。导致其有自放电高、循环寿命短等问题。

铈/锌（ZCB）技术是使用甲磺酸作为溶剂的液流电池技术。甲磺酸具有与盐酸相当的电导率，比硫酸的腐蚀性低、更稳定。与其他的氧化还原液流电池相比，铈/锌（ZCB）液流电池的电流密度高，目前已有电流密度高达 $400 \sim 500 mA/cm^2$ 的电池成功运行的报道。其存在的主要问题是 Ce 在甲磺酸中的溶解度低，且在早期循环中会有 Ce 的放电反应发生，降低了电池的库仑效率。

近些年，"单流电池"的概念被提出。有别于传统的氧化还原液流电池，单流电池只有一种液体电解质与固体活性材料反应，仅需要一个电解质罐和泵，不需要离子交换膜。Pletcher 等人提出的可溶性铅酸液流电池如图 8-4 所示。

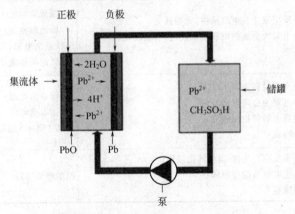

图 8-4　可溶性铅酸液流电池示意图

其他的单流电池技术还有以下几种。

① 单流锌-镍电池（ZNB）　具有良好的能量效率与库仑效率，功率密度与能量密度也较高。

② 单流酸性 Cu-PbO$_2$ 电池　使用低成本材料 PbO$_2$ 作为正极。在电池电压为 1.29V 时，表现出良好的库仑能量效率。

③ 单流酸性氯化镉电池　固体有机材料氯醌为正极，沉积镉为负极活性物质，电解质为 H$_2$SO$_4$-(NH$_4$)$_2$SO$_4$-CdSO$_4$ 溶液。单流酸性氯化镉电池的放电电压约为 1.0V，库仑效率可达 99%。

④ 锌溴单流电池　由储罐、泵组成的液流正极电解液系统与半固态负极组成，具有与典型 ZBB 技术相当的库仑能量效率和能量密度。

⑤ 单流锌/聚苯胺电池　聚苯胺（PANI）由于其高导电性、低成本和良好的氧化还原可逆性而备受关注，其对用于电池的电极材料非常有吸引力。

将单流技术与锂电池结合，可以制造 Li-Redox 液流电池。其结合了锂电池的高能量密度和氧化还原液流系统的优点。目前主要的研究方向有 Goodenough 等和 Wang 等独立提出的固体锂金属阳极与水系电解质阴极组成的电池系统以及 Duduta 等提出的半固体锂氧化还原液流电池。

除了上述技术之外，基于钒元素的液流电池被认为是最有发展前景的液流电池系统。其包括全钒液流电池系统和改进的钒-溴化物液流电池系统两种。其中，全钒系统的液流电池被认为是最有可靠性的液流电池技术，将在本章进行重点介绍。

将液流电池的类型总结如表 8-1 所示。

表 8-1　液流电池的分类、特点及代表技术

分类	特点	代表技术
液-液型液流电池	正负极活性物质均溶解于电解液中； 正负极反应均发生在电解液中，无相转化； 有隔膜	全钒液流电池； 多硫化钠/溴液流电池； 铁/铬液流电池； 全铬液流电池； 钒/溴液流电池等

分类		特点	代表技术
沉积型 液流电池	液-沉积型	正极反应发生在电解液中,无相转化; 负极电对为金属的沉积溶解反应,有相转化; 有隔膜	锌/溴液流电池; 锌/铈液流电池; 全铁液流电池; 锌/钒液流电池等
	固-沉积型	正极反应过程为固-固转化; 负极电对为金属沉积溶解; 正负极电解液组分相同; 无需隔膜	镍/锌单流电池; 锌/锰单流电池; 金属-PbO_2单流电池等
固-固型液流电池		正负极反应均为固-固相转化过程; 正负极电解液组分相同; 无需隔膜	铅酸单流电池

8.2 钒液流电池的工作原理

8.2.1 全钒液流电池

全钒氧化还原液流电池（all-vanadium redox flow batteries，VRB），简称为全钒液流电池。是钒液流电池的第一代（generation 1，G1）技术。其中，钒的价态主要有 $+2$、$+3$、$+4$、$+5$ 四种；在酸性溶液中，V^{5+}、V^{4+} 主要以 VO_2^+、VO^{2+} 形式存在。电池的阴极电对为 V^{5+}/V^{4+}，阳极电对为 V^{3+}/V^{2+}。电解液由硫酸和钒混合而成，酸性和传统的铅酸电池一样。阳离子交换膜将两对氧化还原电对（V^{5+}/V^{4+}、V^{3+}/V^{2+}）隔离，并作为质子传输的介质为氧化还原反应提供质子。两对不同类型的钒离子之间的电子交换，实现了电能与化学能间的转变。如图 8-5 所示。

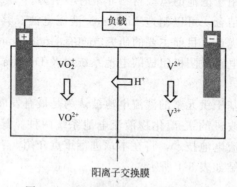

图 8-5 VRB 电池的反应机理示意图

反应机理如下：
阴极反应

$$VO_2^+ + 2H^+ + e^- \rightleftharpoons VO^{2+} + H_2O, E^0 = 1.00V \tag{8-1}$$

阳极反应

$$V^{2+} \rightleftharpoons V^{3+} + e^-, E^0 = -0.26V \tag{8-2}$$

总反应
$$VO_2^+ + 2H^+ + V^{2+} \rightleftharpoons VO^{2+} + H_2O + V^{3+} \qquad (8\text{-}3)$$

由于这个电化学反应可逆，所以 VRB 电池既可以充电，也可以放电。充放电时伴随着两种钒离子浓度的变化，同时实现电能和化学能间的相互转换。VRB 的标称电压是 1.2V；开路电压在 100% 充电状态下为 1.6V，在 50% 充电状态下为 1.4V。在 VRB 中，电解液在多个电池单元间流动，电压是各单元电压串联形成的。

VRB 电池技术的一个最重要的特点是峰值功率取决于电池层的总表面积，而电池的电量则取决于电解液的多少。在传统的铅酸和镍铬电池中，电极和电解液集成在一起，功率和电量强烈地依赖于极板的面积与电解液的容量。但 VRB 电池不是这样，它的电极和电解液相互独立，这就意味着能量存储的总量可以不受电池外壳体积的限制。由此可见，作为一种化学能源的存储技术，VRB 与传统的铅酸电池、镍-镉电池相比，在设计上有许多独特之处，性能上也适用于多种工业场合，比如可以替代柴油发电机、备用电源等。

VRB 在实际中以电堆的形式进行应用，优点主要包括以下几点：

① 电堆作为发生反应的场所与存放电解液的储罐分开，从根本上克服了传统电池的自放电现象。功率只取决于电堆大小，容量只取决于电解液储量和浓度，设计非常灵活；当功率一定时，要增加储能容量，只需要增大电解液储罐容积或提高电解液体积或浓度即可，而不需改变电堆大小；可通过更换或添加充电状态的电解液来实现"瞬间充电"的目的。可用于建造千瓦级到百兆瓦级储能电站，适应性很强。比如，美国商业化示范运行的钒电池的功率已达 6MW。

② 充放电性能好，可以进行大功率的充电和放电，也可以允许浮充和深度放电。对铅酸蓄电池来说，放电电流越大，电池的寿命越短；放电深度越深，电池的寿命也越短。而钒电池放电深度即使达到 100%，也不会对电池造成影响。而且钒电池不易发生短路，这就避免了因短路而引起的爆炸等安全问题。

③ 可充放电次数极大，理论上寿命是无数次。充放电时间比为 1：1，而铅酸电池是 4：1。且钒电池充、放切换响应速度快，小于 20ms，非常有利于均衡供电。

④ 能量效率高，直流对直流能量效率可以达到 80% 以上，而铅酸电池只有 60% 左右。钒电池组中的各个单位电池状态基本一致，维护简单方便。

⑤ 选址自由度大，占地少，系统可全自动封闭运行，不会产生酸雾，没有酸腐蚀。电解液可反复利用、无排放、维护简单、操作成本低。是一种绿色环保储能技术。

此外，全钒液流电池最大的优点在于，在两种液体电解质之间交叉混合的情况下，可以简单地通过流体的再充电来进行溶液的再生；若是金属离子不同的体系，必须将混合的所有流体进行彻底的替换处理。

然而，钒电池也存在以下缺陷，限制了其推广应用。

① 钒电池正极电解液中的 V^{5+} 在静置或温度高于 45℃ 的条件下易析出 V_2O_5 沉淀。而电堆在长时间运行过程中电解液温度很容易超过 45℃，进而导致流道的堵塞、碳毡纤维的包覆、电堆性能的恶化，甚至电池报废。

② 石墨极板易被正极液刻蚀。如果用户操作得当，石墨板能使用两年；如果用户操作不当，一次充电就能让石墨板完全刻蚀，电堆只能报废。

③ 维护成本高。在正常使用情况下，每隔两个月即需要由专业人士进行一次维护。

④ 全钒液流电池体系中含有剧毒化学品——V_2O_5。操作不当或材料报废时，易产生严

重的环境污染。

8.2.2 钒-溴液流电池

钒-溴液流电池技术，又称为 G2（generation 2）技术。其与全钒液流电池技术最大的区别是，在两个半电池中采用了溴化钒溶液。由于溴化物/多卤化物电对的氧化还原电位比 V^{4+}/V^{5+} 更低，因此，充电期间，溴化物离子将在正极优先被氧化。反应机理如下：

阴极反应

$$ClBr_2^- + 2e^- \rightleftharpoons 2Br^- + Cl^- \tag{8-4}$$

或

$$BrCl_2^- + 2e^- \rightleftharpoons Br^- + 2Cl^- \tag{8-5}$$

阳极反应

$$V^{2+} \rightleftharpoons V^{3+} + e^- \tag{8-6}$$

也就是说，与 G1 技术相比，G2 技术在负极半电池中使用的氧化还原电对与之相同（V^{2+}/V^{3+}），而在正极半电池中使用的氧化还原电对为 $ClBr_2^-/Br^-$ 或 $BrCl_2^-/Cl^-$。

G2 技术具有 G1 技术的所有优点。而由于两个半电池具有相同的电解质，消除了交叉污染的可能性，因此 G2 技术几乎具有无限理论寿命。另外，G2 技术可以在以盐酸为基质的电解液中获得高达 4mol/L 的 V^{2+}/V^{3+} 离子对浓度，使得其能量密度可达到 G1 技术的 2 倍以上。溴化钒具有较高的溶解度，可以将低温操作温度由 G1 技术的 5℃降低到 0℃；高温操作温度也可由 40℃上升到 50℃，操作温度范围更宽。

G2 技术的典型电解质溶液由 7.0～9.0mol/L 的 HBr、1.5～2.0mol/L 的 HCl 和 2.0～3.0mol/L 的钒组成。由于在充电过程中正极电解液中的溴离子浓度高，因此正极储罐的体积可比 G1 技术减少 50%左右，总电解液体积可以减少 25%。

G2 技术的主要缺陷是在充电过程中有生成溴蒸气的风险，需要添加溴络合剂。此外，相对高的成本是限制其大规模商业化应用的主要因素。

鉴于目前全钒液流电池（G1 技术）是研究最为成熟、商业化程度最高的液流电池技术，本章将重点介绍全钒液流电池技术。

8.3 全钒液流电池的结构

与传统液流电池的结构相同，全钒液流电池（VRB）的单体电池由两个半电池构成，每个半电池具有与液体电解质接触的固体电极，半电池之间通过离子交换膜分隔开。根据标称值所需的输出电压，将单体电池串联组成电池堆。单体电池之间由双极板隔开，双极板的一侧与一个单体电池的负极接触，另一侧与下一个单体电池的正极接触。典型的 VRB 电堆结构的组装示意图见图 8-6。

单体电池   电池组   电堆

图 8-6 全钒液流电池的电堆结构组装示意图

8.3.1　单体电池的结构

单电池的结构设计有两种选择，一种是电解液穿过多孔电极的传统结构，另一种是在电极上设计流道使得电解液在电极表面均匀分布。

由 Noack 等构建的单体电池结构如图 8-7 所示。其中，电解液的入口通道在流动框架 d 中，电解液进入框架后能够穿过多孔电极进行循环。流动框架的另一个作用是将电极包围起来以确保密封性，同时实现了每个电极的规定压缩比。

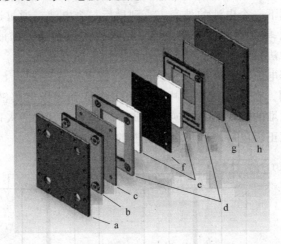

图 8-7　具有典型结构的 VRB 单体结构示意图

a、h—不锈钢板；b—隔离板；c—穿流石墨电极；d—流动框架；

e—石墨毡；f—质子交换膜；g—石墨电极

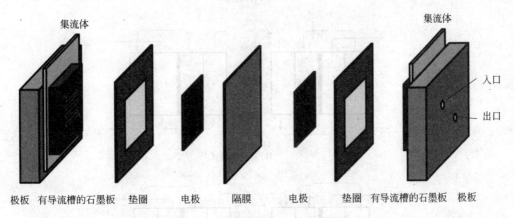

极板　有导流槽的石墨板　垫圈　电极　隔膜　电极　垫圈　有导流槽的石墨板　极板

图 8-8　电极具有流道结构的 VRB 单体结构示意图

另一种结构是将多孔电极与具有电解液循环流道结构的石墨板接触，如图 8-8 所示。Aaron 等测试了该结构的单体电池，证明在 60% 充电状态下的峰值功率密度可达 557 mW/cm²，是目前报道的最高值。能量密度的提高可以减少所需材料的数量，进而带来系统成本的降低。

体系效率的提高可通过减少 VRB 系统中的接触电阻来实现。因此，电极、膜、双极板必须设计为"无间隙"结构，使得三者之间直接接触，由垂直扩散与对流来驱动电解液在电极中的流动。

8.3.2 液体电解质的循环

液体电解质在电堆中的循环可以通过两种方式实现。

（1）并行模式 如图 8-9（a）所示，电解液通过入口总管与出口总管，穿过所有单体电池，分别向负极与正极流动，形成循环回路。然而，这种模式应用在高压电池中时，会沿着总管中的电解液产生电流旁路，导致电池法拉第效率的降低。

（2）级联或序列模式 在这一模式中，正极电解液与负极电解液按顺序流过所有电池，从一个电池的外壳流到下一个电池的外壳，直到最后一个电池。通过这种方式，旁路电流将显著减少，仅存在单元-单元之间的旁路电流。这一模式势必会增加液体电解质循环所需的能量，但充放电过程中法拉第效率的提高可补偿额外增加的能耗。

级联模式又分为等电流模式 ［见图 8-9（b）］ 与逆流模式 ［见图 8-9（c）］，由 Pellegri 与 Broman 于 2002 年发明。在等电流模式中，负极电解液和正极电解液的入口在同一侧，而电解液的出口位于电池堆的相对侧；在逆流模式中，正极电解液的入口位于与负极电解液的出口相同的一侧，因此正极电解液和负极电解液的入口在相对侧。

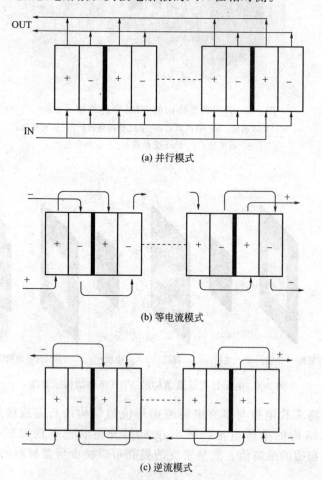

(a) 并行模式

(b) 等电流模式

(c) 逆流模式

图 8-9　VRB 电堆的电解液循环模式示意图

采用逆流模式时，各单体电池之间的操作条件较一致。即每个单体电池内的正负极电解液的电位差近似相同：位于电堆一端的第一个电池单元的负极电解液近似充满电、正极电解液具有相应的放电深度；而位于电堆另一端的最后一个电池单元的两种电解质的充/放电程度相反。因此，逆流模式比等电流模式更有利。其优点主要表现在两个方面：①可以尽可能地减少循环过程中电堆内各单体电池的标称电压差异；②可通过正负半电池之间的离子交换膜显著减少输运不平衡的现象。

8.3.3　电解液储罐结构

电解液储罐的配置同样有两种选择。通常情况下，采用两个储罐分别存储正极电解液与负极电解液，每个储罐单独配备泵以形成独立循环。在这种配置中，电解液由泵驱动、沿"储罐-电堆-储罐"的路径循环，因此被称做"再循环模式"，如图 8-10 所示。

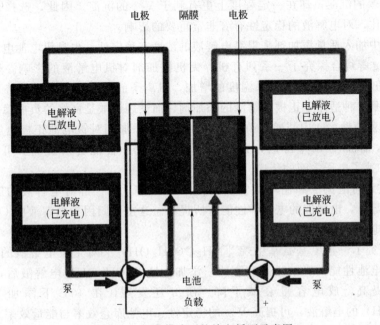

图 8-10　间歇模式下的放电循环示意图

另一种配置为"间歇模式"（batch mode），如图 8-10 所示。该配置使用四个储罐。其中，两个用于正极电解液，两个用于负极电解液。带电液体从其中一个储罐中经电堆入口总管被泵入电堆，经出口总管排出后，被泵入另一个相应的储罐。因此，电解质液体在充电阶段与放电阶段的流动方向相反。

在间歇模式下，每个罐中的液体体积均可指示电池的充电状态；并且在整个放电阶段中，两个用于存储充电电解质的储罐中的电解液均保持满电状态。而在再循环模式下，由于每种液体电解质仅有一个储罐，使得给定体积的电解液中更大量的能量存储成为可能，但是随着时间变化将产生电荷稀释现象。

8.4　全钒液流电池关键材料

8.4.1　液体电解质

VRB 电池的比能量取决于电解液的浓度；电解液浓度越高，电池的比能量就越高。但高浓度电解液会引起一系列缔合、水解、沉淀等问题。此外，温度对电解液的稳定性也有较大的影响。当温度高于40℃时，阳极会有V_2O_5析出；当温度较低时，V^{2+}和V^{3+}会发生沉淀。因此，高浓度、高稳定性电解液的制备是VRB电池研究的一个重要方向。

近年来，很多研究工作者开展了相关的研究。Vijayakuma研究了不同浓度、温度下钒离子的结构和动力学特性。当温度为240~340K时，3mol/L钒溶液中钒离子主要以$[VO(H_2O)_5]^{2+}$的形式稳定存在。V^{5+}主要以$[VO_2(H_2O)_3]^+$的形式存在，但在高温下容易因去质子化而生成沉淀；当硫酸的浓度较高时，这种去质子化作用将被削弱，对V^{5+}具有稳定作用。他们还研究了钒离子浓度、硫酸浓度、杂质对钒电池电解液的影响。研究发现，不同硫酸浓度和钒离子的配比对电解液稳定性有更为重要的影响。高浓度的硫酸电解质有利于阻止V^{5+}的沉淀，却在一定程度上更有利于V^{3+}的沉淀。因此，选择合适的钒离子和硫酸浓度配比，对电解液的稳定性有着非常重要的影响。

向电解液中加入适量添加剂来提高电解液的浓度和稳定性，也是钒电池电解液的重要研究方向。Zhang等综合探究了一系列有机、无机添加剂对钒电解液的影响。研究发现，在−5~50℃，随着电解液浓度和体系温度的增加，钒离子的稳定性呈下降趋势。聚丙烯酸和甲磺酸混合物是一种适用于正极电解液的添加剂，而聚丙烯酸是良好的负极稳定剂。

Li探究了葡萄糖、D-山梨醇、山梨醇、甘露醇等添加剂对钒电池正极电解液性能的影响。研究发现，添加D-山梨醇后，正极电解液的电化学性能有所提高。可能的原因是，OH^-的引入加速了电子之间的传递。

Jia等通过计时电流法和循环伏安法研究了n-丙醇、丙三醇对电解液的影响。研究发现，添加丙三醇后，电解液的电化学性能有所提高。这主要归因于电解液中OH^-的增加提高了钒离子对电子的吸附能力。

Peng等研究了三羟甲基氨基甲烷$[NH_2C(CH_2OH)_3]$对正极电解液的电化学活性、热稳定性以及电池性能的影响。研究表明，添加$NH_2C(CH_2OH)_3$电解液后，电池的充放电性能有所提高，放电容量衰减下降。研究还发现，在40℃下添加2%~4%的$NH_2C(CH_2OH)_3$的电解液，可提高V^{5+}的稳定性、电池库仑效率与能量效率。

Kazacos等研究了含卤离子的钒电池电解液，发现这种电解液的稳定性比硫酸电解液高，且能容纳更多的钒离子、提高电池的能量密度。

8.4.2　质子交换膜

质子交换膜是决定VRB电池性能的关键材料之一。质子交换膜不仅要把正负极电解液隔开，还要为正负极电解液传递质子，形成回路。VRB的循环寿命和性能在很大程度上取决于质子交换膜的性能。

质子交换膜的性能指标有很多，大致可分为常规性能指标（交换容量、含水率、溶胀度）、电性能指标（电导率、面电阻）、传质性能指标（迁移数、水的浓差渗透系数K_w、盐的扩散系数D_s、和水的电渗系数β和压渗系数）三类。

Nafion膜和聚烯烃类膜是两种常见离子交换膜。Nafion膜具有化学稳定性好、机械强度高等优点，但是阻钒能力较差，并在充放电过程中水迁移和自放电现象均较明显。人们一般通过制备复合膜以及膜掺杂等途径来改善膜的阻钒能力、溶胀性，提高膜的导电性能，这也是离子交换膜的研究重点。

Xi等研究了掺杂纳米二氧化硅颗粒的Nafion膜性能。研究发现，改性后膜材料的阻钒能力有了明显的提高，而面电阻、交换容量、溶胀性、电导率未发生明显变化。

Wang 等通过采用水热法制成了 Nafion/TiO_2 和 SPEEK/WO_3 两种混合膜，这两种膜在长时间的循环测试中均表现出很好的稳定性，同时膜的电化学性能也有一定的提高，这主要归因于改性后膜的质子导电性有所提高。

Zeng 等采用氧化聚合、电解质浸渍、电沉积三种方法在膜表面沉积一层聚吡咯。研究发现，利用电沉积方法处理的 Nafion 膜可以在很大程度上降低水的迁移速度和 VO^{2+} 的透过率。

Nafion 膜的价格较高，一定程度上限制了其在 VRB 电池领域的大规模应用。因此，价格相对低廉的聚烯烃类离子膜得到人们的关注。研究者们通过对其进行改性来制备性能达到甚至超过 Nafion 膜的聚烯烃类离子膜。

Qiu 等采用辐射照射法在偏聚二氟乙烯膜上接枝苯乙烯、二甲胺基乙醚和异丁烯酸的共聚物，然后经过磺化、酸化制备了一种含有季铵基和磺酸基的两性离子膜。研究发现，这种膜的阻钒能力和相应 VRB 电池的自放电特性都有所改善。

阴离子交换膜能够很好的减少钒离子间的交叉污染现象，但是它的质子传导性能比较差，使得系统内阻增加，降低了电池的电压效率。目前为止，仅有少数几个研究团队在研究阴离子交换膜。

Hu 等采用同步辐射技术将甲基苯烯酸二甲胺乙酯和 α-甲基苯乙烯接枝到 PVDF 上，然后通过磺化和质子化制成了两性离子交换膜。研究发现，这种膜材料具有较低的钒离子渗透率和较高的离子交换容量，并且与 Nafion117 膜具有相当的导电性能。

Qiu 等采用两步辐射诱导嫁接技术成功制备了四氟乙烯基两性离子交换膜。研究发现，该膜材料具有很高的导电性和离子交换容量，并且阻钒能力也较强。其用于 VRB 电池测试时，表现出了比 Nafion117 膜更高的电流效率和能量效率。

8.4.3 电极材料

电极材料是发生电化学反应的场所，是电池的关键部件之一。由于 VRB 电池的电解液中含有高浓度的硫酸和强氧化性的 VO_2^+，因此，电极材料要求稳定性好（耐腐蚀）、成本低、机械强度好、导电性好、无孔隙（防止电解液互相渗透）。

目前，VRB 电池电极材料主要包括金属类电极和碳素类电极两类。其中，金属类电极机械性能和导电性好，但电化学可逆性差，表面易形成氧化膜阻碍电化学反应的进行，且价格高昂，因此，实际应用极少。一直以来，主要的 VRB 电极材料是碳素材料（石墨、石墨毡、玻碳、碳布和碳纤维等），应用最多的是石墨毡。因为石墨毡具有耐腐蚀、耐高温、导电性好、表面积大、机械强度好、成本低等一系列优势；最重要的是，其电流密度比其他材料高很多。近年来，有研究者通过对碳素材料进行氧化、金属离子修饰等途径来提高其导电性和电化学活性。

Sun 等利用 Mn^{2+}、Te^{4+}、In^{3+}、Ir^{3+} 等离子对石墨毡电极进行金属化处理。处理后，电极的电化学催化活性得到了提高。其中，Ir^{3+} 金属化处理的电极表现出了最高的电化学催化活性；但经过 Pd^{2+}、Pt^{4+} 和 Au^{4+} 金属化处理后，电极的析氢电位却明显降低，电极反应更易产生氢气。对石墨毡进行金属化处理虽然可以提高其电化学催化活性，但成本较高的金属以及复杂的工艺流程极大地限制了其大规模应用。

对石墨毡进行酸处理或热处理，有利于增加石墨毡电极表面的含氧官能团数量，提高电解液与电极表面的相容性，进而提高电池的电化学性能。

Sun 等将石墨毡置于盛有浓硫酸的容器中煮沸 8h，改进后的电池能量效率可提高至

91%。结果表明，经过硫酸处理后，电极电阻减小，电极的电化学活性随着硫酸浓度的增加而增加。另外，将石墨毡在空气中 400℃加热活化 30h，也可以有效地改善其电化学活性，将 VRB 电池的能量转化效率从 78%提高至 88%。

在 VRB 电池中，钒离子的硫酸溶液作为电解液，正极溶液中的五价钒离子具有强氧化性，因此作为 VRB 电池的关键部件之一的电极材料要有很强的抗氧化性、耐强酸腐蚀性、优良的电化学活性、导电性、稳定性、重现性和机械强度。

8.4.4 双极板

实际应用中的 VRB 系统通常需要将若干单体电池串联成电堆以获得高功率输出。双极板是连接单体电池的关键部件。其成本较高，通常占电堆总成本的 30%～50%。

双极板通常由石墨、碳、碳塑料等高导电性的材料制成，以降低电堆的内阻。将双极板与电极（碳或石墨毡）之间加以适当的接触压力，也起到防止液体泄漏的作用。然而，接触压力太高，易额外增加电解液的流动阻力；如果接触力太低，在电极和双极板之间将存在高的接触电阻。

为了解决这个问题，Qian 等提出了使用一种新颖的电极-双极板组件，其包括通过黏合剂导电层连接的石墨毡和柔性石墨双极板。测试表明，这种组件在保证系统密封性的同时有效地降低了电阻，在 $40mA/cm^2$ 的电流密度下保持了高达 81%的能量效率。

石墨因其高导电、低密度、易加工等性质成为双极板最常用的材料之一。然而，由于 VRB 系统在工况下的酸性较强，一般的石墨材料双极板不能用于 VRB 系统。最近，Lee 等通过压缩成型的方法开发了由石墨、炭黑、树脂组成的碳复合材料 VRB 双极板，具有良好的导电性，并可显著改善系统的电化学稳定性。

住友电气工业有限公司开发了由混合热塑性树脂、碳质材料（石墨或炭黑）和碳纳米管制备的新型 VRB 双极板，表现出比常规双极板更高的导电性、更好的机械强度和可塑性。

8.4.5 电池组框架与储罐

由于系统的高酸性，耐酸腐蚀材料在 VRB 系统中格外重要。VRB 系统中的电池堆框架和储罐通常由聚氯乙烯（PVC）或聚乙烯（PE）制成。

不锈钢销和螺栓通常用于制造电堆组件、连接单电池；而接头之间则采用硅橡胶等密封剂以防止液体电解质的泄漏。

8.5 小结

液流储能电池技术是解决太阳能、风能等可再生能源发电系统随机性和间歇性非稳态特征的有效方法，是实现电网互动化管理的关键技术，因此在可再生能源发电和智能电网建设中有着重大需求。液流储能电池还可用于电动汽车充电站，实现对电动车的集中、快速充电而不影响电网稳定性。另外，液流储能电池也可用作国家重要部门的备用电源以及通信基站电源，因此液流储能电池有着广阔的市场前景，商业潜力巨大。

大规模、高效率、低成本、长寿命是未来液流储能电池技术的发展方向。因此，需要加强液流储能电池关键材料（如电解液、离子交换膜、电极极板等）及电池结构基础理论研究，大幅度提高其工作电流密度。同时，进行关键材料的批量化生产技术开发、降低成本，积极开展应用示范，为液流储能电池的产业化奠定基础。

全钒液流储能电池技术相对成熟，通过进一步的工程化开发和应用示范，降低成本，有望最早进入市场。同时，为降低成本、提高能量密度而进行的其他液流电池体系的开发将是液流储能电池的重要技术储备，尤其是单液流体系电池由于无需使用离子交换膜，简化了电池结构，降低了成本，具有较好的发展前景。

思考题

1. 简述液流电池的工作原理。
2. 简述全钒液流电池在充放电期间发生在正极、负极上的电化学反应与标准电极电位。
3. 简述全钒液流电池中电解质的两种循环模式及其优缺点。
4. 为什么说电解液的逆流循环模式比等电流模式更有利？
5. 衡量质子交换膜性能的指标有哪些，意义分别是什么？
6. 全钒液流电池的使用温度范围是多少？为什么？
7. 全钒液流电池中减小体系内阻的设计有哪些？
8. 液流电池的应用领域有哪些？你觉得最有可能实现的应用领域是什么？为什么？

参 考 文 献

[1] Hagedorn N H，Thaller L H. Design flexibility of redox flow systems. National Aeronautics and Space Administration Lewis Research Center，DOE/NASA/12726-16，NASA TM-82854，1982：19.

[2] Kim K J，Park M S，Kim Y J，et al. A technology review of electrodes and reaction mechanisms in vanadium redox flow batteries. J Mater Chem A，2015，3：16913-16933.

[3] Ponce de León C，Frías-Ferrer A，González-García J，et al. Redox flow cells for energy conversion. J Power Sources，2006，160（1）：716-732.

[4] Remick R J，Ang P G P. Electrically rechargeable anionically active reduction-oxidation electrical storage supply system：US，4485154. 1984.

[5] EPRI-DOE Handbook of Energy Storage for Transmission & Distribution Applications. Washington DC：EPRI，Palo Alto，CA，and the US Department of Energy，2003，1001834.

[6] Weber A，Mench M，Meyers J，et al. Redox flow batteries：a review. J Appl，Electrochem，2011，41（10）：1137-1164.

[7] Lai Q，Zhang H，Li X，et al. A novel single flow zinc-bromine battery with improved energy density. J Power Sources 2013，235（0）：1-4.

[8] Ponce de León C，Frías-Ferrer A，González-García J，et al. Redox flow cells for energy conversion. J Power Sources，2006，160（1）：716-732.

[9] Zhao Y，Si S，Liao C. A single flow zinc：polyaniline suspension rechargeable battery. J Power Sources，2013，241（0）：449-453.

[10] Wang Y，He P，Zhou H. Li-redox flow batteries based on hybrid electrolytes：at the cross road between Li-ion and redox flow batteries. Adv Energy Mater，2012，2（7）：770-779.

[11] Goodenough J B，Kim Y. Challenges for rechargeable batteries. J Power Sources，2011，196（16）：6688-6694.

[12] Wang Y，Wang Y，Zhou H. A Li-liquid cathode battery based on a hybrid electrolyte. Chem Sus Chem，2011，4（8）：1087-1090.

[13] 肖水波. 全钒液流电池电解液材料及电池性能的宽温度特性研究. 北京：清华大学，2016.

[14] 张华民. 液流电池技术. 北京：化学工业出版社，2015.

[15] Prifti H，Parasuraman A，Winardi S，et al. Membranes for redox flow battery applications. Membranes，2012，

2：32.

[16] Skyllas-Kazacos M, Kazacos G, Poon G, et al. Recent advances with UNSW vanadium-based redox flow batteries. Int J Energy Res, 2010, 34 (2)：182-189.

[17] Parasuraman A, Lim TM, Menictas C, et al. Review of material research and development for vanadium redox flow battery applications. Electrochim Acta，2012, 101：27-40.

[18] Noack J, Tübke J. A comparison of materials and treatment of materials for vanadium redox flow battery. ECS Trans, 2010, 25 (35)：235-245.

[19] Aaron DS, Liu Q, Tang Z, et al. Dramatic performance gains in vanadium redox flow batteries through modified cell architecture. J Power Sources, 2012, 206 (0)：450-453.

[20] Pellegri A, Broman B M. Redox flow battery system and cell stack：US, 6475661B1. 2002.

[21] 李伟善，朱华琴. 全钒氧化还原液流电池关键材料研究现状. 电池工业，2008, 13 (1)：65-67.

[22] Burton S D, Vijayakumar M, Huang C, et al. Nuclear magnetic resonance studies on vanadium(Ⅳ) electrolyte solutions for vanadium redox flow battery. J Power Sources, 2010, 195 (22)：7709-7717.

[23] Li L, Vijayakumar M, Graff G, et al. Towards understanding the poor thermal stability of V^{5+} electrolyte solution in Vanadium Redox Flow Batteries. J Power Sources, 2011, 196 (7)：3669-3672.

[24] Li L, Vijayakumar M, Nie Z, et al. Structure and stability of hexa-aqua V(Ⅲ) cations in vanadium redox flow battery electrolytes. Phys Chem Chem Phys, 2012, 14：10233-10242.

[25] Xu Y, Wen Y H, Cheng J, et al. Investigation on the stability of electrolyte in vanadium flow batteries. Electrochim Acta, 2013, 96：268-273.

[26] Li L Y, Zhang J L, Nie Z M. Effects of additives on the stability of electrolytes for all-vanadium redox flow batteries. J Appl Electrochem, 2011, 41 (10)：1215-1221.

[27] Huang K, Li S, Liu S, et al. Effect of organic additives on positive electrolyte for vanadium redox battery. Electrochim Acta, 2011, 56 (16)：5483-5487.

[28] Wang B G, Jia Z J, Song S Q, et al. Effect of polyhydroxy-alcohol on the electrochemical behavior of the positive electrolyte for vanadium redox flow batteries. Electrochem Soc,.2012, 159 (6)：A843-A847.

[29] Wang N F, Peng S, Gao C, et al. Stability of positive electrolyte containing trishydroxymethylaminomethane additive for vanadium redox flow battery. Int J Electrochem Sci, 2012, 7：4388-4396.

[30] Wang N F, Peng S, Gao C. Influence of trishydroxymethylaminomethane as a positive electrolyte additive on performance of vanadium redox flow battery. Int J Electrochem Sci, 2012, 7：4314-4321.

[31] Skyllas-Kazacos M. Vanadium polyhalide redox flow battery：US, 7320884B2.

[32] Kazacos M. Novel vanadium halide redox flow battery：US, 2006 0183016A1.

[33] Kazacos M. High energy density vanadium electrolyte solutions, methods of preparation thereof and all vanadium redox cells and batteries containing high energy vanadium electrolyte solutions：US, 6468688B2. 2002.

[34] Skyllas-Kazacos M. Novel vanadium chloride/polyhalide redox flow battery. J Power Sources, 2003, 125 (1)：299-302.

[35] Kazacos M, Skyllas-Kazacos M. Stabilized electrolyte solutions, methods of preparation thereof and redox cells and batteries containing stabilized solutions：US, 006143443A.

[36] Kazacos M. High energy density vanadium electrolyte solutions, methods of preparation thereof and all vanadium redox cells and batteries containing high energy vanadium electrolyte solutions：US, 7078123B2.

[37] 张华民，文越，钱鹏，等. 离子交换膜全钒液流电池的研究. 电池, 2005, 35 (6)：414-416.

[38] 黄川徽，徐铜文. 离子交换膜的制备与应用技术. 北京：化学工业出版社, 2008.

[39] 李爱魁，廖小东，罗传仙，等. 全钒液流电池离子交换膜研究进展. 电源技术, 2012, 36 (3)：421-423.

[40] Wu Z H, Xi J Y. Nafion/SiO_2 hybrid membrane for vanadium redox flow battery. J Power Sources, 2007, 166 (2)：531-536.

[41] Peng S. Wang N, Lu D, et al. Nafion/TiO_2 hybrid membrane fabricated viahydrothermal method for vanadium redox battery. J Solid State Electrochem, 2012, 16 (4)：1577-1584.

[42] Jiang C P, Zeng J. Studies on polypyrrole modified nafion membrane for vanadium redox flow battery. Electrochem Commun, 2008, 10 (3)：372-375.

[43] Li M , Qiu J Y. Preparation of ETFE-based anion exchange membrane to reduce permeability of vanadium ions in va-

nadium redox battery. J Mem Sci, 2007, 297 (1-2): 174-180.

[44] Zhang J Z, Qiu J Y. Amphoteric ion exchange membrane synthesized by radiation-induced graft copolymerization of styrene and dimethylaminoethyl methacrylate into PVDF film for vanadium redox flow battery applications. J Mem Sci, 2009, 334 (1-2): 9-15.

[45] Yin C X, Zhang S H, Xing D B, et al. Preparation of chloromethylated/quaternizedpoly (phthalazinone ether ketone) anion exchange membrane materials for vanadium redox flow battery applications. J Mem Sci, 2010, 363 (1-2): 243-249.

[46] Zhang S H, Xing D B, Yin C X, et al. Effect of amination agent on the properties of quaternizedpoly (phthalazinone ether sulfone) anion exchange membrane for vanadium redox flow battery application. J Mem Sci, 2010, 354 (1-2): 68-73.

[47] Li M, Qiu J Y. Preparation of ETFE-based anion exchange membrane to reduce permeability of vanadium ions in vanadium redox battery. J Mem Sci, 2007, 297 (1-2): 174-180.

[48] Wang Y, Hu G W, Ma J, et al. A novel ampho-teric ion exchange membrane synthesized by radiation-induced grafting alpha-methylstyrene and N, N-dimethylaminoethyl methacrylate for vanadium redox flow battery application. J Mem Sci, 2012, 407: 184.

[49] Zhai M L, Qiu J Y, Chen J H, et al. Performance of vanadium redox flow battery with a novel amphoteric ion exchange membrane synthesized by two-step grafting method. J Mem Sci, 2009, 342 (1-2): 215-220.

[50] Skyllas-Kazacos M, Sun B. Chemical modification and electrochemical behavior of graphite fiber in acidic vanadium solution. Electrochem Acta, 1991, 36 (7): 513-517.

[51] Skyllas-Kazacos M, Sun B. Modification of graphite electrode materials for vanadium redox flow battery application. Electrochem Acta, 1992, 37 (7): 1253-1260.

[52] Chen W, Liu Y, Xin Q. Evaluation of a compression molded composite bipolar plate for direct methanol fuel cell. Int J Hydrogen Energy, 2010, 35 (8): 3783-3788.

[53] Qian P, Zhang H, Chena J, et al. A novel electrode-bipolar plate assembly for vanadium redox flow battery applications. J Power Sources 2007, 175: 8.

[54] Dihrab S S, Sopian K, Alghoul M A, et al. Review of the membrane and bipolar plates materials for conventional and unitized regenerative fuel cells. Renew Sustainable Energy Rev, 2009, 13 (6-7): 1663-1668.

[55] Lee N J, Lee S W, Kim K J, et al. Development of carbon composite bipolar plates for vanadium redox flow batteries. Bull Korean Chem Soc, 2012, 33 (11): 3589.

[56] Maeda S, Sugawara J, Hayami H. Bipolar plate for redox flow battery: US, 2013/0037760.

[57] 张华民, 张宇, 刘宗浩, 等. 液流储能电池技术研究进展. 化学进展, 2009, 21 (11): 2333-2340.

[58] Cunha, Á, Martins, J, Rodrigues, N, et al. Vanadium Redox Flow Batteries: A Technology Review. Int J Energy Res, 2015, 39: 889-918.

[59] 刘崇忠. 全钒液流电池电解液的研究. 杭州: 浙江工业大学, 2015.